"十四五"职业教育国家规划教材

土木建筑类新形态融媒体教材

建筑装饰工程技术专业群系列教材

建筑装饰装修工程施工与质量验收

主　编　张振涛　宋晋鹏

副主编　赵占军　赵　虎　张　璞　金　薇

参　编　董尧韡　肖聚贤　王秀静　杜　娟

主　审　刘俊龙　韩红科

科学出版社

北　京

内 容 简 介

本书以建筑装饰装修工程施工与质量验收为主线，以建筑装饰装修工程项目为载体，主要内容包括课程导入、抹灰工程施工、门窗工程施工、吊顶工程施工、轻质隔墙工程施工、饰面板工程施工、饰面砖工程施工、幕墙工程施工、涂饰工程施工、楼地面工程施工、裱糊与软包工程施工、细部工程施工、装饰施工机具。

本书采用项目教学和“基于工作过程”的编写思路，对接岗位核心能力、职业标准及 1+X 证书，体现思政融通、“岗课赛证”融通，通过配套课程思政教育教学案例资源，将精益化生产管理理念、思政教育、职业素养、工匠精神的培养与教材的内容融为一体。

本书可作为职业本科、高职高专建筑装饰工程技术等专业的教学用书，也可供相关领域从业者参考。

图书在版编目(CIP)数据

建筑装饰装修工程施工与质量验收/张振涛，宋晋鹏主编. —北京：科学出版社，2021.12（2023.6 修订）

“十四五”职业教育国家规划教材 土木建筑类新形态融媒体教材 建筑装饰工程技术专业群系列教材

ISBN 978-7-03-071107-6

Ⅰ. ①建… Ⅱ. ①张… ②宋… Ⅲ. ①建筑装饰-工程施工-高等职业教育-教材 ②建筑装饰-工程质量-工程验收-高等职业教育-教材 Ⅳ. ①TU767 ②TU712

中国版本图书馆 CIP 数据核字（2021）第 261239 号

责任编辑：张振华 刘建山 / 责任校对：赵丽杰

责任印制：吕春珉 / 封面设计：孙 普

科学出版社出版

北京东黄城根北街 16 号

邮政编码：100717

http://www.sciencep.com

三河市中晟雅豪印务有限公司 印刷

科学出版社发行 各地新华书店经销

*

2021 年 12 月第 一 版 开本：787×1092 1/16

2025 年 2 月第四次印刷 印张：21 1/2

字数：500 000

定价：68.00 元

（如有印装质量问题，我社负责调换）

销售部电话 010-62136230 编辑部电话 010-62135120-2005

前　言

党的二十大报告深刻指出："加快建设国家战略人才力量，努力培养造就更多大师、战略科学家、一流科技领军人才和创新团队、青年科技人才、卓越工程师、大国工匠、高技能人才。"为了贯彻落实二十大报告精神，编者根据二十大报告和《职业院校教材管理办法》《高等学校课程思政建设指导纲要》《"十四五"职业教育规划教材建设实施方案》等相关文件精神，对本书内容做了更新、完善等修订工作。在修订过程中，编者紧紧围绕"培养什么人、怎样培养人、为谁培养人"这一教育的根本问题，以落实立德树人为根本任务，以学生综合职业能力培养为中心，以培养卓越工程师、大国工匠、高技能人才为目标，注重岗课赛证融通，强调思政融入，充分发挥教材承载的思政育人功能。

通过这次修订，本书的体例更加合理和统一，概念阐述更加严谨和科学，内容重点更加突出，文字表达更加简明易懂，工程案例和思政元素更加丰富，配套资源更加完善。具体而言，主要具有以下几个方面的突出特点。

1. 校企"双元"联合开发，行业特色鲜明

本书是在行业专家、企业专家和课程开发专家的指导下，由校企"双元"联合编写的新形态融媒体教材。编者均来自教学或企业一线，具有多年的教学或实践经验。在编写本书的过程中，编者能紧扣该专业的培养目标，遵循教育教学规律和技术技能人才培养规律，将产业发展的新技术、新工艺、新规范、新设备、新材料融入教材，反映建筑装饰装修施工岗位群及典型工作任务的职业能力要求

2. 体现以人为本，强调实践能力培养

本书切实从职业院校学生的实际出发，摈弃了以往相关教材中过多的理论描述，在知识讲解上"削枝强干"，力求理论联系实际，从实用、专业的角度剖析各个知识点，以浅显易懂的语言和丰富的图示来进行说明，注重学生应用能力和实践能力的培养。本书以练代讲，练中学，学中悟，学生跟随完成相关知识的学习和工作任务的实践训练可以掌握相关知识、技能及素养。这种教学方式不仅可以大幅度提高学生的学习效率，还可以很好地激发学生的学习兴趣和创新思维。

3. 项目化编排，与实际工作岗位对接

本书采用"基于项目化教学"和"基于工作过程"的编写理念，以真实生产项目、典型工作任务、案例等为载体，以建筑装饰装修施工岗位能力要求为核心，严格按照岗位工作过程，构建知识、能力与素养结构体系，并根据该体系确定教学内容和教学项目，将建筑装饰工程各个施工环节中的典型技术、材料、工艺、设备融入教学，以充分满足高等职业教育改革对"四新"的要求，同时很好地贴合国家双高专业群建设需求。

4. 对接职业标准，体现“岗课赛证”融通

在编写过程中，紧密围绕“知识、技能、素养”三位一体的教学目标，将相关知识、技能、素养融入知识准备、实践操作、综合训练、能力评价等模块，注重对接与1+X职业资格证书和国家职业技能标准以及技能大赛要求，体现“书证”融通、“岗课赛证”融通。

5. 融入思政元素，落实课程思政

为落实立德树人根本任务，充分发挥教材承载的思政教育功能，本书凝练项目中的思政要素，融入精益化生产管理理念，将安全意识、质量意识、职业素养、工匠精神的培养与教材的内容相结合，使学生在学习专业知识的同时，潜移默化地提升思想政治素养。

6. 配套立体化资源，便于信息化教学实施

为了方便教师教学和学生自主学习，本书配套有免费的立体化的教学资源包，包括多媒体课件、实训素材及自测题，可与zhiqingshui@qq.com联系。此外，本书中穿插有丰富的二维码资源链接，通过扫描可以观看相关的微课视频，便于随时随地移动学习。

本书由张振涛（石家庄职业技术学院）、宋晋鹏（山西工程科技职业大学）担任主编，赵占军（石家庄职业技术学院）、赵虎（阜阳职业技术学院）、张璞（石家庄职业技术学院）、金薇（山西工程科技职业大学）担任副主编，董尧韡（山西工程科技职业大学）、肖聚贤（石家庄职业技术学院）、王秀静（山西工程科技职业大学）、杜娟（石家庄职业技术学院）参与编写。刘俊龙（浙江建设职业技术学院）和韩红科（石家庄市第二建筑设计院）对全书内容进行审定。

编者在编写本书的过程中，参考了许多同类教材、专著，引用了一些实际工程中的案例，并得到了编者所在学院的支持，在此一并致谢！

本书对“建筑装饰装修工程施工”课程内容、体系进行了一些改革尝试和探索，有待于在教学实践过程中检验和完善。

由于编者水平有限，书中难免有不妥之处，敬请广大读者不吝指正。

本书课程思政元素设计

为践行、弘扬“富强、民主、文明、和谐；自由、平等、公正、法治；爱国、敬业、诚信、友善”的社会主义核心价值观，落实“立德树人”的根本任务，本书以习近平新时代中国特色社会主义思想为指导，结合建筑装饰工程技术专业群相关岗位的共性职业素养要求，从标准意识、安全意识、社会责任、法治意识、工匠精神、工作态度、质量意识、环保意识等维度着眼，紧密围绕知识、技能、素养三位一体的教学目标，确定思政目标，设计思政内容，在书中以任务、案例、图表等为载体，将课程思政内容无缝融入，润物细无声地传递给读者。

页码	内容导引	课程思政目标	融入方式	课程思政元素
3-5	建筑装饰装修的施工要求	树立标准意识、安全意识、责任意识、法治意识，自觉践行行业道德规范	通过引入并介绍建筑装饰装修的施工要求，引导树立标准意识、安全意识、法治意识，自觉践行行业道德规范	标准意识 安全意识 责任意识 法治意识
22-23	综合训练：某职工餐厅装修改造	培养认真负责、爱岗敬业、善于钻研的职业素养，提升社会责任感	通过引入某职工餐厅的装修改造综合训练任务，引导培养认真负责、爱岗敬业、善于钻研的职业素养，提升社会责任感	职业素养 社会责任
37-45	门窗工程施工质量验收	树立质量意识、环保意识，培养严肃、认真、负责的工作态度	通过引入并介绍门窗工程施工质量验收相关内容，引导树立质量意识、环保意识，培养严肃、认真、负责的工作态度	质量意识 环保意识 工作态度
55-58	吊顶木龙骨架安装施工主要工艺流程	培养认真细致、一丝不苟、精益求精的工匠精神	通过引入并详细介绍吊顶木龙骨架安装施工主要工艺流程，引导培养认真细致、一丝不苟、精益求精的工匠精神	职业素养 工匠精神
102-110	天然石材饰面板工程施工	提升审美情趣，树立环保意识，践行绿色发展理念	通过引入并介绍天然石材饰面板工程施工相关内容，引导提升审美情趣，树立环保意识，践行绿色发展理念	审美情趣 环保意识 绿色发展
144-146	饰面砖工程质量验收	树立标准意识、质量意识，强化社会责任感	通过引入并介绍饰面砖工程质量验收相关内容，引导树立标准意识、质量意识，强化社会责任感	标准意识 质量意识 社会责任
155-157	玻璃幕墙工程施工工具、材料要求与作业条件	树立标准意识、创新意识，增强使命感、责任感、紧迫感	通过引入并介绍玻璃幕墙工程施工工具、材料要求与作业条件等相关内容，引导树立标准意识、创新意识，增强使命感、责任感、紧迫感	标准意识 创新意识
164	安装安全措施	树立安全意识，严格按照标准规范要求进行作业施工	通过引入元件式玻璃幕墙安装安全措施的相关内容，引导树立安全意识，严格按照标准规范要求进行作业施工	安全意识 规范意识
171-172	玻璃肋、玻璃板的安装就位	树立合作意识、团队意识，发扬团结互助的团队精神	通过引入玻璃肋、玻璃板的安装就位相关内容，引导树立合作意识、团队意识，发扬团结互助的团队精神	合作意识 团队精神
175-177	石材幕墙对石材的基本要求	树立标准意识、质量意识、法治意识，自觉践行行业道德规范	通过引入并介绍石材幕墙对石材的基本要求，引导树立标准意识、质量意识、法治意识，自觉践行行业道德规范	标准意识 质量意识 法治意识

续表

页码	内容导引	课程思政目标	融入方式	课程思政元素
200-205	涂饰工程施工准备	树立环保意识、节约意识、成本意识，严格遵守相关法律法规及国家标准规范	通过引入并介绍涂饰工程施工准备相关内容，引导树立环保意识、节约意识、成本意识，严格遵守相关法律法规及国家标准规范	环保意识 节约意识 成本意识
221-224	美术涂饰施工工艺	提升审美情趣，培养认真细致、一丝不苟、精益求精的工匠精神	通过引入并介绍美术涂饰施工工艺相关内容，引导提升审美情趣，培养认真细致、一丝不苟、精益求精的工匠精神	审美情趣 工匠精神
234-242	整体楼地面施工	培养全局思维，提升举一反三、解决实际问题的能力	通过引入并介绍整体楼地面施工相关内容，引导培养全局思维，提升举一反三、解决实际问题的能力	全局思维 职业素养
264	应注意的质量、环境和职业健康安全问题	树立法治意识、环保意识，自觉践行行业道德规范，增强社会责任感	通过引入实木复合地板铺设应注意的质量、环境和职业健康安全问题，引导树立质量意识、环保意识、安全意识，自觉践行行业道德规范，增强社会责任感	法治意识 环保意识 社会责任
287	软包工程施工的有关规定	树立标准意识、安全意识，自觉遵守相关法律法规	通过引入软包工程施工的有关规定，引导树立标准意识、安全意识，自觉遵守相关法律法规	标准意识 安全意识 法治意识
305-308	护栏和扶手的制作与安装施工	树立安全意识、质量意识，培养认真细致、一丝不苟、精益求精的工匠精神	通过引入并介绍护栏和扶手的制作与安装施工相关内容，引导树立安全意识、质量意识，培养认真细致、一丝不苟、精益求精的工匠精神	安全意识 质量意识 工匠精神
316-328	认识装饰施工工具	提升灵活运用专业工具解决实际问题的能力，培养科学思维、创新思维	通过引入并介绍装饰施工工具相关知识，引导提升灵活运用专业工具解决实际问题的能力，培养科学思维、创新思维	职业素养 科学思维 创新思维

目　　录

课程导入

建筑装饰装修工程施工概述

学习目标

知识目标

1. 理解建筑装饰装修工程的基本概念。
2. 了解“建筑装饰装修工程施工”课程的性质和主要教学内容。
3. 了解建筑装饰装修工程施工的材料要求与管理要求。

能力目标

能阐述建筑装饰装修的概念。

思维导图

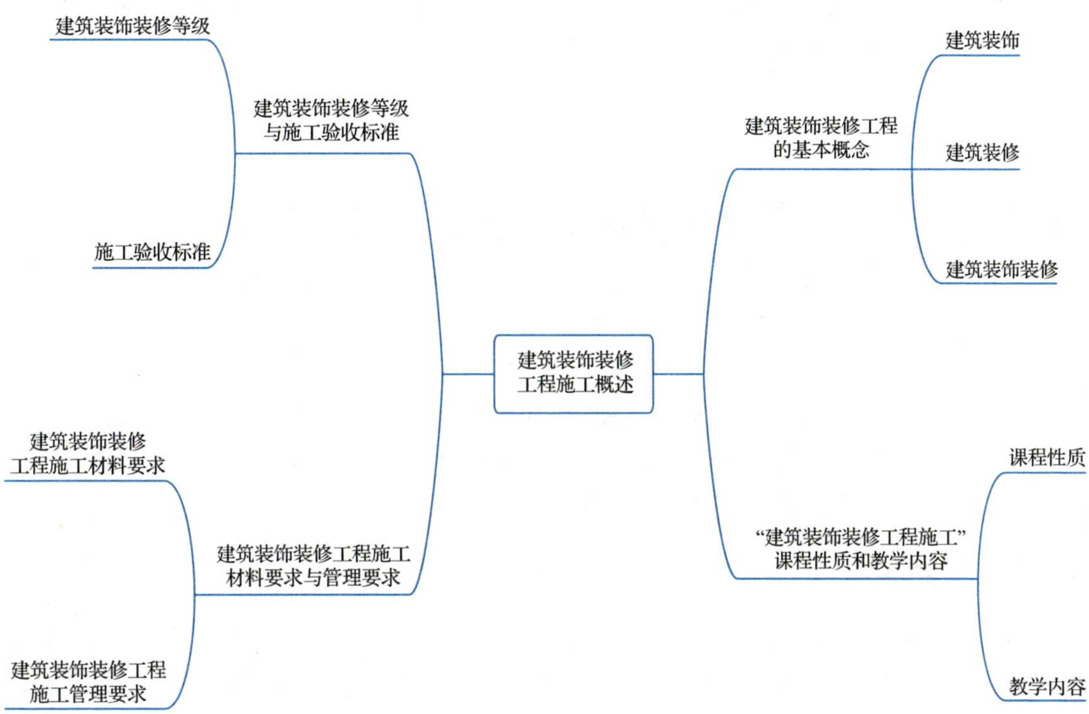

0.1 建筑装饰装修工程的基本概念

0.1.1 建筑装饰

建筑装饰是对建筑物内外表面及空间进行的“包装”处理，即在已有建筑物的主体上覆盖新的面层的过程，是工艺技术与艺术的结合。

微课：建筑装饰施工的内容、作用和特点

0.1.2 建筑装修

建筑装修是对建筑物的内外空间进行的改造、修复整理等活动，其工程内容包括基层处理、龙骨设置等，同时包括为改变建筑物原有使用功能而进行的房屋改造、修缮等。例如，将妨碍建筑物新用途的非承重墙、门窗等拆除，对建筑物内部布局进行调整，更新门窗、卫浴设施、厨房设备等。

微课：建筑装饰装修的分类

0.1.3 建筑装饰装修

建筑装饰装修是为保护建筑的主体结构，完善建筑物的使用功能和美化建筑物，采用装饰装修材料或饰物，对建筑物的内外表面及其空间进行的各种处理过程。

0.2 “建筑装饰装修工程施工”课程性质和教学内容

0.2.1 课程性质

“建筑装饰装修工程施工”课程是建筑装饰工程技术专业的一门专业课程，主要研究建筑装饰工程中常用的施工工艺、施工方法，它是将工程的装饰材料、技术操作与美学融为一体的综合性学科，是建筑装饰工程施工管理的基础。

0.2.2 教学内容

“建筑装饰装修工程施工”课程的主要教学内容为抹灰工程、门窗工程、吊顶工程、轻质隔墙工程、饰面板工程、饰面砖工程、幕墙工程、涂饰工程、楼地面工程、裱糊与软包工程、细部工程等子分部工程施工的基本知识、施工工艺流程、操作要点及实践训练。

0.3 建筑装饰装修等级与施工验收标准

0.3.1 建筑装饰装修等级

建筑装饰装修等级与建筑物的等级密切相关，建筑物等级越高，其装饰装修等级（表 0-3-1）也越高。在具体运用中应注意以下两个方面：

1）应结合不同地区的构造做法、用料习惯、地域特色及业主的经济条件灵活运用，不可生搬硬套。

2）根据我国现阶段经济水平、生活质量要求及发展状况合理选用建筑装饰装修材料。

表 0-3-1　建筑装饰装修等级

等级	建筑物类型
一级	高级宾馆，别墅，纪念性建筑，大型博览、观演、交通、体育建筑，一级行政机关办公楼，市级商场
二级	科研建筑，高等教育建筑，普通博览、观演、交通、旅馆建筑，体育建筑，广播通信建筑，医疗建筑，商业建筑，局级以上行政办公楼
三级	中学、小学、托儿所建筑，生活服务性建筑，普通行政办公楼，普通住宅

0.3.2 施工验收标准

《住宅装饰装修工程施工规范》（GB 50327—2001）。

《建筑工程施工质量验收统一标准》（GB 50300—2013）。

《建筑装饰装修工程质量验收标准》（GB 50210—2018）。

0.4 建筑装饰装修工程施工材料要求与管理要求

0.4.1 建筑装饰装修工程施工材料要求

由于饰面（建筑构件的表面覆盖层）对建筑构件起保护作用，所以对装饰装修材料有特殊的要求。建筑装饰装修工程施工所用材料应满足以下四个要求：

1）材料的品种、规格和质量应符合设计要求和国家现行规范的规定。

2）装修材料的燃烧性能应符合表 0-4-1 所示的规范要求。

微课：建筑装饰工程施工基本要求

表 0-4-1 装修材料的燃烧性能

等级	装修材料的燃烧性能
A	不燃性
B_1	难燃性
B_2	可燃性
B_3	易燃性

地上建筑的水平疏散走道和安全出口的门厅，其顶棚装修材料应采用 A 级装修材料，其他部位采用不低于 B_1 级的装修材料。

地下民用建筑的疏散走道和安全出口的门厅，其顶棚、墙面、地面的装修材料应采用 A 级。

单层、多层民用建筑需做内部装修的空间内，当同时装有火灾自动报警装置和自动灭火系统时，其顶棚装修材料的燃烧等级可在规定的基础上降低一级。

3）材料应符合国家有关建筑装饰装修材料有害物质限量标准的规定（表 0-4-2）。污染物有甲醛、苯、氨等。

表 0-4-2 建筑装饰装修材料有害物质限量标准

污染物	Ⅰ类民用建筑	Ⅱ类民用建筑
氡/（Bq/m^3）	≤200	≤400
游离甲醛/（mg/m^3）	≤0.08	≤0.12
苯/（mg/m^3）	≤0.09	≤0.09
氨/（mg/m^3）	≤0.2	≤0.5
TVOC/（mg/m^3）	≤0.5	≤0.6

注：1. Ⅰ类民用建筑包括住宅、医院、老年建筑、幼儿园、学校教室等民用建筑。

2. Ⅱ类民用建筑包括办公楼、商店、旅馆、文化娱乐场所、书店、图书馆、体育馆、公共交通等候室、餐厅、理发店等民用建筑。

4）装饰材料应按设计要求进行防火、防腐和防虫处理。

0.4.2 建筑装饰装修工程施工管理要求

1）在建筑装饰装修工程施工中，严禁违反设计文件擅自改动建筑主体、承重结构或主要使用功能；严禁未经设计确认和有关部门批准擅自拆改水、暖、电、燃气、通信等配套设施。

2）施工单位应遵守有关环境保护的法律法规，并应采取有效措施控制施工现场的各种粉尘、废气、废弃物、噪声、振动等对周围环境造成的污染和危害。

3）在建筑装饰装修工程施工中，严禁损坏原有绝热设施；严禁损坏受力钢筋；严禁超荷载集中堆放物品；严禁在预制混凝土空心楼板上打孔安装埋件。

4）装饰装修工程应在基体或基层的质量验收合格后施工。对既有建筑进行装饰装修前，应对基层处理并达到规范的要求。

5）装饰装修工程施工前应有主要材料的样板或做样板间（件），并经有关方确认。

6）室内外装饰装修工程施工的环境条件应满足施工工艺的要求。施工环境温度不应低于 5℃，当必须在低于 5℃的气温下施工时，应采取保证工程质量的有效措施。

7）在建筑装饰装修工程施工中应做好半成品、成品的保护，防止污染和损害。

8）在建筑装饰装修工程验收前应将施工现场清理干净。

9）严禁在民用建筑工程室内用有机溶剂清洗施工用具。

10）在民用建筑工程室内装修施工时，不应使用苯、甲苯、二甲苯和汽油进行清除旧油漆的工作。

11）墙面采用保温材料的建筑装饰装修工程，所用保温材料的类型、品种、规格及施工工艺应符合设计要求。

12）建筑装饰装修工程中的电气安装应符合设计要求和国家现行标准的规定。严禁不经穿管直接埋设电线。

项目1 抹灰工程施工

学习目标

知识目标

1. 掌握抹灰工程施工的基层处理、工艺流程、操作要点。
2. 掌握抹灰工程施工质量验收的内容、要求和方法。

能力目标

1. 能根据抹灰基层情况，选择合适的基层处理方案。
2. 能分析并解决抹灰施工过程中出现的质量问题。
3. 能根据抹灰施工过程中出现的质量问题采取对应的防治措施。

思维导图

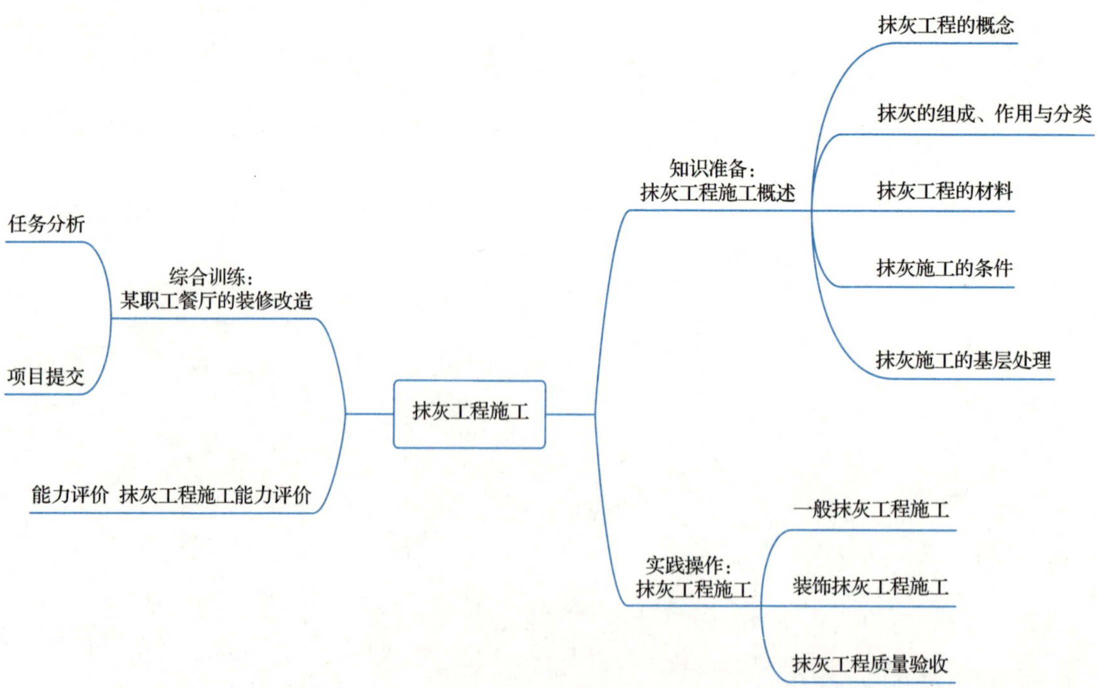

1.1 知识准备：抹灰工程施工概述

1.1.1　抹灰工程的概念

抹灰是将各种砂浆、装饰性水泥石子浆等涂抹在建筑物的墙面、地面、顶棚等表面上。抹灰工程是最为直接也是最初始的装饰工程。

1.1.2　抹灰的组成、作用与分类

1.1.2.1　抹灰的组成和作用

抹灰一般分为三层，即底层、中层和面层，如图 1-1-1 所示。

1）底层起与基层黏结和初步找平的作用。

2）中层起找平、结合、弥补底层灰干缩裂缝的作用。

3）面层起装饰的作用。

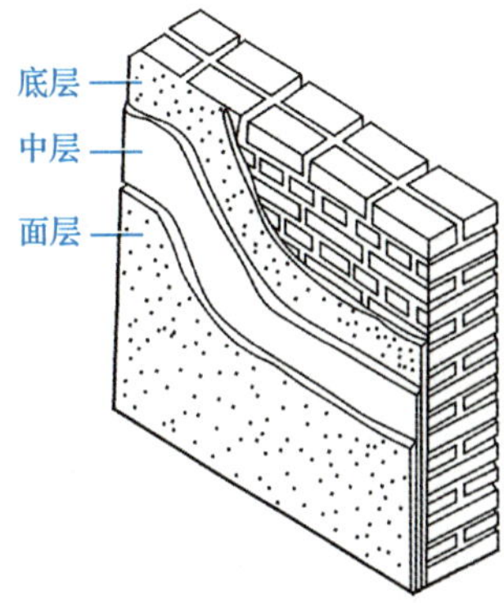

图 1-1-1　抹灰的组成

1.1.2.2　抹灰的分类

抹灰按使用的材料和装饰效果分为一般抹灰、装饰抹灰、保温层薄抹灰和清水砌体勾缝。

1）一般抹灰。一般抹灰所用的材料有：水泥砂浆、水泥混合砂浆、聚合物水泥砂浆、膨胀珍珠岩水泥砂浆、石灰砂浆、麻刀灰、纸筋灰、石膏灰等。

2）装饰抹灰。装饰抹灰的底层和中层与一般抹灰相同，但面层材料有区别，装饰抹灰的面层材料主要有水泥石子浆、水泥色浆、聚合物水泥砂浆等。

3）保温层薄抹灰。保温层薄抹灰采用聚苯乙烯泡沫塑料板（简称苯板）作为建筑物的外保温材料，在建筑主体结构完成后，将苯板用专用黏结砂浆按要求粘贴上墙。如果有特殊加固要求，那么可使用塑料膨胀螺钉加以锚固，然后在苯板表面抹聚合物水泥砂浆，其中压入耐碱涂塑玻璃纤维网格布，以形成抗裂砂浆保护层。

4）清水砌体勾缝。清水砌体勾缝也称清水墙，是指在墙体砌筑完成后，不对墙面做任何装饰，只做勾缝处理。

1.1.3　抹灰工程的材料

1.1.3.1　传统砂浆

抹灰工程所用的传统砂浆材料有：水泥砂浆、水泥混合砂浆、聚合物水泥砂浆、石灰砂浆、麻刀灰、纸筋灰及各类水泥石子浆等。

1）水泥砂浆由水泥和中砂按比例配制，用于地面抹灰、装饰抹灰的基层和潮湿环境下墙面的一般抹灰。

2）水泥混合砂浆由水泥、石灰和中砂按比例配制，常用于干燥环境下墙面一般抹灰的打底和找平层。

3）聚合物水泥砂浆是在砂浆中添加聚合物胶粘剂的材料，可提高砂浆与基层的黏结强度及砂浆的柔性、内聚强度等性能。聚合物水泥砂浆常用于饰面板（砖）的镶贴、保温系统中聚苯颗粒的胶浆及抹面砂浆。

4）石灰砂浆由石灰和中砂按比例配制，仅用于低档或临时建筑中干燥环境下的墙面打底和找平层。

5）麻刀灰是在砂浆中掺入剁碎的麻绳类纤维的材料，用于灰板条、麻眼网上的抹灰打底，作用是防裂，现在已很少使用。

6）纸筋灰是在砂浆中掺入纸筋的材料，水泥纸筋灰用于顶棚打底，石灰纸筋灰用于顶棚及墙面抹灰的罩面。其现在已被腻子粉取代。

7）在水泥砂浆中掺入有色石子，就是装饰抹灰的水泥石子浆。

1.1.3.2　预拌砂浆

（1）预拌砂浆的定义

预拌砂浆是由专业生产厂家生产、用于建设工程的各种砂浆拌和物。

（2）预拌砂浆的分类

1）预拌砂浆按性能分为普通预拌砂浆（砌筑砂浆、抹灰砂浆、地面砂浆）和特种预拌砂浆（保温砂浆、装饰砂浆、自流平砂浆、防水砂浆等）。

2）预拌砂浆按生产方式又分为湿拌砂浆和干混砂浆两大类。湿拌砂浆是在工厂加水拌和后，用搅拌输送车运至工地妥善存储，并在规定时间内使用完毕的砂浆拌和物。干混砂浆是在工厂由干态材料混合而成的固态混合物，在工地加水搅拌均匀即可使用。干混砂浆也称干灰砂浆、干粉砂浆。

目前部分大中城市已限期禁止现场拌和砂浆，预拌砂浆代替现场拌和砂浆已成为一种趋势。

（3）预拌砂浆的优点

1）计量精确、专业厂家生产、生产质量有保证。

2）根据特定设计配合比添加多种外加剂进行改性，具有优异的施工性能和品质，可满足保温、抗渗、灌浆、修补、装饰等多种功能性要求。

3）在工地加水搅拌均匀即可使用，具有高质环保的社会效益。

1.1.4　抹灰施工的条件

1）主体结构必须经过相关单位（建筑单位、施工单位、质量监理、设计单位）检验合格。

2）水电预埋管线、配电箱外壳等安装正确，水暖管道做过压力试验。

3）抹灰前应确认门窗框安装位置正确，需埋设的接线盒、电箱、管线、管道套管已固定牢固。连接处缝隙已用 1∶3 水泥砂浆或 1∶1∶6 水泥混合砂浆分层嵌塞密实。

4）抹灰前应搭好脚手架或准备好高马凳，架子应离开墙面 20～25cm，以便于操作。

5）非烧结块材墙体抹灰宜在墙体砌筑完成 60 天后进行，最短不应少于 45 天。

6）确认其他相关设施已被安装和保护。

1.1.5　抹灰施工的基层处理

1）应清除基层表面的灰尘、污垢、油渍、碱膜等。

2）凡室内管道穿越的墙洞和楼板洞、凿剔墙后安装的管道周边应用 1∶3 水泥砂浆填嵌密实。

3）墙面上的脚手架眼应填补好。

4）砖砌体抹灰前应清除表面杂物、残留灰浆、舌头灰、尘土等。

5）混凝土基体表面凿毛或在表面洒水润湿后涂刷 1∶1 水泥砂浆进行毛化处理或刷界面处理剂。

6）在蒸压加气混凝土墙体表面抹灰前，基层应被清理干净，使墙面含水率被控制在 15%～20%，在其表面用专用砂浆或专用界面处理剂进行基地处理后方可抹灰。

7）不同材料基体的交接处应采取加强措施，如铺钉金属网时，金属网与各基体的搭接宽度不应小于 100mm，如图 1-1-2 所示。

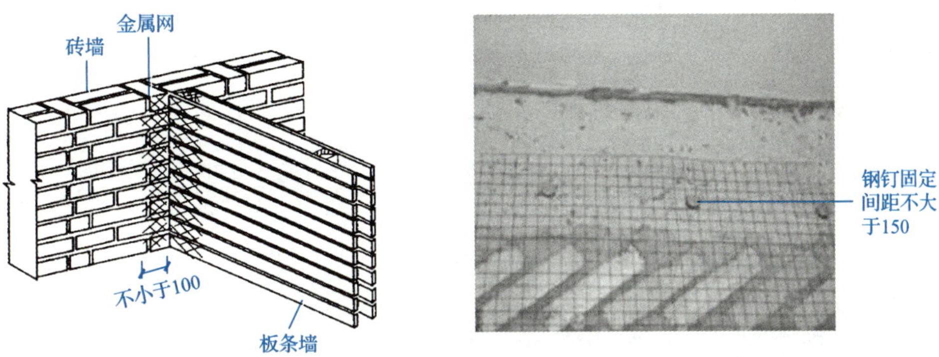

图 1-1-2　铺钉金属网

1.2　实践操作：抹灰工程施工

1.2.1　一般抹灰工程施工

1.2.1.1　常用工具

一般抹灰常用的工具如图 1-2-1 所示。

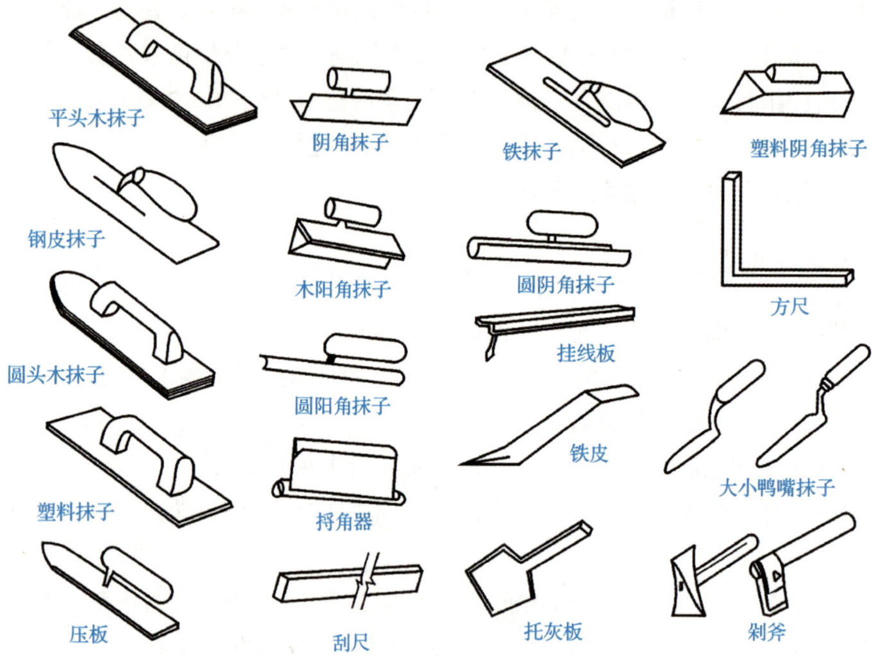

图 1-2-1　一般抹灰常用的工具

1.2.1.2　内墙的一般抹灰

1. 施工工艺流程

内墙的一般抹灰的施工工艺流程如图 1-2-2 所示。

图 1-2-2　内墙的一般抹灰的施工工艺流程

2. 操作要点

1）找规矩。找规矩即将房间找方或找正。找方后将线弹在地面上，然后依据墙面的实际平整度、垂直度及抹灰总厚度规定，与找方线进行比较，确定抹灰的厚度，从而找到一个抹灰的假想平面。将此假想平面与相邻墙面的交线弹于相邻的墙面上，以作此假想墙面抹灰的基准线，并以此标志作为标筋的厚度标准。

2）做灰饼、做标筋。做灰饼即做抹灰标志块。在距顶棚、墙阴角约 20cm 处，用水泥砂浆或混合砂浆各做一个标志块，厚度同抹灰层厚度，大小为 $25cm^2$ 的正方形。以这两个标志块为标准，再用托线板靠吊垂直确定墙下部对应的两个标志块的厚度，其位置在踢脚线上口，使上、下两个标志块在一条垂直线上。标准标志块做好后，再在该标志块的附近墙面钉上钉子，拉上水平通线，然后按间距 1.2～1.5m 做若干标志块。

标筋是在上、下两个标志块之间先抹出一长条梯形灰埂，宽度为 10cm 左右，厚度与标志块相平，作为墙面抹灰填平的标准。其做法是，在上、下两个标志块中间先抹一层砂浆，再抹第二遍，凸出呈八字形，比标志块凸出 1cm 左右。然后用木杠紧贴标志块左上右下搓，直到把标筋搓得与标志块一样平为止，同时要将标筋的两边用刮尺修成斜面，使其与抹灰面接槎顺平，如图 1-2-3 所示。

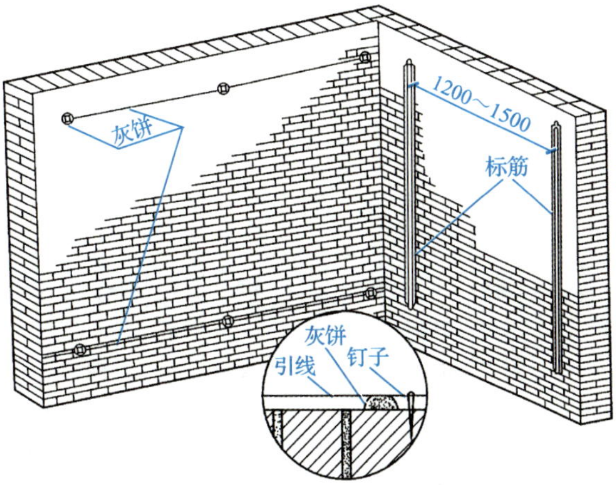

图 1-2-3　做灰饼和标筋

3）抹门窗护角。室内墙角、柱角和门窗洞口的阳角抹灰要线条清晰、挺直，并应防止碰撞损坏。因此，凡是与人、物经常接触的阳角部位，不论设计有无规定，都需要做护角，并用水泥砂浆捋出小圆角，一般高度不低于 2m，每侧宽度不小于 50mm。用 M20 水泥砂浆，可使阳角线条清晰、挺直，防止破坏。门窗洞口做护角和阴角的扯平找直分别如图 1-2-4 和图 1-2-5 所示。

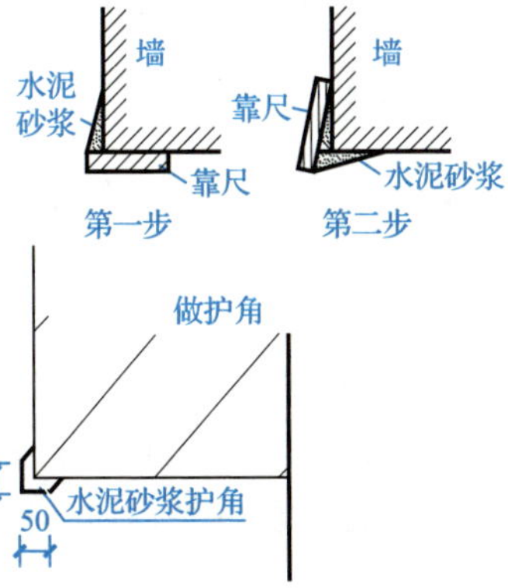

图 1-2-4　门窗洞口做护角

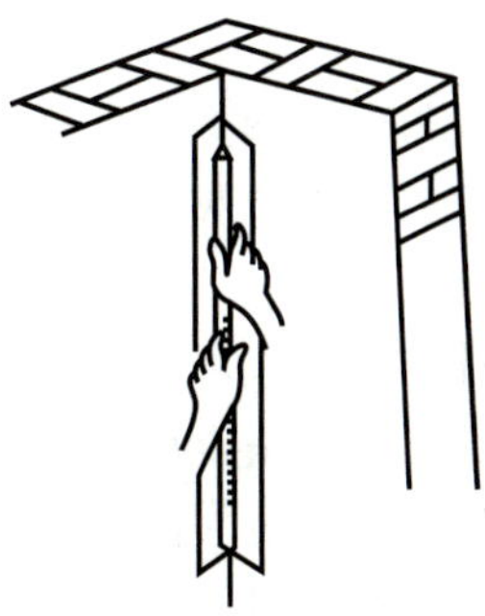

图 1-2-5　阴角的扯平找直

4）抹底层灰。在标志块、标筋及门窗洞口做好护角后，底层与中层抹灰即可进行。其方法是，将砂浆抹于墙面两条标筋之间，底层要低于标筋的 1/3，由上而下抹灰，一手握住灰板，一手握住铁抹子，将灰板靠近墙面，铁抹子横向将砂浆抹在墙面上。灰板要时刻接在铁抹子下边，以便托住抹灰时掉落的灰。

5）抹中层灰。在底层灰为七八成干（用手指按压有指印但不软）时即可抹中层灰。操作时一般按从上向下、从左向右的顺序进行。抹灰厚度应稍高于标筋，再用木杠按标筋刮平，紧接着用木抹子搓压，使表面平整密实。

6）面层抹灰。面层抹灰在工程上俗称罩面。室内面层抹灰常用纸筋石灰、麻刀石灰、石膏等。面层抹灰应在中层灰为七八成干后进行。先在中层灰上洒水，然后将面层灰分遍均匀地抹涂上去，一般也应按从上向下、从左向右的顺序进行。抹满后用铁抹子分遍压实、压光。底子灰太湿会影响抹灰面的平整度，还可能产生“咬色”现象；底子灰太干则容易使面层脱水太快而影响黏结，造成面层空鼓现象。

1.2.1.3　外墙的一般抹灰

1. 施工工艺流程

外墙的一般抹灰施工工艺流程如图 1-2-6 所示。

图 1-2-6　外墙的一般抹灰施工工艺流程

2. 操作要点

（1）基层处理

1）烧结砖砌体基层时应清除表面杂物、残留灰浆、尘土等，并在抹灰前浇水润湿墙面，抹灰时墙面不得有明水。

2）在钢筋混凝土墙面或构件抹灰前，基层表面应被清理干净，无浮灰、油渍和其他胶液等，基层处理采用刷界面处理剂的方法。

3）在加气混凝土墙体表面抹灰前，基层应被清理干净，表面疏松部分应被清除，同时可用聚合物水泥砂浆对砌块缺损处补平压实，墙面含水率控制在 15%～20%，在其表面用专用砂浆或专用界面处理剂进行基底处理后方可抹底层灰。

（2）找规矩

外墙面抹灰与内墙面抹灰一样，也要挂线做标志块、标筋。其找规矩的方法与内墙基本相同，但要在相邻两个抹灰面相交处挂垂线。

（3）挂线、做灰饼

由于外墙抹灰面积大，另外还有门窗、阳台、明柱、腰线等，因此外墙抹灰找规矩比内墙更加重要，要在四角先挂好自上而下的垂直线（多层及高层楼房应用钢丝线垂下），然后根据抹灰的厚度弹上控制线，再拉水平通线，并弹水平线做标志块，然后做标筋。

（4）弹线、粘贴分格条

分格条在使用前要用水泡透，这样既便于施工粘贴，又能防止分格条在使用中变形，同时也利于分格条本身的水分蒸发，收缩易于起出。水平分格条宜粘贴在水平线下口，垂直分格条宜粘贴在垂线的左侧。粘贴一条横向或竖向分格条后，应用直尺校正其平整度，并将分格条两侧用水泥浆抹成八字形斜角。

（5）抹灰

外墙抹灰层要求有一定的耐久性。若采用水泥石灰混合砂浆，则配合比为水泥∶石灰膏∶砂=1∶1∶6；若采用水泥砂浆，则配合比为水泥∶砂=1∶3。底层砂浆具有一定强度后，再抹中层砂浆，抹时要用木杠、木抹子刮平压实，扫毛，浇水养护。

在抹面层时，先用 1∶2.5 的水泥砂浆薄薄刮一遍；第二遍再与分格条抹齐平，然后按分格条厚度刮平、搓实、压光，再用刷子蘸水按同一方向轻刷一遍，以使颜色一致，同时清刷分格条上的砂浆，以免起分格条时损坏抹面。起出分格条后，随即用水泥砂浆把缝勾齐。

1.2.1.4　质量问题与预防措施

1. 墙面空鼓裂缝

（1）主要原因

1）基层处理不好，清扫不净，浇水不匀、不足。

2）不同材料交接处未设加强网或加强网搭接宽度过小。

3）原材料质量不符合要求，砂浆配合比不当。

4）墙面脚手架眼填塞不当。

5）一层抹灰过厚，各层之间操作间隔时间太短。

6）养护不到位，尤其在暑期施工时。

（2）预防措施

1）基层应按规定处理好，浇水应充分、均匀。

2）按要求设置并固定好加强网。

3）严格控制原材料的质量，严格按配合比配合和搅拌砂浆。

4）认真填塞墙面脚手架眼。

5）严格分层操作并控制好各层厚度，各层之间的操作时间间隔应充足。

6）加强对抹灰层的养护工作。

2. 墙面接槎有明显的抹纹，色泽不均匀

（1）主要原因

1）墙面没有分格或分格过大，抹灰留槎的位置不当。

2）没有统一配料，砂浆的原材料不一致。

3）基层或底层的浇水不均匀，罩面压光操作不当。

（2）预防措施

1）抹灰时应把接槎的位置留在分格处或阴阳角、雨水管处，并注意接槎部位的操作，避免出现高低不一、色泽不匀等现象。

2）由于室外抹灰稍有抹纹，在阳光下看就很明显，影响墙面的外观效果，因此室外抹水泥砂浆墙面应做成毛面。用木抹子搓毛面时，要做到轻重一致，先以圆圈形搓抹，然后上下抽拉，方向要一致，以免表面出现色泽深浅不一、起毛纹等问题。

3. 窗台、阳台等抹灰的水平与垂直方向不一致

（1）主要原因

1）在结构施工时，现浇混凝土或构件安装的偏差过大，抹灰时不易纠正。

2）抹灰前，上下、左右未拉水平和垂直通线，施工误差较大。

（2）预防措施

1）在结构施工阶段应尽量保证结构或构件的形状位置正确，减少偏差。

2）安装窗框时应找出各自的中心线并拉好水平通线，保证安装位置的正确。

3）抹灰前应在窗台、阳台、雨篷、柱垛等处拉水平和垂直方向的通线找平找正，每步均

要起灰饼。

4. 分格缝不直不平，缺棱错缝

（1）主要原因

1）没有拉通线，或没有在底层灰上统一弹水平和垂直的分格线。

2）木分格条浸水不透，使用时变形。

3）粘贴分格条和起分格条时操作不当造成缝口两边错缝和缺棱。

（2）预防措施

1）柱子等短向分格缝，对每根柱要统一找标高，拉通线弹出水平分格线，柱侧面要用水平尺引过去保证平整度；窗间墙竖向分格缝应统一分块吊线。

2）分格缝条在使用前要在水中浸泡，水平分格条一般应粘在水平线下口，竖向分格条一般应粘在垂直线左侧，以便检查其准确度，防止发生错缝和不平等现象。

3）分格条两侧抹八字形水泥砂浆固定时，在水平线处应先抹下侧一面，当天进行面层抹灰、当天压光后就起分格条时，分格条两侧可抹成 45°；当天不进行面层抹灰时，分格条两侧应抹成 60°，必须待水泥砂浆面层达到一定的强度后才能起分格条。

4）面层压光时，应将分格条上的水泥砂浆清理干净，以免起分格条时损坏墙面。

1.2.1.5 冬季、雨期施工

一般只在初冬期间施工，严冬期间不宜施工。

1）冬季拌灰砂浆应采用热水拌和，运输时采取保温措施，涂抹时砂浆温度不宜低于 5℃。

2）砂浆抹灰层硬化初期不得受冻。

3）当大气温度低于 5℃时，室外抹灰砂浆中可掺入能降低冻结温度的食盐或氯化钙等，其掺量应由试验确定。做油漆墙面的抹灰砂浆不得掺有食盐和氯化钙。

4）用冻结法砌筑墙，室外抹灰应待其完全解浆后再抹，不得用热水冲刷冻结的墙面，或用热水消除墙面的冰霜。

5）冬季施工为防止灰层早期受冻，保证操作，砂浆内不可掺入石灰膏，为保证灰浆的和易性，可掺入同体积的粉煤灰代替。例如，1∶1∶6 的水泥混合砂浆可改为水泥粉煤灰砂浆，配合比仍为 1∶1∶6。

6）雨期抹灰工程应采取防雨措施，防止抹灰层终凝前受雨淋而损坏。

1.2.2 装饰抹灰工程施工

装饰抹灰的底层和中层与一般抹灰相同，但面层材料有区别，装饰抹灰的面层材料主要有：水泥石子浆、水泥色浆、聚合物水泥砂浆等。装饰抹灰除具有与一般抹灰相同的功能外，还具有鲜明的艺术效果。

1.2.2.1 水刷石施工

水刷石也称水洗石、洗石，用来装饰外墙面，立体感强，外观稳重，不褪色，耐污染，能使饰面达到天然美观的要求。

1. 施工工艺流程

水刷石的施工工艺流程如图1-2-7所示。

图1-2-7　水刷石的施工工艺流程

2. 操作要点

1）弹线、粘分格条。粘分格条如图1-2-8所示。水刷石的分隔是为了避免施工接槎的一种措施，同时便于面层分块分段地进行操作。首先按照设计要求及施工分段的位置，在抹灰中层表面弹分格线，然后把浸透水（防止木分格条变形，也便于粘贴）的木分格条用水泥素浆粘贴在所弹分格线的位置上，两侧抹成八字形（最好掺建筑胶）。

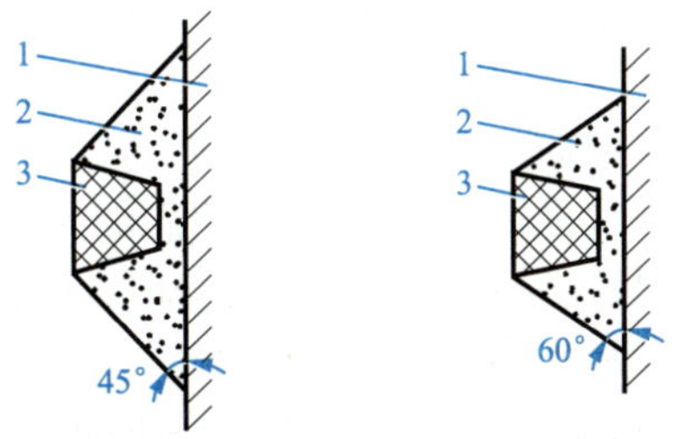

（a）当天抹面层的分格条　（b）当天不抹面层的分格条

1—抹灰中层；2—素水泥浆；3—木分格条。

图1-2-8　粘分格条

2）抹面层水泥石子浆。抹面层应待中层砂浆终凝之后，依中层砂浆的干湿程度洒水湿润，然后刷一道水灰比为0.37～0.40的素水泥浆，随即抹面层石粒浆，石粒浆稠度以5～7cm为宜。石粒应颗粒均匀、坚硬，色泽一致、洁净。抹面层时，应一次成活，随抹随用铁抹子压紧、压实，但不要把石粒压得过死。每块方格内应自下而上进行，抹完一块后，用直尺检查其平整度，不平处应及时修补并压实平整。同一平面的面层要求一次完成，不宜留施工缝；如果必须留施工缝，则应留在分格条的位置上。

3）冲洗。冲洗是确保水刷石施工质量的重要环节。冲洗应当在表面层刚刚开始初凝、手指压上去无痕迹、用刷子刷石粒不掉粒时开始。

冲刷分两遍进行，第一遍先用软毛刷刷掉面层水泥浆，露出石粒；第二遍用喷雾器从上往下喷水，冲去水泥浆，使石粒露出1/3～1/2粒径。

冲洗应快慢适度，以能刷洗掉水泥浆而又不掉石粒为宜，冲洗过程中应做好排水工作。

4）起分格条、修整。冲洗面层、露出石子后，就要起出分格条。

5）养护。从水刷石抹完后第二天起，应经常洒水养护，养护时间不少于7天。在夏季酷热天气施工时，应考虑搭设遮阳棚，防止日光直接辐射使水泥早期脱水影响强度。

注意：水刷石浪费水资源，并污染环境，应尽量减少使用。

1.2.2.2　干粘石施工

干粘石是由水刷石演变而来的一种工艺。与水刷石相比，干粘石施工操作简单，减少了湿作业，因此在不少地方得到了推广。

1. 施工工艺流程

干粘石的施工工艺流程如图 1-2-9 所示。

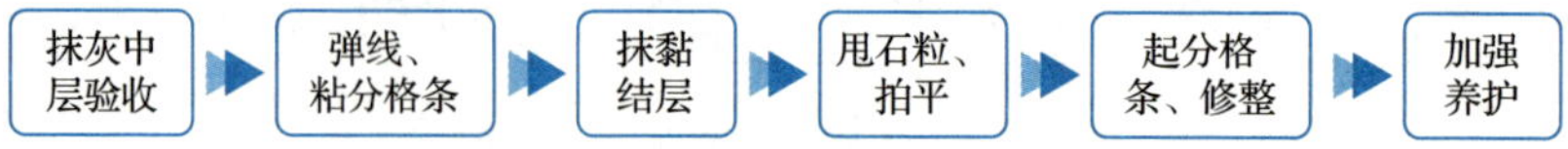

图 1-2-9　干粘石的施工工艺流程

2. 操作要点

1）抹黏结层。待中层抹灰为六至八成干时，经验收合格后，应按设计要求弹线、粘贴分格条（方法同外墙抹灰），然后洒水润湿，刷一道素水泥浆，接着抹水泥砂浆黏结层。黏结层砂浆稠度以 6～8cm 为宜。黏结层很重要，抹前用水湿润中层，黏结层的厚度取决于石子的大小，当石子为“小八厘”时，黏结层厚度为 4mm；当石子为“中八厘”时，黏结层厚度为 6mm；当石子为“大八厘”时，黏结层厚度为 8mm。湿润后，还应检查干湿情况，对于干得快的地方，用排刷补水到适度，方能开始抹黏结层。黏结层不宜上下同一厚度，更不宜高于嵌条，一般在下部约 1/3 的高度范围内比上面薄些；整个分块表面又要比嵌条薄 1mm 左右。撒上石子压实后，不但平整度可靠，而且能避免下部鼓包皱皮现象的出现。

2）甩石粒、拍平。黏结层抹完后，待干湿情况适宜即可手甩石粒，随即用铁抹子将石子拍入黏结层。甩石粒应遵循“先边角后中间，先上面后下面”的原则。在阳角处甩石粒时应两侧同时进行，以避免两边收水不一而出现明显接槎。甩石粒时，用力要平稳有劲，方向应与墙面垂直，使石粒均匀地嵌入黏结砂浆中，然后用铁抹子或胶辊滚压坚实。拍压时，用力要合适，一般以石粒嵌入砂浆的深度不小于粒径的 1/2 为宜。对于墙面石粒过稀或过密处，一般不宜甩补，应将石粒用抹子（或手）直接补上或适当剔除。

3）修整。当墙面表面平整、石粒饱满时，应立即对局部有石粒下坠、不均匀、外露尖角太多或表面不平整等不符合质量要求的地方修整、拍平，分格条处应重新勾描，以达到表面平整、色泽均匀、线条顺直清晰。

4）加强养护。干粘石的面层施工应加强养护。在 24h 后，应洒水养护 2～3 天。夏季日照强，气温高，要求有适当的遮阳条件，避免阳光直射，使干粘石凝结期间有一段养护时间，以提高强度。砂浆强度未达到足以抵抗外力时，应注意防止脚手架、工具等撞击、触动，以免石子脱落，还要注意防止油漆和砂浆等污染墙面。

1.2.2.3　斩假石施工

斩假石又称剁斧石，其做法是先抹水泥石子浆，待其硬化后用专用工具斩剁，使其具有仿天然石纹的纹路。

1. 施工工艺流程

斩假石的施工工艺流程如图 1-2-10 所示。

图 1-2-10　斩假石的施工工艺流程

注意：斩假石的中层灰应采用 1∶2 水泥砂浆，操作同一般抹灰。当中层灰达到六七成干后，按设计要求弹线、粘分格条，浇水润湿，满刮一道水灰比为 0.37 ~ 0.40 的素水泥浆，然后抹水泥石子浆。

2. 操作要点

1）抹面层水泥石子浆。面层水泥石子浆一般两遍成活，厚度一般为 10mm 左右。先薄抹一层，待稍收水后再与分格条抹平；第二层收水后用木抹子拍实，应上下顺势溜直，不得有砂眼。同一分格内的水泥石子浆应一次抹完。抹完后可用软毛刷蘸水顺纹清扫，刷去表面浮浆至石粒显露。

2）斩剁。常温下，面层养护 2～3 天后即可试剁。试剁以面层不掉石粒、容易出剁痕、声音清脆为准，斩剁顺序应遵循先上后下、先左后右、先转角和周边后中间的原则。转角和周边剁水平纹，中间剁竖直纹。先轻剁一遍，再盖着前一遍的剁纹深剁。剁纹应深浅一致，深度不超过石粒粒径的 1/3。斩剁时，要防止墙角和柱子边缘缺棱掉角。

1.2.2.4　假面砖施工

1. 假面砖施工的概念

假面砖又称仿釉面砖，是采用掺氧化铁和颜料的水泥砂浆，手工操作，模拟面砖装饰效果的一种饰面做法。假面砖一般适用于外墙装饰，如图 1-2-11 所示。

2. 假面砖施工工具

假面砖施工工具如图 1-2-12 所示。

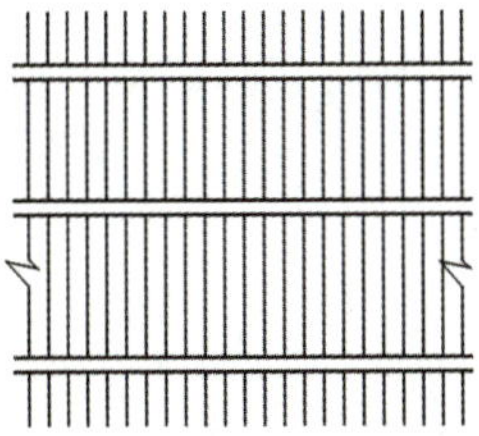

图 1-2-11　用于外墙装饰的假面砖

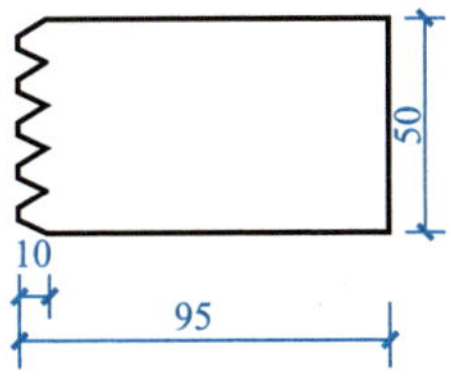

（a）铁梳子

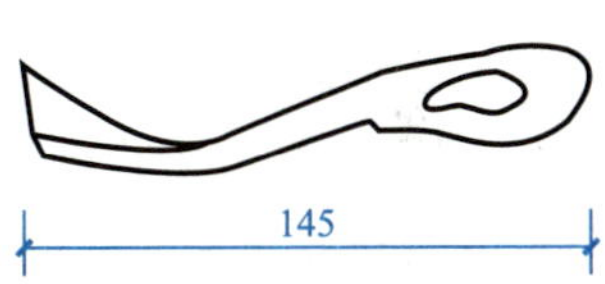

（b）铁钩子

图 1-2-12　假面砖施工工具

3. 假面砖抹灰砂浆

假面砖抹灰砂浆应按设计要求的色调配制，其参考配比如表 1-2-1 所示。

表 1-2-1　假面砖抹灰砂浆的参考配比

设计颜色	普通水泥	白水泥	石灰膏	颜料	细砂
土黄色	5		1	氧化铁红（0.2～0.3）	9
咖啡色	5		1	氧化铁黄（0.1～0.2）	9
浅黄色		5		氧化铁红（0.5）	9
浅桃色		5		铬黄（0.9）	白色细砂 9
淡绿色		5		铬黄（0.5）、红珠（0.4）	白色细砂 9
灰绿色	5		1	氧化铬绿（2）	白色细砂 9
白色		5		氧化铬绿（2）	白色细砂 9

4. 假面砖抹灰的一般做法

假面砖抹灰的底层和中层，一般采用 1∶3 的水泥砂浆，其表面要满足平整、粗糙的要求。待中层凝结硬化后洒水润湿养护，并可进行弹线。先弹出宽缝线，用于控制面层划沟（面砖凹缝）的垂直度；然后抹 1∶1 的水泥砂浆垫层，厚度为 3mm；紧接着抹面层彩色砂浆，厚度为 3～4mm。待面层彩色砂浆稍微收水后，即用铁梳子沿靠尺板划纹，纹深为 1mm 左右，划纹方向与宽缝线相互垂直，作为假面砖的密缝；然后用铁皮刨或铁钩子沿靠尺板划沟（也可采用铁辊进行滚压划纹），纹路凹入深度以露出垫层为准，随手扫净飞边砂粒。

1.2.3 抹灰工程质量验收

一般抹灰工程分为普通抹灰和高级抹灰，当设计无要求时，按普通抹灰验收。一般抹灰包括水泥砂浆、水泥混合砂浆、聚合物水泥砂浆和粉刷石膏等抹灰；保温层薄抹灰包括保温层外面聚合物砂浆薄抹灰；装饰抹灰包括水刷石、斩假石、干粘石和假面砖等装饰抹灰；清水砌体勾缝包括清水砌体砂浆勾缝和原浆勾缝。

（1）抹灰工程验收时应检查的文件和记录

1）抹灰工程施工图、设计说明及其他设计文件。

3）材料的产品合格证书、性能检测报告、进场验收记录和复验报告。

3）隐蔽工程验收记录。

4）施工记录。

（2）抹灰工程应复验的材料及其性能指标

1）砂浆的拉伸黏结强度。

2）聚合物砂浆的保水率。

（3）抹灰工程应验收的隐蔽工程项目

1）抹灰总厚度大于或等于 35mm 时的加强措施。

2）不同材料基体交接处的加强措施。

（4）各分项工程的检验批划分

1）相同材料、工艺和施工条件的室外抹灰工程每 1000m^2 应划分为一个检验批，不足 1000m^2 时也应划分为一个检验批。

2）相同材料、工艺和施工条件的室内抹灰工程每 50 个自然间应划分为一个检验批，不足 50 间也应划分为一个检验批，大面积房间和走廊可按抹灰面积每 30m^2 计为 1 间。

（5）检查数量

1）室内每个检验批应至少抽查 10%，并不得少于 3 间；不足 3 间时应全数检查。

2）室外每个检验批每 100m^2 应至少抽查一处，每处不得少于 10m^2。

（6）施工规定

1）外墙抹灰工程施工前应先安装钢木门窗框、护栏等，并应将墙上的施工孔洞堵塞密实。

2）室内墙面、柱面和门洞口的阳角做法应符合设计要求。当设计无要求时，应采用不低于 M20 的水泥砂浆做护角，其高度应不低于 2m，每侧宽度应不小于 50mm。

3）当要求抹灰层具有防水、防潮功能时，应采用防水砂浆。

4）各种砂浆抹灰层，在凝结前应防止快干、水冲、撞击、振动和受冻，在凝结后应采取措施防止沾污和损坏。水泥砂浆抹灰层应在湿润条件下养护。

5）外墙和顶棚的抹灰层与基层之间及各抹灰层之间必须黏结牢固。

1.2.3.1　一般抹灰工程质量验收标准与检验

1. 主控项目

1）一般抹灰所用材料的品种和性能应符合设计要求及国家现行标准的有关规定。

检验方法：检查产品合格证书、进场验收记录、性能检验报告和复验报告。

2）抹灰前，基层表面的尘土、污垢和油渍等应清除干净，并应洒水润湿或进行界面处理。

检验方法：检查施工记录。

3）抹灰工程应分层进行。当抹灰总厚度大于或等于 35mm 时，应采取加强措施。不同材料基体交接处表面的抹灰，应采取防止开裂的加强措施；当采用加强网时，加强网与各基体的搭接宽度应不小于 100mm。

检验方法：检查隐蔽工程验收记录和施工记录。

4）抹灰层与基层之间及各抹灰层之间必须黏结牢固，抹灰层应无脱层、空鼓，面层应无爆灰和裂缝。

检验方法：观察；用小锤轻击检查；检查施工记录。

2. 一般项目

1）一般抹灰工程的表面质量应符合下列规定：

① 普通抹灰表面应光滑、洁净、接槎平整，分格缝应清晰。

② 高级抹灰表面应光滑、洁净、颜色均匀、无抹纹，分格缝和灰线应清晰美观。

检验方法：观察、手摸检查。

2）护角、孔洞、槽、盒周围的抹灰表面应整齐、光滑；管道后面的抹灰表面应平整。

检验方法：观察。

3）抹灰层的总厚度应符合设计要求；水泥砂浆不得抹在石灰砂浆层上；面层石膏灰不得抹在水泥砂浆层上。

检验方法：检查施工记录。

4）抹灰分格缝的设置应符合设计要求，宽度和深度应均匀，表面应光滑，棱角应整齐。

检验方法：观察；尺量检查。

5）有排水要求的部位应做滴水线（槽）。滴水线（槽）应整齐顺直。滴水线应内高外低，滴水槽的宽度和深度均应不小于 10mm。

检验方法：观察；尺量检查。

一般抹灰的允许偏差和检验方法应符合表 1-2-2 的规定。

表 1-2-2 一般抹灰的允许偏差和检验方法

项次	项目	允许偏差/mm		检验方法
		普通抹灰	高级抹灰	
1	立面垂直度	4	3	用 2m 垂直检测尺检查
2	表面平整度	4	3	用 2m 靠尺和塞尺检查
3	阴阳角方正	4	3	用直角尺检查
4	分格条（缝）直线度	4	3	拉 5m 线，不足 5m 时拉通线，用钢直尺检查
5	墙裙、勒脚上口直线度	4	3	拉 5m 线，不足 5m 时拉通线，用钢直尺检查

注：1. 对于普通抹灰，本表第 3 项阴角方正可不检查。
2. 顶棚抹灰，本表第 2 项表面平整度可不检查，但应平顺。

1.2.3.2 装饰抹灰工程质量验收标准与检验

1. 主控项目

1）装饰抹灰工程所用材料的品种和性能应符合设计要求及国家现行标准的有关规定。

检验方法：检查产品合格证书、进场验收记录、性能检验报告和复验报告。

2）抹灰前，基层表面的尘土、污垢和油渍等应清除干净，并应洒水润湿或进行界面处理。

检验方法：检查施工记录。

3）抹灰工程应分层进行。当抹灰总厚度大于或等于 35mm 时，应采取加强措施。不同材料基体交接处表面的抹灰，应采取防止开裂的加强措施；当采用加强网时，加强网与各基体的搭接宽度应不小于 100mm。

检验方法：检查隐蔽工程验收记录和施工记录。

4）各抹灰层之间及抹灰层与基体之间必须黏结牢固，抹灰层应无脱层、空鼓和裂缝。

检验方法：观察；用小锤轻击检查；检查施工记录。

2. 一般项目

1）装饰抹灰工程的表面质量应符合下列规定：

① 水刷石表面应石粒清晰、分布均匀、紧密平整、色泽一致，无掉粒和接槎痕迹。

② 斩假石表面剁纹应均匀顺直、深浅一致，无漏剁处；阳角处应横剁并留出宽窄一致的不剁边条，棱角应无损坏。

③ 干粘石表面应色泽一致、不漏浆、不漏粘，石粒应黏结牢固、分布均匀，阳角处应无明显黑边。

④ 假面砖表面应平整、沟纹清晰、留缝整齐、色泽一致，应无掉角、脱皮、起砂等缺陷。

检验方法：观察、手摸检查。

2）装饰抹灰分格条（缝）抹灰。装饰抹灰分格条（缝）的设置应符合设计要求，宽度和深度应均匀，表面应平整光滑，棱角应整齐。

检验方法：观察。

3）滴水线（槽）抹灰。有排水要求的部位应做成滴水线（槽），滴水线（槽）应整齐顺直，滴水线应内高外低，滴水槽的宽度和深度均不应小于 10mm。

检验方法：观察；尺量检查。

4）装饰抹灰工程质量。装饰抹灰的允许偏差和检验方法应符合表 1-2-3 的规定。

表 1-2-3　装饰抹灰的允许偏差和检验方法

项次	项目	允许偏差/mm				检验方法
		水刷石	斩假石	干粘石	假面砖	
1	立面垂直度	5	4	5		用 2m 垂直检测尺检查
2	表面平整度	3	3	5	4	用 2m 靠尺和塞尺检查
3	阴阳角方正	3	3	4	4	用直角尺检查
4	分格条（缝）直线度	3	3	3	3	拉 5m 线，不足 5m 时拉通线，用钢直尺检查
5	墙裙、勒脚上口直线度	3	3			拉 5m 线，不足 5m 时拉通线，用钢直尺检查

1.2.3.3　保温层薄抹灰工程质量验收标准与检验

1. 主控项目

1）保温层薄抹灰所用材料的品种和性能应符合设计要求及国家现行标准的有关规定。

检验方法：检查产品合格证书、进场验收记录、性能检验报告和复验报告。

2）基层质量应符合设计和施工方案的要求。基层表面的尘土、污垢和油渍等应清除干净。基层含水率应满足施工工艺的要求。

检验方法：检查施工记录。

3）保温层薄抹灰及其加强处理应符合设计要求和国家现行标准的有关规定。

检验方法：检查隐蔽工程验收记录和施工记录。

4）抹灰层与基层之间及各抹灰层之间应黏结牢固，抹灰层应无脱层和空鼓，面层应无爆灰和裂缝。

检验方法：观察；用小锤轻击检查；检查施工记录。

2. 一般项目

1）保温层薄抹灰表面应光滑、洁净、颜色均匀、无抹纹，分格缝和灰线应清晰美观。

检验方法：观察；手摸检查。

2）护角、孔洞、槽、盒周围的抹灰表面应整齐、光滑，管道后面的抹灰表面应平整。

检验方法：观察。

3）保温层薄抹灰层的总厚度应符合设计要求。

检验方法：检查施工记录。

4）保温层薄抹灰分格缝的设置应符合设计要求，宽度和深度应均匀，表面应光滑，棱角应整齐。

检验方法：观察；尺量检查。

5）有排水要求的部位应做滴水线（槽）。滴水线（槽）应整齐顺直，滴水线应内高外低，滴水槽宽度和深度均应不小于 10mm。

检验方法：观察；尺量检查。

保温层薄抹灰的允许偏差和检验方法应符合表 1-2-4 的规定。

表 1-2-4　保温层薄抹灰的允许偏差和检验方法

项次	项目	允许偏差/mm	检验方法
1	立面垂直度	3	用 2m 垂直检测尺检查
2	表面平整度	3	用 2m 靠尺和塞尺检查
3	阴阳角方正	3	用直角尺检查
4	分格条（缝）直线度	3	拉 5m 线，不足 5m 时拉通线，用钢直尺检查

1.2.3.4　清水砌体勾缝工程质量验收标准与检验

1. 主控项目

1）清水砌体勾缝所用砂浆的品种和性能应符合设计要求及国家现行标准的有关规定。
检验方法：检查产品合格证书、进场验收记录、性能检验报告和复验报告。
2）清水砌体勾缝应无漏勾。勾缝材料应黏结牢固、无开裂。
检验方法：观察。

2. 一般项目

1）清水砌体勾缝应横平竖直，交接处应平顺，宽度和深度应均匀，表面应压实抹平。
检验方法：观察；尺量检查。
2）灰缝应颜色一致，砌体表面应洁净。
检验方法：观察。

1.3　综合训练：某职工餐厅的装修改造

综合训练阶段是以项目探索与实战为载体，以学生为主体的行为过程实践阶段，包括任务分析与项目提交两个环节。

1.3.1　任务分析

某饭店进行职工餐厅的装修改造，工程于 2003 年 11 月 30 日开工，于 2004 年 1 月 15 日竣工。

主要施工项目包括旧结构拆改、墙面抹灰、吊顶、涂料、墙地砖铺设、更换门窗等。某装饰公司承接了该项工程的施工，为保证工程质量，对抹灰工程进行了重点控制。

高级抹灰的允许偏差和检验方法如表 1-3-1 所示。

表 1-3-1　高级抹灰的允许偏差和检验方法

项次	项目	高级抹灰允许偏差/mm	检验方法
1	表面平整度	4	用 2m 直尺和楔形塞尺检查

续表

项次	项目	高级抹灰允许偏差/mm	检验方法
2	阴阳角垂直度	2	用 2m 托线板和直角尺检查
3	立面垂直度	3	
4	阴阳角方正	2	用 200mm 方尺检查
5	分格条（缝）直线度	—	拉 5m 线和钢直尺检查

为防止墙面抹灰开裂，需要采取以下措施：

1）抹灰施工要分层进行。

2）对抹灰厚度大于 35mm 的抹灰面要增加钢丝网片。

3）对墙、柱、门窗洞口的阴角做 1∶2 水泥砂浆暗护角处理。

4）在有防水要求的墙面抹灰水泥砂浆中掺入 16∶1 的外加剂，并试配。

问题：

1）表 1-3-1 所示高级抹灰的允许偏差有无错误？请指出。

2）防止墙面抹灰开裂的技术措施有无不妥和缺项？请补充改正。

3）抹灰工程中需要对哪些材料进行复验？复验项目有哪些？

4）冬季条件下，墙面抹灰工程施工要有何种技术措施？

5）小型砌块填充墙与混凝土梁、柱、剪力墙、预埋管道等不同材料交接处，抹灰前的处理方法是什么？

1.3.2　项目提交

项目提交阶段是学生完成项目实战所设定的任务，进行成果提交的阶段。

1）完成实战项目案例解析。

2）对周边生活中的墙面抹灰工程做一份调查，完成一份关于墙面抹灰施工质量及通病的调查报告，要求包括前期基层处理、施工工艺、操作要点、质量验收及质量通病的防治，对墙面抹灰施工中出现的通病现象应以拍照的方式做记录。

能力评价　抹灰工程施工能力评价

能力评价阶段是专业指导教师和企业指导教师针对学生项目实战、调查报告及答辩情况进行综合评价并给出成绩的阶段。

1. 评价功能

1）检验学生项目实战的效果及学生观察问题、分析问题、应用专业知识解决实际问题的能力。

2）教师自检其选择的教学方法、手段、形式所得的成果。

2. 评价内容

1）案例解析的准确度。

2）调查报告的全面性、真实性、代表性、对报告中出现的工程质量问题的总结性。

3）综合应用专业知识解决实际问题的能力。
4）对所提问题的回答是否充分及语言表达水平如何。

3. 成绩评定

总体评价参考比例标准：过程考核占 40%，成果考核占 40%，答辩占 20%。

2

项　目

门窗工程施工

学习目标

知识目标

1．掌握门窗工程的安装工艺流程、操作要点。
2．掌握门窗工程安装施工质量验收的内容、要求和方法。

能力目标

1．能根据门窗特点，选择合适的安装施工方案。
2．能分析并解决门窗安装施工过程中出现的质量问题。
3．能根据门窗安装施工过程中出现的质量问题采取对应的防治措施。

思维导图

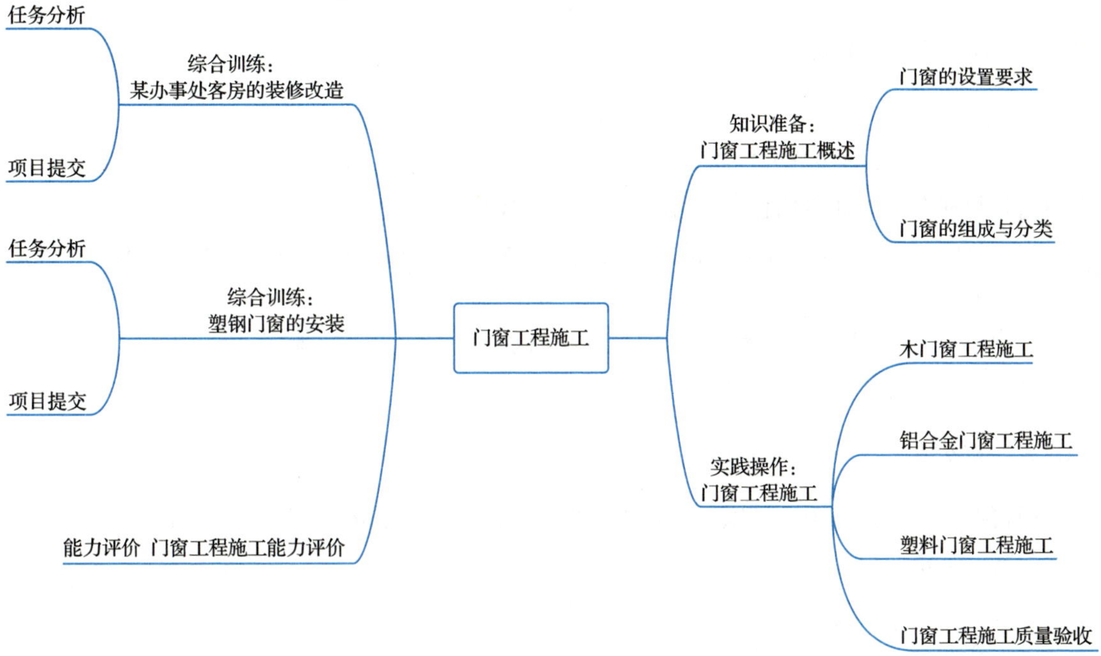

2.1 知识准备：门窗工程施工概述

门窗工程作为建筑物的基本组成部分，应满足基本的使用要求。

微课：门窗工程装饰施工认知

2.1.1 门窗的设置要求

门窗应满足基本的使用要求：采光、通风及安全疏散。门窗作为建筑物的围护构件，应满足的基本性能包括：抗风压变形性、抗雨水渗漏性和抗空气渗透性。

2.1.2 门窗的组成与分类

门窗一般由窗（门）框、窗（门）扇、玻璃、五金配件等部件组合而成。门窗的种类很多，各类门窗一般按开启方式、制作门窗的材质和功能进行分类。

2.1.2.1 按开启方式

1）窗。窗分为平开窗、推拉窗、上悬窗、中悬窗、下悬窗、固定窗等。

2）门。门分为平开门、推拉门、自由门、折叠门等。

2.1.2.2 按制作门窗的材质

1）木门窗：以木材为原料制作的门窗，材质易变形，无密封措施。

2）钢门窗：按结构分为空腹式和实腹式，易锈蚀，使用功能、密封和保温隔热性能差。钢门窗按材料分为普通钢门窗、彩板钢门窗和渗铝钢门窗三种。

3）铝合金门窗：以铝合金型材加工而成的门窗，耐腐蚀，不易变形，密封性能好，保温隔热性能差。

4）塑料门窗（钢衬或铝衬）：以塑料异型材加工而成的门窗，特点是耐腐蚀，不变形、密封性好、保温隔热、节约能源。

2.1.2.3 按功能

门窗按不同功能分类，可以分为普通门窗、保温门窗、隔声门窗、防火门窗、防盗门窗、防爆门窗、装饰门窗、安全门窗等。

2.2 实践操作：门窗工程施工

2.2.1 木门窗工程施工

2.2.1.1 作业条件

1）门窗框和扇进场后，及时组织油工将框靠墙、靠地的一面涂刷防腐涂料。然后分类水平堆放平整，底层应搁置在垫木上。

2）安装前先检查门窗框和扇有无翘扭、弯曲、窜角、劈裂、榫槽间结合处松散等情况，如有则应进行修理。

3）预先安装的门窗框，应在楼、地面基层标高或墙砌到窗台标高时安装。后装的门窗框，应在主体工程验收合格、门窗洞口防腐木砖埋设齐备后进行。

4）准备安装木门窗的砖墙洞口已按要求预埋防腐木砖，木砖中心距不大于1.2m，并应满足每边不少于2块木砖的要求；单砖或轻质砌体应砌入带木砖的预制混凝土块中。

5）砖墙洞口安装带贴脸的木门窗，为使门窗框与抹灰面平齐，应在安框前做出抹灰标筋。

6）门窗框安装在砌墙前或室内、外抹灰前进行，门窗扇安装应在饰面完成后进行。

2.2.1.2 木门窗的安装

1. 木门窗安装工艺流程

木门窗安装工艺流程如图2-2-1所示。

图2-2-1 木门窗安装工艺流程

2. 木门窗框的安装

（1）先立门窗框（立口）的安装

1）施工流程。在砌墙前把门窗框按施工图纸立直、找正，并固定好，后砌窗间墙。为加强窗框与墙的拉结，在窗框上下各档伸出半砖长的木段，同时在边框外侧400～600mm处设一木拉砖或铁脚伸入墙身。这种做法的优点是窗框与墙的连接紧密；缺点是施工不方便，窗框及临时支撑易被碰撞，有时会产生移位。

2）安装操作要点包括以下四项内容：

① 当砌墙砌到室内地坪时，应当立门框；当砌到窗台时，应当立窗框。

② 立口之前，按照施工图纸上门窗的位置、尺寸，把门窗的中线和边线画到地面或墙面上。然后，把门窗框立在相应的位置，用临时支撑固定，用线锤和水平尺找平找直，并检查框的标高是否正确，如有不平不直之处应随即纠正。不垂直可挪动支撑加以调整，不平处可垫木片或砂浆调整。支撑不要过早拆除，应在墙身砌完后拆除。

③ 在砌墙施工过程中，千万不要碰支撑，并应随时对门窗框进行校正，防止门窗框出现位移和歪斜等现象。砌到放木砖的位置时，要校核是否垂直，如不垂直，在放木砖时随时纠正。

④ 木门窗安装整齐与否对建筑物的装饰效果有很大影响。同一面墙的木门窗框应安装整齐，并在同一个平、立面上。可先立两端的门窗框，然后拉一通线，其他的框按照通线进行竖立。这样可以保证门框的位置和窗框的标高一致。

（2）后塞门窗框（塞口）的安装

1）施工流程。在砌墙时先留出窗洞，在抹灰前将后塞门窗框安装好，为了加强窗框与墙的连接，砌墙时应在窗框两侧每隔 400～600mm 砌入 1.5 块防腐木砖。窗洞每侧不少于 2 块木砖，安装窗框时用木螺钉将窗框固定在木砖上。这种安装方法的优点是，墙体施工与窗框安装分开进行，避免相互干扰，墙体施工时窗框未到现场，也不影响施工进度；缺点是，为了安装方便，一般窗洞净尺寸大于窗框外包尺寸 20～30mm，故窗框与墙体之间缝隙较大，若窗洞口较小，则会使窗框安装不上，所以施工时，洞口尺寸要留准确。

注意：木窗框靠墙一侧易受潮变形，常在窗框外侧开槽，并做防腐处理，以减少木材伸缩变形造成的裂缝。

2）安装操作要点有以下三项：

① 门窗洞口要按施工图纸上的位置和尺寸预先留出。洞口应比门窗口大 30～40mm（即每边大 15～20mm）。

② 在砌墙时，洞口两侧按规定砌入木砖，木砖大小约为半砖，两侧木砖间距不大于 1.2m，每边 2～3 块。

③ 在安装门窗框时，先把门窗框塞进门窗洞口内，用木楔临时固定，用线锤和水平尺进行校正。待校正无误后，用钉子把门窗框钉牢在木砖上，每个木砖上应钉两颗钉子，并将钉帽砸扁冲入梃框内。

3. 木门窗扇的安装要点

1）安装前检查门窗扇的型号、规格、质量是否合乎要求。

2）安装前先量好门窗框的高低、宽窄尺寸，然后在相应的扇边上画出高低、宽窄的线，双扇门要打叠（自由门除外），先在中间缝处画出中线，再画出边线，并保证梃宽一致，上下冒头处要画线刨直。

3）画好高低、宽窄线后，用粗刨刨去线外部分，再用细刨刨至光滑平直，使其合乎设计尺寸要求。

4）将扇放入框中试装合格后，按扇高的 1/10～1/8 在框上按合页大小画线，并剔出合页槽，槽深一定要与合页厚度相适应，槽底要平。

5）门窗扇安装的留缝宽度应符合有关标准的规定。

4. 木门窗小五金的安装要点

1）有木节处或已填补的木节处，均不得安装小五金。

2）安装合页、插销、L 铁、T 铁等小五金时，先用锤子将木螺钉打入 1/3 长度，然后用螺钉旋具将木螺钉拧紧、拧平，不得歪扭、倾斜。

3）合页距门窗上、下端宜取立柱高度的 1/10，并避开上、下冒头。

4）门锁不宜安装在中冒头与立柱的结合处，以防伤榫。

5）门窗扇嵌 L 铁、T 铁时应加以隐蔽，做凹槽，安装后应低于表面 1mm 左右。

6）上、下插销要安装在梃宽的中间，若采用暗插销，则应在外梃上剔槽。

7）窗拉手距地面宜为 1.5～1.6m，门拉手距地面宜为 0.9～1.05m。

2.2.2　铝合金门窗工程施工

2.2.2.1　铝合金型材及附件

1. 铝合金型材

铝合金型材是铝合金门窗的骨架，其质量关系到门窗的质量。除必须满足铝合金的元素组成外，型材的表面质量应满足下列要求：

1）铝合金型材表面应当清洁，无裂纹、起皮和腐蚀现象，在铝合金的装饰面上不允许有气泡。

2）普通精度型材装饰面上的碰伤、擦伤和划伤，其深度不得超过 0.2mm；由模具造成的纵向挤压痕深度不得超过 0.1mm。对于高精度型材的表面缺陷深度，装饰面应不大于 0.1mm，非装饰面应不大于 0.25mm。

3）型材经过表面处理后，其表面应有一层氧化膜保护层。一般情况下，氧化膜的厚度应不小于 20μm，并应色泽均匀一致。

2. 常用型材截面尺寸

铝合金门窗常用型材截面尺寸系列如表 2-2-1 所示。

表 2-2-1　铝合金门窗常用型材截面尺寸系列　（单位：mm）

代号	型材截面系列
38	38 系列（框料截面宽度为 38）
42	42 系列（框料截面宽度为 42）
50	50 系列（框料截面宽度为 50）
60	60 系列（框料截面宽度为 60）
70	70 系列（框料截面宽度为 70）
80	80 系列（框料截面宽度为 80）
90	90 系列（框料截面宽度为 90）
100	100 系列（框料截面宽度为 100）

目前铝合金门窗主要有两大类：一类是推拉门窗系列，另一类是平开门窗系列。推拉门窗可选用 90 系列铝合金型材。平开门窗多采用 38 系列铝合金型材。

主要五金配件及非金属附件的材质要求如表 2-2-2 所示。

表 2-2-2 主要五金配件及非金属附件的材质要求

配件名称	材质	牌号或标准代号
滑轮壳体、锁扣、自攻螺钉	不锈钢、合金材料	GB/T 1220—2007、GB/T 3280—2015、GB/T 4237—2015、GB/T 4232—2019、YB/T 5090—1993、GB/T 4238—2015
锁、暗插销	铸造锌合金	GB/T 1175—2018、GB/T 13821—2009
滑轮、合页垫圈	尼龙	1010（HG2-B36-76）
密封条、玻璃嵌条	软质聚氯乙烯树脂聚合体	参照日本 JIS A 5756：1977
推拉窗密封条	聚丙烯毛条	参照有关标准
气密、水密封件	高压聚乙烯	改性
密封条	氯丁橡胶	4172（HG6-407-79）
型材连接、玻璃镶嵌	密封胶	XM-38，硅酮胶

2.2.2.2 铝合金门窗尺寸与标记

1. 门窗厚度基本尺寸

门窗厚度基本尺寸按门窗框厚度构造尺寸区分。门厚度基本尺寸系列有 40mm、45mm、50mm、55mm、60mm、70mm、80mm、90mm、100mm，窗厚度基本尺寸系列有 40mm、45mm、50mm、55mm、60mm、65mm、70mm、80mm、90mm，门窗厚度尺寸系列相对于基本尺寸系列在±2mm 之内，可靠近基本尺寸系列。

2. 门窗洞口尺寸

门窗洞口尺寸是指洞口的标志尺寸，一般情况下这个标志尺寸应为构造尺寸与缝隙尺寸之和。门窗洞口的标志尺寸应符合建筑设计模数要求。

3. 门窗代号及标记

常用铝合金门窗代号如表 2-2-3 所示。

表 2-2-3 常用铝合金门窗代号

类别	代号
平开铝合金门	PLM
推拉铝合金门	TLM
地弹簧铝合金门	DHLM
固定铝合金门	GLM
折叠铝合金门	ZLM
平开自动铝合金门	PDLM
推拉自动铝合金门	TDLM
圆弧自动铝合金门	YDLM
卷帘铝合金门	JLM
旋转铝合金门	XLM
固定铝合金窗	GLC
平开铝合金窗	PLC

续表

类别	代号
上悬铝合金窗	SLC
中悬铝合金窗	CLC
下悬铝合金窗	XLC
保温平开铝合金窗	BPLC
立转铝合金窗	LLC
推拉铝合金窗	TLC
固定铝合金天窗	GLTC

4. 标记示例

例如，一个门窗标记为 TLM90-1524-1500·3.0·100·25·0.25-Ⅱ。

在一般的简单标记中只标出门、窗代号，门窗厚度基本尺寸，洞口标志尺寸，如 TLC70-1515。

2.2.2.3　铝合金门的制作与安装

1. 施工准备

1）作业条件。室内、外墙体应粉刷完毕，洞口套抹好底槽；核对门的型号、规格、开启方式、开启方向、安装孔方位、门洞尺寸、五金附件及铝合金型材规格与尺寸等；检查、核对图纸与现场是否相符，是否需要与有关方面协调；保留或搭设脚手架；清理门窗洞口和预埋件。

2）材料。准备好各种必需的铝型材、门锁、不锈钢螺钉、铝制拉铆钉、连接铁板、地弹簧、玻璃、尼龙毛条、压条、橡皮条、玻璃胶和木楔子。

3）机具。施工所需机具包括曲线锯、切割机、手电钻、射钉枪、拉铆枪、扳手、角尺、吊线锤、水平尺、螺钉旋具、锉刀、灰线袋、打胶筒等。

2. 铝合金门框和门扇的制作

（1）铝合金门框

1）按设计尺寸下料，其横框与竖框的连接是通过铝角码和自攻螺钉固定的。

2）转动门扇上部定位轴销，将其安装在门框的横向框料内。先把定位销从钻好的销孔中伸出，再用螺钉将定位销组件固定在门框上横料内。

3）门框横、竖料用 3mm 厚的铝角码连接，每个铝角码的长度按框料内截面尺寸确定在门的上框和中框部位的边框上，钻孔安装铝角码，然后将中、上横框套在角铝上，钻孔后用自攻螺钉固定。

4）在门框上左、右设扁铁连接件，连接件与门框用自攻螺钉或铆钉固定。安装间距视门料情况和与墙体的间距而定。

（2）门扇的制作

1）选料与下料。在进行选料与下料时，应注意以下事项：

① 选料时要充分考虑铝合金型材的表面色彩、壁的厚度等因素，以保证符合设计要求的刚度、强度和装饰性。

② 每种铝合金型材都有其特点和使用部位，如推拉、开启、自动门等所用的型材规格是

不相同的。在确认材料规格及其使用部位后，要按设计的尺寸进行下料。

③ 在一般建筑装饰工程中，铝合金门窗无大样图设计，仅仅给出洞口尺寸和门扇划分尺寸。在门扇下料时，要注意在门洞口尺寸中减去安装缝、门框尺寸。要先计算，画简图，然后按图下料。

④ 切割时，切割机安装合金锯片，严格按下料尺寸切割。

2）门扇的组装。在组装门扇时，应当按照以下工序进行：

① 竖梃钻孔。

② 门扇节点固定。

③ 锁孔和拉手安装。

3. 铝合金门的安装

在门洞口墙体上弹出安装位置线、同一楼层的水平标高误差不大于±2.5mm，各洞口中心线从顶层到底层的偏差不大于±5mm。

铝合金门的安装工艺流程如图 2-2-2 所示。

图 2-2-2　铝合金门的安装工艺流程

当洞口为预埋件时，铝框上的镀锌铁脚可直接焊接在预埋件上；当洞口为混凝土墙体但未预留埋件或槽口时，其连接件可用射钉枪射钉紧固。当洞口墙体为砖石砌体时，应用冲击钻钻孔，用膨胀螺栓紧固连接件，严禁用射钉连接。

门框与洞口墙体应采用弹性连接，最后嵌填防水密封胶；若铝门框上沾上水泥浆或其他污物，应立即用软布擦洗干净，切忌用金属工具刮洗。

安装门扇时，要把地弹簧的转轴用扳手拧至门扇开启的位置，然后将门扇下横料内地弹簧连杆套在转轴上，再将上横料内的转动定位销用调节螺钉调出一些，待定位销孔与锁吻合后，再将定位销完全调出并插入定位销孔中。最后用双头螺杆或自攻螺钉将门拉手安装在门扇边框两侧。

2.2.2.4　铝合金窗的制作与安装

铝合金窗的制作与安装和铝合金门基本一致，下面就以铝合金推拉窗为例介绍其制作与安装方法。

1. 铝合金窗扇的制作

1）下料。根据设计要求下料（开料）。下料是铝合金窗制作的第一道工序。采用铝合金切割机进行下料，刀口应在划线之外，留出划线痕迹。

2）组装。铝合金窗扇的组装流程如图 2-2-3 所示。

图 2-2-3　铝合金窗扇的组装流程

2. 上亮及窗框的制作

（1）上亮

1）上亮部分的扁方管型材通常采用铝角码和自攻螺钉连接，应先用一小段同规格的扁方管做模子（长 20mm 左右），取下模子，再将另一条竖向扁方管放到模子的位置上，在角码的另一个方向打孔，固定即可。

2）上亮的铝型材在四个角位置处衔接固定后，再用截面尺寸为 10mm×10mm 或 12mm×12mm 的铝槽作固定玻璃的压条。先用自攻螺钉把铝槽紧固在中心线外侧，留出大于玻璃厚度的距离，安装内侧铝槽，自攻螺钉无须上紧，上好玻璃后再紧固。

（2）窗框

1）窗框组装先量出上滑道上面两条固紧槽孔的距离和高低位置尺寸，然后按这两个尺寸在窗框边封上部衔接处画线打孔，孔径为ϕ5mm 左右，将专用的碰口胶垫放在边封的槽口内，自攻螺钉穿过边封和碰口胶垫上的孔，旋进上滑道的固紧槽孔内；在旋紧螺钉的同时，注意上滑道与边封对齐，各槽对正，然后上紧螺钉，最后在边封内装毛条。按同样方法制作下滑道。

2）窗框的四个角衔接起来后，用直角尺测量并校正一个窗框的直角度，最后上紧各角上的衔接自攻螺钉。将校正并紧固好的窗框立放在墙边，防止碰撞。

3）切两小块厚木板并将其放在窗框上滑的顶面，再将上亮放在上滑的顶面，将两者前后左右边对正；然后从上滑下面向上打贯穿孔，用自攻螺钉将上滑与上亮连接起来，至此窗框制作完成。

3. 铝合金窗的安装

1）铝合金窗的安装一般是先将窗框安装固定在窗洞内，再安装窗扇与上亮玻璃。窗洞的尺寸应比铝合金窗框大 25～40mm，并应找平；在四周安装角码或木块窗框进行水平和垂直度校正；洞口饰面固结后，便可进行窗扇的安装，用螺钉旋具拧旋边框侧的滑轮调节螺钉，使滑轮向下横槽内回缩，这样就可以托起窗扇，使其顶部插入窗框的上滑槽内；将滑轮卡在下滑的滑轮轨道上，使滑轮从下横内向外伸，同时使窗扇在滑轨上移动顺畅。使长毛条刚好能与窗框下滑面相接触，起到良好的防尘效果。

2）上亮玻璃的尺寸必须比上亮内框小 5mm 左右，留出热胀冷缩的余地；窗扇玻璃各方向通常比窗扇内侧大 25mm 左右，从一侧将玻璃放入槽中，紧固连接边框即可；在玻璃与窗扇之间用塔形橡胶条或玻璃胶密封。

3）窗钩锁的挂钩安装于窗框边封凹槽内，位置尺寸要与窗扇上挂钩锁洞的位置尺寸相对应。对于一般易出现的高低问题，只需将锁钩螺钉松动后，调节稳妥再紧固即可解决。

2.2.2.5　施工注意事项

1）应选用合适的型材系列，要满足强度、刚度、耐腐蚀及密封性要求，减小质量，降低造价。

2）铝合金门窗的尺寸要准确，尤其是框扇之间的尺寸关系，要保证框与洞口的安装缝隙。

3）门窗框与结构应为弹性连接，至少填充 20mm 厚的保温软质材料，避免门窗框四周形成冷热交换区；粉刷门窗套时，应在门窗框内、外框边嵌条留 5～8mm 深槽口；槽口内用密封胶嵌填密封，胶体表面应压平、光洁；严禁水泥砂浆直接同门窗框接触，以防腐蚀。

4）制作窗框的型材表面不能有沾污、碰伤的痕迹，不能使用扭曲变形的型材；室内、外粉刷未完成前，切勿撕掉门窗框保护胶带；粉刷门窗套时应用塑料膜遮掩门窗框；若门窗框上沾上灰浆，则应及时用软布抹除，切忌用硬物刨刮。

5）铝合金门窗安装后要平整方正，安装门窗框时要吊垂线和对角线卡方；在塞缝前要检查平整垂直度；在塞缝过程中，有一定强度后再拔去木楔；安框时要考虑窗头线（贴脸）及滴水板与框的连接。

6）横向及竖向带形门窗之间的组合杆件必须同相邻门窗套插、搭接，形成曲面组合，其搭接量应大于 8mm，并用密封胶密封，防止门窗因受冷热和建筑变化而产生裂缝。

7）推拉窗下框、外框和轨道根部应钻排水孔，横竖框相交丝缝注硅酮胶封严；窗台应放流水坡，切忌密封胶掩埋框边，避免槽口积水无法外流。

8）门窗框固定要牢固可靠，洞口为砖砌体时，应用钻孔或凿洞的方法固定铁脚，不宜用射钉直接固定。

9）门窗锁与拉手等小五金可在门窗扇入框后再组装，这样有利于对正位置，所有使用的五金配件要配套，保证开闭灵活。

2.2.3 塑料门窗工程施工

塑料门窗根据所采用的材料不同，常分为以下几种类型：钙塑门窗（又称硬质聚氯乙烯门窗）、玻璃钢门窗、改性聚氯乙烯塑料门窗等。

钙塑门窗以聚氯乙烯树脂为基料，以轻质碳酸钙作填料，掺加少量添加剂，机械加工制成各种截面的异型材，并在其空腔中设置衬钢，以提高门窗骨架的整体刚度，故也称塑钢门窗。

1. 施工准备

（1）复查洞口尺寸

塑钢门窗的安装应采用预留洞口的方法施工，按照尺寸留设洞口，不得采用边安装边砌口或先安装后砌口的方法施工。门窗洞口若无具体的设计要求，一般应满足下列规定：门洞口宽度为门框宽+50mm，门洞口高度为门框高+20mm；窗洞口宽度为窗框宽+40mm，窗洞口高度为窗框高+40mm。

洞口尺寸允许偏差：表面平整度、侧面垂直度和对角线长度均为±3mm，不合格的要及时修整。

（2）检查门窗成品

门窗表面应色泽均匀，无裂纹、麻点、气孔和明显擦伤，保护膜完好；门窗框与扇应装配成套，各种配件齐全；门窗制作尺寸允许偏差应符合表 2-2-4 的规定。

表 2-2-4 门窗制作尺寸允许偏差

项次	项目	名称	允许偏差/mm	附注
1	翘曲	框	2	
		扇	2	
2	对角线长度	框、扇	2	
3	高度、宽度	框	+0、−2	框外包尺寸

（3）安装材料与机具

材料：尼龙膨胀管、膨胀螺栓、自攻螺钉、密封膏、填充料、木螺钉、对拔木楔、钢钉、抹布、塑钢门窗和全套附件。

机具：吊线锤、灰线包、水平尺、挂线板、锤子、扁铲、钢卷尺、螺钉旋具、冲击电钻和射钉枪等。

2. 安装流程

（1）找平放线

为保证门窗安装位置准确，外观整齐，首先要找平放线。先拉通长水平线，用墨线弹在侧壁上；再在顶层洞口找中，吊线锤弹窗中线。单个门窗可现场用线锤掉直，具体如图 2-2-4 所示。

（2）安装铁脚

把连接件（铁脚）与框呈 45° 放入框内背面燕尾槽口，然后沿顺时针方向把连接件扳成直角，旋进一只自攻螺钉固定。门窗框的固定片至窗角、中横框、中竖框 150～200mm，固定片间距应小于等于 600mm，具体如图 2-2-5 所示。

图 2-2-4　窗框安装

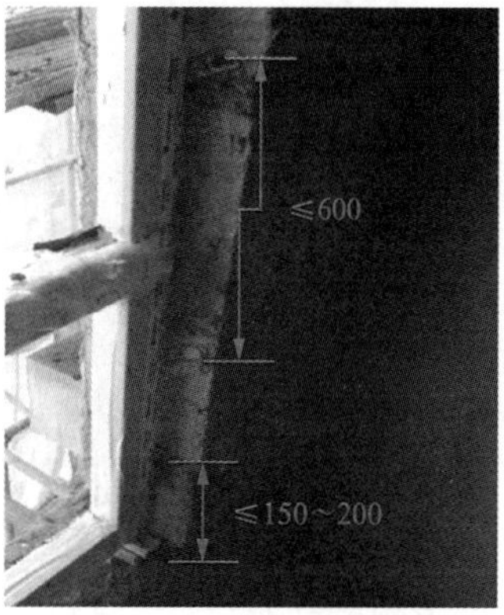

图 2-2-5　固定片布置间距

（3）安装门窗框

把门窗框放在洞口的安装线上，用对拔木楔临时固定；校正各方向的垂直度和水平度，将木楔塞在四周和受力部位；开启门窗扇检查，调至开启灵活、自如。

此外，门窗定位并做好标记后，可以取下扇存放备用；待玻璃安装完毕，再按原有标记位置将扇安回框上。

用膨胀螺栓配尼龙膨胀管固定连接件，每只连接件不少于两只膨胀螺栓，如图 2-2-6 所示；若洞口已埋设木砖，直接用两只木螺栓将连接件固定在木砖上，如图 2-2-7 所示。

（4）处理框与墙间缝隙

因为聚氯乙烯塑料的膨胀系数比较大，所以必须在框与墙之间留出一定的缝隙，一般取 10～20mm。处理时需要注意，应满足密封要求和不对聚氯乙烯塑料产生软化作用。

通常做法是在缝内填入矿棉、玻璃棉或泡沫塑料、聚氨酯泡沫填缝剂等材料作为缓冲层，缝隙表面留 5～8mm 深的槽口嵌填密封材料，也可用硅橡胶嵌缝条，但不能采用嵌填水泥砂浆的做法。嵌填密封完成后方可进行墙面抹灰，具体如图 2-2-8 和图 2-2-9 所示。

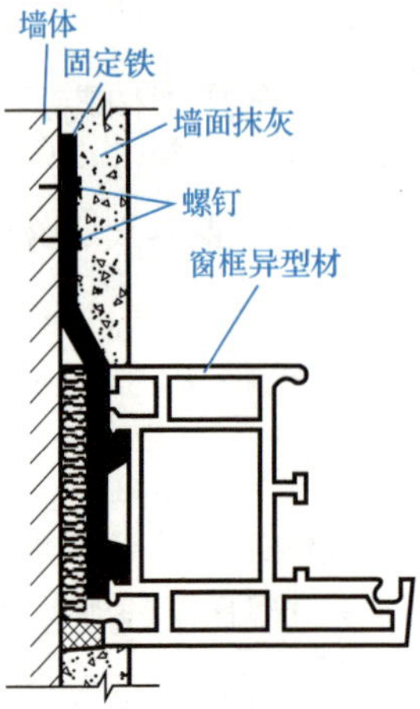

图 2-2-6　连接件固定

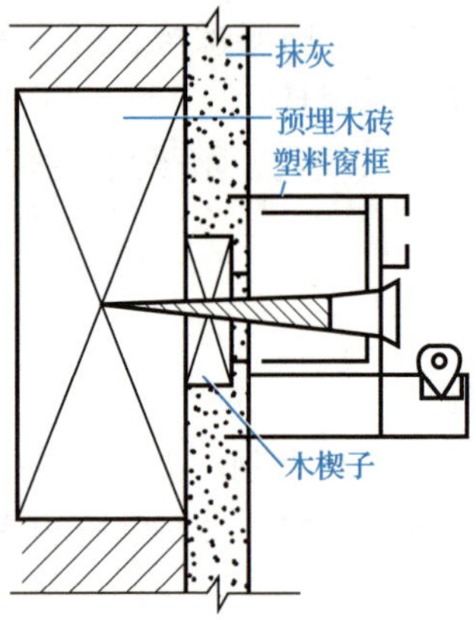

图 2-2-7　木砖固定

图 2-2-8　打注发泡胶

图 2-2-9　发泡胶压平处理

不论采用何种填缝方法，均要做到以下两点：

1）嵌填封缝材料应当能承受墙体与框间的相对运动，并且保持其密封性能，雨水不能由嵌填封缝材料处渗入。

2）嵌填封缝材料不应对塑料门窗有腐蚀、软化作用，尤其是沥青类材料对塑料有不利作用，不宜采用。

（5）安装五金配件

塑钢门窗安装五金配件时，必须先钻孔后用自攻螺钉拧入，严禁直接锤击打入；待墙体粉刷完成后，将玻璃用压条压紧在门扇上，在铰链内滴入润滑剂，将表面清理干净即可。

（6）粉刷门窗洞口墙面面层

粉刷门窗洞口墙面面层时，应先在门窗框、扇上贴好防污纸，防止门窗框、扇受水泥砂浆污染。局部受水泥砂浆污染的框、扇，应及时用抹布擦干净。

（7）保护成品

塑料门窗安装完毕后，要逐个进行启闭调试，保证开关灵活，性能良好，关闭严密，表面平整。玻璃及框周边注入的密封胶要平整、饱满。玻璃、框表面要清理、擦拭干净。若土建尚有连续工程，则每樘门窗必须采取保护措施，并设置专人管理，防止受到破坏。

3. 安装施工注意事项

1）在运输塑钢门窗过程中，要注意对其进行保护，门窗之间用软质泡沫塑料隔开，下面用方木垫平，竖直靠立。装卸时要轻拿轻放，存放时要远离热源，避免阳光直射。基地应平整、坚实，防止因地面不平或沉降造成门窗扭曲变形。

2）窗的尺寸较宽时，不得用小窗组合，应分段用扁铁与相邻窗框连接，扁铁与梁或地面、墙体的预埋件应进行焊接。安装拼框扁钢前，应先按 400mm 间距钻出连接孔，除锈并涂刷两道防锈漆，外露部分刷两道白漆，然后用螺栓连接。

3）门窗框与墙体应为弹性连接，含沥青的材料禁止使用。填充材料不宜填塞过紧。不得在门窗上搭脚手架或悬挂物体。需要使用螺栓、自攻螺钉等时，必须用电钻钻孔，严禁用锤子直接击打。门窗上的保护膜在装饰工程全部结束后方可撕去。

2.2.4 门窗工程施工质量验收

门窗工程质量验收标准适用于木门窗、金属门窗、塑料门窗和特种门的安装，以及门窗玻璃安装等分项工程的质量验收。金属门窗包括钢门窗、铝合金门窗和涂色镀锌钢板门窗等；特种门包括自动门、全玻门和旋转门等；门窗玻璃包括平板、吸热、反射、中空、夹层、夹丝、磨砂、钢化、防火和压花等玻璃。

2.2.4.1 一般规定

1）门窗工程验收时应检查下列文件和记录：

① 门窗工程的施工图、设计说明及其他设计文件。

② 材料的产品合格证书、性能检测报告、进场验收记录和复验报告。

③ 特种门及其配件的生产许可文件。

④ 隐蔽工程验收记录。

⑤ 施工记录。

2）门窗工程应对下列材料及其性能指标进行复验：

① 人造木板的甲醛含量。

② 建筑外窗的气密性能、水密性能和抗风压性能。

3）门窗工程应对下列隐蔽工程项目进行验收：

① 预埋件和锚固件。

② 隐蔽部位的防腐、填嵌处理。

③ 高层金属窗防雷连接节点。

4）各分项工程的检验批应按下列规定划分：

① 同一品种、类型和规格的木门窗、金属门窗、塑料门窗及门窗玻璃，每 100 樘应划分为一个检验批，不足 100 樘也应划分为一个检验批。

② 同一品种、类型和规格的特种门，每 50 樘应划分为一个检验批，不足 50 樘也应划分为一个检验批。

门窗工程检验批划分的原则：进场门窗应按品种、类型、规格各自组成检验批，各种门窗组成检验批的数量不同。门窗品种通常是指门窗的制作材料，如实木门窗、铝合金门窗、塑料门窗等；门窗类型是指门窗的功能或开启方式，如平开窗、立转窗、自动门、推拉门等；门窗规格是指门窗的尺寸。

5）检查数量应符合下列规定：

① 木门窗、金属门窗、塑料门窗及门窗玻璃，每个检验批应至少抽查 5%，并不得少于 3 樘，不足 3 樘时应全数检查。高层建筑的外窗，每个检验批应至少抽查 10%，并不得少于 6 樘，不足 6 樘时应全数检查。

② 特种门每个检验批应至少抽查 50%，并不得少于 10 樘，不足 10 樘时应全数检查。

6）门窗安装前，应对门窗洞口尺寸及相邻洞口的位置偏差进行检验。同一类型和规格的门窗洞口垂直、水平方向的位置应对齐，位置允许偏差应符合下列规定：

① 垂直方向的相邻洞口位置允许偏差应为 10mm；全楼高度小于 30m 的垂直方向洞口位置允许偏差应为 15mm，全楼高度不小于 30m 的垂直方向洞口位置允许偏差应为 20mm。

② 水平方向的相邻洞口位置允许偏差应为 10mm；全楼长度小于 30m 的水平方向洞口位置允许偏差应为 15mm，全楼长度不小于 30m 的水平方向洞口位置允许偏差应为 20mm。

7）金属门窗和塑料门窗的安装应采用预留洞口的方法施工。

8）木门窗与砖石砌体、混凝土或抹灰层接触位置应进行防腐处理，埋入砌体或混凝土中的木砖应进行防腐处理。

9）当金属窗或塑料窗为组合窗时，其拼樘料的尺寸、规格、壁厚应符合设计要求。

10）建筑外门窗安装必须牢固。在砌体上安装门窗时严禁采用射钉固定。

11）推拉门窗扇必须牢固，必须安装防脱落装置。

12）特种门安装除应符合设计要求外，还应符合国家现行标准的有关规定。

13）门窗安全玻璃的使用应符合行业现行标准《建筑玻璃应用技术规程》（JGJ 113—2015）的规定。

14）建筑外窗口的防水和排水构造应符合设计要求和国家现行标准的有关规定。

2.2.4.2 木门窗安装工程

1. 主控项目

1）木门窗的品种、类型、规格、尺寸、开启方向、安装位置、连接方式及性能应符合设计要求及国家现行标准的有关规定。

检验方法：观察；尺量检查；检查产品合格证书、性能检验报告、进场验收记录和复验报告；检查隐蔽工程验收记录。

2）木门窗应采用烘干的木材，含水率及饰面质量应符合国家现行标准的有关规定。

检验方法：检查材料进场验收记录、复验报告及性能检验报告。

3）木门窗的防火、防腐、防虫处理应符合设计要求。

检验方法：观察；检查材料进场验收记录。

4）木门窗框的安装应牢固。预埋木砖的防腐处理，木门窗框固定点的数量、位置和固定方法应符合设计要求。

检验方法：观察；手扳检查；检查隐蔽工程验收记录和施工记录。

5）木门窗扇应安装牢固、开关灵活、关闭严密、无倒翘。

检验方法：观察；开启和关闭检查；手扳检查。

6）木门窗配件的型号、规格和数量应符合设计要求，安装应牢固，位置应正确，功能应满足使用要求。

检验方法：观察；开启和关闭检查；手扳检查。

2. 一般项目

1）木门窗表面应洁净，不得有刨痕、锤印。

检验方法：观察。

2）木门窗的割角、拼缝应严密平整。门窗框、扇裁口应顺直，刨面应平整。

检验方法：观察。

3）木门窗上的槽、孔应边缘整齐，无毛刺。

检验方法：观察。

4）木门窗与墙体间缝隙的填嵌材料应符合设计要求，填嵌应饱满。寒冷地区外门窗（或门窗框）与砌体间的空隙应填充保温材料。

检验方法：轻敲门窗框检查；检查隐蔽工程验收记录和施工记录。

5）木门窗滴水条、盖口条、压缝条、密封条安装应顺直，与门窗结合应牢固、严密。

检验方法：观察；手扳检查。

6）平开木门窗安装的留缝限值、允许偏差和检验方法应符合表 2-2-5 的规定。

表 2-2-5　平开木门窗安装的留缝限值、允许偏差和检验方法

<table>
<tr><th>项次</th><th colspan="2">项目</th><th>留缝限值/mm</th><th>允许偏差/mm</th><th>检验方法</th></tr>
<tr><td>1</td><td colspan="2">门窗框的正、侧面垂直度</td><td>—</td><td>2</td><td>用 1m 垂直检测尺检查</td></tr>
<tr><td rowspan="2">2</td><td colspan="2">框与扇接缝高低差</td><td rowspan="2">—</td><td>1</td><td rowspan="2">用塞尺检查</td></tr>
<tr><td colspan="2">扇与扇接缝高低差</td><td>1</td></tr>
<tr><td>3</td><td colspan="2">门窗扇对口缝</td><td>1～4</td><td>—</td><td rowspan="5">用塞尺检查</td></tr>
<tr><td>4</td><td colspan="2">工业厂房双扇大门对口缝</td><td>2～7</td><td>—</td></tr>
<tr><td>5</td><td colspan="2">门窗扇与上框间留缝</td><td>1～3</td><td>—</td></tr>
<tr><td>6</td><td colspan="2">门窗扇与合页侧框间留缝</td><td>1～3</td><td>—</td></tr>
<tr><td>7</td><td colspan="2">室外门扇与锁侧框间留缝</td><td>1～3</td><td>—</td></tr>
<tr><td>8</td><td colspan="2">门扇与下框间留缝</td><td>3～5</td><td>—</td><td rowspan="2">用塞尺检查</td></tr>
<tr><td>9</td><td colspan="2">窗扇与下框间留缝</td><td>1～3</td><td>—</td></tr>
<tr><td>10</td><td colspan="2">双层门窗内外框间距</td><td>—</td><td>4</td><td>用钢直尺检查</td></tr>
<tr><td rowspan="5">11</td><td rowspan="5">无下框时门扇与地面间留缝</td><td>室外门</td><td>4～7</td><td>—</td><td rowspan="5">用钢直尺或塞尺检查</td></tr>
<tr><td>室内门</td><td rowspan="2">4～8</td><td rowspan="2">—</td></tr>
<tr><td>卫生间门</td></tr>
<tr><td>厂房大门</td><td rowspan="2">10～20</td><td rowspan="2">—</td></tr>
<tr><td>围墙大门</td></tr>
<tr><td rowspan="2">12</td><td rowspan="2">框与扇搭接宽度</td><td>门</td><td>—</td><td>2</td><td>用钢尺检查</td></tr>
<tr><td>窗</td><td>—</td><td>1</td><td>用钢尺检查</td></tr>
</table>

2.2.4.3 金属门窗安装工程

1. 主控项目

1）金属门窗的品种、类型、规格、尺寸、性能、开启方向、安装位置、连接方式及铝合金门窗的型材壁厚应符合设计要求。金属门窗的防腐处理及填嵌、密封处理应符合设计要求。

检验方法：观察；尺量检查；检查产品合格证书、性能检测报告、进场验收记录和复验报告；检查隐蔽工程验收记录。

2）金属门窗框和副框的安装应牢固。预埋件的数量、位置、埋设方式、与框的连接方式应符合设计要求。

检验方法：手扳检查；检查隐蔽工程验收记录。

3）金属门窗扇应安装牢固，并应开关灵活、关闭严密，无倒翘。推拉门窗应有防脱落措施（推拉门窗扇意外脱落容易造成安全方面的伤害，高层建筑情况更为严重，故规定推拉门窗扇必须有防脱落措施）。

检验方法：观察；开启和关闭检查；手扳检查。

4）金属门窗配件的型号、规格、数量应符合设计要求，安装应牢固，位置应正确，功能应满足使用要求。

检验方法：观察；开启和关闭检查；手扳检查。

2. 一般项目

1）金属门窗表面应洁净、平整、光滑、色泽一致，无锈蚀；大面应无划痕、碰伤；漆膜或保护层应连续。型材的表面处理应符合设计要求及国家现行标准的有关规定。

检验方法：观察。

2）推拉金属门窗扇的开关力应不大于 50N。

检验方法：用测力计检查。

3）金属门窗框与墙体之间的缝隙应填嵌饱满，并采用密封胶密封。密封胶表面应光滑、顺直，无裂纹。

检验方法：观察；轻敲门窗框检查；检查隐蔽工程验收记录。

4）金属门窗扇的密封胶条或密封毛条应平整、完好，不得脱槽，交角处应平顺。

检验方法：观察；开启和关闭检查。

5）排水孔应畅通，位置和数量应符合设计要求。

检验方法：观察。

6）钢门窗安装的留缝限值、允许偏差和检验方法应符合表 2-2-6 的规定。

表 2-2-6 钢门窗安装的留缝限值、允许偏差和检验方法

<table>
<tr><th>项次</th><th colspan="2">项目及其限值</th><th>留缝限值/mm</th><th>允许偏差/mm</th><th>检验方法</th></tr>
<tr><td rowspan="2">1</td><td rowspan="2">门窗槽口宽度、高度</td><td>≤1500mm</td><td>—</td><td>2</td><td rowspan="2">用钢卷尺检查</td></tr>
<tr><td>>1500mm</td><td>—</td><td>3</td></tr>
<tr><td rowspan="2">2</td><td rowspan="2">门窗槽对角线长度差</td><td>≤2000mm</td><td>—</td><td>3</td><td rowspan="2">用钢卷尺检查</td></tr>
<tr><td>>2000mm</td><td>—</td><td>4</td></tr>
<tr><td>3</td><td colspan="2">门窗框的正、侧面垂直度</td><td>—</td><td>—</td><td>用 1m 垂直检测尺检查</td></tr>
</table>

续表

项次	项目及其限值		留缝限值/mm	允许偏差/mm	检验方法
4	门窗横框的水平度		—	3	用1m水平尺和塞尺检查
5	门窗横框标高		—	5	用钢卷尺检查
6	门窗竖向偏离中心		—	4	用钢卷尺检查
7	双层门窗内、外框间距		—	5	用钢卷尺检查
8	门窗框、扇配合间隙		≤2	—	用塞尺检查
9	平开门窗框扇搭接宽度	门	≥6	—	用钢直尺检查
		窗	≥4	—	用钢直尺检查
	推拉门窗框扇搭接宽度		≥6	—	用钢直尺检查
10	无下框时门扇与地面间留缝		4～8	—	用塞尺检查

铝合金门窗安装的允许偏差和检验方法应符合表2-2-7的规定。

表2-2-7　铝合金门窗安装的允许偏差和检验方法

项次	项目及其限值		允许偏差/mm	检验方法
1	门窗槽口宽度、高度	≤2000mm	2	用钢卷尺检查
		>2000mm	3	
2	门窗槽口对角线长度差	≤2500mm	4	用钢卷尺检查
		>2500mm	5	
3	门窗框的正、侧面垂直度		2	用1m垂直检测尺检查
4	门窗横框的水平度		2	用1m水平尺和塞尺检查
5	门窗横框标高		5	用钢卷尺检查
6	门窗竖向偏离中心		5	用钢卷尺检查
7	双层门窗内外框间距		4	用钢卷尺检查
8	推拉门窗扇与框搭接宽度	门	2	用钢直尺检查
		窗	1	

涂色镀锌钢板门窗安装的允许偏差和检验方法应符合表2-2-8的规定。

表2-2-8　涂色镀锌钢板门窗安装的允许偏差和检验方法

项次	项目及其限值		允许偏差/mm	检验方法
1	门窗槽口宽度、高度	≤1500mm	2	用钢卷尺检查
		>1500mm	3	
2	门窗槽口对角线长度差	≤2000mm	4	用钢卷尺检查
		>2000mm	5	
3	门窗框的正、侧面垂直度		3	用1m垂直检测尺检查
4	门窗横框的水平度		3	用1m水平尺和塞尺检查
5	门窗横框标高		5	用钢卷尺检查
6	门窗竖向偏离中心		5	用钢卷尺检查
7	双层门窗内、外框间距		4	用钢卷尺检查
8	推拉门窗扇与框搭接量		2	用钢直尺检查

2.2.4.4 塑料门窗安装工程

1. 主控项目

1）塑料门窗的品种、类型、规格、尺寸、性能、开启方向、安装位置、连接方式和填嵌密封处理应符合设计要求及国家现行标准的有关规定，内衬增强型钢的壁厚及设置应符合国家现行标准《建筑用塑料门》（GB/T 28886—2012）和《建筑用塑料窗》（GB/T 28887—2012）的规定。

检验方法：观察；尺量检查；检查产品合格证书、性能检验报告、进场验收记录和复验报告；检查隐蔽工程验收记录。

2）塑料门窗框、附框和扇的安装应牢固。固定片或膨胀螺栓的数量与位置应正确，连接方式应符合设计要求。固定点应距窗角、中横框、中竖框 150～200mm，固定点间距应不大于 600mm。

检验方法：观察；手扳检查；尺量检查；检查隐蔽工程验收记录。

3）塑料组合门窗使用的拼樘料截面尺寸及内衬增强型钢的形状和壁厚应符合设计要求。承受风荷载的拼樘料应采用与其内腔紧密吻合的增强型钢作为内衬，其两端应与洞口固定牢固。窗框应与拼樘料连接紧密，固定点间距应不大于 600mm。

检验方法：观察；手扳检查；尺量检查；磁铁检查；检查进场验收记录。

4）窗框与洞口之间的伸缩缝内应采用聚氨酯发泡胶填充，发泡胶填充应均匀、密实。发泡胶成型后不宜切割。表面应采用密封胶密封。密封胶应黏结牢固，表面应光滑、顺直、无裂纹。

检验方法：观察；检查隐蔽工程验收记录。

5）滑撑铰链的安装应牢固，紧固螺钉应使用不锈钢材质。螺钉与框扇连接处应进行防水密封处理。

检验方法：观察；手扳检查；检查隐蔽工程验收记录。

6）推拉门窗扇应安装防止扇脱落的装置。

检验方法：观察。

7）门窗扇关闭应严密，开关应灵活。

检验方法：观察；尺量检查；开启和关闭检查。

8）塑料门窗配件的型号、规格和数量应符合设计要求，安装应牢固，位置应正确，使用应灵活，功能应满足各自使用要求。平开窗扇高度大于 900mm 时，窗扇锁闭点应不少于两个。

检验方法：观察；手扳检查；尺量检查。

2. 一般项目

1）安装后的门窗关闭时，密封面上的密封条应处于压缩状态，密封层数应符合设计要求。密封条应连续完整，装配后应均匀、牢固，应无脱槽、收缩和虚压等现象；密封条接口应严密，且应位于窗的上方。

检验方法：观察。

2）塑料门窗扇的开关力应符合下列规定：平开门窗扇平铰链的开关力应不大于 80N；滑撑铰链的开关力应不大于 80N，并且应不小于 30N；推拉门窗扇的开关力应不大于 100N。

检验方法：观察；用测力计检查。

3）门窗表面应洁净、平整、光滑，颜色应均匀一致。可视面应无划痕、碰伤等缺陷，门窗不得有焊脚开裂和型材断裂等现象。

检验方法：观察。

4）旋转窗间隙应均匀。

检验方法：观察。

5）排水孔应畅通，位置和数量应符合设计要求。

检验方法：观察。

6）塑料门窗安装的允许偏差和检验方法应符合表2-2-9的规定。

表2-2-9 塑料门窗安装的允许偏差和检验方法

项次	项目及其限值		允许偏差/mm	检验方法
1	门窗槽口宽度、高度	≤1500mm	2	用钢卷尺检查
		>1500mm	3	
2	门窗槽口对角线长度差	≤2000mm	3	用钢卷尺检查
		>2000mm	5	
3	门窗框（含拼樘料）的正、侧面垂直度		3	用1m垂直检测尺检查
4	门窗框（含拼樘料）的水平度		3	用1m水平尺和塞尺检查
5	门窗下横框的标高		5	用钢卷尺检查，与基准线比较
6	门窗竖向偏离中心		5	用钢卷尺检查
7	双层门窗内、外框间距		4	用钢卷尺检查
8	平开门窗及上悬、中悬、下悬窗	门、窗扇与框搭接宽度	2	用深度尺或钢直尺检查
		同樘门、窗相邻扇的水平高度差	2	用靠尺和钢直尺检查
		门、窗框扇四周的配合间隙	1	用楔形塞尺检查
9	推拉门窗	门、窗扇与框搭接宽度	2	用深度尺或钢直尺检查
		门、窗扇与框或相邻扇立边的平行度	2	用钢直尺检查
10	组合门窗	平整度	3	用2m靠尺和钢直尺检查
		缝直线度	3	用2m靠尺和钢直尺检查

2.2.4.5 特种门安装工程

1. 主控项目

1）特种门的质量和性能应符合设计要求。

检验方法：检查生产许可证、产品合格证书和性能检验报告。

2）特种门的品种、类型、规格、尺寸、开启方向、安装位置和防腐处理应符合设计要求及国家现行标准的有关规定。

检验方法：观察；尺量检查；检查进场验收记录和隐蔽工程验收记录。

3）带有机械装置、自动装置或智能化装置的特种门，其机械装置、自动装置或智能化装置的功能应符合设计要求。

检验方法：启动机械装置、自动装置或智能化装置，观察。

4）特种门的安装应牢固。预埋件及锚固件的数量、位置、埋设方式、与框的连接方式应符合设计要求。

检验方法：观察；手扳检查；检查隐蔽工程验收记录。

5）特种门的配件应齐全，位置应正确，安装应牢固，功能应满足使用要求和特种门的性能要求。

检验方法：观察；手扳检查；检查产品合格证书、性能检验报告和进场验收记录。

2. 一般项目

1）特种门的表面装饰应符合设计要求。

检验方法：观察。

2）特种门的表面应洁净，无划痕和碰伤。

检验方法：观察。

3）推拉自动门的感应时间限值和检验方法应符合表 2-2-10 的规定。

表 2-2-10　推拉自动门的感应时间限值和检验方法

项次	项目	感应时间限值/s	检验方法
1	开门响应时间	≤0.5	用秒表检查
2	堵门保护延时	16～20	用秒表检查
3	门扇全开启后保持时间	13～17	用秒表检查

4）人行自动门活动扇在启闭过程中对所要求保护的部位应留有安全间隙。安全间隙应小于 8mm 或大于 25mm。

检验方法：用钢直尺检查。

5）自动门安装的允许偏差和检验方法应符合表 2-2-11 的规定。

表 2-2-11　自动门安装的允许偏差和检验方法

项次	项目	允许偏差/mm				检验方法
		推拉自动门	平开自动门	折叠自动门	旋转自动门	
1	上框、平梁水平度	1	1	1	—	用 1m 水平尺和塞尺检查
2	上框、平梁直线度	2	2	2	—	用钢直尺和塞尺检查
3	立框垂直度	1	1	1	1	用 1m 垂直检测尺检查
4	导轨和平梁平行	2	—	2	2	用钢卷尺检查
5	门框固定扇内侧对角线尺寸	2	2	2	2	用钢卷尺检查
6	活动扇与框、横梁、固定扇间隙差	1	1	1	1	用钢直尺检查
7	板材对接接缝平整度	0.3	0.3	0.3	0.3	用塞尺检查

6）自动门切断电源，应能手动开启，开启力和检验方法应符合表 2-2-12 的规定。

表 2-2-12　自动门手动开启力和检验方法

项次	门的启闭方式	手动开启力/N	检验方法
1	推拉自动门	≤100	用测力计检查
2	平开自动门	≤100（门扇边梃着力点）	
3	折叠自动门	≤100 （垂直于门扇折叠处铰链推拉）	
4	旋转自动门	150～300 （门扇边梃着力点）	

注：1. 推拉自动门和平开自动门为双扇时，手动开启力仅为单扇的测值。

2. 平开自动门在没有风力情况下测定。

3. 重叠推拉着力点在门扇前、侧结合部的门扇边缘。

2.2.4.6　门窗玻璃安装工程

1. 主控项目

1）玻璃的层数、品种、规格、尺寸、色彩、图案和涂膜朝向应符合设计要求。

检验方法：观察；检查产品合格证书、性能检验报告和进场验收记录。

2）门窗玻璃裁割尺寸应正确。安装后的玻璃应牢固，不得有裂纹、损伤和松动。

检验方法：观察；轻敲检查。

3）玻璃的安装方法应符合设计要求。固定玻璃的钉子或钢丝卡的数量、规格应能保证玻璃安装牢固。

检验方法：观察；检查施工记录。

4）镶钉木压条接触玻璃处应与裁口边缘平齐。木压条应互相紧密连接，并应与裁口边缘紧贴，割角应整齐。

检验方法：观察。

5）密封条与玻璃、玻璃槽口的接触应紧密、平整。密封胶与玻璃、玻璃槽口的边缘应黏结牢固、接缝平齐。

检验方法：观察。

6）带密封条的玻璃压条，其密封条应与玻璃贴紧，压条与型材之间应无明显缝隙。

检验方法：观察；尺量检查。

2. 一般项目

1）玻璃表面应洁净，不得有腻子、密封胶和涂料等污渍。中空玻璃内、外表面均应洁净，玻璃中空层内不得有灰尘和水蒸气。门窗玻璃不应直接接触型材。

检验方法：观察。

2）腻子及密封胶应填抹饱满、黏结牢固；腻子及密封胶边缘与裁口应平齐。固定玻璃的卡子不应在腻子表面显露。

检验方法：观察。

3）密封条不得卷边、脱槽，密封条接缝应黏结。

检验方法：观察。

2.3 综合训练：某办事处客房的装修改造

综合训练阶段是以项目探索与实战为载体，以学生为主体的行为过程实践阶段，包括任务分析与项目提交两个环节。

2.3.1 任务分析

在某驻京办事处客房的装饰装修施工中，根据业主及设计的要求，所有木门窗采用大芯板基层、黑胡桃木面层，并增加局部装饰线条。

木门安装的留缝限值、允许偏差和检验方法如表 2-3-1 所示。

表 2-3-1 木门安装的留缝限值、允许偏差和检验方法

<table>
<tr><th rowspan="2">项次</th><th rowspan="2" colspan="2">项目</th><th colspan="2">留缝限值/mm</th><th colspan="2">允许偏差/mm</th><th rowspan="2">检验方法</th></tr>
<tr><th>普通</th><th>高级</th><th>普通</th><th>高级</th></tr>
<tr><td>1</td><td colspan="2">门窗槽口对角线长度差</td><td>—</td><td>—</td><td>（ ）</td><td>2</td><td>用钢尺检查</td></tr>
<tr><td>2</td><td colspan="2">门窗框的正、侧面垂直度</td><td>—</td><td>—</td><td>2</td><td>1</td><td>用 1m 垂直检测尺检查</td></tr>
<tr><td>3</td><td colspan="2">框与扇、扇与扇接缝高低差</td><td>—</td><td>—</td><td>2</td><td>1</td><td>用钢直尺和塞尺检查</td></tr>
<tr><td>4</td><td colspan="2">门窗扇对口缝</td><td>（ ）</td><td>1.5～2</td><td>—</td><td>—</td><td rowspan="3">用塞尺检查</td></tr>
<tr><td>5</td><td colspan="2">门窗扇与上框间留缝</td><td>（ ）</td><td>1～1.5</td><td>—</td><td>—</td></tr>
<tr><td>6</td><td colspan="2">门窗扇与侧框间留缝</td><td>1～2.5</td><td>1～1.5</td><td>—</td><td>—</td></tr>
<tr><td rowspan="3">7</td><td rowspan="3">无下框时门扇与地面间留缝</td><td>外门</td><td>4～7</td><td>5～6</td><td>—</td><td>—</td><td rowspan="3">用塞尺检查</td></tr>
<tr><td>内门</td><td>（ ）</td><td>6～7</td><td>—</td><td>—</td></tr>
<tr><td>卫生间门</td><td>（ ）</td><td>8～10</td><td>—</td><td>—</td></tr>
</table>

在工程完工检查时发现以下质量缺陷：

1）在砌体上固定木门窗用的是射钉。

2）门窗洞口预留尺寸不准。

3）有贴脸的门框安装后与抹灰面不平。

4）上、下层门窗不顺直。

5）左、右门窗安装不顺线。

6）个别小五金开启不灵活。

问题：

1）本任务中工艺流程是否合理？如有不合理，请写出正确的施工工艺流程。

2）请将表 2-3-1 中括号内的内容填写完整。

3）请指出以上质量缺陷中哪些违反了建筑工程施工强制性条文？哪些属于木门窗的安

装质量缺陷？

4）门窗框与墙体间应填塞什么材料？

2.3.2 项目提交

项目提交阶段是学生完成项目实战所设定的任务，进行成果提交的阶段。

1）完成实战项目案例解析。

2）对周边生活中的门窗工程做一次调查，完成一份木门窗施工质量及通病的调查报告，要求包括前期处理、施工工艺、操作要点、质量验收及质量通病的防治，对木门窗工程中出现的通病现象应以拍照的方式做记录。

2.4 综合训练：塑钢门窗的安装

综合训练阶段是以项目探索与实战为载体，以学生为主体的行为过程实践阶段，包括任务分析与项目提交两个环节。

2.4.1 任务分析

近年来，建筑装饰装修采用（塑钢门窗）组合窗的形式逐渐增多，其所采用的拼樘料不仅起连接作用，而且是组合窗的重要受力部件，故必须保证拼樘料的规格和质量。拼樘料的规格、尺寸、壁厚等应由设计给出，并应使组合窗能够承受该地区的瞬时风压值。

问题：

1）聚氯乙烯塑钢门窗的三个基本物理性能是什么？

2）塑钢门窗框与墙体间的缝隙应如何处理？

3）塑钢门窗框、副框和扇的安装必须牢固。固定片或膨胀螺栓的数量与位置应正确，连接方式应符合设计要求。固定点应距窗角、中横框、中竖框多远？固定点间距应不大于多少？

2.4.2 项目提交

项目提交阶段是学生完成项目实战所设定的任务，进行成果提交的阶段。

1）完成实战项目案例解析。

2）对周边生活中的门窗工程做一次调查，完成一份关于门窗安装质量及通病的调查报告，要求包括前期处理、施工工艺、操作要点、质量验收及质量通病的防治，对门窗安装过程中出现的通病现象应以拍照的方式做记录。

能力评价 门窗工程施工能力评价

能力评价阶段是专业指导教师和企业指导教师针对学生项目实战、调查报告及答辩情况进行综合评价并给出成绩的阶段。

1. 评价功能

1）检验学生项目实战的效果及学生观察问题、分析问题、应用专业知识解决实际问题的能力。

2）教师自检其选择的教学方法、手段、形式所得的成果。

2. 评价内容

1）案例解析的准确度。

2）调查报告的全面性、真实性、代表性、对报告中出现的工程质量问题的总结性。

3）综合应用专业知识解决实际问题的能力。

4）对所提问题的回答是否充分及语言表达水平如何。

3. 成绩评定

总体评价参考比例标准：过程考核占 40%，成果考核占 40%，答辩占 20%。

3

项目

吊顶工程施工

学习目标

知识目标

1. 掌握吊顶工程施工的工艺流程、操作要点。
2. 掌握吊顶工程施工质量验收的内容、要求和方法。

能力目标

1. 能根据吊顶情况，选择合适的施工方案。
2. 能分析并解决吊顶施工过程中出现的技术问题。
3. 具备吊顶工程施工图技术交底的能力。

思维导图

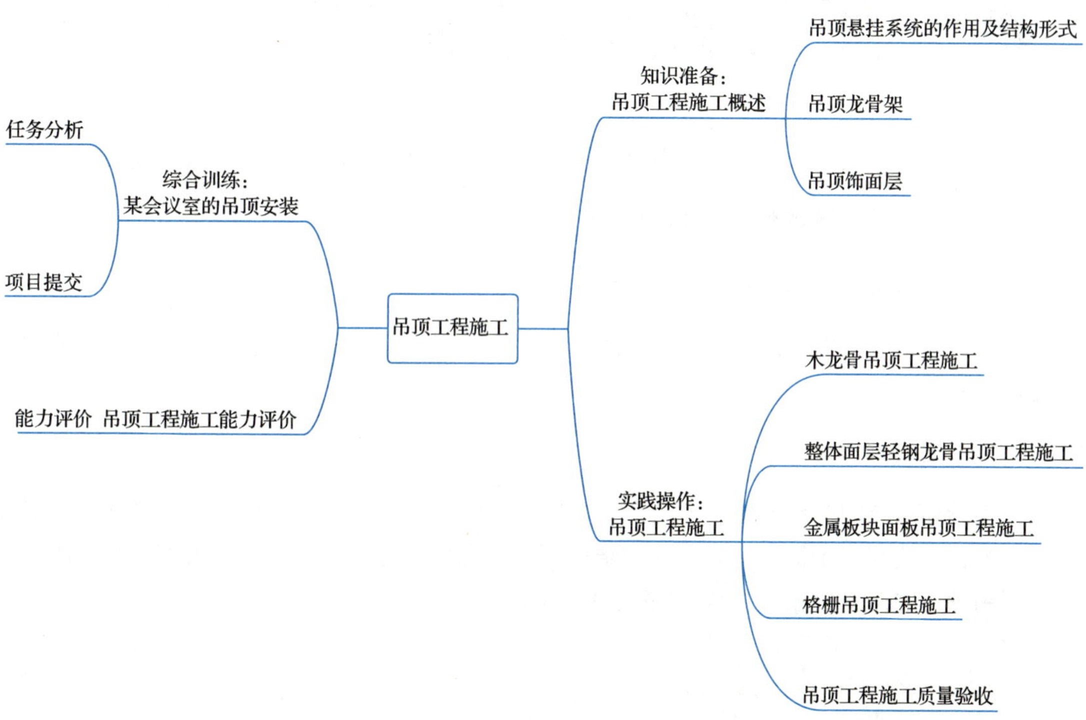

3.1 知识准备：吊顶工程施工概述

微课：吊顶装饰施工认知

吊顶又称悬吊式顶棚，是指在建筑物结构层下部悬吊由骨架及饰面板组成的装饰构造层。

吊顶按结构形式分为整体面层吊顶、板块面层吊顶和格栅吊顶。

吊顶按使用材料分为轻钢龙骨吊顶、铝合金龙骨吊顶、木龙骨吊顶、石膏板吊顶、金属装饰板吊顶、装饰板吊顶和采光板吊顶。

吊顶顶棚主要由悬挂系统、龙骨架、饰面层及其相配套的连接件和配件组成，其构造如图 3-1-1 所示。

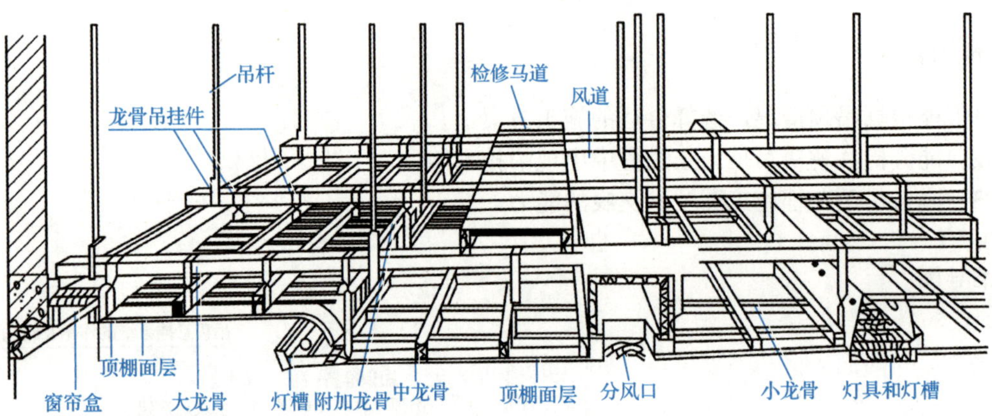

图 3-1-1　吊顶装配示意图

3.1.1　吊顶悬挂系统的作用及结构形式

1. 吊顶悬挂系统的作用

吊顶悬挂系统包括吊杆（吊筋）、龙骨吊挂件，吊顶通过它们将自重及其附加荷载传递给建筑物结构层。

2. 吊顶悬挂系统的结构形式

吊顶悬挂系统的结构形式较多，可视吊顶荷载要求及龙骨种类而定。图 3-1-2 所示为吊顶龙骨的悬挂结构形式示例，其与建筑物结构层的吊点固定方式通常分为上人型吊顶吊点和不上人型吊顶吊点两类，如图 3-1-3 和图 3-1-4 所示。

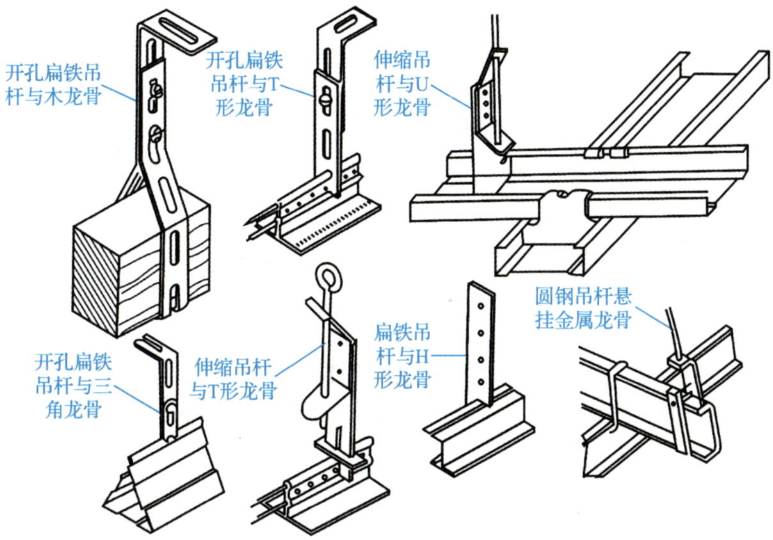

图 3-1-2　吊顶龙骨的悬挂结构形式示例

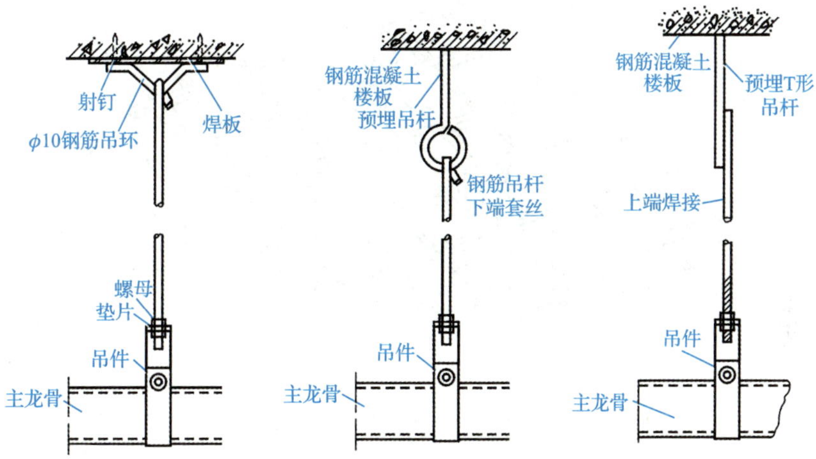

图 3-1-3　上人型吊顶吊点

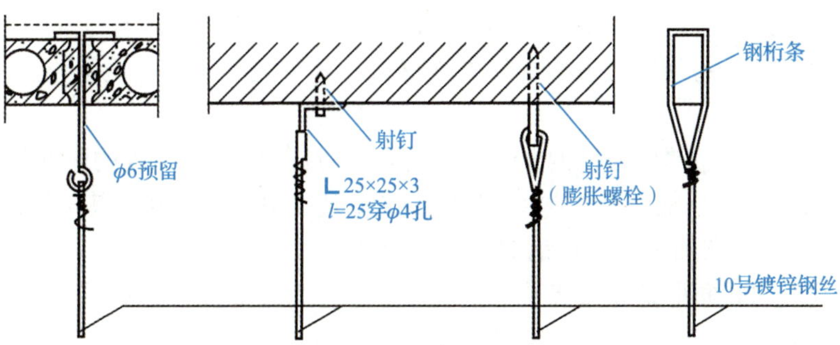

图 3-1-4　不上人型吊顶吊点

3.1.2 吊顶龙骨架

吊顶龙骨架由主龙骨、覆面次龙骨、横撑龙骨及相关组合件、固结材料等连接而成。吊顶造型骨架的组合方式通常有双层龙骨构造和单层龙骨构造两种。

主龙骨是起主干作用的龙骨，是吊顶龙骨体系中主要的受力构件。次龙骨的主要作用是固定饰面板，属于龙骨体系中的构造龙骨。

常用的吊顶龙骨分为木龙骨和金属龙骨两大类。

3.1.2.1 吊顶木龙骨架

吊顶木龙骨架是由大、小木龙骨拼装而成的吊顶造型骨架。

当吊顶为单层龙骨时不设大龙骨，而用小龙骨组成方格骨架，用吊挂杆直接吊在建筑物结构层下部。

木龙骨架组装示意如图 3-1-5 所示。

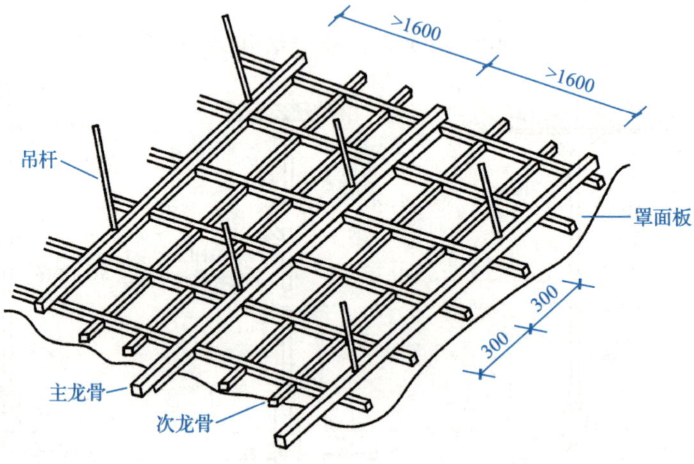

图 3-1-5 木龙骨架组装示意

3.1.2.2 吊顶轻金属龙骨架

吊顶轻金属龙骨是以镀锌钢带、铝带、铝合金型材、薄壁冷轧退火卷带为原料，经冷弯或冲压工艺加工而成的顶棚吊顶的骨架支承材料。其突出的优点是质量小、刚度大、耐火性能好。

吊顶轻金属龙骨通常分为轻钢龙骨和铝合金龙骨两类。轻钢龙骨的断面形状可分为 U 形、C 形、Y 形、L 形等，分别作为主龙骨、覆面龙骨、边龙骨配套使用。其常用规格型号有 U60、U50、U38 等系列。在施工中，轻钢龙骨应做防锈处理。

铝合金龙骨的断面形状多为 T 形、L 形，分别作为覆面龙骨、边龙骨配套使用。

1. 吊顶轻钢龙骨架

吊顶轻钢龙骨架作为吊顶造型骨架，由主龙骨（大龙骨、承载龙骨）、次龙骨（覆面龙骨、中龙骨）、横撑龙骨及相应的连接件组装而成，如图 3-1-6 所示。

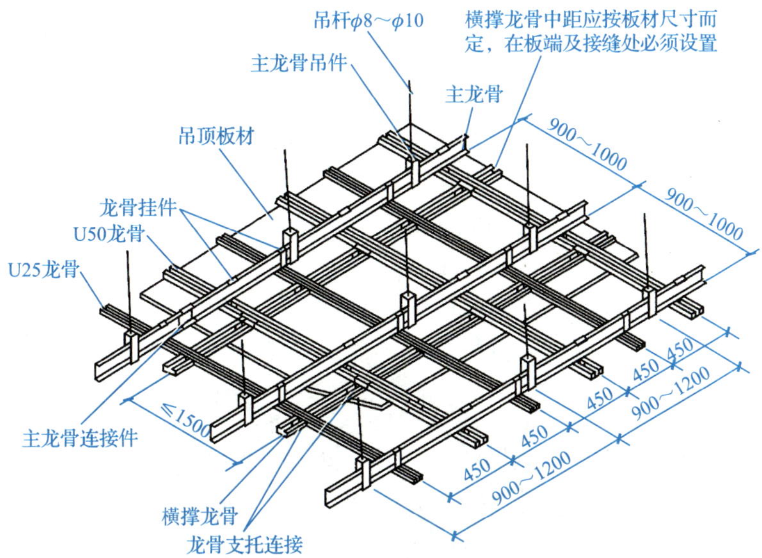

图 3-1-6　U 形系列轻钢龙骨吊顶装配示意

根据吊顶承受荷载的要求，轻钢吊顶主龙骨可按表 3-1-1 选用。

表 3-1-1　吊顶荷载与轻钢吊顶主龙骨的关系表

吊顶荷载	承载龙骨规格
吊顶自重+80kg 附加荷载	U60 以上系列
吊顶自重+50kg 附加荷载	U50 以上系列
吊顶自重	U38

2. 吊顶铝合金龙骨架

吊顶铝合金龙骨架，根据吊顶使用荷载要求不同，有以下两种组装方式。

1）方式一：由 L 形、T 形装配式铝合金龙骨组装而成的轻型吊顶龙骨架，此种骨架承载力有限，不能上人，如图 3-1-7 所示。

2）方式二：由 U 形轻钢龙骨作主龙骨与 L 形、T 形铝合金龙骨组装而成的可承受附加荷载的吊顶龙骨架，如图 3-1-8 所示。

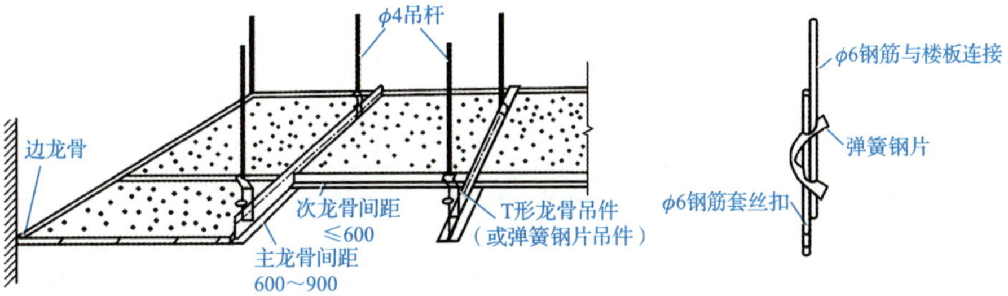

（a）吊顶示意图　　（b）弹簧钢片吊杆

图 3-1-7　L 形、T 形装配式铝合金龙骨吊顶轻便安装示意

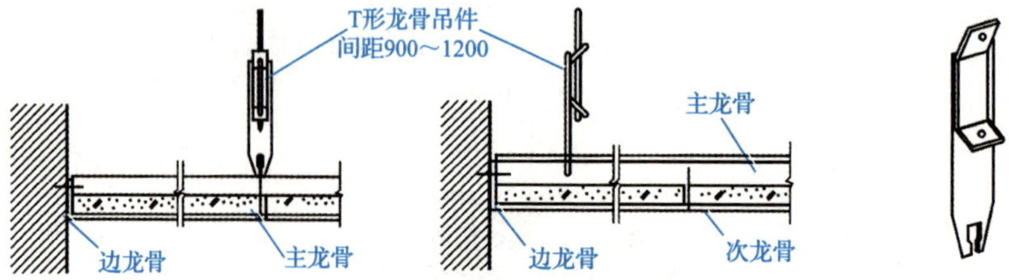

（c）T形龙骨吊件间距　　（d）T形龙骨吊件

图 3-1-7（续）

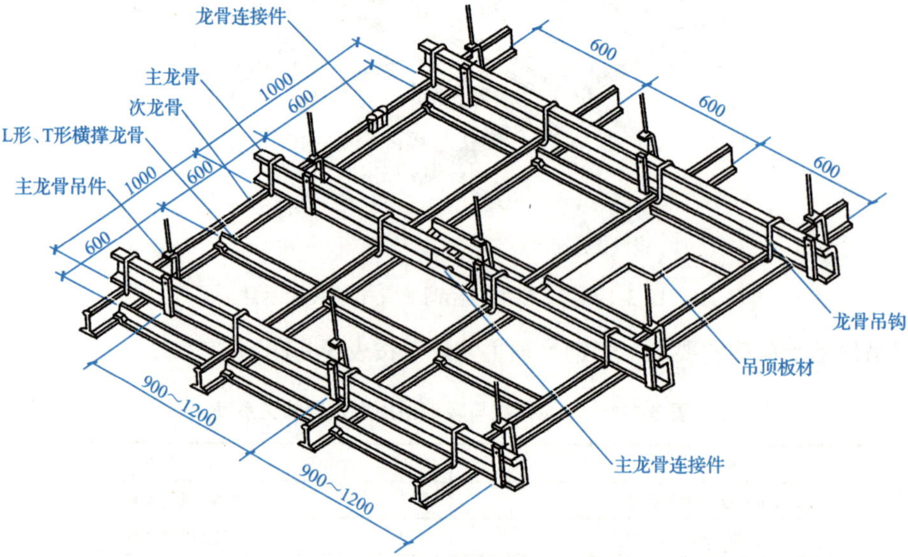

图 3-1-8　由 U 形轻钢龙骨为主龙骨与 L 形、T 形铝合金龙骨组装而成的可承受附加荷载的吊顶龙骨架

3.1.3　吊顶饰面层

吊顶饰面层即为固定于吊顶龙骨架下部的罩面板材层。

罩面板材品种很多，常用的有胶合板、纸面石膏板、装饰石膏板、钙塑饰面板、金属装饰面板（铝合金板、不锈钢板、彩色镀锌钢板等）、玻璃及聚氯乙烯饰面板等。

饰面板与龙骨架底部可采用钉接或胶粘、搁置、扣挂等方式连接。

3.2　实践操作：吊顶工程施工

3.2.1　木龙骨吊顶工程施工

3.2.1.1　常用施工材料与机具

木龙骨吊顶是以木龙骨为基本骨架，配以胶合板、纤维板或其他人造板作为罩面板材组合而成的吊顶体系，其加工方便，造型能力强，但不适用于大面积吊顶。

1. 施工材料

1）木料：木龙骨材料应为烘干、无扭曲、无劈裂、不易变形、材质较轻的树种，以红松、白松为宜。

2）罩面板材：胶合板、纤维板、纸面石膏板等，按设计选用。

3）固结材料：圆钉、射钉、膨胀螺栓、胶粘剂。

4）吊挂连接材料：ϕ6～ϕ8mm 钢筋、角钢、钢板、8 号镀锌铅丝。

5）木材防腐剂、防火剂。

2. 常用机具

电动冲击钻、手电钻、电动修边机、电动或气动钉枪、木刨、槽刨、锯、锤、斧、螺钉旋具、钢卷尺、水平尺、墨斗等。

3.2.1.2　施工流程

吊顶木龙骨架安装施工主要工艺流程如图 3-2-1 所示。

图 3-2-1　吊顶木龙骨架安装施工主要工艺流程

1. 弹线

弹线包括弹吊顶标高线、吊顶造型位置线、吊挂点定位线、大中型灯具吊点定位线。

1）弹吊顶标高线。

2）确定吊顶造型位置线。对于规则的建筑空间，应根据设计要求，先在一个墙面上量出吊顶造型位置距离，并按该距离画出平行于墙面的直线，然后在另外三个墙面用同样的方法画出直线，便可得到造型位置外框线，再根据外框线逐步画出造型的各个局部的位置。

对于不规则的建筑空间，可根据施工图纸测出造型边缘距墙面的距离，运用同样的方法，找出吊顶造型边框的有关基本点，将各点连线形成吊顶造型位置线。

3）确定吊挂点定位线。在一般情况下，吊点按每平方米一个均匀布置，灯位处、承载部位、龙骨与龙骨相接处及叠级吊顶的叠级处应增设吊点。

2. 木龙骨处理

1）防腐处理。建筑装饰工程中所用木龙骨材料，应按规定选材并进行构造上的防潮处理，同时应涂刷防虫药剂。

2）防火处理。一般将防火涂料涂刷或喷于木材表面，也可把木材置于防火涂料槽内浸渍。

3. 龙骨架拼接

1）确定吊顶龙骨架需要分片或可以分片安装的位置和尺寸，根据分片的平面尺寸选取龙骨尺寸。

2）先拼接组合大片的龙骨骨架，再拼接组合小片的局部骨架。

3）骨架的拼接按凹槽对凹槽的方法咬口拼接，拼口处涂胶并用圆钉固定，如图 3-2-2 所示。

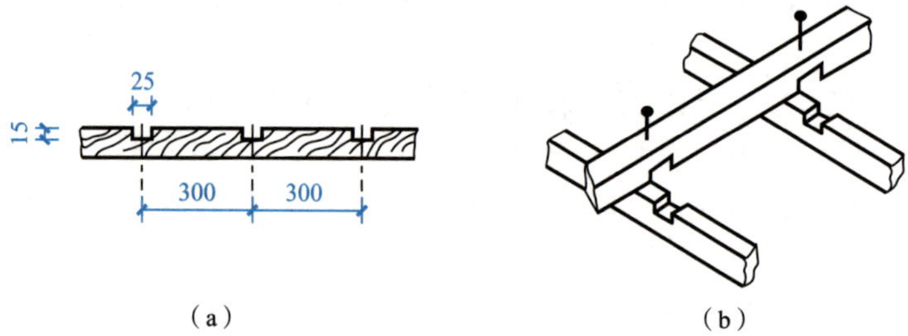

图 3-2-2　木龙骨利用槽口拼接示意

4. 安装吊点紧固件、吊筋

1）安装吊点紧固件：吊顶吊点的紧固方式较多，常采用膨胀螺栓、射钉、预埋件等方式，如图 3-2-3 所示。

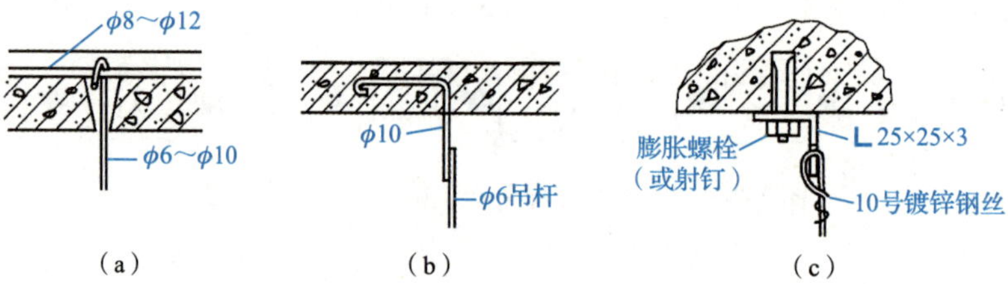

图 3-2-3　木质装饰吊顶的吊点紧固安装

2）吊筋：常采用钢筋、角钢、扁铁或方木，其规格应满足承载要求，吊筋与吊点的连接可采用焊接、钩挂、螺栓或螺钉等方法。吊筋安装时，应做防腐、防火处理。

5. 固定沿墙龙骨

沿吊顶标高线固定沿墙龙骨，一般用冲击钻在标高线以上 10mm 处墙面打孔，孔深为 12mm，孔距为 0.5～0.8m，孔内塞入木楔，将沿墙龙骨钉固在墙内木楔上，沿墙木龙骨的截面尺寸与吊顶次龙骨尺寸一样。沿墙木龙骨固定后，其底边与其他次龙骨底边标高一致。

6. 龙骨架吊装

1）分片吊装。将拼接组合好的木龙骨架托起至吊顶标高位置，先做临时固定；然后根据吊顶标高线拉出纵横水平基准线，进行整片龙骨架调平；最后将其靠墙部分与沿墙龙骨钉接。

2）龙骨架与吊点固定。常采用的木骨架吊顶的吊杆有木吊杆、扁铁吊杆和角钢吊杆，如图 3-2-4 所示。角钢吊杆与木龙骨架的固定如图 3-2-5 所示。

3）龙骨架分片间的连接。龙骨架分片吊装在同一平面后，要进行分片连接形成整体，其方法是，将端头对正，用短方木进行连接，短方木钉于龙骨架对接处的侧面或顶面，对于一些重要部位的龙骨连接，可采用铁件进行连接加固，如图 3-2-6 所示。

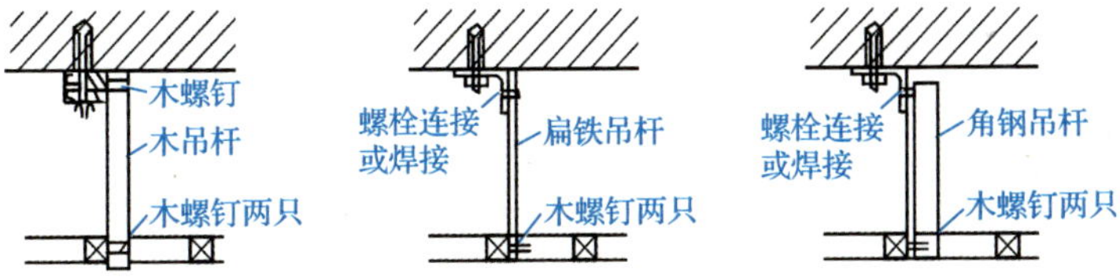

（a）木吊杆　（b）扁铁吊杆　（c）角钢吊杆

图 3-2-4　木骨架吊顶常用的吊杆类型

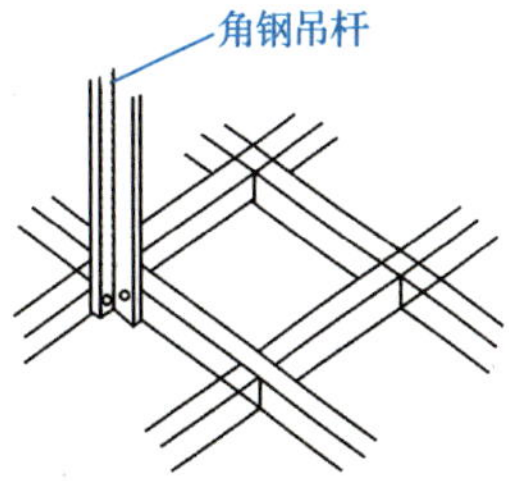

图 3-2-5　角钢吊杆与木龙骨架的固定

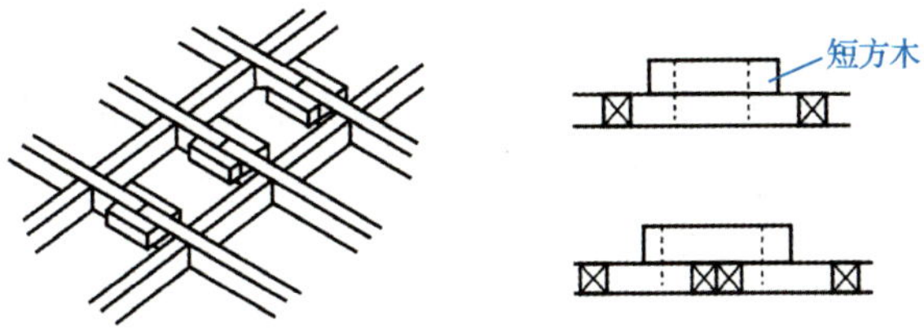

（a）短方木固定于龙骨侧面　（b）短方木固定于龙骨上面

图 3-2-6　木龙骨架对接固定

4）叠级吊顶上、下层龙骨架的连接。对于叠级吊顶，一般从最高平面（相对可接地面）吊装，其高、低面的衔接，常用做法是先以一条方木斜向将上、下平面龙骨架定位，然后用垂直的方木把上、下两个平面龙骨架连接固定，如图 3-2-7 所示。

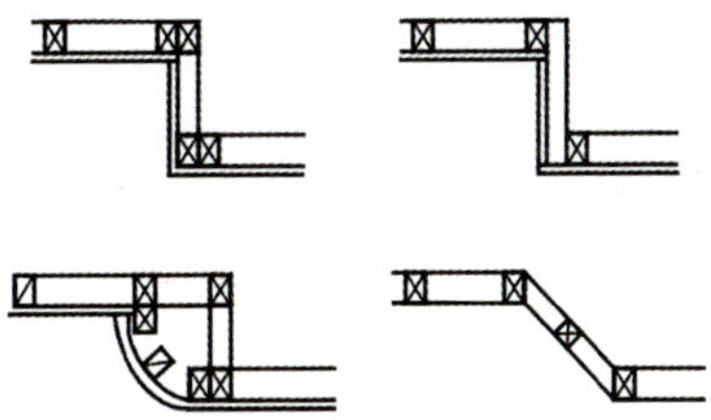

图 3-2-7　叠级吊顶上、下层龙骨架的连接

7. 龙骨架整体调平

在各分片吊顶龙骨架安装就位之后，对于吊顶面需要设置的送风口、检修孔、内嵌式吸顶灯盘及窗帘盒等装置，在其预留位置处要加设骨架，进行必要的加固处理及增设吊杆等。

对一些面积较大的木龙骨架吊顶，可采用起拱的方法来平衡吊顶的下坠。当设计无要求，且房间面积不大于 $50m^2$ 时，起拱高度应为房间短向跨度的 1/1000～3/1000；当房间面积大于 $50m^2$ 时，起拱高度应为房间短向跨度的 3/1000～5/1000。

8. 面板安装

1）材料选择。吊顶面板一般选用加厚三夹板或五夹板。

2）板材处理。板材处理包括弹面板装订线、板块切割、修边倒角和防火处理。

3）吊顶面板铺钉施工。吊顶面板铺钉施工包括板材预排布置、预留设备安装位置和面板铺钉。

4）其他人造板顶棚饰面的安装。安装木丝板、刨花板、细木工板时，一般多用压条固定法，其板与板的间隙要求为 3～5mm。印刷木纹板的安装多采用圆钉固定法，钉距不大于120mm。甘蔗板、麻屑板的安装可采用圆钉固定法，也可采用压条固定法或黏合固定法。

① 圆钉固定法：用圆钉将板钉于顶棚木龙骨上，钉与龙骨间加一个直径为 30mm 的圆形铁垫圈。

② 压条固定法：在板与板之间钉一道压条进行固定。

③ 黏合固定法：在基层平整的条件下，采用胶粘剂直接黏合。

3.2.1.3 有关节点构造处理

1. 暗装窗帘盒的节点构造

暗装窗帘盒的节点构造分为两种：一种是吊顶与方木薄板窗帘盒衔接［图 3-2-8（a）］，另一种是吊顶与厚夹板窗帘盒连接［图 3-2-8（b）］。

2. 暗装灯盘的节点构造

暗装灯盘的节点构造分为两种：一种是木吊顶与灯盘固定连接［图 3-2-9（a）］，另一种是灯盘自行悬吊于顶棚［图 3-2-9（b）］。

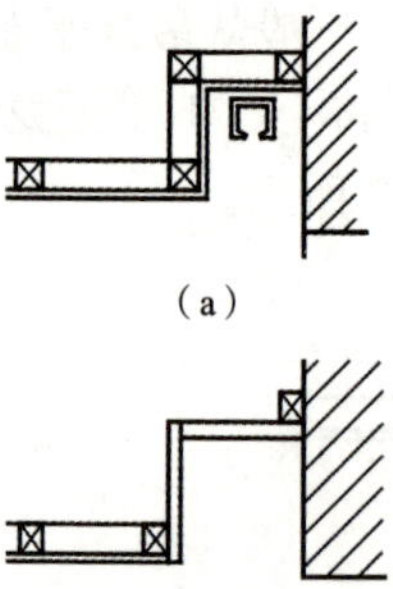

（a）

（b）

图 3-2-8 暗装窗帘盒的节点构造

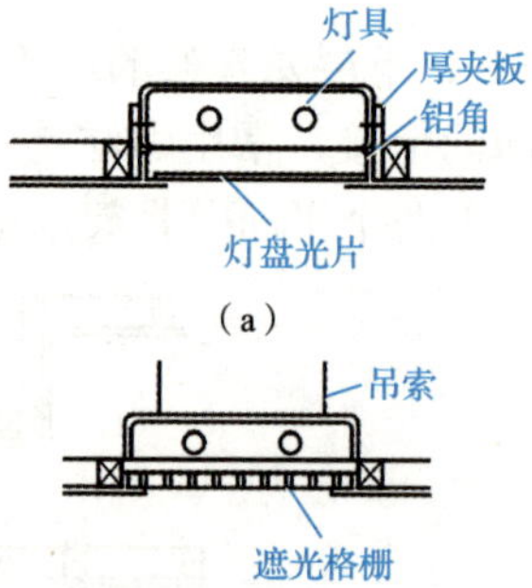

（a）

（b）

图 3-2-9 暗装灯盘的节点构造

3. 与灯槽的连接节点

木吊顶与反光灯槽的连接如图 3-2-10 所示。

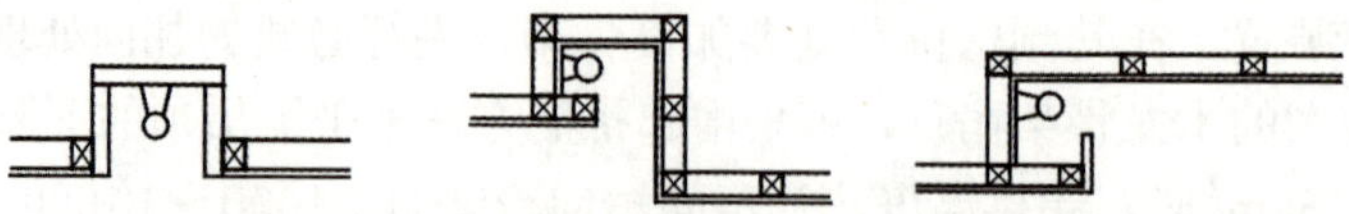

（a）平面式　（b）侧向反光式　（c）顶面半反光式

图 3-2-10 木吊顶与反光灯槽的连接

3.2.2 整体面层轻钢龙骨吊顶工程施工

轻钢龙骨吊顶是以轻钢龙骨为吊顶的基本骨架，配以轻型装饰罩面板材的新型顶棚体系。常用罩面板有纸面石膏板、石棉水泥板、矿棉吸声板、浮雕板和钙塑凹凸板。

轻钢龙骨吊顶设置灵活，装拆方便，具有质量小、强度高、防火等多种优点，广泛用于公共建筑及商业建筑。

3.2.2.1　作业条件

1）在所要吊顶的范围内，机电安装均已施工完毕，各种管线均已试压合格，已经过隐蔽验收。

2）已确定灯位、通风口及各种照明孔口的位置。

3）在顶棚罩面板安装前，应完成墙、地湿作业工程项目。

4）搭好顶棚施工操作平台架子。

5）轻钢骨架顶棚在大面积施工前，应做样板，对顶棚的起拱度、灯槽、窗帘盒、通风口等处进行构造处理，经鉴定后再大面积施工。

3.2.2.2　常用施工材料与机具

1. 常用施工材料

1）U形、T形轻钢龙骨及配件，如图3-2-11所示。

（a）50主龙骨

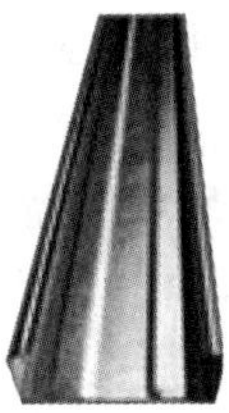

（b）50次龙骨

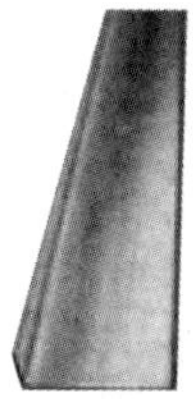

（c）38主龙骨

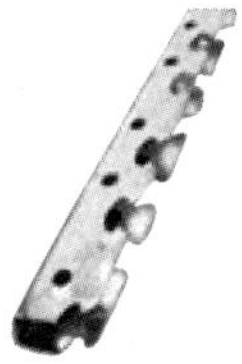

（d）卡式龙骨

（e）条扣龙骨

图3-2-11　龙骨

2）罩面板。纸面石膏板、石棉水泥板、矿棉吸声板、浮雕板、钙塑凹凸板及铝压缝条或塑料压缝条等。

3）吊杆（ϕ6mm、ϕ8mm钢筋）。

4）固结材料。花篮螺钉、射钉、自攻螺钉、膨胀螺栓等。

2. 常用机具

电动冲击钻、无齿锯、射钉枪、手锯、手刨、螺钉旋具、扳手、方尺、钢尺、水平尺等。

3.2.2.3　施工流程

吊顶整体面层轻钢龙骨架施工步骤与方法工艺流程如图3-2-12所示。

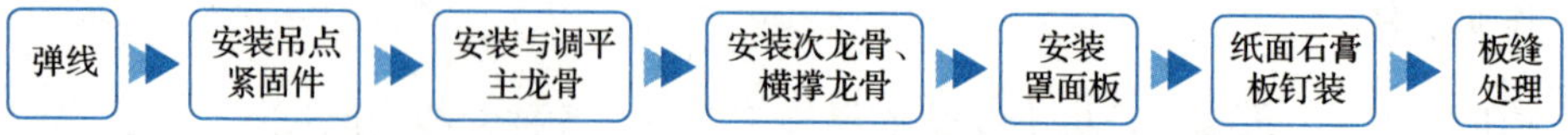

图 3-2-12 吊顶整体面层轻钢龙骨架施工步骤与方法工艺流程

1. 弹线

弹线的顺序是先竖向标高、后平面造型和细部。竖向标高线弹于墙上，平面造型和细部弹于顶板上。主要应弹出以下基准线：

1）顶棚标高线。在弹顶棚标高线前，应先弹出施工标高基准线，一般常以 0.5m 为基线，弹于四周的墙面上。以施工标高基准线为准，按设计所定的顶棚标高，用仪器或量具沿室内墙面量出顶棚高度，并将此高度用墨线弹于墙面上，其水平允许偏差不得超过 5mm。如果顶棚有叠级造型，则其标高线均应弹出。

2）水平造型线。根据吊顶的平面设计，以房间的中心为准，将水平造型线按照先高后低的顺序逐步弹在顶板上，同时注意累积误差的调整。

3）吊筋吊点位置线。根据造型线和设计要求，确定吊筋吊点的位置，并弹于顶板上。

4）吊杆位置线。所有设计的大型灯具、电扇等的吊杆位置，应按照具体设计测量准确，并用墨线弹于楼板的板底上。如果吊具、吊杆的锚固件须用膨胀螺栓固定，则应将膨胀螺栓的中心位置一并弹出。

5）附加吊杆位置线。根据吊顶的具体设计，将顶棚检修马道、检修口、通风口、柱子周边及其他所有须加“附加吊杆”之处的吊杆位置一一测出，并弹于混凝土楼板的板底上。

2. 安装吊点紧固件

可根据吊顶是否上人（或是否承受附加荷载），分别采用图 3-1-3 和图 3-1-4 所示方法进行吊点紧固件的安装。

3. 安装与调平主龙骨

1）主龙骨安装。将主龙骨与吊杆通过垂直吊件连接，如图 3-2-13 所示。主龙骨按弹线位置就位，利用吊件悬挂在吊筋上。主龙骨一般沿室内长边方向布置。

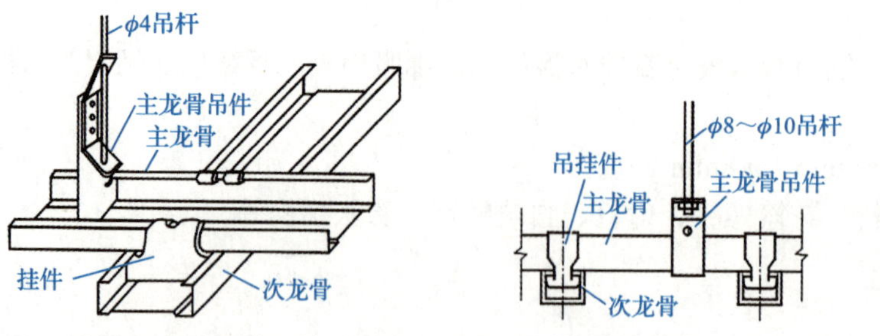

（a）不上人型吊顶吊杆与主、次龙骨连接　（b）上人型吊顶吊杆与主、次龙骨连接

图 3-2-13 主龙骨与次龙骨的安装及连接

2）主龙骨的调平。在主龙骨与吊件及吊杆安装就位之后，以一个房间为单位进行调平调直。调整方法可用方木按主龙骨间距钉圆钉，将主龙骨卡住，临时固定，将吊筋上的调平螺母拧紧，龙骨中间部分按具体设计起拱。当设计无要求，且房间面积不大于 $50m^2$ 时，起拱高

度应为房间短向跨度的 1/1000～3/1000；当房间面积大于 $50m^2$ 时，起拱高度应为房间短向跨度的 3/1000～5/1000，如图 3-2-14 所示。

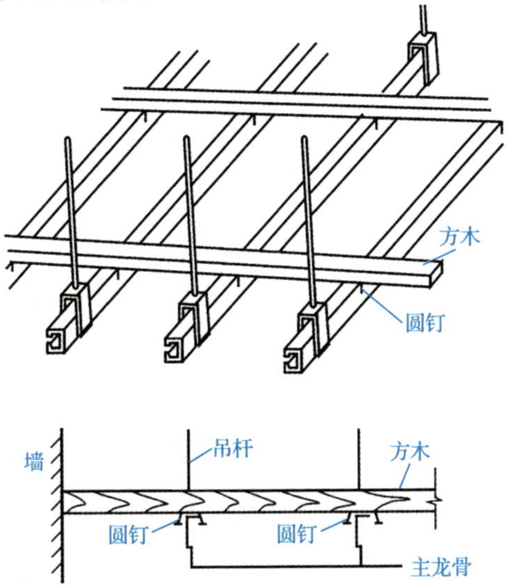

图 3-2-14　定位调平主龙骨

4. 安装次龙骨、横撑龙骨

1）安装次龙骨。在次龙骨与主龙骨的交叉布置点，使用配套的龙骨吊挂件将二者连接固定，如图 3-2-13 所示。

2）安装横撑龙骨。横撑龙骨由中、小龙骨截取，其方向与次龙骨垂直，装在罩面板的拼接处，底面与次龙骨平齐。

3）固定边龙骨。边龙骨沿墙面或柱面标高线钉牢。

5. 安装罩面板

罩面板通常有明装、暗装、半隐装三种安装方式。

1）明装是指罩面板直接搁置在 T 形龙骨两翼上，纵、横 T 形龙骨架均外露。

2）暗装是指罩面板安装后骨架不外露。

3）半隐装是指罩面板安装后外露部分骨架。

6. 纸面石膏板钉装

纸面石膏板是轻钢龙骨吊顶常用的罩面板材，通常采用暗装方法。施工包括纸面石膏板的现场切割和纸面石膏板罩面钉装。

1）纸面石膏板应在自由状态下固定，防止出现弯棱、凸鼓的现象；还应在棚顶四周封闭的情况下安装固定，防止板面受潮变形。

2）纸面石膏板的长边（即包封边）应沿纵向次龙骨铺设。

3）在确定自攻螺钉与纸面石膏板边的距离时，用面纸包封的板边以 10～15mm 为宜，切割的板边以 15～20mm 为宜。

4）固定次龙骨的间距一般不应大于 600mm；在南方潮湿地区，间距应适当减小，以 300mm 为宜。

5）板周边钉距以 150～170mm 为宜，板中钉距应不大于 200mm。螺钉应与板面垂直，已弯曲、变形的螺钉应剔除，并在相隔 50mm 的部位另装螺钉。

6）安装双层石膏板时，面层板与基层板的接缝应错开，不得在一根龙骨上。

7）石膏板的接缝应按设计要求进行板缝处理。

8）进行纸面石膏板与龙骨的固定时，应从一块板的中间向其四边进行，不得多点同时作业。

9）螺钉头宜略埋入板面，但不得损坏纸面，钉眼应做防锈处理，并用石膏腻子抹平，如图 3-2-15 所示。

注意：拌制石膏腻子时，必须用清洁水和清洁容器。

在吊顶施工中应注意工种间的配合，避免返工拆装损坏龙骨、板材及吊顶上的风口、灯具。T 形外露龙骨吊顶应在全面安装完成后对龙骨及板面做最后调整，以保证平直。

7. 板缝处理

1）嵌缝材料。嵌缝时采用石膏腻子和穿孔纸带或网格胶带。嵌填钉孔应用石膏腻子。

2）嵌缝施工。整个吊顶面的纸面石膏板铺钉完成后，应进行检查，并将所有的自攻螺钉的钉头做防锈处理，然后用石膏腻子嵌平。随即贴上网格胶带，使用宽约 60mm 的腻子刮刀沿网格胶带方向压刮，将多余的腻子挤出，并刮平、刮实，如图 3-2-16 所示。

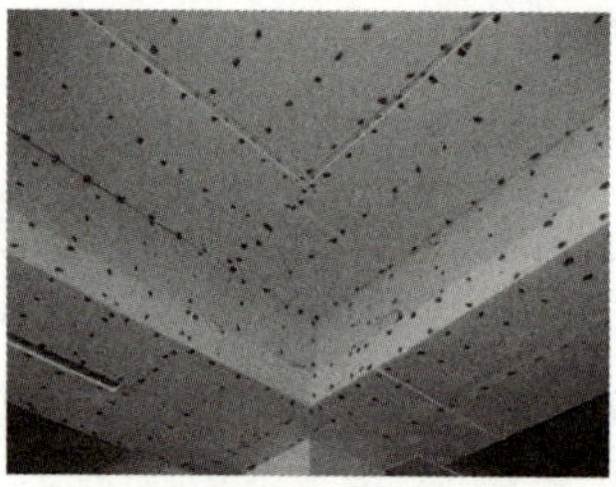

图 3-2-15　螺钉头防锈处理

图 3-2-16　贴网格胶带

3.2.2.4　吊顶特殊部位构造处理

1. 吊顶边部节点构造

纸面石膏板轻钢龙骨吊顶边部与墙柱立面结合部位的处理，一般采用平接式、留槽式和间隙式三种形式。吊顶的边部节点构造如图 3-2-17 所示。

2. 叠级吊顶构造

叠级吊顶所用的轻钢龙骨和石膏板等，应按设计要求和吊顶部位不同切割成相应部件。轻钢龙骨纸面石膏板叠级吊顶的变杆高构造节点示例如图 3-2-18 所示。

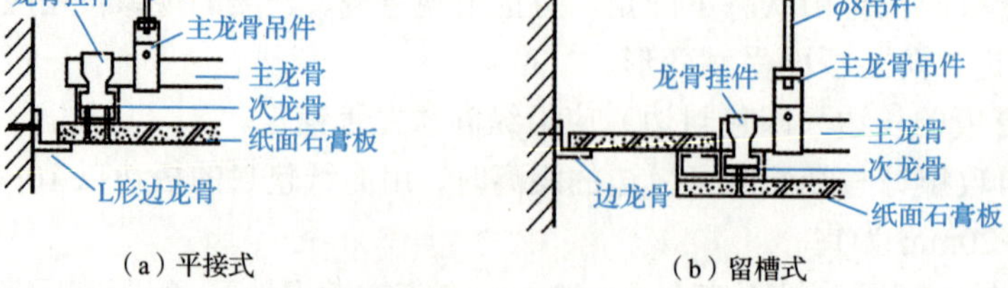

图 3-2-17　吊顶的边部节点构造

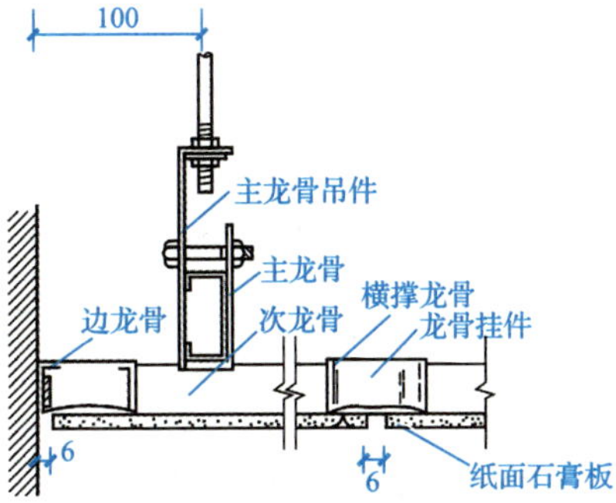

（c）间歇式

图 3-2-17（续）

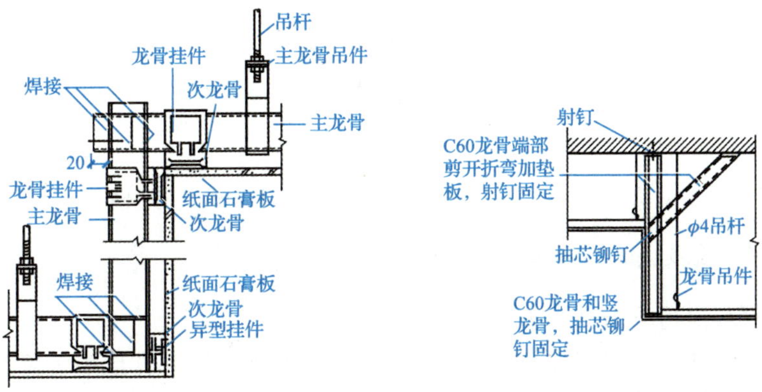

（a）有主龙骨的变标高吊顶节点构造　（b）无主龙骨的变标高吊顶节点构造

图 3-2-18 轻钢龙骨纸面石膏板叠级吊顶的变标高构造节点示例

3. 吊顶与隔墙的连接

轻钢龙骨纸面石膏板吊顶与轻钢龙骨纸面石膏板轻质隔墙相连接时，隔墙的横龙骨（沿顶龙骨）与吊顶的主龙骨用 M6 螺栓紧固，吊顶的次龙骨依靠龙骨挂件与主龙骨连接，次龙骨的纵横连接则依靠龙骨支托。吊顶与隔墙的连接如图 3-2-19 所示。

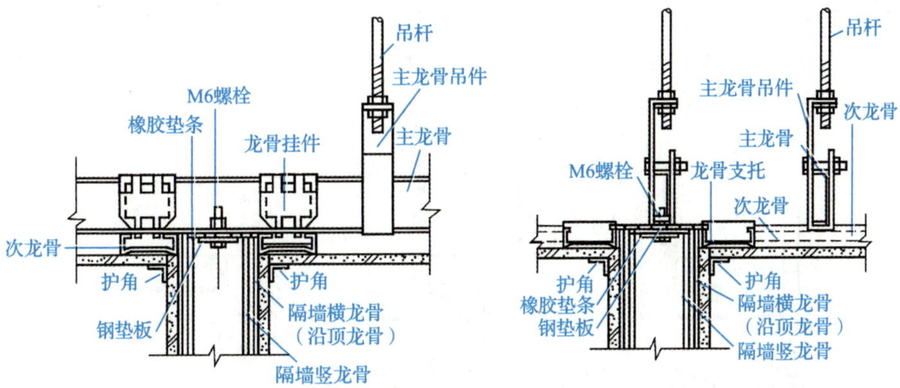

（a）垂直交叉连接图　（b）同方向对中连接图

图 3-2-19 吊顶与隔墙的连接

3.2.3 金属板块面板吊顶工程施工

3.2.3.1 方形金属板块面板吊顶安装

方形金属板有两种安装方法：一种是搁置式安装，另一种是卡入式安装。目前常用卡入式安装方法，如图 3-2-20 所示。

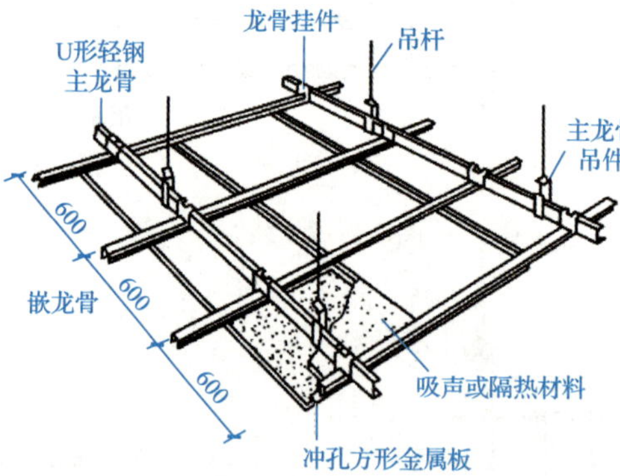

图 3-2-20 方形金属板块面板吊顶板卡入式安装示例

3.2.3.2 长条形金属板块面板吊顶安装

长条形金属板沿边分为“卡边”与“扣边”两种。

1）卡边式长条形金属板安装时，直接将板沿利用板本身的弹性按顺序卡入特制的带夹齿状的龙骨卡口内，调平调直即可，不需要任何连接件。此种板有板缝，故称为“开敞式”（敞缝式）吊顶顶棚。板缝有利于顶棚通风，可以不进行封闭，也可按设计要求加设配套的嵌条予以封闭。

2）与卡边式长条形金属板一样，扣边式长条形金属板也可安装在带夹齿状龙骨卡口内，利用板本身的弹性相互卡紧。

3.2.3.3 吊顶的细部处理

1. 墙柱边部连接处理

方形或长条形金属板与墙柱面连接处可以离缝平接，也可以采用 L 形边龙骨或半嵌龙骨同平面搁置搭接或高低错落搭接，如图 3-2-21 所示。

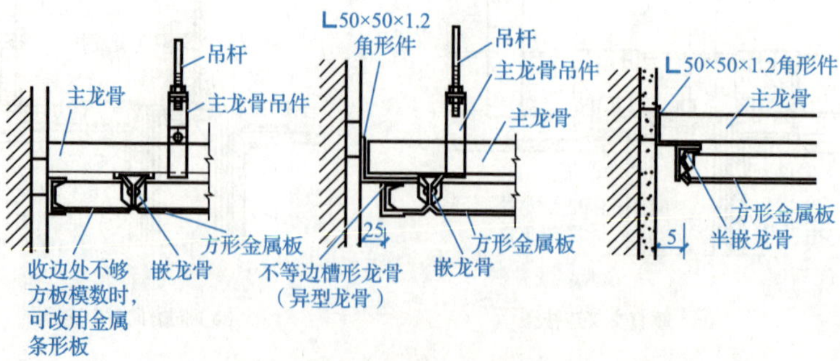

图 3-2-21 方形金属板卡入式安装示例

2. 与隔断的连接处理

隔断沿顶龙骨必须与其垂直的顶棚主龙骨连接牢固。当顶棚主龙骨不能与隔断沿顶龙骨垂直布置时，必须增设短的主龙骨，短的主龙骨再与顶棚主龙骨连接固定。总之，隔断沿顶龙骨与顶棚骨架系统连接牢固后，再安装罩面板。

3. 变标高处连接处理

方形金属板可按图 3-2-22 所示进行处理。

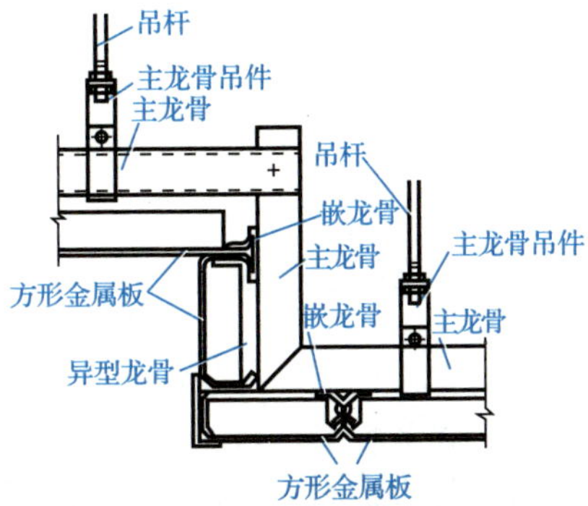

图 3-2-22　方形金属板变标高构造做法示例

4. 窗帘盒等构造处理

以方形金属板为例，可按图 3-2-23 所示对窗帘盒及送风口的连接进行处理。当采用长条形金属板时，换上相应的龙骨即可。

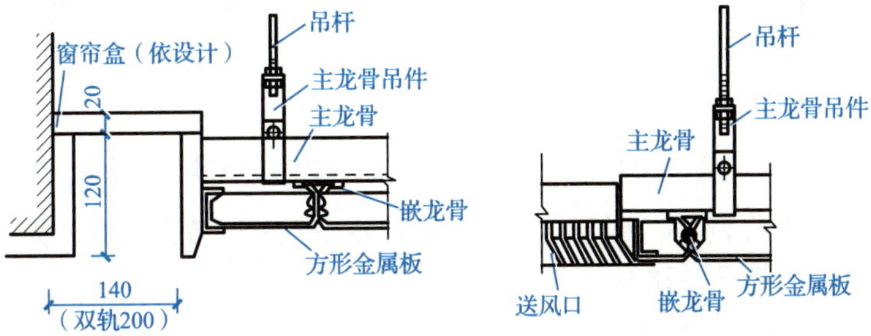

（a）窗帘盒与吊顶连接节点　（b）送风口节点做法

图 3-2-23　方形金属板吊顶窗帘盒与送风口构造做法示意

5. 吸声或隔热材料布置

当金属板为穿孔板时，先在穿孔板上铺壁毡，再将吸声或隔热材料（如玻璃棉、矿棉等）满铺其上，以防止吸声或隔热材料从孔中漏出。

3.2.3.4　施工注意事项

1）龙骨框格必须方正、平整，框格尺寸必须与罩面板实际尺寸相吻合。当采用普通 T 形龙骨直接搁置时，T 形龙骨的框格尺寸应比方形板或长条形板尺寸稍大些，以每边留有 2mm 间隙为宜；当采用专用特制嵌龙骨时，龙骨的框格尺寸应与方形板或长条形板尺寸相同，不再留间隙。

2）龙骨弯曲变形的不能用于工程，特别是专用特制嵌龙骨的嵌口弹性不好、弯曲变形不直时不得使用。

3）纵横龙骨十字交叉处必须连接牢固、平整，交角方正。

3.2.4 格栅吊顶工程施工

3.2.4.1 木质开敞式吊顶施工

1. 施工准备工作

施工准备工作除与前边的吊顶相同外，还需对结构基底底面及顶棚以上墙柱面进行涂黑处理，或者按设计要求涂刷其他深色涂料。

2. 弹线定位工作

格栅吊顶工程的弹线定位工作同一般吊顶工程。

3. 单体构件拼装

木质单体构件拼装成单元体的形式多种多样，有板与板组合框格式、方木骨架与板组合框格式、侧平横板组合框格式、盒式与方板组合式、盒与板组合式等。其中，木板方格式单体拼装和木骨架与木单板方格式单体拼装分别如图 3-2-24 和图 3-2-25 所示。

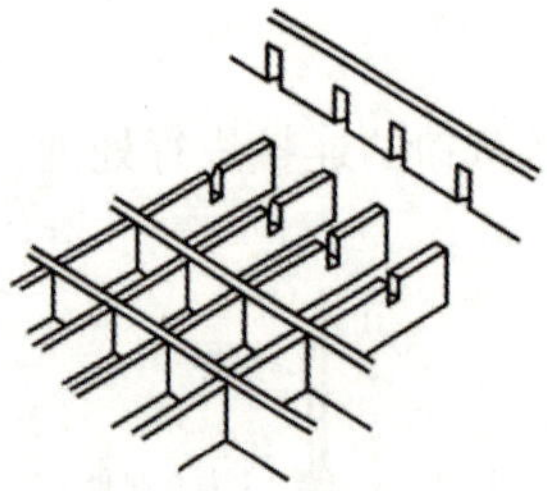

图 3-2-24 木板方格式单体拼装

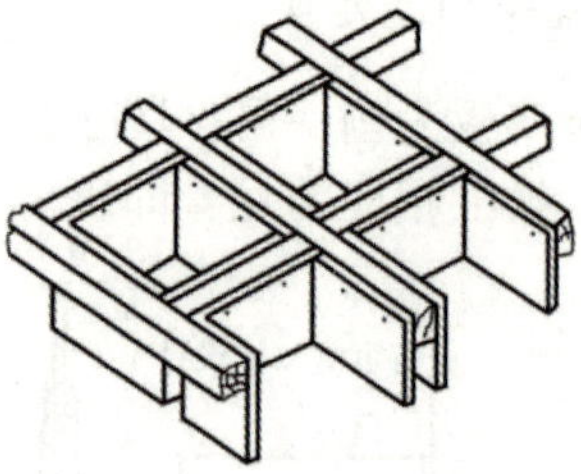

图 3-2-25 木骨架与木单板方格式单体拼装

板条及方木均需要经刨平、刨光、砂纸打磨，规格尺寸一致后方能开始拼装。拼装后的吊顶形式如图 3-2-26～图 3-2-28 所示。

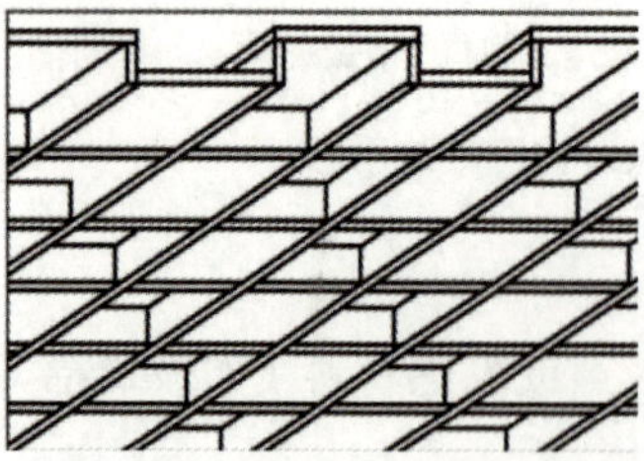

图 3-2-26 盒式与方板拼装的吊顶形式

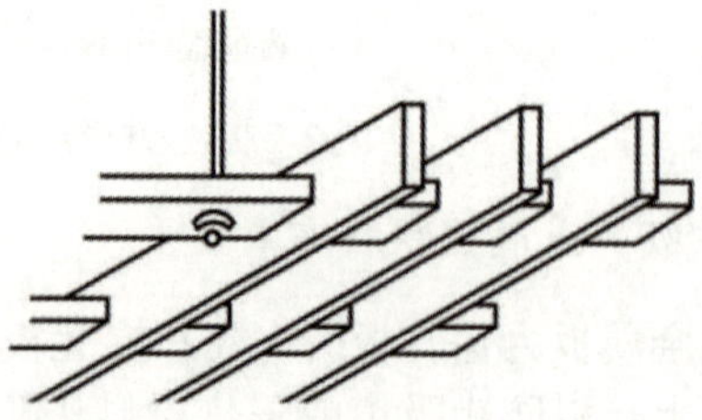

图 3-2-27 木条板拼装的开敞吊顶形式

木质单体构件拼装可按一般木工操作方法进行，即开槽咬接、加胶钉接、开槽开榫加胶拼接或配以金属连接件加木螺钉连接等。拼装后的木质单元体的外表应平整光滑、连接牢固、棱角顺直、不显接缝、尺寸一致，并在适当位置留出单元体与单元体连接用的 L 铁或异型连接件。分片组装的端头连接件如图 3-2-29 所示。

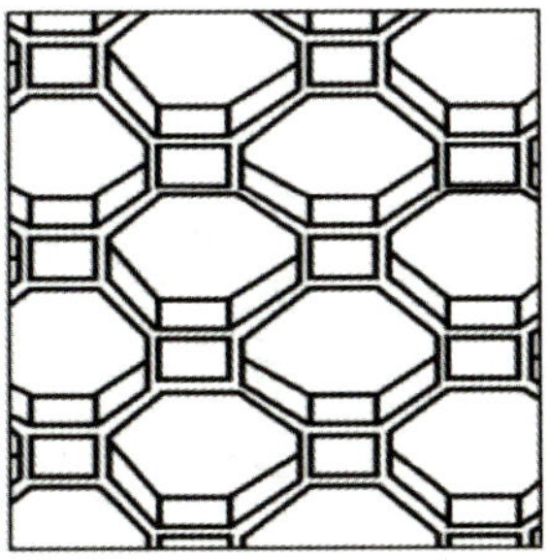

图 3-2-28　多边形与方形单体组合的吊顶形式

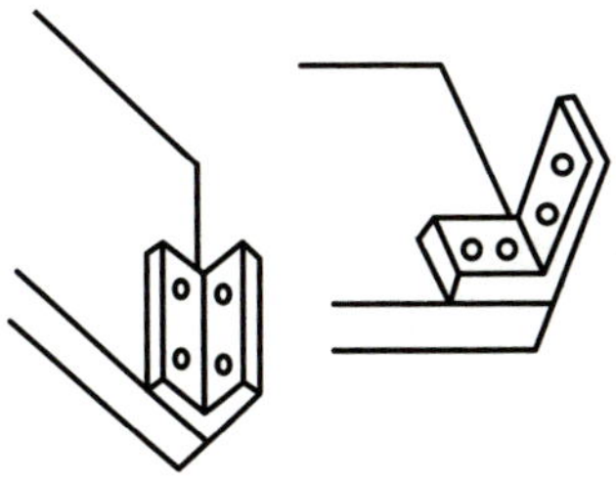

图 3-2-29　分片组装的端头连接件

其中盒板组装时应注意四角方正、对缝严密、接头处胶结牢固，对缝处宜采用加胶加钉的固定连接方式，可使其不易产生变形，如图 3-2-30 所示。

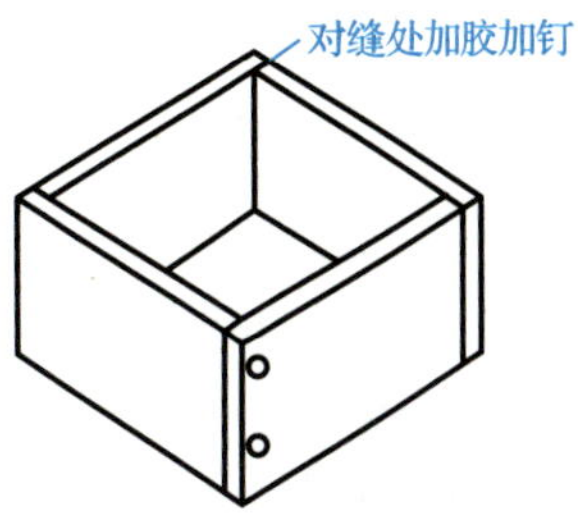

图 3-2-30　对缝固定示意

4. 单元体安装固定

木质开敞式吊顶吊点的埋设方法与前面各类吊顶原则上相同，但吊杆必须垂直于地面，且应能与单元体无变形地连接。因此吊杆的位置可移动调整，待安装正确后再进行固定。吊杆左右位置调整构造示意如图 3-2-31 所示，吊杆高低位置调整构造示意如图 3-2-32 所示。

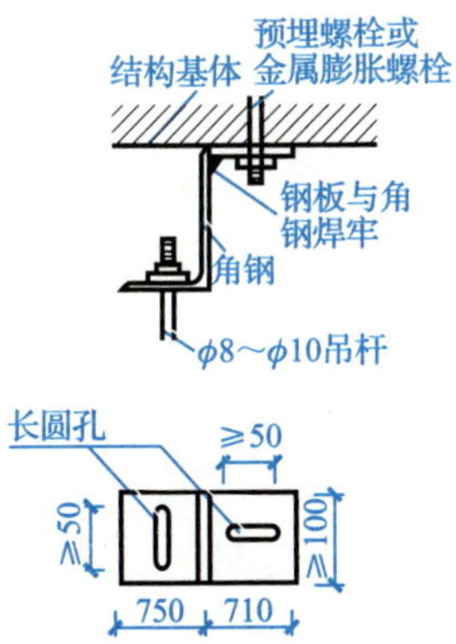

图 3-2-31　吊杆左右位置调整构造示意

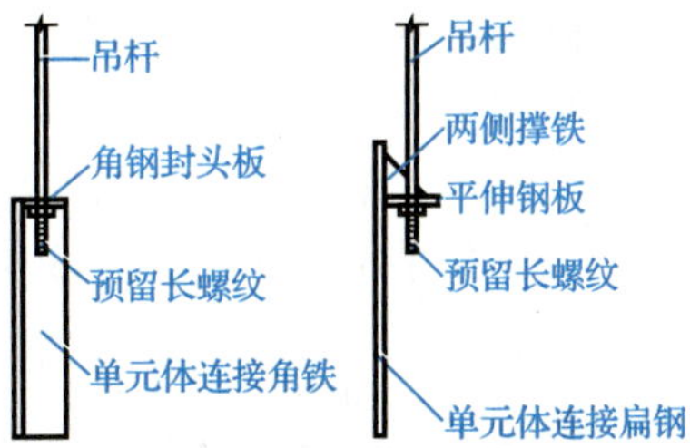

图 3-2-32　吊杆高低位置调整构造示意

5. 饰面成品保护

木质开敞式吊顶均需进行表面终饰。终饰一般是涂刷高级清漆，露出自然木纹。当完成终饰安装灯饰等物件时，工人必须戴干净的手套进行仔细操作，对成品进行认真保护，以防污染终饰面层。必要时应覆盖塑料布、编织布加以保护。

3.2.4.2　金属格片型开敞式吊顶施工

1. 单体构件拼装

格片型金属单体构件拼装方式较为简单，只需将金属单体构件按排列图案先裁锯成规定长度，然后卡入特制的格片龙骨卡口内即可，如图 3-2-33 所示。十字交叉式单体构件安装时，须采用专用特制的十字连接件，并用龙骨骨架固定十字连接件，其连接示意如图 3-2-34 所示。

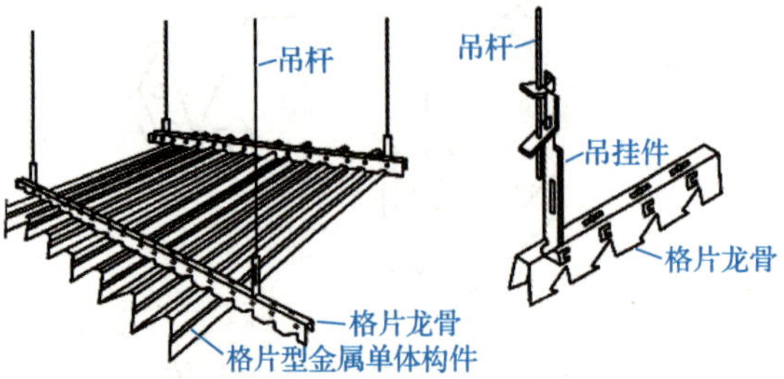

图 3-2-33　格片型金属单体构件拼装及悬吊示意

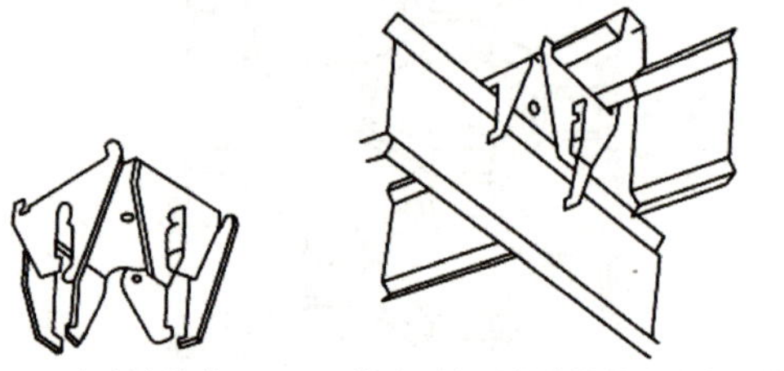

（a）十字连接件　（b）格片型金属单体构件的十字连接

图 3-2-34　格片型金属单体构件十字连接示意

2. 单元体安装固定

格片型金属单元体安装固定一般用圆钢吊杆及专门配套的吊挂件（图 3-2-33）与龙骨连接。此种吊挂件可沿吊杆上下移动（压紧两片簧片即松脱、放松簧片即卡紧），对调整龙骨平整度十分方便。

安装时可先组成单元体（圆形、方形或矩形），再用吊挂件将龙骨与吊杆连接固定并调平；也可将龙骨先安装好，一片片单独卡入龙骨口内。无论采用何种方法安装，均应将所有龙骨相互连接成整体，且龙骨两端应与墙柱面连接固定，避免整个吊顶晃动。安装宜从角边开始，最后一个单元体留下数个格片先不钩挂，待固定龙骨后再挂。

3.2.4.3　金属复合单板网络格栅型开敞式吊顶施工

1. 单体构件拼装

复合单板网络格栅型金属单体构件拼装一般是用金属复合吸声单板(图 3-2-35 和图 3-2-36)，通过特制的网络支架嵌插组成不同的平面几何图案，如三角形、纵横直线形、四边形、菱形、工字形、六角形等，或者将两种以上几何图形组成复合图案，如图 3-2-37 所示。网络格栅型开敞式吊顶平面效果示意如图 3-2-38 所示。

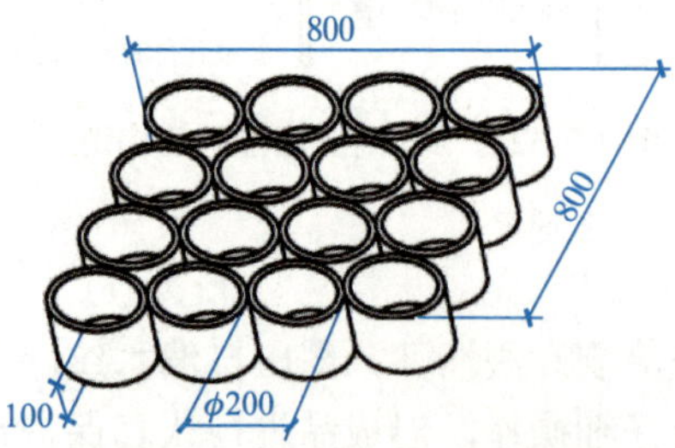

图 3-2-35　铝合金圆筒形顶棚构造示意

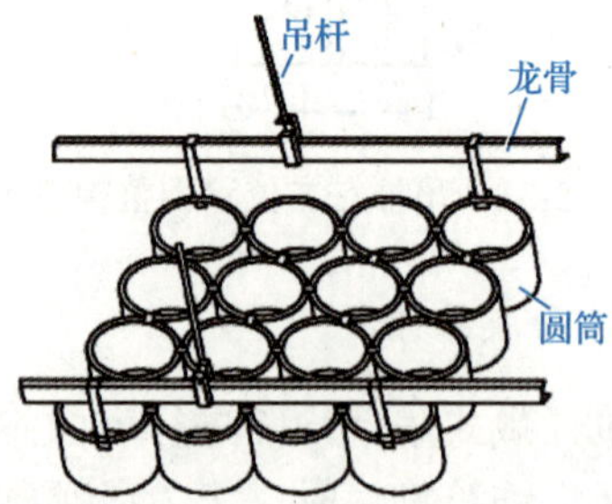

图 3-2-36　铝合金圆筒形吊顶基本构造示意

2. 单元体安装固定

1）吊顶吊杆固定。

2）单元体安装固定。此种网络格栅单元体整体刚度较好，一般可以逐个单元体直接用人力抬举至结构基体上进行安装。安装时应从一角边开始，循序展开。

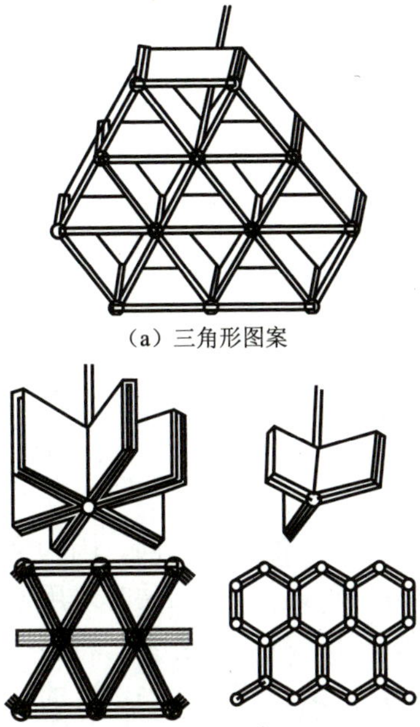

图 3-2-37　利用网络支架嵌插组成不同的平面几何图案

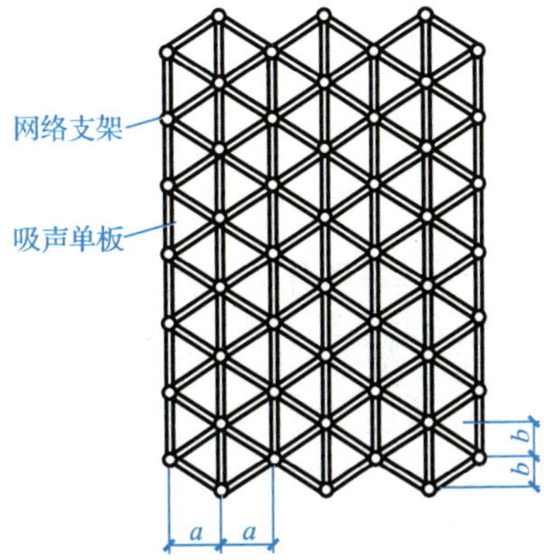

图 3-2-38　网络格栅型开敞式吊顶平面效果示意

3.2.4.4　铝合金格栅型开敞式吊顶施工

常用的铝合金格栅形式如图 3-2-39～图 3-2-43 所示。

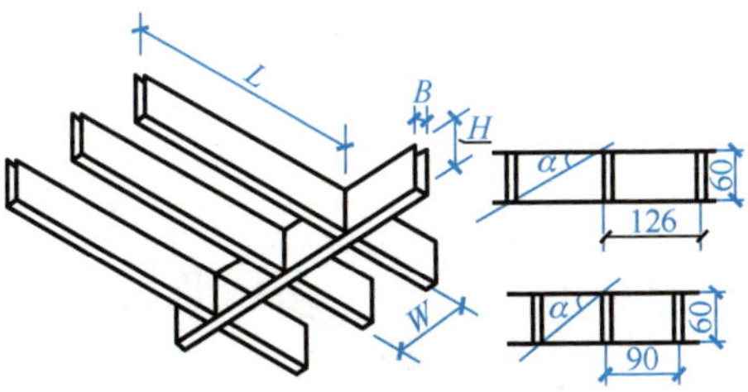

图 3-2-39　基础铝合金格栅形式

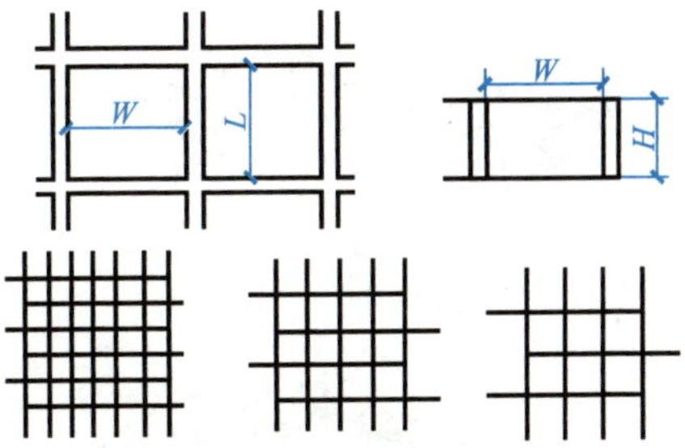

图 3-2-40　条形铝合金格条吊顶组合形式

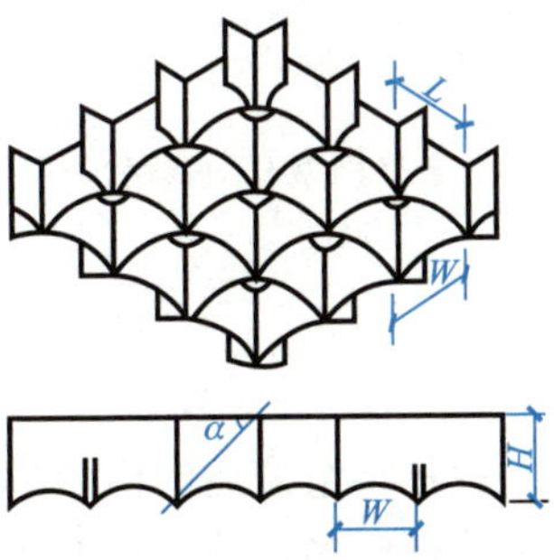

图 3-2-41　弧形格栅吊顶组装形式

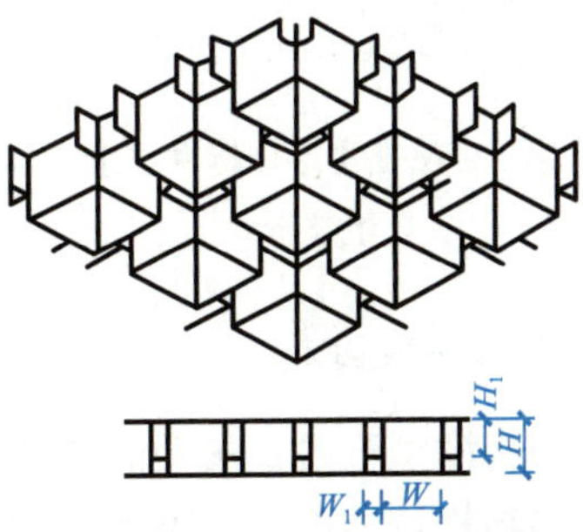

图 3-2-42　垂吊型格栅吊顶组装形式

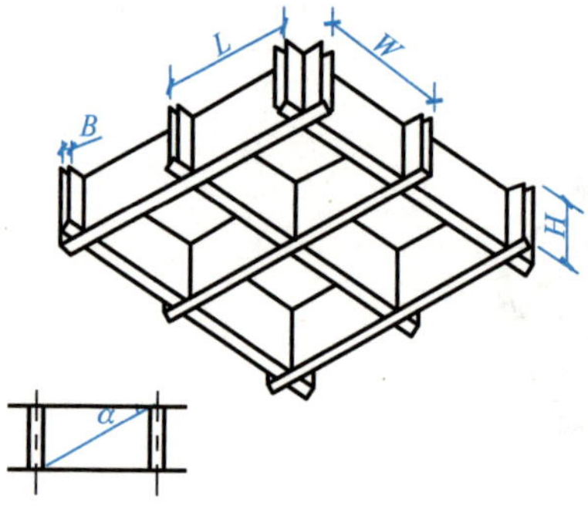

图 3-2-43　矩形格栅吊顶组装形式

1. 施工准备工作

铝合金格栅型开敞式吊顶与前述各类开敞式吊顶的施工准备工作相同。因为铝合金格栅型单元体比前述木质、格片型、网络格栅型单元体整体刚度较差，故吊装时多用通长钢管和专用夹具，或者不用夹具而采用带卡口的吊管，或者预先加工好悬吊骨架，将多个单元体组装在一起吊装。由于此时吊点位置及相应吊杆数量较少，因此，应按事先选定的吊装方案设计好吊点位置，并埋设或安装好吊点连接件。

2. 单体构件拼装

当格栅型铝合金板采用标准单体构件（普通铝合金板条）时，其单体构件之间的连接拼装使用与网络支架作用相似的托架及专用十字连接件连接，如图 3-2-44 所示。当采用铝合金格栅型标准单体构件时，通常是采用插接、挂接或榫接的方法，如图 3-2-45 所示。

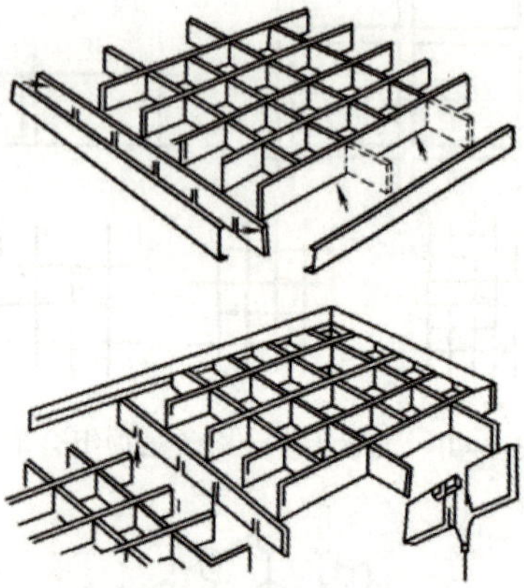

图 3-2-44　铝合金格栅型单体构件以十字连接件进行组装示意

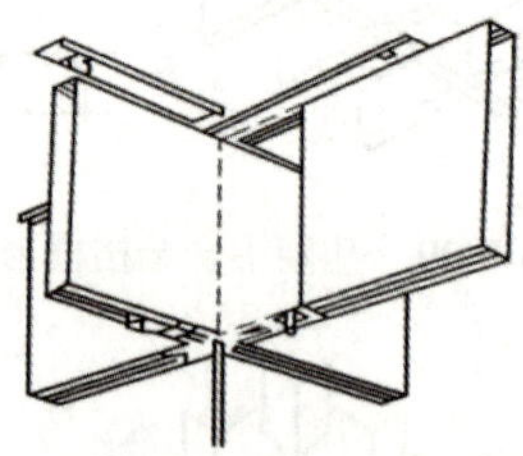

图 3-2-45　铝合金格栅型开敞式吊顶拼装方法示意

3. 单元体安装固定

铝合金格栅型开敞式吊顶的安装一般有两种方法：第一种是将组装后的格栅型单元体直接用吊杆与结构基体相连，不另设骨架支承，此种方法使用吊杆较多，施工速度较慢；第二种是将数个格栅型单元体先固定在骨架上，并相互连接调平形成一局部整体，再整个举起，将骨架与结构基体相连，如图 3-2-46～图 3-2-48 所示。

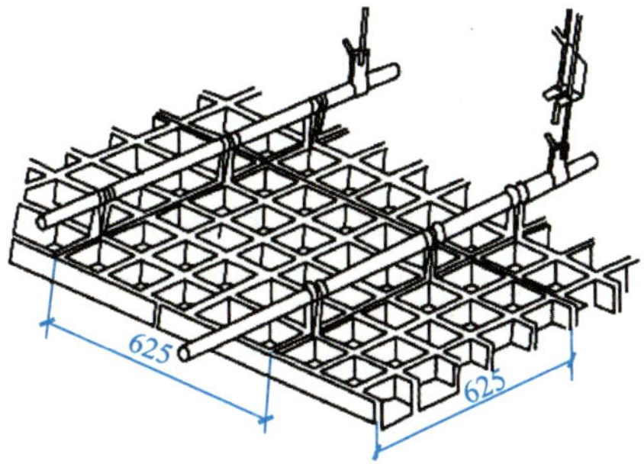

图 3-2-46　使用夹具和通长钢管的吊顶安装示意

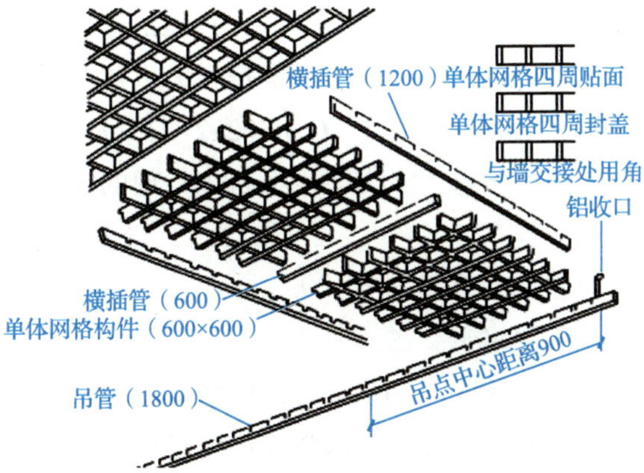

图 3-2-47　不用夹具的吊顶安装示意

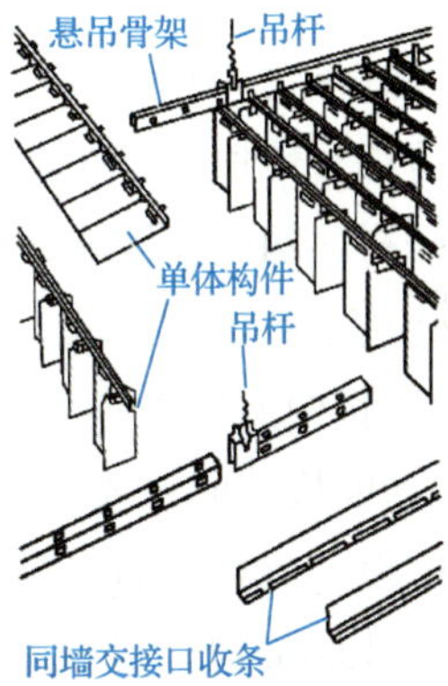

图 3-2-48　预先加工好悬挂构造的吊顶安装示意

3.2.5　吊顶工程施工质量验收

3.2.5.1　一般规定

1）吊顶工程验收时应检查下列文件和记录：

① 吊顶工程的施工图、设计说明及其他设计文件。

② 材料的产品合格证书、性能检测报告、进场验收记录和复验报告。

③ 隐蔽工程验收记录。

④ 施工记录。

2）吊顶工程应对人造木板的甲醛含量进行复验。

3）吊顶工程应对下列隐蔽工程项目进行验收：

① 吊顶内管道、设备的安装及水管试压。

② 木龙骨防火、防腐处理。

③ 预埋件或拉结筋。

④ 吊杆安装。

⑤ 龙骨安装。

⑥ 填充材料的设置。

⑦ 反支撑及钢结构转换层。

吊顶工程的隐蔽工程验收应既保证吊顶工程的使用安全，又做到竣工验收时不破坏饰面，本条所列各款均应提供由监理工程师签名的隐蔽工程验收记录。

4）各分项工程的检验批应按下列规定划分：同一品种的吊顶工程每 50 间应划分为一个检验批，不足 50 间也应划分为一个检验批；大面积房间和走廊可按吊顶面积每 $30m^2$ 计为一间。

5）检查数量应符合下列规定：每个检验批应至少抽查 10%，并不得少于 3 间；不足 3 间时应全数检查。

6）安装龙骨前，应按设计要求对房间净高、洞口标高和吊顶内管道、设备及其支架的标高进行交接检验。

7）吊顶工程的木龙骨和木面板应进行防火处理，并应符合有关设计防火规范的规定。由于发生火灾时，火焰和热空气会迅速向上蔓延，因此防火处理对吊顶工程是至关重要的，使用木质材料装饰装修顶棚时应慎重。《建筑内部装修设计防火规范》（GB 50222—2017）规定顶棚装饰装修材料的燃烧性能必须达到 A 级或 B_1 级。需要注意的是，未经防火处理的木质材料的燃烧性能达不到这个要求。

8）吊顶工程中的预埋件、钢筋吊杆和型钢吊杆应进行防腐处理。

9）安装饰面板前应完成吊顶内管道和设备的调试及验收。

10）吊杆距主龙骨端部的距离不得大于 300mm，当大于 300mm 时，应增加吊杆。当吊杆长度大于 1500mm 时，应设置反支撑。当吊杆与设备相遇时，应调整并增设吊杆或采用型钢支架。

11）重型设备和有振动荷载的设备严禁安装在吊顶工程的龙骨上。龙骨的设置主要是为了固定饰面材料，一些轻型设备（如小型灯具、烟感器、喷淋头、风口箅子等）也可以固定在饰面材料上。如果把电扇和大型吊灯等有振动荷载或重型设备固定在龙骨上，可能会造成脱落伤人事故。为了保证吊顶工程的使用安全，特制定本条并作为强制性条文。

12）吊顶埋件与吊杆的连接、吊杆与龙骨的连接、龙骨与面板的连接应安全可靠。

13）当吊杆上部为网架、钢屋架或吊杆长度大于 2500mm 时，应设有钢结构转换层。

14）大面积或狭长形吊顶面层的伸缩缝及分格缝应符合设计要求。

3.2.5.2 整体面层吊顶工程施工质量验收

整体面层吊顶工程是指以轻钢龙骨、铝合金龙骨、木龙骨等为骨架，以石膏板、金属板、矿棉板、木板、塑料板或格栅等为整体面层的吊顶工程，其施工质量验收项目分为主控项目与一般项目。

1. 主控项目

1）吊顶标高、尺寸、起拱和造型应符合设计要求。

检验方法：观察；尺量检查。

2）面层材料的材质、品种、规格、图案、颜色和性能应符合设计要求及国家现行标准的有关规定。

检验方法：观察；检查产品合格证书、性能检测报告、进场验收记录和复验报告。

3）整体面层吊顶工程的吊杆、龙骨和饰面材料的安装必须牢固。

检验方法：观察；手扳检查；检查隐蔽工程验收记录和施工记录。

4）吊杆、龙骨的材质、规格、安装间距及连接方式应符合设计要求。金属吊杆、龙骨应经过表面防腐处理；木吊杆、龙骨应进行防腐、防火处理。

检验方法：观察；尺量检查；检查产品合格证书、性能检测报告、进场验收记录和隐蔽工程验收记录。

5）石膏板、水泥纤维板的接缝应按其施工工艺标准进行板缝防裂处理。安装双层板时，面层板与基层板的接缝应错开，并不得在同一根龙骨上接缝。

检验方法：观察。

2. 一般项目

1）面层材料表面应洁净、色泽一致，不得有翘曲、裂缝及缺损。压条应平直、宽窄一致。

检验方法：观察；尺量检查。

2）面板上的灯具、烟感器、喷淋头、风口箅子和检修口等设备的位置应合理、美观，与面板的交接应吻合、严密。

检验方法：观察。

3）金属龙骨的接缝应均匀一致，角缝应吻合，表面应平整，无翘曲、锤印。木龙骨应顺直，无劈裂、变形。

检验方法：检查隐蔽工程验收记录和施工记录。

4）吊顶内填充吸声材料的品种和铺设厚度应符合设计要求，并应有防散落措施。

检验方法：检查隐蔽工程验收记录和施工记录。

整体面层吊顶工程安装的允许偏差和检验方法应符合表 3-2-1 的规定。

表 3-2-1　整体面层吊顶工程安装的允许偏差和检验方法

项次	项目	允许偏差/mm	检验方法
1	表面平整度	3	用 2m 靠尺和塞尺检查
2	缝格、凹槽直线度	3	拉 5m 线，不足 5m 时拉通线，用钢直尺检查

3.2.5.3　板块面层吊顶工程施工质量验收

板块面层吊顶工程是指以轻钢龙骨、铝合金龙骨、木龙骨等为骨架，以石膏板、金属板、矿棉板、塑料板、玻璃板或格栅等为板块面层的吊顶工程，其施工质量验收项目分为主控项目与一般项目。

1. 主控项目

1）吊顶标高、尺寸、起拱和造型应符合设计要求。

检验方法：观察；尺量检查。

2）面层材料的材质、品种、规格、图案、颜色和性能应符合设计要求及国家现行标准的有关规定。当面层材料为玻璃板时，应使用安全玻璃并采取可靠的安全措施。

检验方法：观察；检查产品合格证书、性能检验报告、进场验收记录和复验报告。

3）饰面材料的安装应稳固严密。饰面材料与龙骨的搭接宽度应大于龙骨受力面宽度的 2/3。

检验方法：观察；手扳检查；尺量检查。

4）吊杆和龙骨的材质、规格、安装间距及连接方式应符合设计要求。金属吊杆、龙骨应进行表面防腐处理；木龙骨应进行防腐、防火处理。

检验方法：观察；尺量检查；检查产品合格证书、性能检验报告、进场验收记录和隐蔽工程验收记录。

5）板块面层吊顶工程的吊杆和龙骨安装应牢固。

检验方法：手扳检查；检查隐蔽工程验收记录和施工记录。

2. 一般项目

1）饰面材料表面应洁净、色泽一致，不得有翘曲、裂缝及缺损。饰面板与板块面层的搭接应平整、吻合，压条应平直、宽窄一致。

检验方法：观察；尺量检查。

2）饰面板上的灯具、烟感器、喷淋头、风口箅子和检修口等设备的位置应合理、美观，与饰面板的交接应吻合、严密。

检验方法：观察。

3）金属龙骨的接缝应平整、吻合、颜色一致，不得有划伤、擦伤等表面缺陷。木龙骨应平整、顺直，无劈裂。

检验方法：观察。

4）吊顶内填充吸声材料的品种和铺设厚度应符合设计要求，并应有防散落措施。

检验方法：检查隐蔽工程验收记录和施工记录。

板块面层吊顶工程安装的允许偏差和检验方法应符合表 3-2-2 的规定。

表 3-2-2　板块面层吊顶工程安装的允许偏差和检验方法

项次	项目	允许偏差/mm				检验方法
		石膏板	金属板	矿棉板	木板、塑料板、玻璃板、复合板	
1	表面平整度	3	2	3	2	用 2m 靠尺和塞尺检查
2	接缝直线度	3	2	3	3	拉 5m 线，不足 5m 时拉通线，用钢直尺检查
3	接缝高低差	1	1	2	1	用钢直尺和塞尺检查

3.2.5.4　格栅吊顶工程施工质量验收

格栅吊顶工程是指以轻钢龙骨、铝合金龙骨和木龙骨等为骨架，以金属、木材、塑料和复合材料等为格栅面层的吊顶工程，其施工质量验收项目分为主控项目与一般项目。

1. 主控项目

1）吊顶标高、尺寸、起拱和造型应符合设计要求。

检验方法：观察；尺量检查。

2）格栅的材质、品种、规格、图案、颜色和性能应符合设计要求及国家现行标准的有关规定。

检验方法：观察；检查产品合格证书、性能检验报告、进场验收记录和复验报告。

3）吊杆和龙骨的材质、规格、安装间距及连接方式应符合设计要求。金属吊杆和龙骨应进行表面防腐处理；木龙骨应进行防腐、防火处理。

检验方法：观察；尺量检查；检查产品合格证书、性能检验报告、进场验收记录和隐蔽工程验收记录。

4）格栅吊顶工程的吊杆、龙骨和格栅的安装应牢固。

检验方法：观察；手扳检查；检查隐蔽工程验收记录和施工记录。

2. 一般项目

1）格栅表面应洁净、色泽一致，不得有翘曲、裂缝及缺损。栅条角度应一致，边缘应整齐，接口应无错位。压条应平直、宽窄一致。

检验方法：观察；尺量检查。

2）吊顶的灯具、烟感器、喷淋头、风口箅子和检修口等设备设施的位置应合理、美观，与格栅的套割交接处应吻合、严密。

检验方法：观察。

3）金属龙骨的接缝应平整、吻合、颜色一致，不得有划伤和擦伤等表面缺陷。木龙骨应平整、顺直，无劈裂。

检验方法：观察。

4）吊顶内填充吸声材料的品种和铺设厚度应符合设计要求，并应有防散落措施。

检验方法：观察；检查隐蔽工程验收记录和施工记录。

5）格栅吊顶内楼板、管线设备等表面处理应符合设计要求，吊顶内各种设备管线布置应合理、美观。

检验方法：观察。

格栅吊顶工程安装的允许偏差和检验方法应符合表 3-2-3 的规定。

表 3-2-3　格栅吊顶工程安装的允许偏差和检验方法

项次	项目	允许偏差/mm		检验方法
		金属格栅	木格栅、塑料格栅、复合材料格栅	
1	表面平整度	2	3	用 2m 靠尺和塞尺检查
2	接缝直线度	2	3	拉 5m 线，不足 5m 时拉通线，用钢直尺检查

3.3 综合训练：某会议室的吊顶安装

综合训练阶段是以项目探索与实战为载体，以学生为主体的行为过程实践阶段，包括任务分析与项目提交两个环节。

3.3.1 任务分析

某机关办公楼会议室装饰装修工程层高为4.5m，吊顶高度为2.6m，设计要求采用轻钢龙骨双层石膏板吊顶、局部木龙骨造型吊顶。该办公楼共有会议室6间，每间面积约为250m^2。同时，为保证会议室的照明，还需安装多盏大型照明灯具。

问题：

1）结合本工程的特点，你认为本工程技术交底应有哪些内容？

2）对于轻钢龙骨双层石膏板吊顶，其龙骨安装的质量控制要点有哪些？

3）木质吊顶造型施工中要达到哪级耐火等级？应采取什么技术措施？

4）根据本任务的设计要求，在吊顶工程中应对哪些隐蔽工程项目进行验收？

5）在本工程中的吊顶上安装灯具时应注意哪些问题？

3.3.2 项目提交

项目提交阶段是学生完成项目实战所设定的任务，进行成果提交的阶段。

1）完成实战项目案例解析。

2）对周边生活中的吊顶工程做一次调查，完成一份关于吊顶工程施工质量及通病的调查报告，要求包括前期处理、施工工艺、操作要点、质量验收及质量通病的防治，对吊顶工程施工中出现的通病现象应以拍照的方式做记录。

能力评价 吊顶工程施工能力评价

能力评价阶段是专业指导教师和企业指导教师针对学生项目实战、调查报告及答辩情况进行综合评价并给出成绩的阶段。

1. 评价功能

1）检验学生项目实战的效果及学生观察问题、分析问题、应用专业知识解决实际问题的能力。

2）教师自检其选择的教学方法、手段、形式所得的成果。

2. 评价内容

1）案例解析的准确度。

2）调查报告的全面性、真实性、代表性，对报告中出现的工程质量问题的总结性。

3）综合应用专业知识解决实际问题的能力。

4）对所提问题的回答是否充分及语言表达水平如何。

3. 成绩评定

总体评价参考比例标准：过程考核占40%，成果考核占40%，答辩占20%。

项目 4

轻质隔墙工程施工

学习目标

知识目标

1. 掌握隔墙工程施工的工艺流程、操作要点。
2. 掌握隔墙工程施工质量验收的内容、要求和方法。

能力目标

1. 能根据隔墙基本情况，选择合适的施工方案。
2. 能分析并解决隔墙施工过程中出现的质量问题。
3. 能根据隔墙施工过程中出现的质量问题采取对应的防治措施。

思维导图

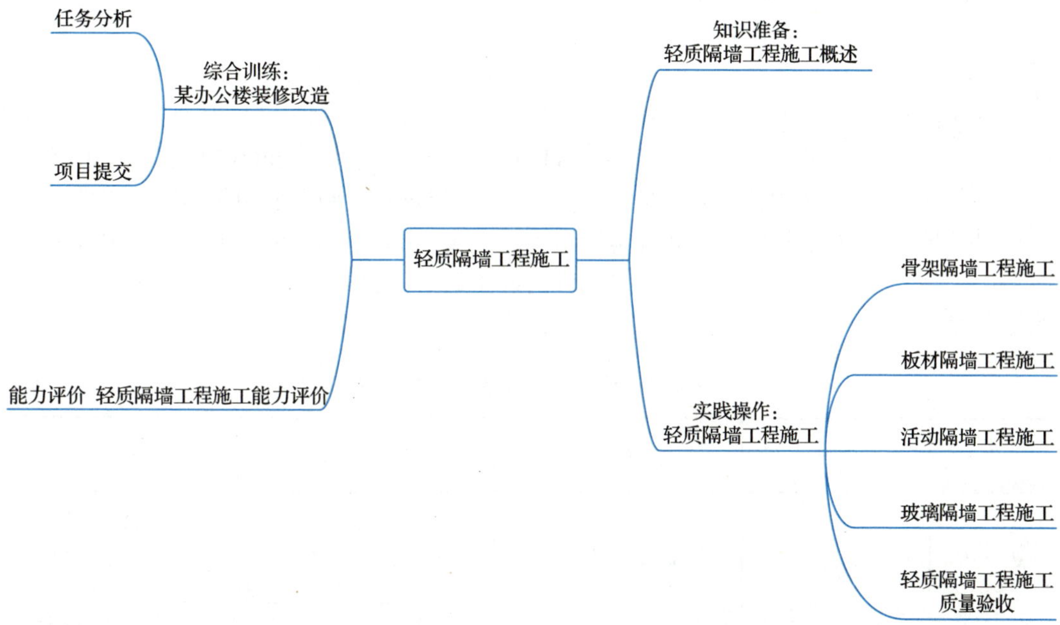

4.1 知识准备：轻质隔墙工程施工概述

隔墙按构造方式可分为砌块隔墙、骨架隔墙、板材隔墙三种，主要用于划分建筑空间的一般隔断。其中骨架隔墙中间可填充岩棉，采用不同系列的石膏板、轻钢龙骨，墙体可具备不同的耐火性能和隔声性能，从而可满足不同建筑部位的使用要求。

生活中常见的轻质隔墙有骨架隔墙、板材隔墙、活动隔墙和玻璃隔墙等。

4.2 实践操作：轻质隔墙工程施工

4.2.1 骨架隔墙工程施工

轻钢龙骨隔墙，又称墙体轻钢龙骨，是以厚度为0.5～1.5mm的镀锌钢带、薄壁冷轧退火卷带或彩色喷塑钢带为原料，经龙骨机辊压而制成的轻质隔墙骨架支承材料。薄壁轻钢龙骨与玻璃或轻质板材组合，即可组成隔断墙体。

轻钢龙骨的分类方法有很多，按其截面形状的不同，可以分为C形和U形两种；按其使用功能不同，可分为横龙骨、竖龙骨、通贯龙骨和加强龙骨四种，如表4-2-1所示；按其规格尺寸不同，主要可分为Q50（又称50系列）、Q75（又称75系列）、Q100（又称100系列）和Q150（又称150系列）。

微课：隔墙与隔断装饰施工认知

横龙骨的截面呈U形，在墙体轻钢骨架中主要用于沿顶、沿地龙骨，多与建筑的楼板底及地面结构相连接，相当于龙骨框架的上、下轨槽，与C形竖龙骨配合使用。竖龙骨的截面呈C形，用作墙体骨架垂直方向的支承，其两端分别与沿顶、沿地横龙骨连接。

表4-2-1 轻钢龙骨隔墙骨架材料规格

名称	代号	材料断面样式	材料断面尺寸/mm		
			A	B	t（壁厚）
横龙骨（沿顶、沿地龙骨）	LLQ-UO	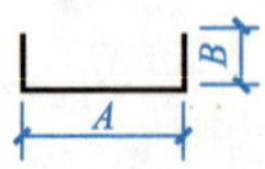	50	40	0.6（1.0）
			75	40	0.6（1.0）
			100	40	0.6（1.0）
			150	40	0.7（1.0）

续表

名称	代号	材料断面样式	材料断面尺寸/mm		
			A	*B*	*t*（壁厚）
竖龙骨	LLQ-CO	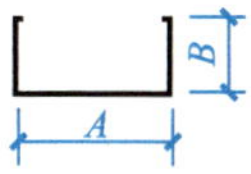	50	50	0.6（1.0）
			75	50	0.6（1.0）
			100	50	0.6（1.0）
			150	50	0.7（1.0）
通贯龙骨	LLQ-UO	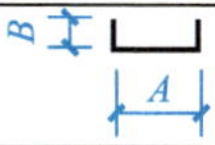	38	12	1.0

4.2.1.1　轻钢龙骨纸面石膏板隔墙施工

纸面石膏板具有轻质、高强、抗震、防火、防蛀、隔热保温和隔声等优点，并且具有良好的可加工性，如裁、钉、刨、钻、黏结等，而且其表面平整、施工方便，是常用的室内装饰材料。

纸面石膏板主要分为普通纸面石膏板、耐火纸面石膏板和耐水纸面石膏板。

1. 主要材料及配件要求

1）轻钢龙骨主件。沿顶龙骨、沿地龙骨、加强龙骨、竖龙骨、横龙骨应符合设计要求。

2）轻钢骨架配件。支撑卡、卡托、角托、连接件、固定件、附墙龙骨、压条等附件应符合设计要求。

3）紧固材料。射钉、膨胀螺栓、镀锌自攻螺钉、木螺钉和黏结嵌缝料应符合设计要求。

4）填充隔声材料。按设计要求选用。

5）罩面板材。纸面石膏板规格、厚度由设计人员或按图纸要求选定。

2. 主要机具

直流电焊机、电动无齿锯、手电钻、螺钉旋具、射钉枪、线坠、靠尺等。

3. 作业条件

1）在轻钢骨架、石膏罩面板隔墙施工前，应先完成基本的验收工作，石膏罩面板安装应待屋面、顶棚和墙抹灰完成后进行。

2）设计要求隔墙有地枕带时，应待地枕带施工完毕，并达到设计要求后，方可进行轻钢骨架安装。

3）根据设计施工图和材料计划，查实隔墙的全部材料，使其配套齐备。

4）所有的材料，必须有材料检测报告、合格证。

4. 操作工艺

（1）操作工艺流程

操作工艺流程如图 4-2-1 所示。

图 4-2-1　操作工艺流程

1）放线。根据设计施工图，在已做好的地面或地枕带上放出隔墙位置线、门窗洞口边框线，并放好沿顶龙骨位置边线。

2）安装门洞口框。放线后按设计要求，先将隔墙的门洞口框安装完毕。

3）安装沿顶龙骨和沿地龙骨。按已放好的隔墙位置线，按线安装沿顶龙骨和沿地龙骨，用射钉将其固定于主体上，射钉钉距为 600mm，如图 4-2-2 所示。竖龙骨与沿地龙骨的固定如图 4-2-3 所示。

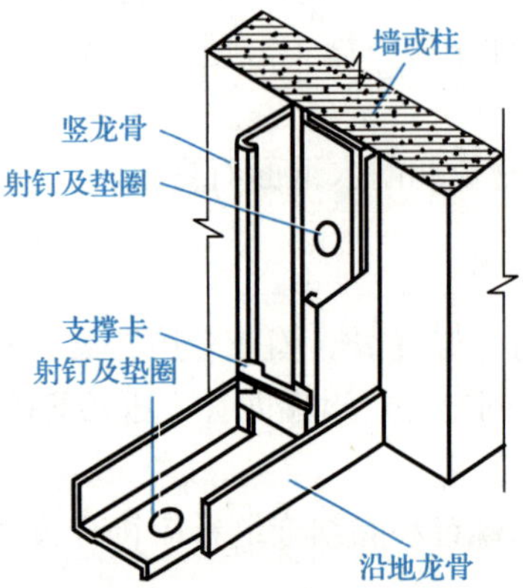

图 4-2-2　沿顶、沿地龙骨与墙、地固定

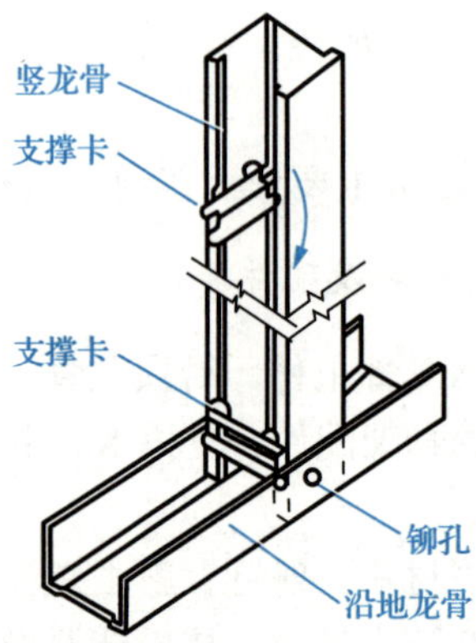

图 4-2-3　竖龙骨与沿地龙骨的固定

4）竖龙骨分档。根据隔墙放线门洞口位置，在安装沿顶、沿地龙骨后，按罩面板的规格（900mm 或 1200mm 板宽），分档规格尺寸为 450mm，不足模数的分档应避开门洞框边第一块罩面板位置，使破边石膏罩面板不在靠洞框处。

5）安装竖龙骨。按分档位置安装竖龙骨，竖龙骨上下两端插入沿顶龙骨及沿地龙骨，调整垂直及定位准确后，用抽芯铆钉固定；靠墙、柱边龙骨用射钉或木螺钉与墙、柱固定，钉距为 1000mm。

6）安装通贯龙骨和横龙骨。根据设计要求，隔墙高度低于 3m 时应加一道通贯龙骨，隔墙高度为 3～5m 时应加两道通贯龙骨，通贯龙骨的接长用配套的连接件。当饰面板的水平接缝不在沿顶、沿地龙骨处时，应在其水平接缝处加一道横龙骨。通贯龙骨与竖龙骨的连接如图 4-2-4 所示。通贯龙骨的接长如图 4-2-5 所示。

7）安装石膏罩面板。

① 检查龙骨安装质量、门洞口框是否符合设计及构造要求，龙骨间距是否与石膏板宽度的模数相匹配。

② 安装一侧纸面石膏板，从门口处开始，无门洞口的墙体由墙的一端开始，石膏板一般用自攻螺钉固定，板边钉距为 200mm，板中间距为 300mm，螺钉距石膏板边缘的距离不得小

于 10mm，同时不得大于 15mm，自攻螺钉固定时，纸面石膏板必须与龙骨紧靠。

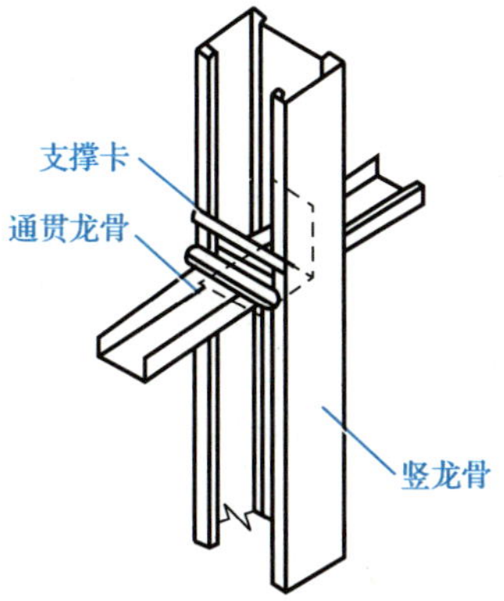

图 4-2-4　通贯龙骨与竖龙骨的连接

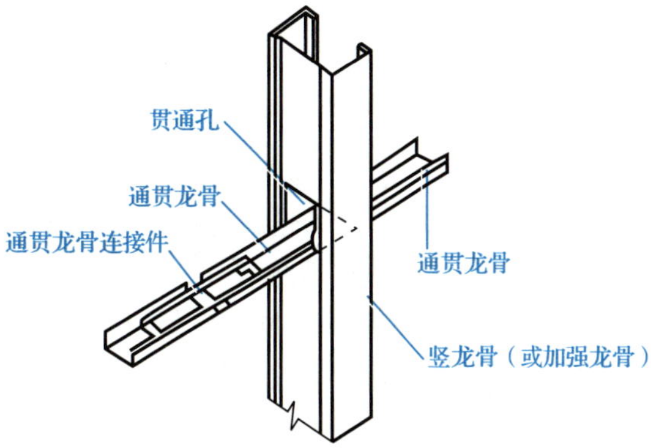

图 4-2-5　通贯龙骨的接长

③ 安装墙体内线管、电盒和电箱设备。

④ 安装墙体内防火、隔声、防潮填充材料，与另一侧纸面石膏板同时进行安装填入。

⑤ 安装墙体另一侧纸面石膏板：安装方法同第一侧纸面石膏板，其接缝应与第一侧面板错开，如图 4-2-6（a）所示。

⑥ 安装双层纸面石膏板：第二层板的固定方法与第一层相同，但第二层板的接缝应与第一层错开，不能与第一层的接缝落在同一龙骨上，如图 4-2-6（b）所示。

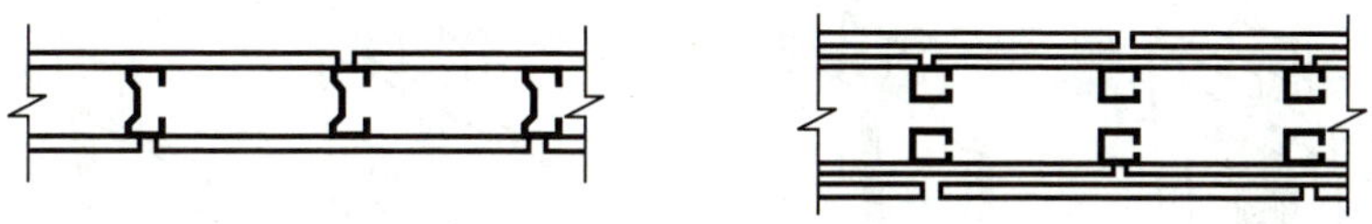

（a）单排龙骨单层石膏板墙　　（b）双排龙骨双层石膏板墙

图 4-2-6　隔墙构造示意

8）接缝做法。纸面石膏板的接缝做法有三种形式，即平缝、凹缝和压条缝。可按以下流程处理：

① 刮嵌缝腻子。刮嵌缝腻子前，先将接缝内的浮土清除干净，用小刮刀把腻子嵌入板缝，填实后与板面刮平。

② 粘贴拉结带。嵌缝腻子凝固成型后即可粘贴拉结材料，先在接缝上薄刮一层稠度较小的胶状腻子，厚度为 1mm，宽度为拉结带宽，随即粘贴拉结带，用中刮刀自上向下朝一个方向刮平压实，赶出胶状腻子与拉结带之间的气泡。

③ 刮中层腻子。粘贴拉结带后，立即在上面再刮一层比拉结带宽 80mm 左右、厚度约 1mm 的中层腻子，使拉结带埋入这层腻子中。

④ 找平腻子。用大刮刀将腻子填满楔形槽并与板抹平。

9）墙面装饰。纸面石膏板墙面，根据设计要求，可做各种饰面。

（2）成品保护

1）轻钢龙骨隔墙施工中，工种间应保证已装项目不受损坏，墙内线管及设备不得碰动错位及损伤。

2）轻钢骨架及纸面石膏板入场，存放使用过程中应妥善保管，保证不变形、不受潮、不污染、无损坏。

3）施工部位已安装的门窗、地面、墙面、窗台等应注意保护、防止损坏。

4）不得碰撞已安装完的墙体，保持墙面不受损坏和污染。

5. 主要质量问题和防治方法

1）墙体收缩变形及板面裂缝。原因是竖龙骨紧顶上、下龙骨，未留伸缩量，超过 2m 长的墙体未做控制变形缝，造成墙面变形。隔墙周边应留 3mm 的空隙，这样可以减少因温度和湿度影响产生的变形和裂缝。

2）轻钢骨架连接不牢固。原因是局部节点不符合构造要求。安装时局部节点应严格按规定处理，钉固间距、位置、连接方法应符合设计要求。

3）墙体罩面板不平。多数由两种原因造成：一是龙骨安装横向错位，二是石膏板厚度不一致。

4）明凹缝不均。原因是施工人员无法很好地掌握纸面石膏板拉缝的尺寸。施工时应注意板块分档尺寸，保证板间拉缝一致。

6. 接缝做法

墙面石膏板之间的接缝有暗缝、压缝和凹缝三种做法，如图 4-2-7 和图 4-2-8 所示。

1）暗缝做法。在板与板的拼缝处，嵌专用胶液调配的石膏腻子与墙面找平，并贴上接缝纸带（5cm 宽），而后用石膏腻子刮平。暗缝做法适用于一般性普通工程。

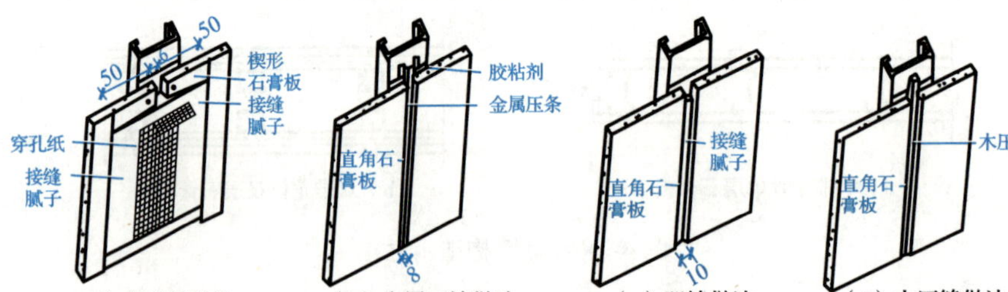

图 4-2-7　暗缝、压缝和凹缝的做法

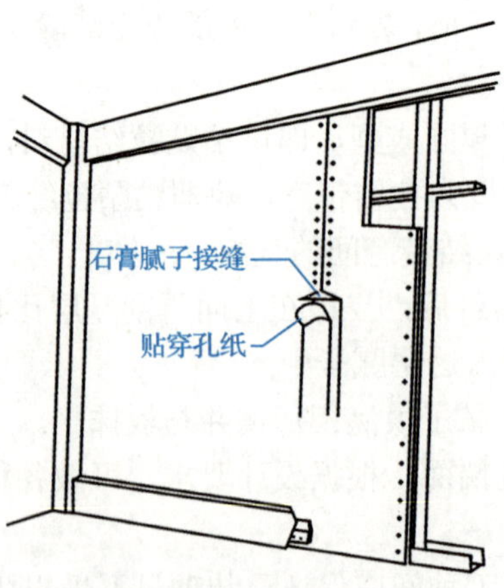

图 4-2-8　石膏板接缝

2）压缝做法。在接缝处压进木压缝条、金属压缝条或塑料压缝条。这种做法对板缝处的开裂可起到掩饰作用，缝内嵌压缝条，装饰效果较好。压缝做法适用于公共建筑，如宾馆、大礼堂、饭店等。

3）凹缝做法又称明缝做法，即用特制工具（针锉和针锯）将板与板之间的立缝勾成凹缝。

4.2.1.2　木龙骨轻质罩面板隔墙施工

1. 木龙骨架的结构形式

（1）大木方结构

大木方结构（图 4-2-9）的木隔墙，通常用 50mm×80mm 或 50mm×100mm 的大木方制作主框架，框体的规格为 500mm×500mm 左右的方形框架或 500mm×800mm 左右的矩形框架，再用 4～5mm 厚的木夹板作为基面板。这种结构多用于墙面较高、较宽的木龙骨隔墙。

图 4-2-9　大木方结构骨架

（2）小木方双层结构

为了使木隔墙有一定的厚度，常用 25mm×30mm 带凹槽木方做成两片龙骨的框架，每片规格为 300mm×300mm 或 400mm×400mm，再将两片框架用木方横杆相连接。这种结构适用于宽度为 150mm 左右的木龙骨隔墙。

（3）小木方单层结构

这种结构常用 25mm×30mm 的带凹槽木方组装，常用的框架规格为 300mm×300mm。此种结构的木隔墙多用于高度在 3m 以下的全封隔断或普通半高矮隔断。

2. 隔墙木龙骨架的安装

（1）弹线打孔

根据设计图纸的要求，在楼地面和墙面上弹出隔墙的位置线（中心线）和隔墙厚度线（边线）。同时按 300～400mm 的间距确定固定点的位置，用直径为 7.8mm 或 10.8mm 的钻头在中心线上打孔，孔深为 45mm 左右，向孔内放入 M6 或 M8 膨胀螺栓。注意打孔的位置应与骨架竖向木方错开。如果用木楔铁钉固定，则需打出直径为 20mm 左右的孔，孔深为 50mm 左右，再向孔内打入木楔。

（2）固定木龙骨

固定木龙骨的方式有多种。为保证装饰工程的结构安全，在室内装饰工程中，通常遵循不破坏原建筑结构的原则进行龙骨的固定。木龙骨的固定一般按以下步骤进行：

1）固定木龙骨的位置通常是在沿地、沿墙、沿顶等处。

2）在固定木龙骨前，应按对应地面和顶面的隔墙固定点的位置，在木龙骨架上画线，标出固定点位置，进而在固定点打孔，打孔的直径略大于膨胀螺栓的直径。

3）对于半高矮隔墙来说，主要靠地面固定和端头的建筑墙面固定。如果半高矮隔墙的端头处无法与墙面固定，则常采用铁件来加固端头。加固部分主要在地面与竖向方木之间，如图 4-2-10 所示。

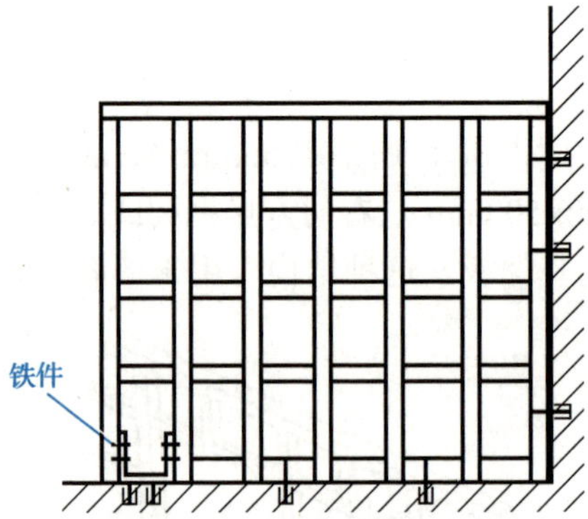

图 4-2-10 半高矮隔墙的固定

3. 固定板材

木龙骨隔墙的饰面基层板通常采用木夹板、中密度纤维板等木板。木龙骨隔墙上固定木夹板的方式主要有明缝固定和拼缝固定两种。明缝固定是在两板之间留一条有一定宽度的缝隙，当施工图无明确规定时，预留的缝宽以 8～10mm 为宜。如果明缝处不用垫板，则应将木龙骨面刨光，使明缝的上下宽度一致。在锯割木夹板时，用靠尺来保证锯口的平直度与尺寸的准确性，锯完后用 0 号木砂纸打磨修边。

拼缝固定时，要求木夹板正面四边进行倒角处理（边倒角为 45°）。其钉板的方法是用 25mm 枪钉或铁钉，把木夹板固定在木龙骨上。要求布钉均匀，钉距为 100mm 左右。通常 5mm 厚以下的木夹板用 25mm 钉子固定，9mm 厚左右的木夹板用 30～35mm 的钉子固定。

对钉入木夹板的钉头，有两种处理方法：一种是先将钉头打扁，再将钉头打入木夹板内；另一种是先将钉头与木夹板钉平，待木夹板全部固定后，再用尖头冲子逐个将钉头冲入木夹板平面内 1mm。

4. 木隔墙门窗的构造做法

（1）门框构造

木隔墙的门框是以门洞口两侧的竖向木龙骨为基体，配以挡位框、饰边板或饰边线组合而成的。传统的大木方结构骨架的隔墙门洞竖龙骨断面大，其挡位框的木方可直接固定于竖向木龙骨上。对于小木方双层构架的隔墙，由于其木方断面较小，因此应该先在门洞内侧钉固 12mm 厚的胶合板或实木板，之后才可在其上固定挡位框。

若对木隔墙门的设置要求较高，则其门框的竖向木方应具有较大断面，并须采取铁件加固的构造做法，如图 4-2-11 所示。这样做可以保证不会由于门的频繁启闭震动而造成隔墙的颤动或松动。

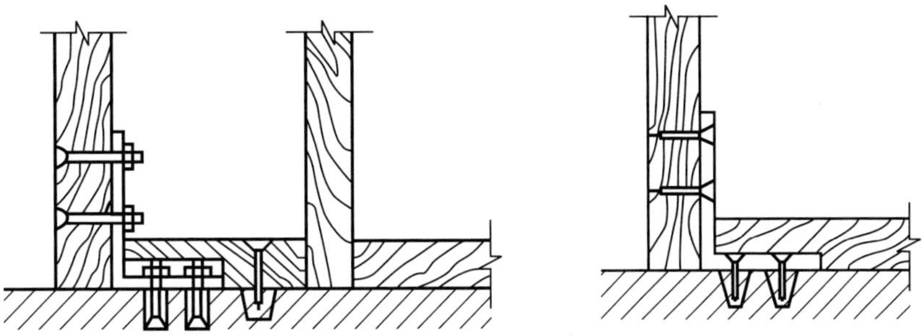

（a）用膨胀螺栓固定　　（b）用螺钉固定

图 4-2-11　木隔墙门框采用铁件加固的构造做法

（2）窗框构造

木隔断中的窗框是在制作木隔断时预留的，然后用木夹板和木线条进行压边或定位。木隔墙上的窗有固定式和活动窗扇式两种：固定窗是用木条把玻璃定位在窗框中；活动窗扇式窗与普通活动窗基本相同。

5. 饰面做法

在木龙骨夹板墙身基面上，涂刷三遍防火漆，制作防火饰面。饰面种类有油漆饰面、涂料饰面、裱糊饰面、镶嵌各种罩面板等。

4.2.2　板材隔墙工程施工

板材隔墙是指用复合轻质墙板（如加气混凝土板）、石膏空心条板、预制或现制的钢丝网水泥板等板材制成的隔墙，隔墙的高度基本相当于房间的净高，不依赖骨架，直接装配而成。

板材隔墙由于施工工艺简单，同时又能减轻建筑物自重和提升隔声保温性能，因此在众多的装饰工程中得到了应用。

4.2.2.1　石膏空心条板隔墙施工

石膏空心条板是以建筑石膏为主要原料，掺加适量的粉煤灰、水泥和增强纤维制浆拌和、浇筑成型、抽芯、干燥等工艺制成的轻质板材，具有质量小、强度高、隔热、隔声、防火等性能，可采取钉、锯、刨、钻等方式加工，施工简便。

其品种按原材料可划分为石膏粉煤灰硅酸盐空心条板、磷石膏空心条板和石膏空心条板，按防潮性能可分为普通石膏空心条板和防潮石膏空心条板。

1. 石膏空心条板隔墙的构造形式

石膏空心条板一般用单层板做分室墙和隔墙，也可用双层空心条板，内设空气层或矿棉组成分户墙。单层石膏空心条板隔墙，也可用割开的石膏板条做骨架，板条宽 150mm，整个条板的厚度约为 100mm，墙板的空心部位可穿电线，板面上固定开关及插座等，可按需要钻成小孔，塞粘圆木固定于上。石膏空心条板隔墙板与梁（板）的连接，一般采用下楔法，即下部与木楔楔紧后，灌填干硬性混凝土。

隔墙上部固定方法有两种，一种为软连接，另一种为直接顶在楼板或梁下。为施工方便，较多采用后一种方法。墙板之间，墙板与顶板及墙板侧边与柱、外墙等之间均用聚合物水泥砂浆黏结。若墙板宽度小于条板宽度，则可根据需要随意将条板锯开再拼装黏结。

2. 隔墙施工

石膏空心条板隔墙安装施工流程如图 4-2-12 所示。

图 4-2-12　石膏空心条板隔墙安装施工流程

1）安装墙板时，应按照放线的位置，从门口通天框旁开始，可使用定位木架定位。安装前在板的顶面和侧面刷聚合物胶水泥砂浆，先推紧侧面，再顶牢顶面，板下两侧 1/3 处垫两组木楔并用靠尺检查，然后下端浇筑细石混凝土，或者先在地面上浇制或放置混凝土条块，也可以砌砖，然后粘上石膏空心条板。

2）为防止安装时石膏空心条板底端吸水，应先涂刷甲基硅醇钠溶液做防潮处理。

3）踢脚线施工比较简单，先用稀 108 胶水刷一遍，再用 108 胶水泥砂浆刷至踢脚线部位，待初凝后用水泥砂浆抹实压光。

4）石膏空心条板隔墙的墙板与墙板的连接、墙板与地面的连接、墙板与门口的连接、墙板与柱子的连接、墙板与顶板的连接分别如图 4-2-13～图 4-2-17 所示。

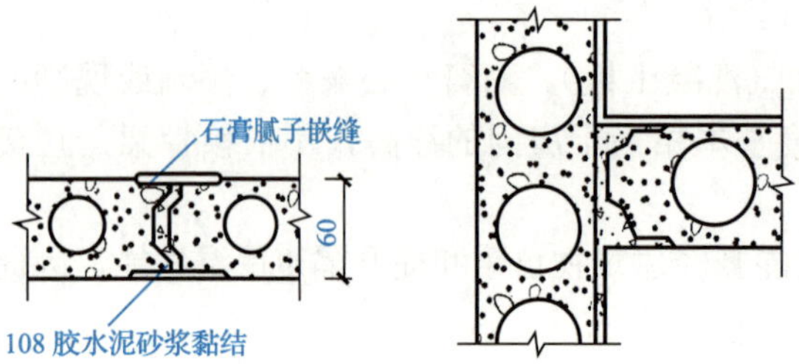

图 4-2-13　墙板与墙板的连接

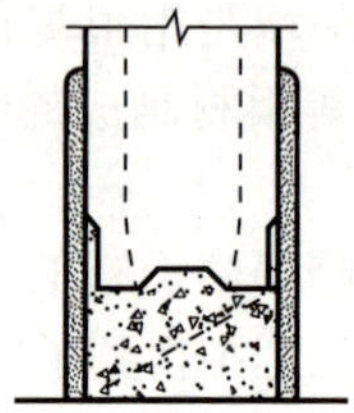

图 4-2-14　墙板与地面的连接

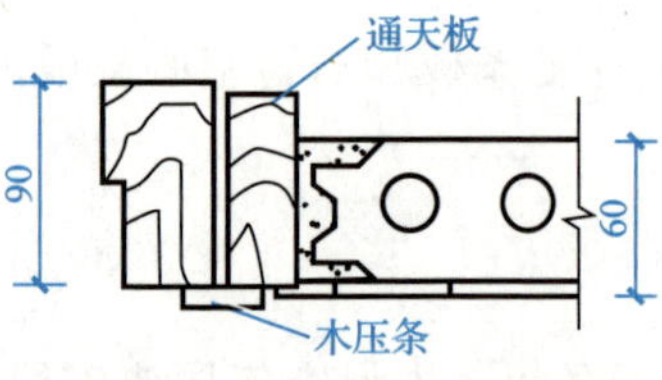

图 4-2-15　墙板与门口的连接

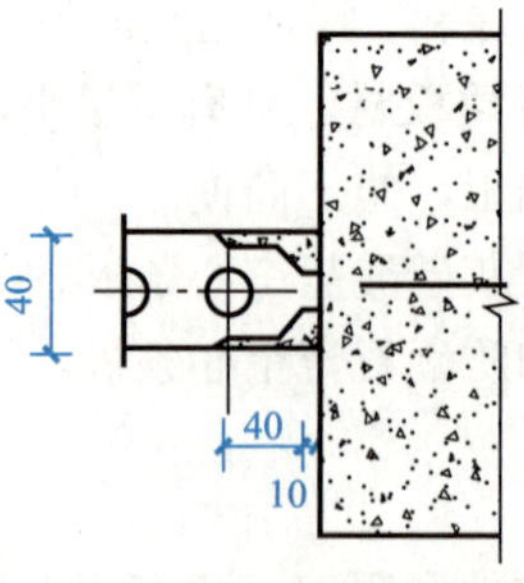

图4-2-16　墙板与柱子的连接

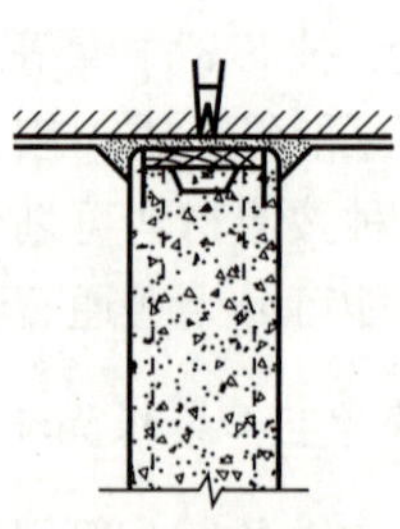

图 4-2-17　墙板与顶板的连接（软节点）

5）石膏空心条板接缝的嵌缝处理如图 4-2-18 所示。

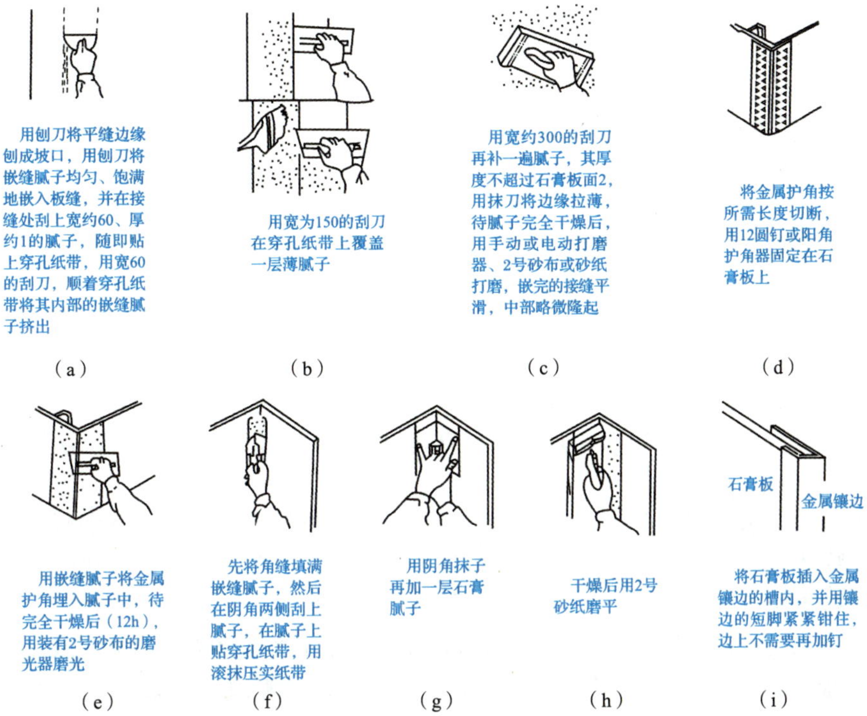

图 4-2-18　石膏空心条板接缝的嵌缝处理

① 平缝的嵌缝。

a. 清理接缝后用小刮刀将嵌缝石膏腻子均匀、饱满地嵌入板缝，并在接缝处刮上宽约 60mm、厚约 1mm 的腻子，如图 4-2-18（a）所示。

b. 用宽为 150mm 的刮刀将石膏腻子填满宽约 150mm 的带状接缝部分，如图 4-2-18（b）所示。

c. 用宽约 300mm 的刮刀再补一遍石膏腻子，其厚度不得超过纸面石膏板面 2mm，如图 4-2-18（c）所示。

d. 待腻子完全干燥后（约 12h），用 2 号砂布或砂纸打磨平滑，中部可略微凸起并向两边平滑过渡。

② 阳角缝的嵌缝。

a. 将金属护角用 12mm 的圆钉固定在纸面石膏板上，如图 4-2-18（d）所示。

b. 用石膏嵌缝腻子将金属护角埋入腻子中，并压平、压实。待腻子完全干燥后（约 12h），用 2 号砂纸或砂布磨光即可，如图 4-2-18（e）所示。

③ 阴角缝的嵌缝。

a. 先用嵌缝石膏腻子将角缝填满，然后在阴角两侧刮上腻子，在腻子上贴穿孔纸带，并压实，如图 4-2-18（f）所示。

b. 用阴角抹子再在穿孔纸带上加一层腻子，如图 4-2-18（g）所示。

c. 腻子干燥后，用 2 号砂纸处理平滑，如图 4-2-18（h）所示。

其他做法和腻子带宽窄、厚度可参考前面平缝的嵌缝做法。

④ 膨胀缝的嵌缝。

a．先在膨胀缝中装填绝缘材料（纤维状或泡沫状的保温、隔声材料），并且要求其不超出龙骨骨架的平面。

b．用弹性建筑密封膏填平膨胀缝。

⑤ 金属镶边的安装如图 4-2-18（i）所示。

4.2.2.2 加气混凝土条板隔墙施工

1. 加气混凝土条板的构造及规格

加气混凝土条板是以钙质材料（水泥、石灰）、含硅材料（石英砂、尾矿粉、粉煤灰、粒化高炉矿渣、页岩等）和加气剂作为原料，经过磨细、配料、搅拌、浇筑、切割和压蒸养护等工序制成的一种多孔轻质墙板。条板内配有适量的钢筋，钢筋宜预先经过防锈处理，并用定位焊加工成网片。

加气混凝土条板可以作为室内隔墙，也可作为非承重的外墙板。加气混凝土能利用工业废料，产品成本比较低，且能大幅降低建筑物的自重，生产效率较高，保温性能较好，因此具有较好的技术经济效果。

加气混凝土条板按其原材料不同，可分为水泥-矿渣-砂加气混凝土条板、水泥-石灰-砂加气混凝土条板和水泥-石灰-粉煤灰加气混凝土条板。加气混凝土隔墙条板的规格：厚度为 75mm、100mm、120mm、125mm；宽度一般为 600mm；长度根据设计要求而定。条板之间黏结砂浆层的厚度一般为 2～3mm，要求饱满、均匀，以使条板与条板黏结牢固。条板之间的接缝可做成平缝，也可做成倒角缝。

2. 加气混凝土条板的安装

加气混凝土条板隔墙一般采用垂直安装，板的两侧应与主体结构连接牢固，板与板之间用黏结砂浆黏结，沿板缝上下各 1/3 处以 30° 角钉入金属片，在转角墙和丁字墙交接处、在板高上下 1/3 处，应斜向钉入长度不小于 200mm、直径为 8mm 的铁件（如钢筋等），如图 4-2-19 所示。转角墙节点构造、丁字墙节点构造分别如图 4-2-20 和图 4-2-21 所示。

加气混凝土条板上下部的连接，一般采用刚性节点做法，即在板的上端抹黏结砂浆，与梁或楼板的底部黏结，下部两侧用木楔顶紧，最后将下部的缝隙用细石混凝土填实，如图 4-2-22 所示。加气混凝土条板内隔墙的安装顺序，应从门洞处向两端依次进行，门洞两侧宜用整块条板。无门洞时，应按照从一端向另一端的顺序安装。板间黏结砂浆的灰缝宽度以 2～3mm 为宜，一般不得超过 5mm。板底木楔需要经过防腐处理，顺板宽方向楔紧。门洞口过梁块的连接构造做法如图 4-2-23 所示。加气混凝土条板隔墙的安装，要求墙面垂直，表面平整，用 2m 靠尺检查其垂直度和平整度，偏差最大应不超过 4mm。隔墙板的厚度不得小于 75mm；当厚度小于 125mm 时，其最大长度应不超过 3.5m。对双层墙板的分户墙，两层墙板的缝隙应相互错开。

加气混凝土墙板上不宜吊挂重物，否则易损坏墙板；如果确实需要，则应采取有效的措施进行加固。

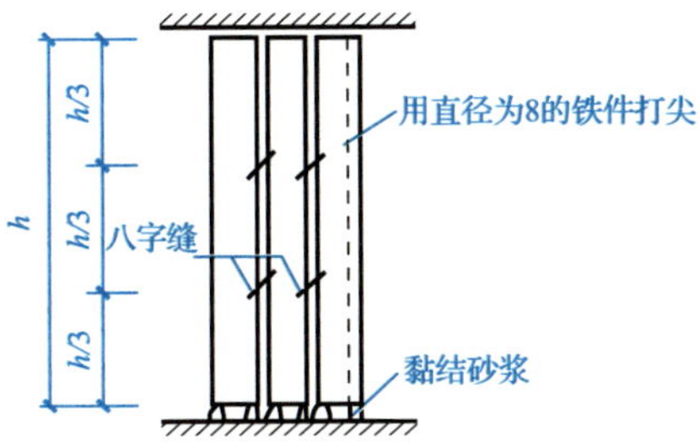

图 4-2-19　加气混凝土条板用铁销、铁钉横向连接示意

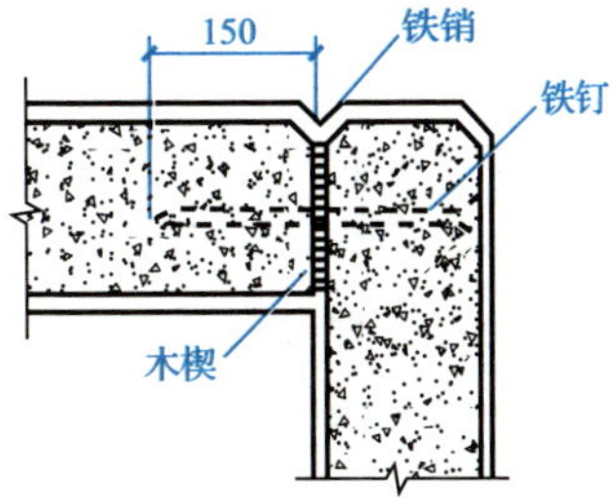

图 4-2-20　转角墙节点构造

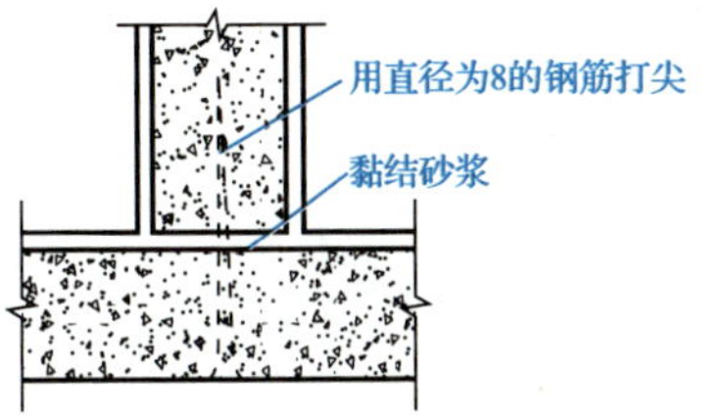

图 4-2-21　丁字墙节点构造

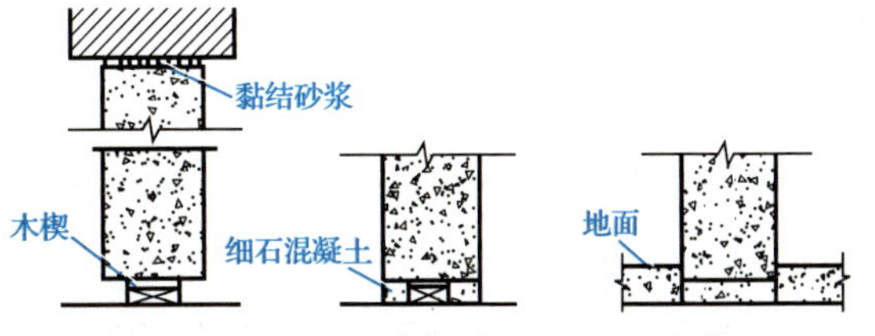

（a）侧向打木楔　（b）木楔间孔隙塞细石混凝土　（c）细石混凝土硬结后取出木楔，做地面

图 4-2-22　隔墙板上下连接构造方法之一

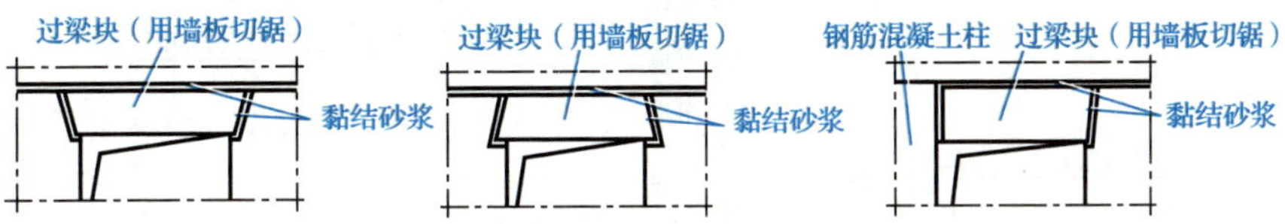

（a）倒八字做法　（b）正八字做法（1）　（c）正八字做法（2）

图 4-2-23　门洞口过梁块的连接构造做法

4.2.2.3　钢网泡沫塑料夹心墙板隔墙施工

泰柏板是以直径为（2.06±0.03）mm、屈服强度为 390～490MPa 的钢丝焊接而成的三维钢丝网骨架与高热阻自熄性聚苯乙烯泡沫塑料组成的芯材板，两面喷涂水泥砂浆，其构造如图 4-2-24 所示。

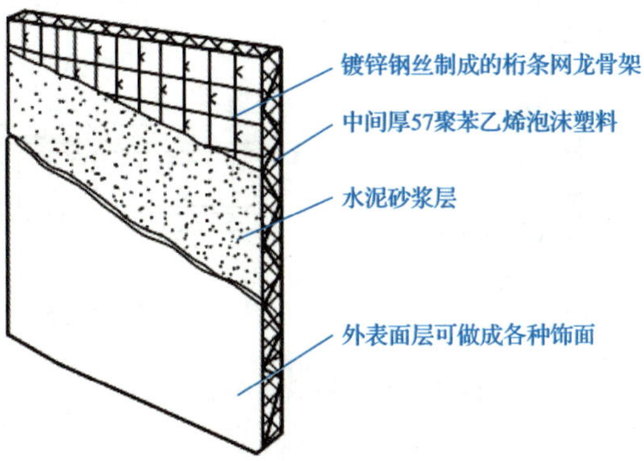

图 4-2-24　泰柏板的构造

1. 特点和分类

泰柏板具有质量小、强度高、防火、防水、隔声、保温、隔热等优良的物理性能。除以上优点外，它还具有优良的可加工性能。

泰柏板的品种分为两种：一种是普通型泰柏板，各桁条的间距为50.8mm；另一种是轻型泰柏板，各桁条的间距为203mm。

2. 安装做法

安装时，先按设计图弹隔墙位置线，然后用线坠引至墙面及楼顶板。将裁好的隔墙板按弹线位置放好，板与板拼缝用配套箍码连接，再用铅丝绑扎牢固。隔墙板之间的所有拼缝须用联结网或之字条覆盖。

阴阳角用网补强，门窗洞口用之字条补强，隔墙连接做法如图4-2-25所示。

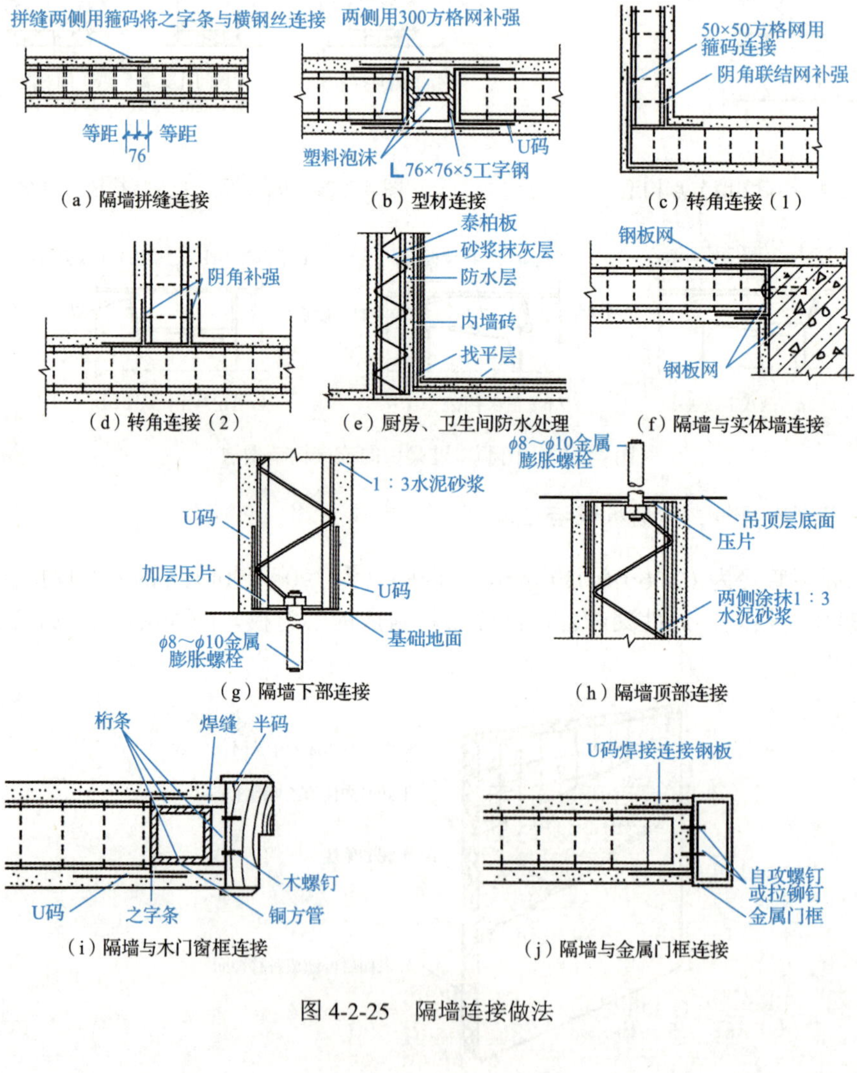

图4-2-25 隔墙连接做法

安装泰柏板隔墙时，应当注意墙板与其他墙板、楼面、顶棚、门窗框之间的连接，要紧密牢固。

泰柏板隔墙对抹灰的材料有以下基本要求：水泥选用硅酸盐水泥或强度等级为 42.5MPa 的普通硅酸盐水泥，砂采用符合质量要求的中砂，采用砂浆泵喷涂时，可加入不多于水泥用量 25%的石膏。

泰柏板隔墙抹灰分两层进行，第一层厚度约为 10mm，第二层厚度为 8～12mm；墙体抹灰应按流程操作，其具体的流程如下：抹墙体任何一面第一层→湿养护 48h 后抹另一面的第一层→湿养护 48h 后再抹各面的第二层。

对于泰柏板隔墙与其他墙体及柱的连接，抹灰时应设置补强板网，以避免出现收缩裂缝。

4.2.3　活动隔墙工程施工

4.2.3.1　施工准备

1. 材料准备

1）拼装式活动隔墙。隔墙板材（根据设计确定，一般有木拼板、纤维板等）、导轨槽、活动卡、密封条等。

2）直滑式活动隔墙。隔墙板材（根据设计确定，一般有木拼板、纤维板、金属板、塑料板及夹芯材料等）、轨道、滑轮、铰链、密封刷、密封条、螺钉等。

2. 主要机具

电锯、木工手锯、电刨、手电钻、电动冲击钻、射钉枪、量尺、角尺、水平尺、线坠、墨斗、钢丝刷、小灰槽、2m 靠尺、开刀、扳手、专用撬棍、螺钉旋具、钳子、橡皮锤、扁铲等。

4.2.3.2　拼装式活动隔墙施工工艺

1. 拼装式活动隔墙工艺流程

定位弹线→隔墙板两侧壁龛施工→轨道安装→隔墙扇制作→隔墙扇安放及连接→密封条安装。

2. 拼装式活动隔墙操作工艺

1）定位弹线。按设计确定的隔墙位置，在楼地面弹线，将线引至顶棚和侧墙。

2）隔墙板两侧壁龛施工。隔墙的一端要设一个槽形的补充构件，形状如图 4-2-26 所示。它与槽形上槛的大小和形状完全相同，以便安装和拆卸隔扇，并在安装后掩盖住端部隔扇与墙面之间的缝隙。

3）轨道安装。为装卸方便，隔墙的上部有一个通长的上槛，上槛的形式有两种，一种是槽形，一种是 T 形。用螺钉或钢丝将其固定在平顶上。如果隔墙扇上部采用滑轮或者隔墙扇较高，则楼地面上要设置轨道，下部轨道断面通常是 T 形的。下轨道安装方法：用线坠从上轨道两端各吊一垂线，将垂线下端的垂点弹一直线，这便是下轨道的位置线，然后将槽形下轨道埋于地面，下轨道的上沿口与地面水平，下轨道通常是一个限位槽。

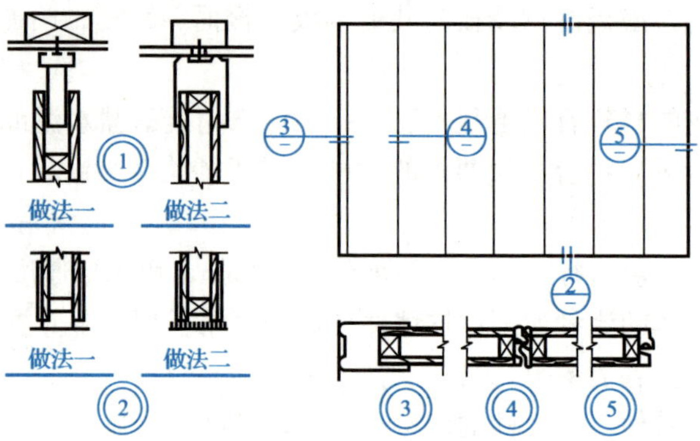

图 4-2-26　拼装式隔墙的立面与节点

4）隔墙扇制作。拼装式活动的隔墙扇多用木框架，两侧贴有木质纤维板或胶合板，有的还贴有一层塑料贴面或覆以人造革。隔声要求较高的隔墙，可在两层面板之间设置隔声层，并将隔墙扇的两个垂直边做成企口缝，以便使相邻隔墙扇能紧密地咬合在一起，达到隔声的目的。隔墙扇的下部照常做踢脚。

隔墙扇两侧做成企口缝、盖缝、平缝等，并预留镶嵌密封条的凹槽。

隔墙扇上端采用槽形时，隔墙扇上部的顶棚可以做成平齐的；采用 T 形时，隔墙扇的上部应设较深的凹槽，以使其能卡到 T 形上槛的腹板上。隔墙扇下侧的中间点安装一个导向杆。

5）隔墙扇安放及连接。分别将隔墙扇两端嵌入上、下导轨槽内，利用活动卡子连接固定，同时拼装成隔墙，不用时可拆除重叠放入壁龛内，以免占用使用面积。隔墙扇的顶面与顶棚之间保持 50mm 左右的空隙，以便安装和拆卸。

6）密封条安装。当楼地面上铺有地毯时，隔墙扇可以直接坐落在地毯上，否则，应在隔墙扇的底下另加隔声密封条，靠隔墙扇的自重将密封条紧紧压在楼地面上。隔墙扇两侧面凹槽内，镶嵌密封条或粘贴密封条。

4.2.3.3　直滑式活动隔墙施工工艺

1. 定位弹线

按设计确定的隔墙位置，在楼地面弹线，将线引至顶棚和侧墙。

2. 隔墙板两侧壁龛施工

隔墙的一端要设一个槽形补充构件，补充构件的两侧各有一个密封条，与隔墙扇的两侧紧密接触。

3. 轨道安装

轨道和滑轮的形式多种多样，轨道的断面多数为槽形。滑轮多为四轮小车组。小车组可用螺栓或连接板固定在隔墙扇上。隔墙扇与轨道之间用橡胶密封刷密封，密封刷镶嵌或胶粘在隔墙扇上，也可以固定在轨道上。

4. 隔墙扇制作

图 4-2-27 所示为直滑式隔墙扇的构造，其主体是一个木边框，两侧各贴一层人造板，两

层板的中间夹着隔声层，板的外面覆盖着聚乙烯饰面。隔墙扇的两个垂直边，用螺钉固定铝缝边。镶边的凹槽内，嵌有隔声用的泡沫聚乙烯密封条。直滑式隔墙的隔墙扇尺寸比较大，宽度约为 1000mm，厚度为 50～80mm，高度为 2500～3500mm。

5. 隔墙扇安放、连接及密封条安装

图 4-2-28 所示为直滑式隔墙的立面与节点，后边的半扇隔墙扇与边缘构件用铰链相连接，中间各扇隔墙扇则是单独的。当隔墙扇关闭时，最前面的隔墙扇自然地嵌入槽形补充构件内。隔墙扇与楼地面之间的缝隙采用不同的方法来遮掩：一种方法是在隔墙扇的下面设置两行橡胶做的密封刷；另一种方法是将隔墙扇的下部做成凹槽形，在凹槽所形成的空间内，分层设置密封槛。密封槛的上面也有两行密封刷，分别与隔墙扇凹槽的两个侧面相接触。密封槛的下面另设密封垫，靠密封槛的自重与楼地面紧紧地相接触。隔墙扇之间安装密封条，密封条的安装可采用镶嵌或胶粘贴。

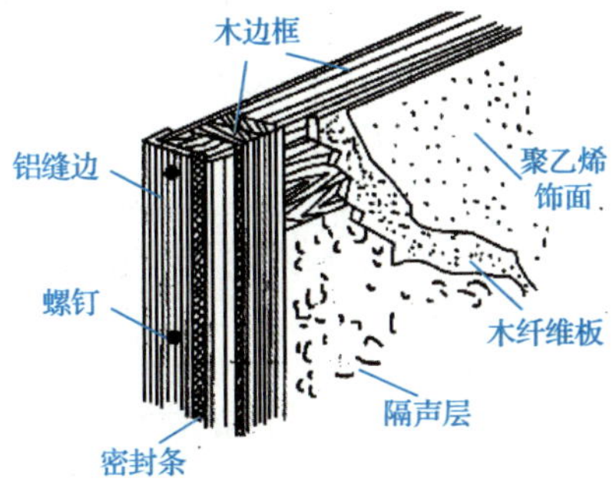

图 4-2-27　直滑式隔墙扇的构造

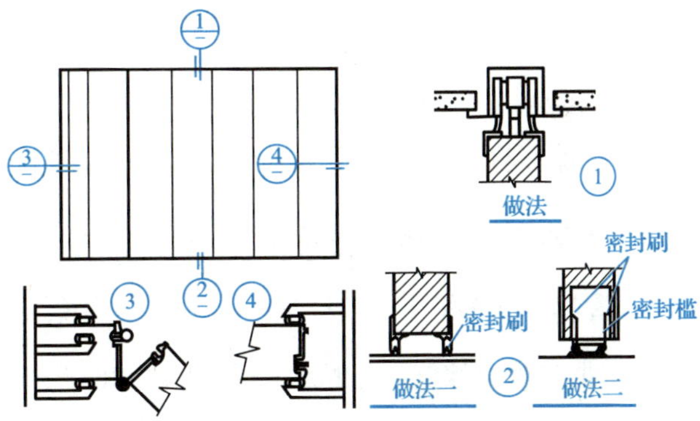

图 4-2-28　直滑式隔墙的立面与节点

4.2.4　玻璃隔墙工程施工

4.2.4.1　施工准备

1. 材料构配件

按照设计要求在玻璃制品工厂加工制作玻璃材料，形成玻璃隔断需要的形状尺寸。骨架材料、连接材料、密封材料按照要求配置。

2. 主要机具

电锤、切割机、氩弧焊机、丝锥、螺钉旋具、玻璃胶枪等。

4.2.4.2　无竖框玻璃隔墙施工工艺

1. 施工工艺流程

玻璃隔墙的施工工艺流程如图 4-2-29 所示。

图 4-2-29　玻璃隔墙的施工工艺流程

2. 操作要点

1）测量放线。根据设计图纸尺寸测量放线，测出基层面的标高，玻璃墙中心轴线及上、下部位 50mm×100mm 钢管的位置线。

2）固定铁件和钢管焊接。根据设计图纸的尺寸安装固定部件，用膨胀螺栓固定，然后把 50mm×100mm 钢管调平直，再焊接固定。所有非不锈钢件均须涂刷防锈漆。

3）安装玻璃块及不锈钢板。12mm 钢化平板玻璃全部在专业厂家定做，运至工地。将玻璃块清洁干净，把橡胶垫安放在钢管上，用不锈钢槽固定，用玻璃安装机或托运吸盘将玻璃块安放在安装槽内，调平、竖直后固定，同一玻璃墙全部安装调平、竖直后才开始安装不锈钢板。

4）注胶。首先清洁干净上、下部位和侧边玻璃槽及玻璃缝注胶处，然后将注胶两侧的玻璃、不锈钢板面用白色胶带粘好，留出注胶缝位置，按要求注胶，同一缝一次注完刮平，不停歇（注胶缝必须干燥时才能注胶，切忌潮湿；上、下部不锈钢槽所注的胶为结构性硅胶，玻璃块间夹缝所注的胶为透明玻璃胶）。

5）清洗。将安装好的玻璃块用专用的玻璃清洗剂清洗干净（切勿用酸性溶液清洗）。

4.2.4.3 有竖框玻璃隔墙施工工艺

1. 施工工艺流程

有竖框玻璃隔墙施工工艺流程如图 4-2-30 所示。

图 4-2-30 有竖框玻璃隔墙施工工艺流程

2. 操作要点

1）弹线。弹线时注意核对已做好的预埋件位置是否正确（如果没有预埋件，则应划出金属膨胀螺栓位置）。玻璃隔墙应留出地面饰面层厚度（如果有踢脚线，则应考虑踢脚线三个面的饰面层厚度）及顶部限位标高（吊顶标高）。先弹地面位置线，再弹墙、柱上的位置线。

2）安装固定玻璃的型钢边框。如果没有预埋件，或者预埋件位置已不符合要求，则应先设置金属膨胀螺栓，然后将钢管按已弹好的位置线安放好，在检查无误后随即与预埋件或金属膨胀螺栓焊牢。型钢材料在安装前应刷好防锈漆，焊好以后在焊接处应再补刷防锈漆。

3）安装玻璃。

① 厚玻璃就位。在边框安装好后，先将其槽口清理干净，槽口内不得有垃圾或积水，并垫好防振橡胶垫块。用 2～3 个玻璃吸盘把厚玻璃吸牢，由 2～3 人手握吸盘同时抬起玻璃，先将玻璃竖直插入上框槽口内，然后轻轻垂直落下，放入下框槽口内。如果是吊挂式安装，在将玻璃送入上框时，还应将玻璃放入夹具中。

② 调整玻璃位置。先将靠墙（或柱）的玻璃推到墙（柱）边，使其插入贴墙的边框槽口内，然后安装中间部位的玻璃。两块厚玻璃之间接缝时应留 2～3mm 的缝隙或留出与玻璃稳

定器（玻璃肋）厚度相同的缝，为打胶做准备。玻璃下料时应计算留缝宽度。如果采用吊挂式安装，则应用吊挂玻璃的夹具逐块将玻璃夹牢。

4）嵌缝打胶。玻璃全部就位后，校正平整度、垂直度，同时用聚苯乙烯泡沫嵌条嵌入槽口内使玻璃与金属槽接合平伏、紧密，然后打硅酮结构胶。

5）边框装饰。一般有竖框玻璃隔墙是将边框嵌入墙、柱面和地面的饰面层中，此时只要精细加工墙、柱面和地面的饰面块材并在镶贴或安装时与玻璃接好即可。

6）清洁及成品保护。有竖框玻璃隔墙安装好后，用棉纱和清洗剂清洁玻璃表面的胶迹和污痕，然后用粘贴不干胶纸条等办法做出醒目的标志，以防止碰撞玻璃的意外发生。

4.2.5　轻质隔墙工程施工质量验收

轻质隔墙是指非承重轻质内隔墙，包括板材隔墙、骨架隔墙、活动隔墙和玻璃隔墙等。板材隔墙包括复合轻质墙板、石膏空心条板、增强水泥板和混凝土轻质板等；骨架隔墙包括以轻钢龙骨、木龙骨等为骨架，以纸面石膏板、人造木板、水泥纤维板等为墙面板的隔墙；玻璃隔墙包括玻璃板、玻璃砖隔墙。

4.2.5.1　一般规定

1）轻质隔墙工程验收时应检查下列文件和记录：

① 轻质隔墙工程的施工图、设计说明及其他设计文件。

② 材料的产品合格证书、性能检测报告、进场验收记录和复验报告。

③ 隐蔽工程验收记录。

④ 施工记录。

2）轻质隔墙工程应对人造木板的甲醛含量进行复验。轻质隔墙施工要求对所使用人造木板的甲醛含量进行进场复验，目的是避免对室内空气环境造成污染。

3）轻质隔墙工程应对下列隐蔽工程项目进行验收：

① 骨架隔墙中设备管线的安装及水管试压。

② 木龙骨防火、防腐处理。

③ 预埋件或拉结筋。

④ 龙骨安装。

⑤ 填充材料的设置。本条规定了轻质隔墙工程中的隐蔽工程验收内容，其中设备管线安装的隐蔽工程验收属于设备专业施工配合的项目，要求在骨架隔墙封面板前，对骨架中设备管线的安装进行隐蔽工程验收，隐蔽工程验收合格后才能封面板。

4）各分项工程的检验批应按下列规定划分：同一品种的轻质隔墙工程每 50 间（大面积房间和走廊按轻质隔墙的墙面 $30m^2$ 为一间）应划分为一个检验批，不足 50 间也应划分为一个检验批。

5）轻质隔墙与顶棚和其他墙体的交接处应采取防开裂措施。

6）民用建筑轻质隔墙工程的隔声性能应符合国家现行标准《民用建筑隔声设计规范》（GB 50118—2010）的规定。

4.2.5.2 板材隔墙工程施工质量验收

1. 主控项目

1）隔墙板材的品种、规格、性能、颜色应符合设计要求。有隔声、隔热、阻燃、防潮等特殊要求的工程，板材应有相应性能等级的检测报告。

检验方法：观察；检查产品合格证书、进场验收记录和性能检测报告。

2）安装隔墙板材所需预埋件、连接件的位置、数量及连接方法应符合设计要求。

检验方法：观察；尺量检查；检查隐蔽工程验收记录。

3）隔墙板材安装应牢固。

检验方法：观察；手扳检查。

4）隔墙板材所用接缝材料的品种及接缝方法应符合设计要求。

检验方法：观察；检查产品合格证书和施工记录。

5）隔墙板材安装应位置正确，板材不应有裂缝或缺损。

检验方法：观察；尺量检查。

2. 一般项目

1）板材隔墙表面应平整光滑、色泽一致、洁净，接缝应均匀、顺直。

检验方法：观察；手摸检查。

2）隔墙上的孔洞、槽、盒应位置正确、套割方正、边缘整齐。

检验方法：观察。

3）板材隔墙安装的允许偏差和检验方法应符合表 4-2-2 的规定。

表 4-2-2 板材隔墙安装的允许偏差和检验方法

项次	项目	允许偏差/mm				检验方法
		复合轻质墙板		石膏空心条板	增强水泥板、混凝土轻质板	
		金属夹心板	其他复合板			
1	立面垂直度	2	3	3	3	用 2m 垂直检测尺检查
2	表面平整度	2	3	3	3	用 2m 靠尺和塞尺检查
3	阴阳角方正	3	3	3	4	用 200mm 直角检测尺检查
4	接缝高低差	1	2	2	3	用钢直尺和塞尺检查

4.2.5.3 骨架隔墙工程施工质量验收

1. 主控项目

1）骨架隔墙所用龙骨、配件、墙面板、填充材料及嵌缝材料的品种、规格、性能和木材的含水率应符合设计要求。有隔声、隔热、阻燃、防潮等特殊要求的工程，材料应有相应性能等级的检测报告。

检验方法：观察；检查产品合格证书、进场验收记录、性能检测报告和复验报告。

2）骨架隔墙地梁所用材料、尺寸及位置等应符合设计要求。骨架隔墙的沿地、沿顶及边框龙骨应与基体结构连接牢固。

检验方法：手扳检查；尺量检查；检查隐蔽工程验收记录。

3）骨架隔墙中龙骨间距和构造连接方法应符合设计要求。骨架内设备管线的安装、门窗洞口等部位加强龙骨的安装应牢固、位置正确。填充材料的品种、厚度及设置应符合设计要求。

检验方法：检查隐蔽工程验收记录。

4）木龙骨及木墙面板的防火和防腐处理应符合设计要求。

检验方法：检查隐蔽工程验收记录。

5）骨架隔墙的墙面板应安装牢固，无脱层、翘曲、折裂及缺损。

检验方法：观察；手扳检查。

6）墙面板所用接缝材料的品种接缝方法应符合设计要求。

检验方法：观察。

2. 一般项目

1）骨架隔墙表面应平整光滑、色泽一致、洁净、无裂缝，接缝应均匀、顺直。

检验方法：观察；手摸检查。

2）骨架隔墙上的孔洞、槽、盒应位置正确、套割吻合、边缘整齐。

检验方法：观察。

3）骨架隔墙内的填充材料应干燥，填充应密实、均匀、无下坠。

检验方法：轻敲检查；检查隐蔽工程验收记录。

4）骨架隔墙安装的允许偏差和检验方法应符合表 4-2-3 的规定。

表 4-2-3　骨架隔墙安装的允许偏差和检验方法

项次	项目	允许偏差/mm		检验方法
		纸面石膏板	人造木板、水泥纤维板	
1	立面垂直度	3	4	用 2m 垂直检测尺检查
2	表面平整度	3	3	用 2m 靠尺和塞尺检查
3	阴阳角方正	3	3	用直角检测尺检查
4	接缝直线度	—	3	拉 5m 线，不足 5m 时拉通线，用钢直尺检查
5	压条直线度	—	3	拉 5m 线，不足 5m 时拉通线，用钢直尺检查
6	接缝高低差	1	1	用钢直尺和塞尺检查

4.2.5.4　活动隔墙工程施工质量验收

1. 主控项目

1）活动隔墙所用墙板、轨道、配件等材料的品种、规格、性能和人造木板甲醛释放量、燃烧性能应符合设计要求。

检验方法：观察；检查产品合格证书、进场验收记录、性能检验报告和复验报告。

2）活动隔墙轨道应与基体结构连接牢固，并应位置正确。

检验方法：尺量检查；手扳检查。

3）活动隔墙用于组装、推拉和制动的构配件应安装牢固、位置正确，推拉应安全、平稳、灵活。

检验方法：尺量检查；手扳检查；推拉检查。

4）活动隔墙的组合方式、安装方法应符合设计要求。

检验方法：观察。

2. 一般项目

1）活动隔墙表面应色泽一致、平整光滑、洁净，线条应顺直、清晰。

检验方法：观察；手摸检查。

2）活动隔墙上的孔洞、槽、盒应位置正确、套割吻合、边缘整齐。

检验方法：观察；尺量检查。

3）活动隔墙推拉应无噪声。

检验方法：推拉检查。

4）活动隔墙安装的允许偏差和检验方法应符合表 4-2-4 的规定。

表 4-2-4　活动隔墙安装的允许偏差和检验方法

项次	项目	允许偏差/mm	检验方法
1	立面垂直度	3	用 2m 垂直检测尺检查
2	表面平整度	2	用 2m 靠尺和塞尺检查
3	接缝直线度	3	拉 5m 线，不足 5m 时拉通线，用钢直尺检查
4	接缝高低差	2	用钢直尺和塞尺检查
5	接缝宽度	2	用钢直尺检查

4.2.5.5　玻璃隔墙工程施工质量验收

1. 主控项目

1）玻璃隔墙工程所用材料的品种、规格、图案、颜色和性能应符合设计要求。玻璃板隔墙应使用安全玻璃。

检验方法：观察；检查产品合格证书、进场验收记录和性能检验报告。

2）玻璃板安装及玻璃砖砌筑方法应符合设计要求。

检验方法：观察。

3）有框玻璃板隔墙的受力杆件应与基体结构连接牢固，玻璃板安装橡胶垫位置应正确。玻璃板安装应牢固，受力应均匀。

检验方法：观察；手推检查；检查施工记录。

4）无框玻璃板隔墙的受力爪件应与基体结构连接牢固，爪件的数量、位置应正确，爪件与玻璃板的连接应牢固。

检验方法：观察；手推检查；检查施工记录。

5）玻璃门与玻璃墙板的连接、地弹簧的安装位置应符合设计要求。

检验方法：观察；开启检查；检查施工记录。

6）玻璃砖隔墙砌筑中埋设的拉结筋应与基体结构连接牢固，数量、位置应正确。

检验方法：手扳检查；尺量检查；检查隐蔽工程验收记录。

2. 一般项目

1）玻璃隔墙表面应色泽一致、平整洁净、清晰美观。

检验方法：观察。

2）玻璃隔墙接缝应横平竖直，玻璃应无裂痕、缺损和划痕。

检验方法：观察。

3）玻璃板隔墙嵌缝及玻璃砖隔墙勾缝应密实平整、均匀顺直、深浅一致。

检验方法：观察。

4）玻璃隔墙安装的允许偏差和检验方法应符合表 4-2-5 的规定。

表 4-2-5　玻璃隔墙安装的允许偏差和检验方法

项次	项目	允许偏差/mm		检验方法
		玻璃砖	玻璃板	
1	立面垂直度	3	2	用 2m 垂直检测尺检查
2	表面平整度	3	—	用 2m 靠尺和塞尺检查
3	阴阳角方正	—	2	用直角检测尺检查
4	接缝直线度	—	2	拉 5m 线，不足 5m 时拉通线，用钢直尺检查
5	接缝高低差	3	2	用钢直尺和塞尺检查
6	接缝宽度	—	1	用钢直尺检查

4.3 综合训练：某办公楼装修改造

综合训练阶段是以项目探索与实战为载体，以学生为主体的行为过程实践阶段，包括任务分析与项目提交两个环节。

4.3.1　任务分析

在某机关办公楼装修改造施工中，根据设计及使用功能，大量采用轻质隔墙。卫生间采用现制的钢丝网水泥隔墙，办公室大部分采用轻钢龙骨纸面石膏板隔墙。会议室占地 600m^2，主要采用木龙骨、樱桃木墙面，中间有两道活动隔墙，可根据使用要求进行分隔。公共区域有玻璃砖墙作为装饰。

项目部依据上述施工内容，在本项目施工中制定了确保轻质隔墙施工质量的控制措施和质量验收标准。

问题：

1）按照《建筑装饰装修工程质量验收标准》（GB 50210—2018），请连线。

现制钢丝网水泥隔墙　　板材隔墙
轻钢龙骨纸面石膏板隔墙　　骨架隔墙
木龙骨樱桃木墙面　　活动隔墙
玻璃砖墙　　玻璃隔墙

2）轻质隔墙工程验收时应检查哪些文件和记录？

3）轻质隔墙工程应对哪些隐蔽工程项目进行验收？

4）轻钢龙骨石膏板隔墙应在哪些部位增加附加龙骨？其主要目的是什么？

4.3.2 项目提交

项目提交阶段是学生完成项目实战所设定的任务，进行成果提交的阶段。

1）完成实战项目案例解析。

2）对周边生活中的轻质隔墙工程做一次调查，完成一份关于轻质隔墙施工质量及通病的调查报告，要求包括前期处理、施工工艺、操作要点、质量验收及质量通病的防治，对轻质隔墙工程施工中出现的通病现象应以拍照的方式做记录。

能力评价　轻质隔墙工程施工能力评价

能力评价阶段是专业指导教师和企业指导教师针对学生项目实战、调查报告及答辩情况进行综合评价并给出成绩的阶段。

1. 评价功能

1）检验学生项目实战的效果及学生观察问题、分析问题、应用专业知识解决实际问题的能力。

2）教师自检其选择的教学方法、手段、形式所得的成果。

2. 评价内容

1）案例解析的准确度。

2）调查报告的全面性、真实性、代表性，对报告中出现的工程质量问题的总结性。

3）综合应用专业知识解决实际问题的能力。

4）对所提问题的回答是否充分及语言表达水平如何。

3. 成绩评定

总体评价参考比例标准：过程考核占 40%，成果考核占 40%，答辩占 20%。

项目 5

饰面板工程施工

学习目标

知识目标

1．掌握饰面板工程施工的基层处理、工艺流程、操作要点。

2．重点掌握石材饰面板工程施工的方法步骤和质量要求。

能力目标

1．巩固已学的相关建筑装饰材料与构造的基本知识，以及明确饰面板工程施工的种类、特点、过程方法及有关规定。

2．提升饰面板工程施工操作和技术管理能力。

思维导图

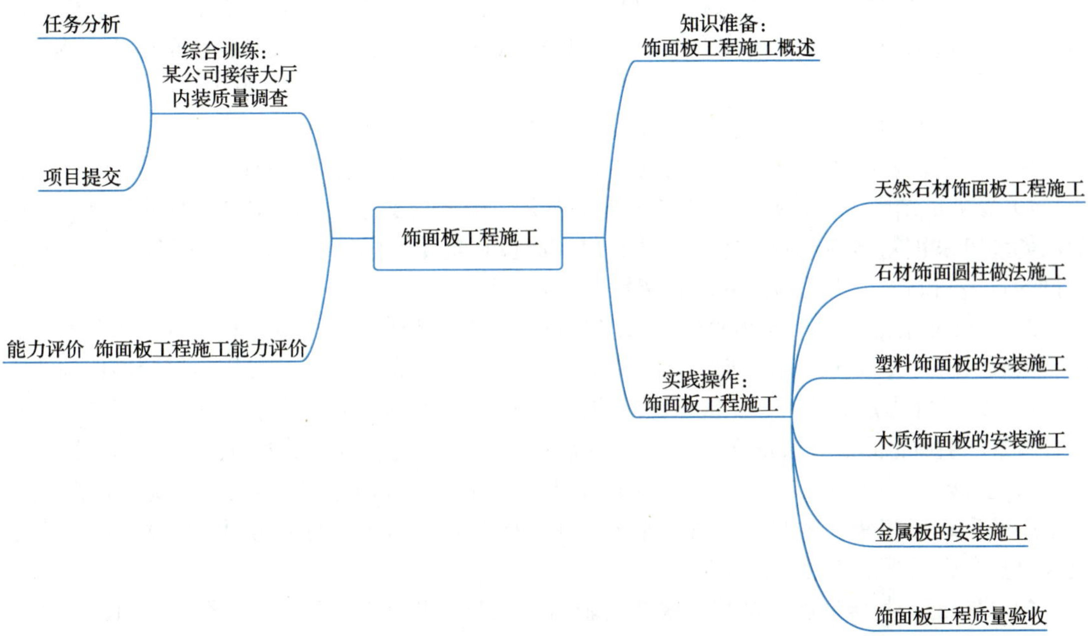

5.1 知识准备：饰面板工程施工概述

饰面板工程是指在建筑内外墙面及柱面镶贴、挂贴饰面材料的一种装饰方法，是装饰施工的重要组成部分。饰面板工程采用的石材有花岗石、大理石、青石板和人造石材；金属饰面板有钢板、铝板等品种；木材饰面板主要用于内墙裙。此外，饰面板工程采用的板材还有塑料板、复合板等。饰面板工程是较常用的装饰项目之一。

5.2 实践操作：饰面板工程施工

5.2.1 天然石材饰面板工程施工

采用花岗石和大理石等天然石材装饰板镶贴安装于建筑内外墙（柱）面的装饰形式，能够有效提高建筑物及其空间环境的艺术质量与文化品位，给人以高贵典雅或凝重肃穆之感。也可以选用新型材料仿制天然石材饰面来达到同样的艺术效果，且能克服天然石材的性能缺陷，增强石材饰面工程的使用安全性，如微晶玻璃仿天然石装饰板、CIM-IC 全玻化（陶瓷）石幕墙板等，不仅可以达到天然石材的外观效果，且质量小、强度高、耐久耐候、色彩丰富，尤其符合节约自然资源和实现建筑装饰装修健康环保的时代要求。

天然石建筑板材在装饰工程中的安装施工方式，可概括为以下几种：

1）直接黏结固定。其典型做法是采用水泥浆、聚合物水泥浆及新型黏结材料（建筑胶粘剂，如环氧系钢筋网结构胶）等将天然石材饰面板直接镶贴固定于建筑结构基体表面。薄质板材的直接粘贴施工工艺与内外墙面砖粘贴工艺相同。

2）锚固灌浆施工。其典型做法是在建筑结构墙面固定竖向钢筋，在竖向钢筋上绑扎横向钢筋而构成纵横交叉布置的钢筋网，在钢筋网上绑扎天然石建筑板材，或采用金属铺固件勾挂板材并与建筑基体固定；然后，在板材饰面的背面与基层表面所形成的空腔内灌注水泥砂浆或水泥石屑浆，整体地固定天然石板，是一种传统的石材饰面施工方法。此种方法已基本淘汰。

3）金属扣件挂板安装。其主要做法是在建筑墙体施工时预埋件，或是采用金属膨胀螺栓固定不锈钢连接扣件，再通过不锈钢连接扣件（挂件）及扣件上的不锈钢销或钢板插舌固定板端已打孔或开槽的天然石饰面板。

4）背挂法。其典型做法是在建筑结构表面固定金属型材骨架，在厚度不小于 20mm 的石板块产品背面开出特殊形状的半孔，采用石板幕墙专用的柱锥式锚栓连接石板和金属骨架，即形成整体稳定的天然石板幕墙饰面。

5）薄型石板的简易安装法。新型的天然石材装饰板产品的厚度薄至 8.0mm，安装时作为配套的系统装饰工程，可以有多种连接与固定的做法，如螺钉固定、黏结固定、卡槽或龙骨吊挂及磁性条复合固定等，使天然石饰面板施工十分简易，可参照其使用说明进行操作。部分安装施工方法如下。

5.2.1.1　锚固灌浆法

1. 作用及缺点

锚固灌浆法，又称钢筋网挂贴湿作业法，是一种传统的施工方法，至今仍在采用，可用于混凝土墙和砖墙。由于其施工费用较低，因此深受施工企业的欢迎。但是，这种施工方法施工进度慢、工期比较长，对工人的技术水平要求高，饰面板容易变色、锈斑、空鼓、裂缝等，并且对不规则及几何体复杂的墙面不易施工。这种工艺很少用于室内石材的安装，建筑外墙用这种工艺较多。

2. 施工准备

（1）材料准备

1）选板。饰面板要按设计技术要求进行认真挑选。

2）黏结材料。在施工前备好普通水泥、矿渣水泥、白水泥，水泥强度等级为 32.5 或 42.5；过筛初砂或中砂。

3）其他材料。铜丝或镀锌钢丝、U 形钢钉、熟石膏、矿物性颜料、801 胶和专用塑料软管等。

（2）常用机具

冲击钻、手电钻、砂轮、切割机、开刀、台钻、铁制水平尺、靠尺、底尺、平凿、尖沟凿、合金扁錾、木抹子、铁抹子、橡皮锤、铅丝、钢丝钳、尼龙线、操作支架及一般常用工具。

3. 工艺流程

湿作业灌浆工艺有绑扎固定灌浆法和金属件锚固灌浆法（又称 U 形钢钉锚固灌浆法）两种做法，如图 5-2-1 和图 5-2-2 所示。

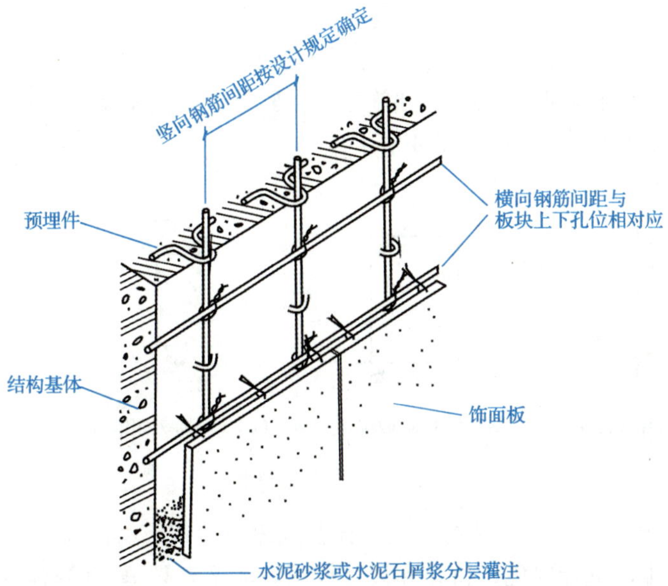

图 5-2-1　绑扎固定灌浆法示意图

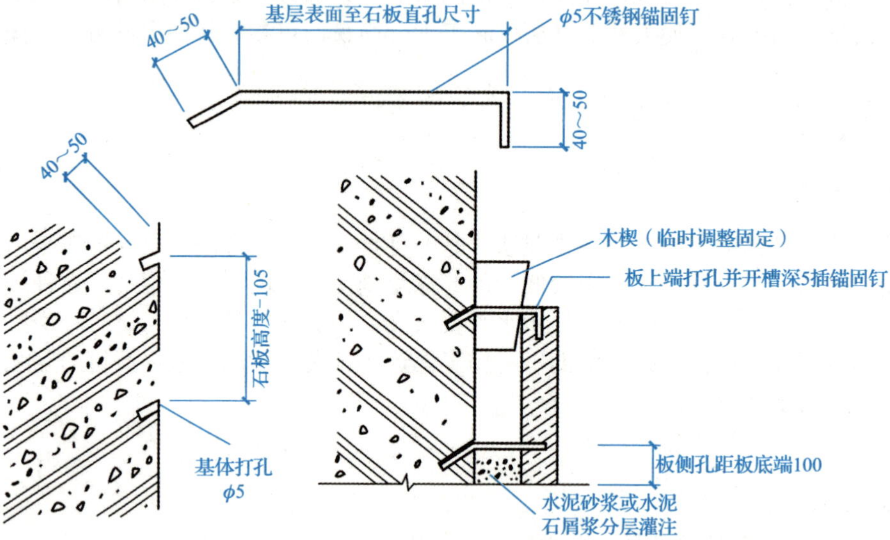

图 5-2-2　金属件锚固灌浆法示意图

（1）绑扎固定灌浆法

1）绑扎固定灌浆法的施工工艺流程如图 5-2-3 所示。

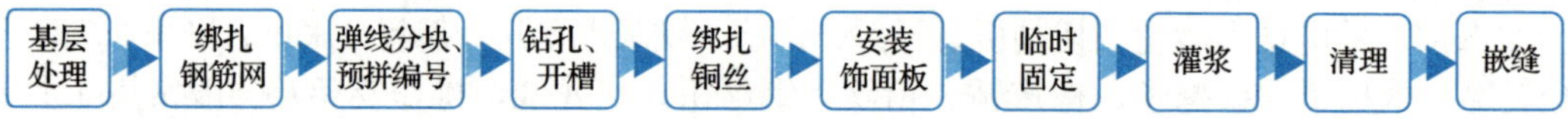

图 5-2-3　绑扎固定灌浆法的施工工艺流程

2）操作要点如下：

① 基层处理。将基层表面的灰浆、尘土、污垢及油渍等用钢丝刷刷净并用水冲洗。混凝土表面凸出的部分应剔平，光滑的基体表面要凿毛处理。

② 绑扎钢筋网。按照施工大样图要求的横竖距离焊接或绑扎安装用的骨架。钢筋网必须绑扎牢固，不得有颤动和弯曲。为了方便施工，在验算合格的前提下，可只拉横向钢筋，取消竖向钢筋。绑扎钢筋网构造如图 5-2-4 所示。

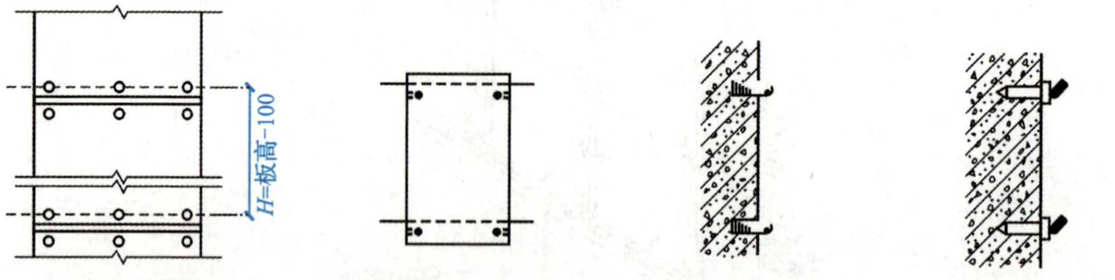

（a）多层板钢筋网及钻孔位置　（b）单层板钢筋网及钻孔位置　（c）墙上埋入短钢筋　（d）墙上埋入膨胀螺栓

图 5-2-4　绑扎钢筋网构造

③ 弹线分块、预拼编号。安装前要按设计要求逐块检查板材的品种、规格、颜色等，并在平地上试拼、预排，进行逸色、拼花和尺寸校正。对于有裂缝、暗痕等缺陷的板材，应镶贴在阴角或靠近地面等不明显的部位或改成小料使用，如图 5-2-5 所示。

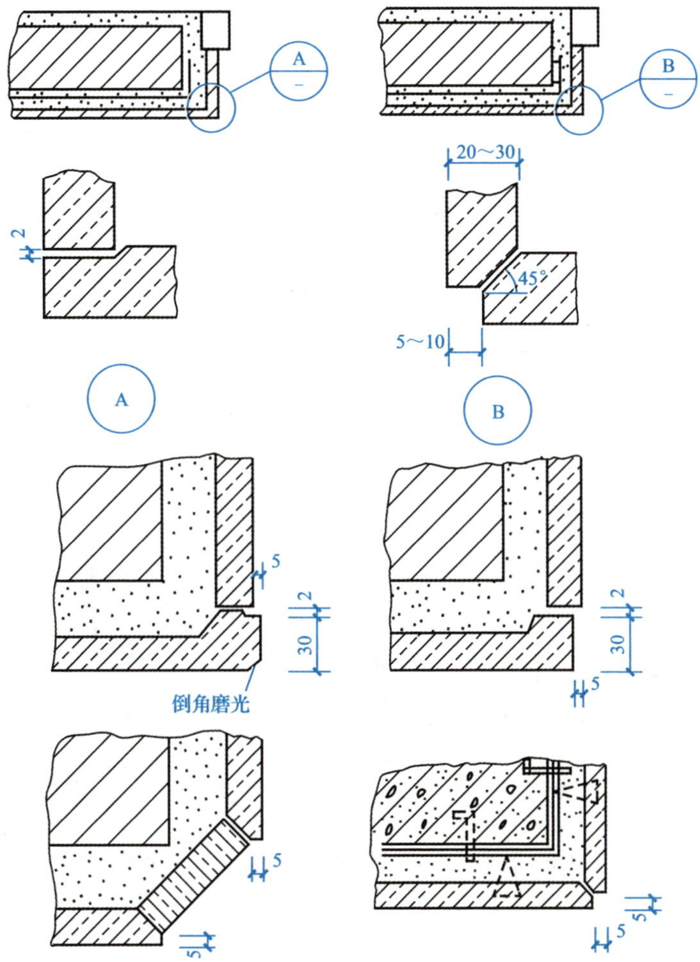

图 5-2-5 弹线分块、预拼编号

④ 钻孔、开槽。为了挂贴固定饰面板，要求在板块背面钻孔或开槽，如图 5-2-6 所示。

⑤ 绑扎铜丝。为了防腐，面板与钢筋网之间要采用铜丝绑扎。

⑥ 安装饰面板。板块的安装顺序一般是自下而上，每层板块从中间或一端开始，柱面则先从正面开始。如果发现板材尺寸有误或板材间隙不匀，则应用铅皮加垫，使板材间隙均匀一致。

⑦ 临时固定。安装好一层板材后，即可进行灌浆临时固定的板材，应用直角尺随时检查板面是否平整，重点保证板与板的交接处四角平直度，若发现问题应立即纠正。

⑧ 灌浆。待堵缝石青灰材料凝结硬化后，将基体表面及板材背面洒水湿润，即用 1∶2.5 水泥砂浆或水泥石屑浆分层灌浆（每次灌浆高度为 10～15cm，不能超过板材高度的 1/3）。

⑨ 清理。第一排灌浆完毕后，待砂浆初凝后，即可清理板块上口余浆，并用棉丝擦干净，隔天清理板材上口木楔和妨碍安装上层板材的石膏，再依次逐层、逐排向上安装并固定板材，直至完成饰面。

⑩ 嵌缝。全部板材安装完毕后，清除所有石膏和余浆痕迹，用布擦洗干净，并按石板颜色调制色浆嵌缝，边嵌边擦干净，使缝隙密实、均匀、干净、颜色一致。安装固定后的板材，

如果面层光泽受到影响，则要重新打蜡上光，并采取临时措施保护其棱角，直至交付使用。

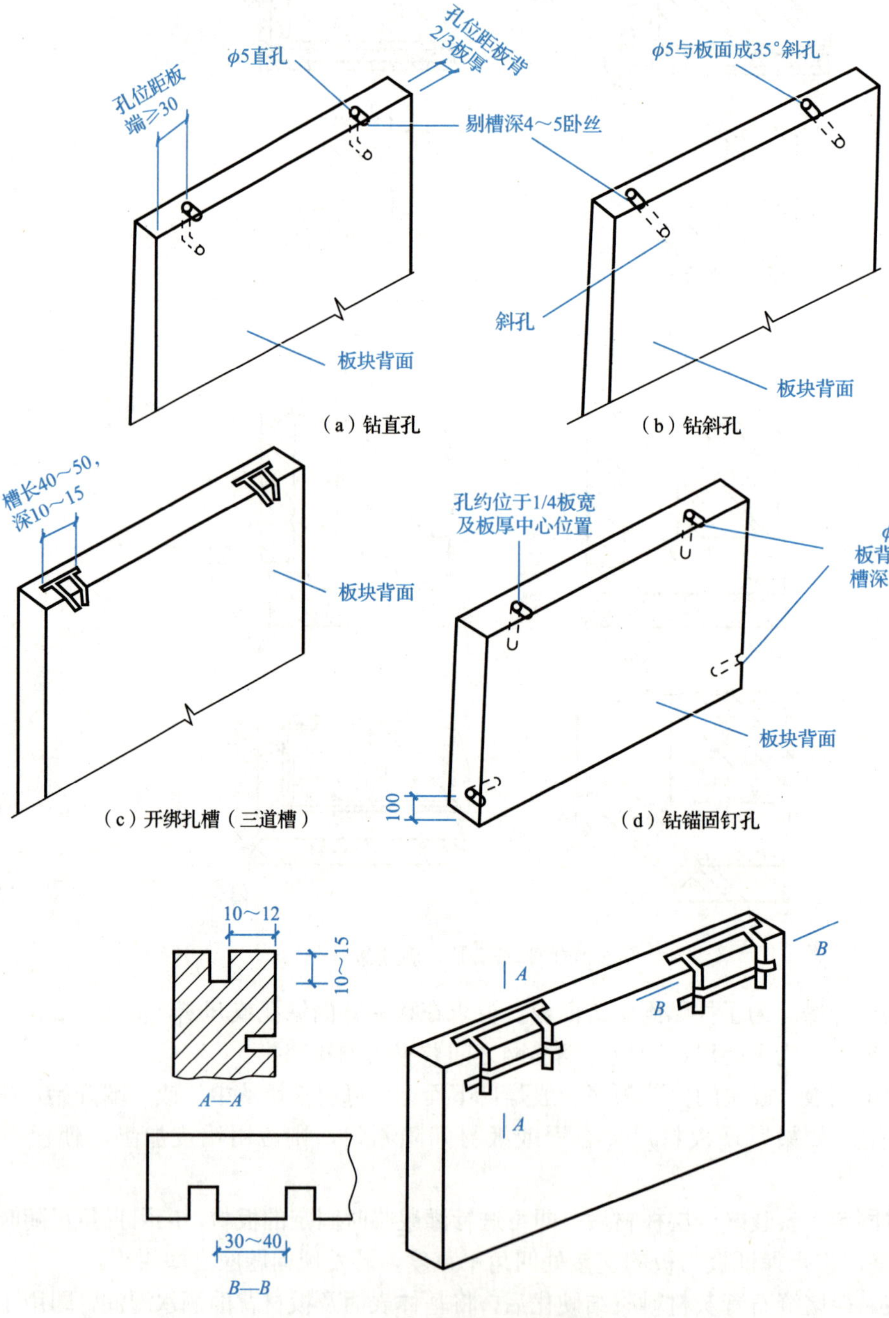

图 5-2-6　饰面板的钻孔和开槽示意图

（2）金属件锚固灌浆施工

金属件锚固灌浆法，这种施工方法与绑扎固定灌浆法大体相同，不同之处在于它将饰面板以不锈钢钩直接楔固于墙体之上。

1）金属件锚固灌浆施工工艺流程如图 5-2-7 所示。

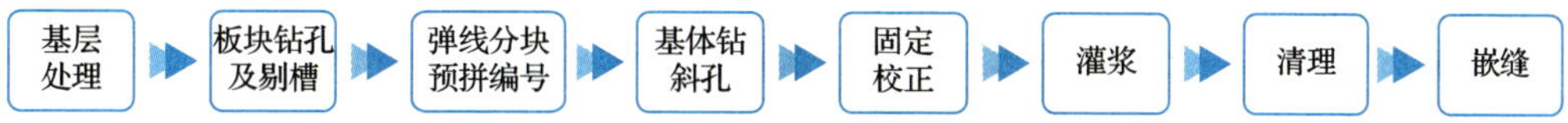

图 5-2-7　金属件锚固灌浆施工工艺流程

2）操作要点。金属件锚固灌浆法采用金属件锚固板材的做法可免除绑扎钢筋网的工序，根据工程实际及板材的品种、规格等情况确定锚固件形式，如圆杆锚固件、扁条锚固件和线形锚固件等，按锚固件与板块的连接方法确定板材的钻孔、开槽及板端开口方式。例如，图 5-2-6（d）所示为采用不锈钢 U 形销钉勾挂板材的方式，就是圆杆锚固件湿式安装板材的一种较为典型的做法。

① 板块钻孔及剔槽。在距板两端 1/4～1/3 处的板厚中心钻直孔，孔径 6mm，孔深 40～50mm（与 U 形钉折弯部分的长度尺寸一致）。板宽小于等于 600mm 时钻两个孔，板宽大于 600mm 时钻 3 个孔，板宽大于 800mm 时钻 4 个孔。然后将板调转 90°，在板材两侧边分别各钻直孔 1 个，孔位距板下端 100mm，孔径为 6mm，孔深为 40～50mm。上、下直孔孔口至板背剔出深 5mm 的凹槽，以便用 U 形钉圆杆固定板块时，不影响板材饰面的严密接缝。

② 基体钻斜孔。将钻孔剔槽后的板材按基体表面的放线分格位置临时就位，对应于板材上、下孔位，用冲击电钻在建筑基体上钻斜孔，斜孔与基体表面呈 45°，孔径为 5mm，孔深为 40～50mm。

③ 固定校正。根据板材与基体之间的灌浆层厚度及 U 形件折弯部分的尺寸，制备好 5mm 直径的不锈钢 U 形钉。板材到位后将 U 形钉一端勾进板材直孔，另一端插入基体上的斜孔，拉线、吊铅锤或用靠尺板等校正板材上、下口及板面平整度与水平度，并注意与相邻板材接缝严密，将 U 形件插入部分用硬木小楔塞紧或注入环氧树脂胶固定，同时用大木楔塞稳板材与基体之间的空隙。

④ 灌浆、清理、嵌缝。其方法与湿作业传统操作方法相同。

5.2.1.2　干挂施工法

干挂施工法是利用高强度螺栓和耐腐蚀、强度高的金属挂件（扣件、连接件）或利用金属龙骨，将饰面板固定于建筑物外表面的方法，饰面板与结构之间留有 40～50mm 的空腔。

此法免除了灌浆湿作业，可缩短施工周期，减轻建筑物自重，提高抗震性能，增强饰面板安装的灵活性和装饰质量。

当饰面板单件质量大于 40kg 或单块板材面积超过 $1m^2$，或室内建筑高度在 3.5m 以上时，墙面和柱面应采用干挂施工法。

1. 施工准备

（1）材料准备

1）板材。根据设计要求，确定板材的品种、颜色、花纹和尺寸规格，并严格控制、检查其抗折、抗拉及抗压强度、吸水率、耐冻融循环等性能。

2）基层钢架。槽钢、方钢或角钢的规格型号必须符合设计要求及国家规范要求。材质应进行热镀锌处理，检验合格后方可进场。

3）双组分环氧型胶粘剂（AB 胶）。用于干挂板材挂件与板材间的黏结固定，按固化速度分为快固型（K）和普通型（P）两种。

4）硅酮耐候密封胶。应进行黏合力的试验和相容性试验，板材专用的耐候密封胶，要求

pH 值为中性，而且不得对板材造成渗透污染。

5）玻璃纤维网格布：板材的背衬材料，用作补强层，进行增强处理。

6）不锈钢紧固件、连接件应按同一种构件的 5%进行抽样检查，且每种构件不少于 5 件，沿海地区不锈钢紧固件材质为 304。不锈钢干挂件和连接螺栓如图 5-2-8 和图 5-2-9 所示。

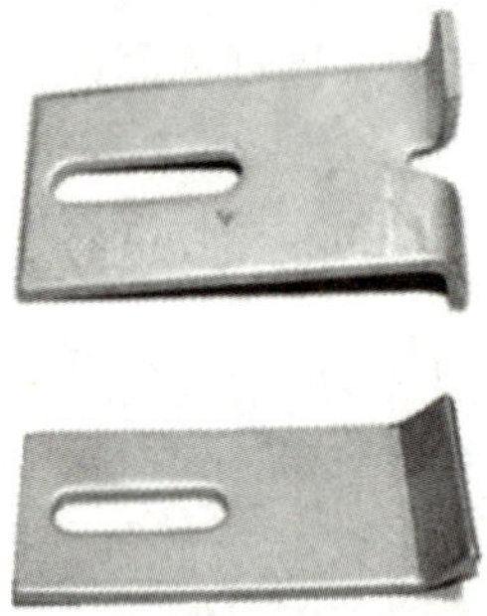

图 5-2-8 不锈钢干挂件

图 5-2-9 连接螺栓

7）膨胀螺栓、连接铁件、连接不锈钢针等配套的铁垫板、垫圈、螺母及与骨架固定的各种设计和安装所需要的连接件的质量必须符合要求。

8）云石胶：用于板材与挂件连接部位的临时固定。

9）红丹漆和银粉漆。对焊缝进行处理，清理焊渣，先刷一道红丹漆，待表面干燥后刷一道银粉漆。

（2）常用机具准备

台钻、切割锯、冲击钻、手磨机、手枪钻、电动扳手、嵌缝枪、长卷尺、靠尺、铝制水平尺、方尺、勾缝溜子、钢錾子、锤子、开刀等。

（3）作业条件

1）结构经检查和验收，隐蔽检查、预检手续已办理，水电、通风、设备安装施工完毕。

2）板材按设计图纸的规格、品种、质量标准、物理力学性能、数量备料，并进行表面六面防护处理工作（室内干燥区域，六面防护可选择执行）。

3）外门窗已安装完毕，经检验符合规定的质量标准。

4）已备好不锈钢锚固件、手持电动工具等。

5）先做样板，经施工单位自检，报监理、业主和设计确认合格后，方可组织人员进行大面积施工。

6）若外墙板材干挂，则钢架必须防雷接地。

7）所有板材干挂钢架焊接点防锈处理到位，经隐蔽工程验收合格后方可施工。

8）设计要求墙面板材到顶的，周边吊顶必须待板材干挂完成后才可封板，以保证顶部板材干挂施工的操作空间。

2. 不锈钢连接件干挂施工法

（1）分类

采用干挂法安装板材的方法有数种，主要区别在于所用连接件的形式不同，常用的有销针式和板销式两种。

1）销针式也称钢销式。在板材上下端面打孔，插入ϕ5mm或ϕ6mm（长度宜为20～30mm）不锈钢销，同时连接不锈钢舌板连接件，并与建筑结构基体固定，如图5-2-10所示。

2）板销式。将上述销针式勾挂板材的不锈钢销改为大于等于3mm厚（由设计经计算确定）的不锈钢板条式挂件（扣件），施工时插入板材的预开槽内，用不锈钢连接件（或本身即呈L形的成品不锈钢挂件）与建筑结构体固定，如图5-2-11所示。

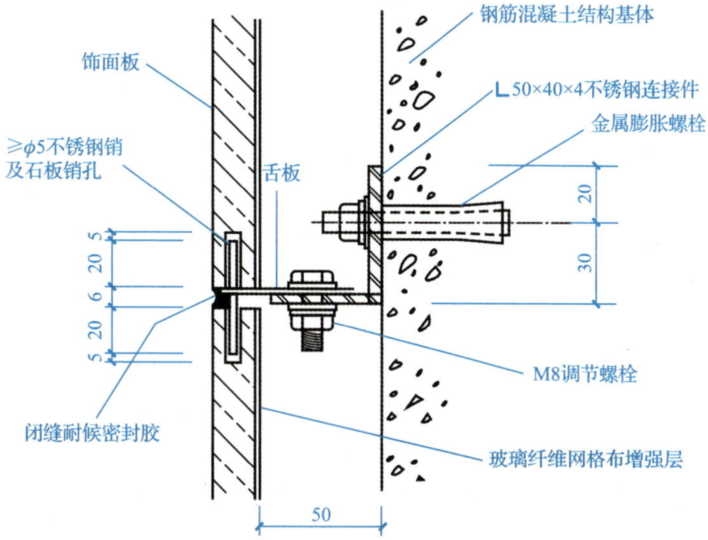

图5-2-10　销针式安装

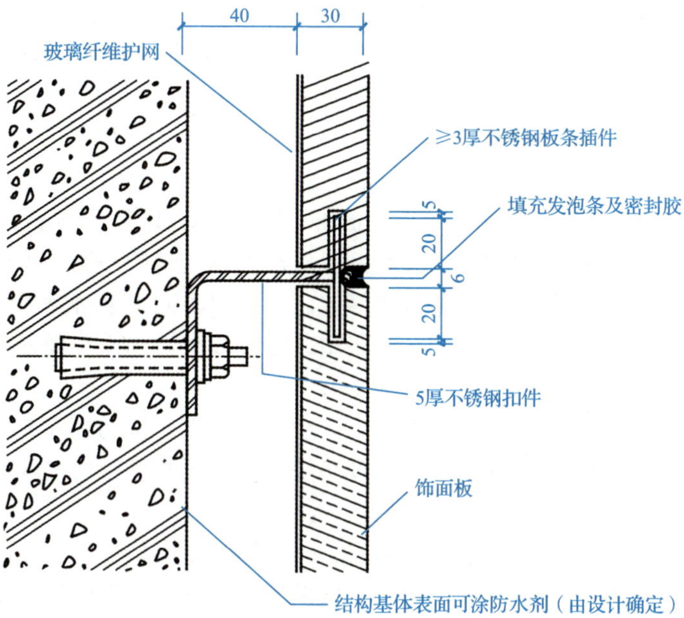

图5-2-11　板销式安装

（2）施工工艺流程

不锈钢连接件干挂法施工工艺流程如图5-2-12所示。

图 5-2-12　不锈钢连接件干挂法施工工艺流程

（3）操作要点

1）基面处理。对于适合金属扣件干挂板材工程的混凝土墙体，当其表面有影响板材安装的凸出部位时，应予凿削修整，墙面平整度一般控制在 4mm/2m，墙面垂直偏差在 H/1000 或 20mm 以内，必要时做出灰饼标志以控制板材安装的平整度。将基面清洁后进行放线。设计有要求时，在建筑基层表面涂刷一层防水剂，或采用其他方法增强外墙体的防渗漏性能。

2）弹线。在墙面上吊垂线及拉水平线，控制饰面的垂直度、水平度，根据设计要求和施工放样图弹出安装板材的位置线和分块线，最好用经纬仪打出大角两个面的竖向控制线，确保安装顺利。同时应该考虑板材厚度及板材内皮距结构表面的间距，一般以 60～80mm 为宜。放线时注意板与板之间应留缝隙，磨光板材的缝隙除镶嵌有金属条等装饰外，一般可留 1～2mm；火烧花岗石面板之间的缝隙要大些，粗磨面、麻面、条纹面留缝隙 5mm，天然面留缝隙 10mm。

放线必须准确，一般由墙中心向两边弹放，使墙面误差均匀地分布在板缝中。

3）打孔或开槽。根据设计尺寸在板材上下端面钻孔，孔径为 7mm 或 8mm，孔深为 22～33mm，与所用不锈钢销的尺寸相适应并加适当空隙余量，打孔的平面应与钻头垂直，钻孔位置要准确无误；采用板销固定板材时，可使用手磨机开出槽位。孔槽部位的石屑和尘埃应用气动枪清理干净。

4）固定连接件。根据施工放样图及饰面板的钻孔位置，用冲击钻在结构对应位置上打孔，要求成孔与结构表面垂直。然后打入膨胀螺栓，同时镶装 L 形不锈钢连接件，将扣件固定后，用扳手拧紧。连接板上的孔洞均呈椭圆形，以便调节。

5）镶装板材。利用托架、垫楔或其他方法将底层板材准确就位并用夹具作临时固定，用环氧树脂类结构胶粘剂（符合性能要求的板材干挂胶有多种选择，由设计确定）灌入下排板材上端的孔眼（或开槽），插入直径不小于 5mm 的不锈钢销或厚度不小于 3mm 的不锈钢挂件插舌，再在上排板材的下孔、槽内注入胶粘剂后对准不锈钢销或不锈钢舌板插入，然后调整板材水平度和垂直度，校正板材，拧紧调节螺栓。如此自下向上逐排操作，直至完成板材干挂饰面。对于较大规格的重型板材安装，除采用此法安装外，尚需在板材中部端面开槽加设承托扣件，进一步支承板材的自重，以确保使用安全。

应拉水平通线控制板材上、下口的水平度。板材从最下一排的中间或一端开始，先安装好第一块板材作基准，平整度以灰饼标志块或垫块控制，垂直度应用吊线锤或用仪器检测，一排板安装完毕后，再进行上一块板的安装。

6）嵌缝。待板材挂贴完毕，进行表面清洁和清除缝隙中的灰尘，先用直径为 8～10mm 的泡沫塑料条填板内侧，留 5～6mm 深缝，在缝两侧的板材上，靠缝粘贴宽 10～15mm 的塑料胶带，以防打胶嵌缝时污染板面，然后用打胶枪填满封胶，若密封胶污染板面，必须立即擦净。一般情况下，硅胶只封平接缝表面或比板面稍凹些即可。雨天或板材受潮时，不宜涂硅胶。最后揭掉胶带，清洁板材表面，打蜡抛光，达到质量标准后，拆除脚手架。

5.2.2　石材饰面圆柱做法施工

5.2.2.1　圆形结构柱石材饰面施工

1. 施工准备

1）材料准备。主要是圆弧形石块准备。

2）工具准备。除常规镶贴石材板块的工具外，圆形结构柱石材饰面施工还应有放线的样板圆和圆柱箍，如图 5-2-13 所示。

圆柱箍由两个半月弧拼成，可依据“半月板”用扁铁、木衬加螺栓做成，如图 5-2-14 所示。

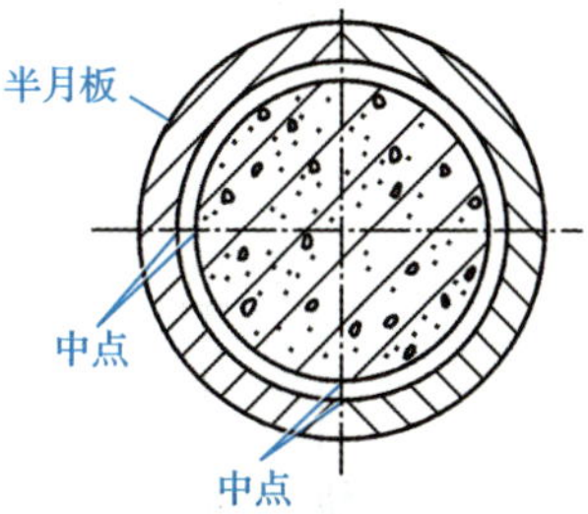

图 5-2-13　样板圆和圆柱箍

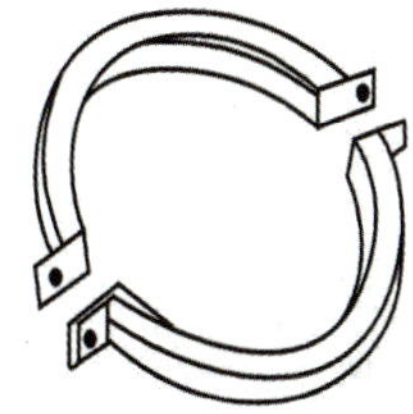

图 5-2-14　圆柱箍

2. 操作要点

1）基面处理。熟悉图纸及配料单，认真核实结构实际偏差，在已完成的圆形钢筋混凝土柱顶部吊垂线检查其垂直度，若有胀模，则应予以剔除。若偏斜较大，则予以修理，使其尽可能符合设计要求尺寸。

2）放线。按图纸设计标高，沿样板外圆弧画线，定出石材饰面圆柱外轮廓线。多根柱子排列时，要统一拉线，以保证所有的柱子排列在一条中轴线上。

地面工程未完而先进行柱子饰面施工时，可在柱子根部用砖砌小平台，表面用水泥砂浆抹平，其高度与石材起步水平标高齐平。圆柱的外轮廓线就可以在其上放出。

3）弹线、焊钢筋网。根据圆弧石材板块的高度在混凝土柱上弹出环状水平线，在柱体上钻出螺栓孔，埋置膨胀螺栓，然后焊水平钢筋圈或 10 号铁丝网圆圈。

4）石材的镶贴。由于石材尺寸较大，因此采用挂贴方式进行。其操作流程同墙面挂贴石材。不同的是墙面镶贴石材时，在其上口拉水平通线找齐，同时用水平靠尺找平整度、垂直度。圆柱面镶贴时，在其上口应用圈柱箍来控制其圆度，即首层石材就位并与底面放的圆线吻合，经检查无误后，在其上口加柱箍，加大木楔，并逐渐上紧螺栓。同时应用线坠检查垂直度，用水平尺检查上口水平度。在以上几项都符合要求后可临时固定石材，然后开始灌浆，并依此方法进行上一层石材的镶贴。

5.2.2.2　方形结构柱做空心石材圆柱施工

1. 制作骨架

1）画线。基准方框画法如图 5-2-15 所示。弦切弧样板法如图 5-2-16 所示。装饰圆柱底圆画线法如图 5-2-17 所示。

2）竖龙骨定位。竖龙骨固定示意图如图 5-2-18 所示。

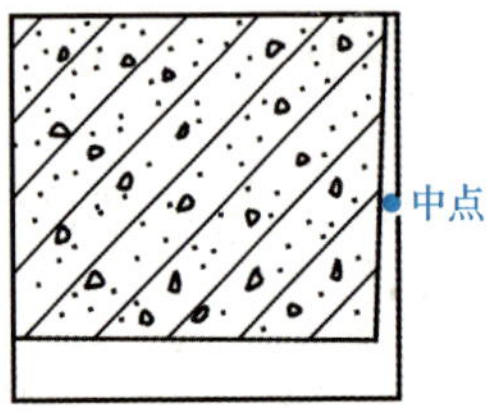

图 5-2-15　基准方框画法

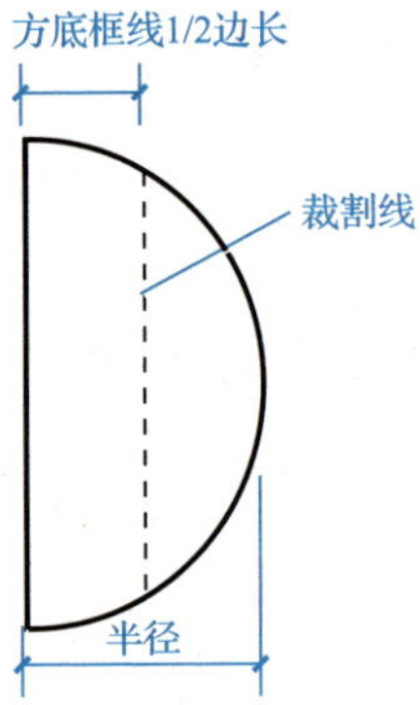

图 5-2-16　弦切弧样板法

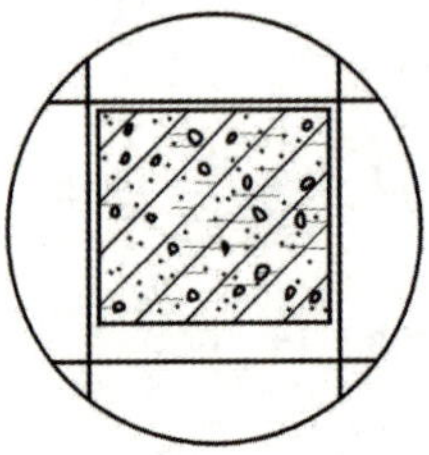

图 5-2-17　装饰圆柱底圆画线法

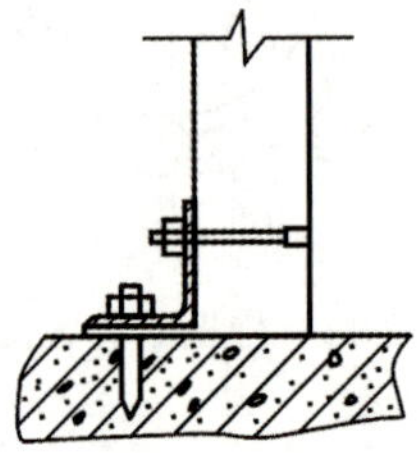

图 5-2-18　竖龙骨固定示意图

3）横、竖龙骨连接。横龙骨用扁铁依靠模加工弯曲成所需弧形，然后沿竖龙骨内表面焊接，并随时检查骨架的圆度和垂直度。横龙骨间距为石材高减 80mm。

2. 焊敷钢丝网及绑扎钢丝

钢丝网是水泥砂浆基面的骨架，通常选用 16～18 号、网眼为 20～25mm 的钢丝网或镀锌钢丝网。做法是：先在角钢骨架表面焊 8 号左右钢丝或 ϕ6mm 钢筋，间距为 600～1000mm，然后在其上焊敷钢丝网。整个网与龙骨架焊敷平整贴切。

钢丝网焊敷好后，在各层横龙骨上绑铜丝，铜丝伸出钢丝网外。铜丝的水平间距应与石材所打的孔对应。如果一个圆柱面由多个石材小块组成，则一小块石材可用一条铜丝固定。如果石材尺寸小于 100mm×250mm，也可以采用粘贴法施工。

3. 抹水泥砂浆基层

采用 1∶2.5 水泥砂浆，其中掺少许纤维丝，拌和时控制用水量，使水泥砂浆具有一定稠度。抹水泥砂浆要从柱顶部开始，依次向下进行。抹灰时应用力将水泥砂浆嵌入钢丝网的网眼中，要求厚度均匀、大面平整，但不要求出光。同时，要将绑扎的铜丝留出来。

4. 小型石材加工

1）选料。所需石材在厚度上保持一致，花色品种基本一致，大理石应纹理通顺。

2）做模块，切石材。用厚木夹板制作一个内径等于柱体外径的靠模。然后依靠模将石材两侧切出一定角度，石材才能对缝，如图 5-2-19 所示。

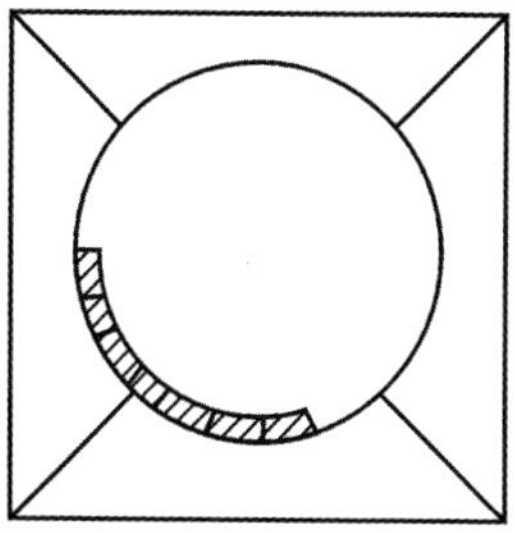

图 5-2-19 石材对缝

5. 石材的镶贴

空心石材圆柱的镶贴操作与实心圆形结构柱石材的镶贴操作基本一样。

5.2.3 塑料饰面板的安装施工

5.2.3.1 聚氯乙烯塑料板的安装施工

1. 特点和用途

聚氯乙烯塑料板的特点是板面光滑、光亮，色泽鲜艳，可有多种花纹图案；质量小、耐磨、防燃、防水、吸水性小、硬度大；耐化学腐蚀，易于二次成型。聚氯乙烯塑料板可用于各种建筑物室内墙面、柱面、家具台面、吊面的装修铺设。

2. 安装施工

1）基层处理。包括木质板基层处理和砂浆基层处理。

2）粘贴方法如下：

① 基层表面应先按板材尺寸弹线，再粘贴。

② 胶粘剂采用聚醋酸乙烯、脲醛、环氧树脂、氯丁胶粘剂等，确保黏结强度。

③ 粘贴完，应采取临时固定措施，将板缝中多余的胶液刮除，不能使胶完全干结，否则清除困难，清刮胶液时，应注意不要损伤塑料板面层。

④ 如果安装硬厚型的硬聚氯乙烯装饰板，由于体量重、厚度大，不宜采用胶粘法，宜用木螺钉加垫圈或金属压条固定，木螺钉的钉距应该比胶合板、纤维板大一些，固定金属压条时，先用钉在板的四角将装饰板临时固定，后加盖金属压条。

5.2.3.2 三聚氰胺塑料板的安装施工

1. 特点和用途

三聚氰胺塑料板是一种硬质薄板，具有硬度高、耐磨、耐寒、耐热、耐腐蚀、耐污染、易清洗的特点，并且板面平整、洁净、光滑，色调丰富多彩，有各种花纹图案。

三聚氰胺塑料板适用于室内墙面、吊顶、柱面等部位，特别适用于商店灯箱、牌匾的展示，用于装饰面层板或粘贴的刨花板、胶合板、纤维板、细木工板等基层板上。

2. 安装施工

1）常用材料如下：

① 镶贴用胶液。粘贴塑料板用的胶类，大多用强力万能胶和环氧树脂。

② 镶嵌材料。镶嵌材料要有一定的强度和耐化学腐蚀性，并且耐水冲洗，还应考虑与面板的整体效果。

其他还包括嵌缝材料和罩面材料。

2）施工方法。施工方法包括施工准备和粘贴饰面板。

3）操作要点。要严格控制基层墙面抹灰质量，抹灰后应注意砂浆的初期养护，达到设计强度后，要保证贴面板的施工质量，消除一切可能导致基层裂缝、空鼓、起皮等的因素。

5.2.3.3 塑料贴面板的安装施工

1. 特点与适用范围

塑料贴面板强度高，硬度大，耐磨，耐烫，耐燃烧，耐一般酸、碱、油脂等，表面光滑或略带凹凸，极易清洗。颜色、花纹、图案品种丰富多彩，多数为高光泽。板材的表面比木材耐久，装饰效果好，可仿制各种名贵树种的木纹、质感、色泽等。

塑料贴面板常用作室内墙面、柱面、门面、台面、桌面等一般中档装饰工程，特别适用于餐厅、饭店及厨房等易被油沾污的场所，也可用于车辆、飞机、船舶及家具制作。

2. 施工准备

1）板材粘贴施工前，应对基层进行处理，其处理方法与三聚氰胺塑料板一样。

2）如果塑料贴面板厚度小于 2mm，则必须在墙面用胶合板、碎木屑板、细木工板、纤维板或刨花板等板材做结合层，以增大幅面强度。

3）胶粘时，须将塑料贴面板背面预先砂毛，再进行涂胶。

3. 塑料贴面板用于室内墙面做壁板的安装方法

1）压条法。厚度较小的胶贴板的安装应采用压条法。较薄的贴面板，其硬度较小，压条用特制的木条、铝条或塑料板条固定，板面牢，稳定度较好。

2）对缝法。对缝法只适用于底板厚度为 16mm 以上的塑料胶贴板材，由于拼板没有明显的接缝，因此可用于高级装修。

4. 施工要点

1）基层表面粘贴前应画线分块预排。

2）粘贴要撑压一段时间，除尽板缝中多余的胶液，胶粘剂宜用脲醛、环氧树脂、聚醋酸乙烯酯等。

3）为保证塑料贴面板质量，基体须竖直平整，在水泥砂浆基层上粘贴时，基层表面不可有水泥浮浆，表面也不应太光亮，以防胶液滑移。

4）在用木螺钉或金属压条固定较厚的塑料贴面复合板时，贴面板的钉距应比胶合板、纤维板大一些（宜为 400～500mm）。先用钉将塑料贴面板临时固定，再用金属压条固定。

5）搬动、施工、存储和运输塑料贴面板时，要注意防止其碎裂、撞击，并防雨淋，严禁高温加热、暴晒。

5.2.3.4 有机玻璃装饰板的安装施工

1. 主要特点与用途

有机玻璃装饰板透光率极好（可透过光线的 99%，可透过紫外线光的 73.3%），耐热性、抗寒性及耐候性较好，质地较脆，易溶于酯类、低级酮及苯、甲苯、四氯化碳、氯仿、二氯乙烷、二氯乙烯、丙酮等有机溶剂，耐腐蚀性及绝缘性能良好，容易加工成型，表面强度不大，稍有摩擦易起毛。

有机玻璃装饰板用途广泛，可用于机械、电子、航空、车船及日用品等，在建筑装饰中主要用作室内装饰，如灯箱吊顶、透明壁板、楼梯护板、隔断及大型豪华吸顶灯具。有机玻璃装饰板用于室外时应避免阳光直射，以免老化变形。

2. 安装施工

1）有机玻璃装饰板与人造板和塑料基层的普通粘贴采用的胶粘剂为白胶（聚醋酸乙烯酯）和脲醛树脂胶。

2）中高级装修工程有机玻璃装饰板的粘贴施工，多采用高级万能胶、立得牢、立时得等胶粘剂。这些胶粘剂适用于木基层、塑料基层、金属基层、石材和混凝土基层。

3）有机玻璃装饰板与有机玻璃装饰板通常采用氯仿、502胶进行黏结，这类胶可使有机玻璃表面溶解，以达到粘合的目的，要求黏结面清洁、无灰尘。

4）有机玻璃装饰板可以采用钉固法固定，一般采用框架、镶嵌、压条及圆钉或螺钉固定，但必须用电钻打孔，因为有机玻璃质地较脆，易破裂。

5.2.3.5 防火装饰板的安装施工

1. 特点与用途

防火装饰板的常用品种主要有以下几种：

1）平面彩色雅面和光面系列：此系列朴素大方、光洁无华，易于清洗，耐污耐磨，适用于餐厅、舞厅吧台的饰面贴面。

2）木板木纹颜色雅面和光面系列：此系列格调朴实自然，华贵大方，而且经久耐用，适用于高级写字楼、客房、卧室内的饰面装饰和各式家具家用电器的饰面及活动式装饰吊顶。

3）皮革颜色雅面和光面系列：易于清洁，又不会受虫蚁损坏，适用于装饰厨具、壁板、栏杆扶手等表层装饰。

4）石材颜色雅面和光面系列：具有天然石材的质感，裁切贴装灵活方便，也不易磨损，常用于铺贴室内墙面、活动地板、厅堂的柜台、墙裙、圆方柱等表面。

5）细格几何图案雅面和光面系列：常用于镶贴窗台板、踢脚线的表面及防火门窗、壁板、计算机工作台等贴面。

2. 镶贴施工

（1）基层要求

1）用杉木或樟木方条（20mm×40mm）做基层木龙骨（木筋）。

2）封钉木龙骨的底板一般用胶合板、中密度板或细木工板。

3）胶合板表面不能有锯毛、啃头的痕迹。

4）所用的硬木压条为30mm×50mm方条，且不能有腐朽、节疤、劈裂等质量问题。

（2）防火板贴面施工

1）裁切加工。根据粘贴面尺寸，在大张防火板的正面用铅笔画上裁线标痕。计算尺寸时，最好先逐块测量每个施工表面的尺寸，再根据所得尺寸在防火板上裁切，这样可以合理地使用材料。裁切时是否留修边余量要根据不同的情况和设计要求而定。

如饰面周边需留有余量，可在粘贴完成后，用刨子或锉刀加以修边。如果防火板粘贴后，没有留出修边加工的位置，或空位较小，那么一般在裁切时不留余量。

由于防火板的边缘容易碎裂，所以在用木工手刨修边时，应在防火板正面画线处用力划切，使之在刀痕处割断。如果需要在防火板上钉钉子或拧螺钉，要预先在防火板上钻孔，钻孔时，钻头应从正面钻入。裁切厚度较大的防火板时，可用细齿手锯锯解。

2）粘贴。基层施工完成后即可进行粘贴。粘贴防火板可用309胶、立时得胶等快干型胶液。粘贴前，在木基面和防火板背面用塑料刮子将胶均匀地刮涂。晾置5～10min即可粘合。粘贴时，要先从一端开始，一边粘贴一边压抹已贴合的部分，防止产生鼓泡。在粘贴过程中不能出现偏歪和位移现象。一方面，因为一旦出现问题再将防火板取下重贴就容易损坏防火板；另一方面，即使能将防火板完整取下，也会因旧胶面的问题而使防火板难再贴平。因此粘贴防火板要一次完成，避免返工。

3）修整。防火板粘牢后，周边不齐、断面粗糙的地方可用刨刀片或墙纸刀进行裁边，或用锋利的锉刀将边锉成45°接角。锉时要注意只能向下锉，不能来回锉，否则断面不平滑。最后用细砂纸把周边部分磨光。

出现鼓泡时，可用电吹风机一边加热鼓泡处，一边用木块或木棍向边缘处赶压。

（3）防火板墙裙施工

1）施工方法。基层木筋与砖墙应通过木砖连接。在砖墙施工时，木砖应按设计施工图规定的木墙裙位置埋入，木砖应经过防腐处理。

若墙体未预埋木砖，则可在砖缝间钉入三角形木楔，再将木墙筋直接用钢钉钉在木楔上。木墙筋采用30mm×40mm木方条，分格档距以面板尺寸及两面板拼接处为准。

木墙筋直接与每块木砖钉牢，每块木砖需钉两枚钉子，钉子应上下斜角错开，以免出现松动现象。

2）操作要点。墙裙钉木龙骨墙筋前，应横向设标筋拉通线找平，吊线坠竖向找直。根部和转角处用方尺找规矩，所用木垫块要与木栅格钉牢。施工时，需先按设计施工图在墙上弹线分档，木栅格墙筋用圆钉与木砖钉牢。

用5层厚胶合板作底层，好面向外，底板和木墙筋接触面均匀涂胶后，再将板钉在木墙筋上。外露钉帽要钉入板中2mm。

木墙筋在阴阳角转角处的两墙面300mm范围内须加钉竖向木龙骨。

装饰防火胶板时，背面和底面层应均匀涂刷胶液，紧密粘贴，板子上口应平齐，并用小木条加钉小圆钉暂时固定，待胶液固化后拔除。

木墙裙的顶部钉木压线时要拉通线找平，木压线要挑选不劈裂、颜色相似的木料加工，阴角接缝处应用上半部45°角对缝。

（4）墙裙踢脚施工

1）施工方法。按设计尺寸要求，将底板和防火胶板分别裁成一定宽度的板条，底板常用胶合板、纤维板、刨花板和细木工板。涂胶粘贴时，应在底板面层和饰面板背面均匀涂刷一层薄胶液，待略干且不粘手时，将涂胶的两面紧密贴合。如果用木工乳胶粘贴，则必须经冷压，待胶液固化后方能卸压，再修边。

如果墙根和墙面不平，则须用水泥砂浆补平，清理干净。拉通线找平后，再钉踢脚线。

镶压木线时，应将木线与踢脚线接触面刨平，之后在踢脚线上沿分别涂胶粘贴。如果木线弯曲，则应修刨整边，若弯曲严重则不能使用。

刷油漆前，应调配与踢脚饰面同颜色的腻子，修补钉位、接缝及坑窝等凸凹不平处，油漆的颜色要与饰面防火胶板的颜色一致。

2）施工要求。踢脚线应表面平直，不应出现翘曲或呈凹凸形等问题。要与墙面结合牢固，踢脚线胶面层不应出现鼓包、开胶等问题。木面不得有伤痕，板上口应平整，钉帽须钉入不大于 1mm，拉通线检查偏差不大于 3mm。

墙面拐角处宜做 45° 斜边平整粘接对缝，不能搭接。踢脚线缝处用斜边压槎胶粘法，防火胶板厚度大于 0.8mm 的，在转角、拐角处也应做 45° 斜边对缝。

5.2.4　木质饰面板的安装施工

木质墙面是室内墙面装饰的主要做法，也是十分常见的装饰形式，如图 5-2-20 所示。

常用的木质材料有：木方条、木板材、胶合板、细木工板、木装饰板、微薄木板和细木制品等。

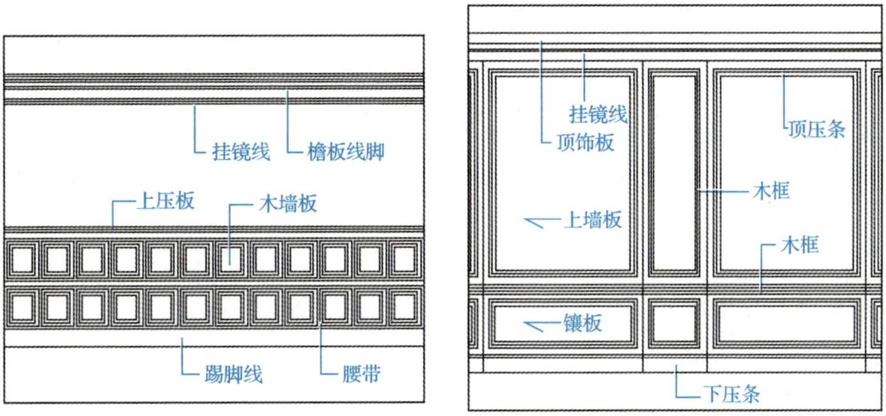

（a）局部木墙面　　（b）整体木墙面

图 5-2-20　木质墙面主要做法

5.2.4.1　种类及其特点

1. 印刷木纹人造板

印刷木纹人造板，又称表面装饰人造板，它以人造板材（胶合板、纤维板和刨花板）直接将木纹皮（纸）通过设备压花，用 EV 胶真空贴于基层板上，或印刷各种木纹饰面，品种多，花色丰富。

印刷木纹人造板花纹美观，效果逼真，色泽鲜艳协调，层次丰富清晰，表面具有一定耐冲击、耐磨、耐温度变化、耐化学侵蚀等特性，附着力高。其产品多用于较高级的室内装饰。

印刷木纹人造板分为印刷涂刷木纹胶合板、印刷涂刷木纹纤维板、印刷涂刷木纹刨花板三类。

印刷木纹人造板的施工方法一般有粘贴、压条固定、镶嵌三种。

2. 微薄木贴面板

微薄木贴面板是利用珍贵树种，通过精密设备刨切成厚度为0.2～0.5mm的微薄木皮，以胶合板、纤维板和刨花板为基材，采用先进的胶粘工艺，将微薄木复合于基材上制成的。

微薄木贴面板木纹自然，华丽高雅，具有较强的真实感、立体感和自然美。该产品主要用于高级建筑装修饰面，船舶、车辆的内部装饰和装修，以及高级家具、乐器等的制作。

3. 大漆建筑装饰板

大漆建筑装饰板具有漆膜明亮、美观大方、花色繁多且不怕烫等特点。该产品特别适用于具有中国传统风格的高级建筑装修，如柱面、墙面、门拉手底板及民用、公共建筑物的栏杆、花格子、柱面嵌饰及墙面嵌饰。

4. 竹胶合板

竹胶合板是利用竹加工余料——竹黄篾，经过中黄起篾、内黄帘吊、经纬编织、席帘交错、高温高压（130℃，3～4MPa）、热固胶合等工艺层压而成。

竹胶合板具有材质强度高、刚性好、坚韧、防腐防蛀、耐磨、耐酸、耐碱等优点。此外，竹胶合板还具有工艺简单、耗胶量小、质量小、成本低、力学性能好、易于工业化生产等优点。

竹胶合板用于建筑装饰会产生特殊韵味的效果，也可用于室内隔墙板、顶棚板、门装板、家具及包装箱板等，还用于基建模板、船舶装板等。

5.2.4.2 安装施工

1. 木质墙面基层施工

1）施工准备。木质墙板分两种：一种是在墙的下半部做局部墙裙，另一种是在整个墙面做全护墙板，如图5-2-21所示。

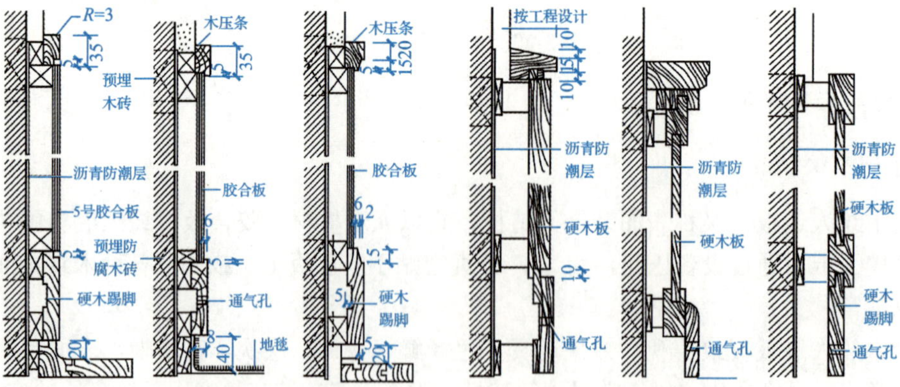

（a）夹板贴面做法　　（b）实木镶板做法

图5-2-21　木质墙板做法

2）工艺流程。木质墙板有微薄木板、胶合板、实木板等，木质墙面的施工工艺流程如图5-2-22所示。

图 5-2-22　木质墙面的施工工艺流程

应根据设计施工图上的尺寸要求，先在墙上画出水平标高线，按木龙骨的分档尺寸弹出分格。根据分格线在墙上加木楔或在砌墙时预先砌入木砖。木砖（木楔）位置应符合龙骨分档的尺寸。木砖的间距横竖一般不大于 400mm。

2. 基层木龙骨的安装

1）木龙骨拼装。局部护墙板根据高度和房间大小，被钉做成大龙骨架，整片或分片安装。在龙骨与墙面之间应做防潮层，一般是铺一层油毡防潮。木墙板的构造如图 5-2-23 所示。

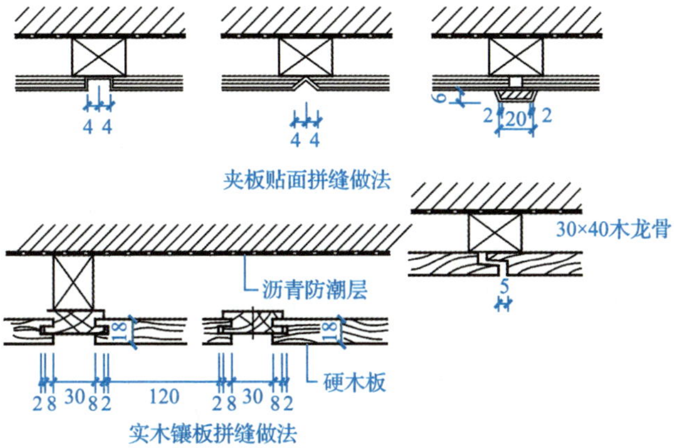

图 5-2-23　木墙板的构造

2）质量要求。当龙骨钉完后，要检查表面平整度与立面垂直度，阴阳角用方尺套方。调整龙骨表面偏差，所垫的木垫块必须与龙骨钉牢。龙骨必须与每块木砖钉牢。

3. 饰面板的安装

（1）饰面板钉装

1）挑选饰面板，分出不同色泽。

2）封钉板。可用 15mm 枪钉或 25mm 铁钉把木饰面板固定在木龙骨上。封钉前应调整好每块板的拼缝，要求布钉均匀，钉距 100～150mm。

3）最好用钉枪钉。

4）要对钉入木夹板的钉头进行处理。

（2）操作要点

1）面板上如果涂刷清漆显露木纹，应尽量在同一房间里应用颜色和木纹相近的饰面板。

2）护墙板上边线最好设计在窗口上部或窗台以下，不要将护墙板上部封边线做在窗中间部位。

3）护墙板面层一般设计成竖向分格拉缝，分格宽度根据高度定，为了美观起见，也可镶钉装饰压条。

4）钉木压条时，护墙板顶部要拉线找平，木压条规格尺寸要一致，挑选木纹、颜色近似的钉在一个面上。

4. 饰面处理

木质结构全部完成后，如果面板为微薄木板饰面，则通常直接采用聚酯清漆进行终饰处理；如果采用木胶合板做饰面层，则需采用微薄木皮或木装饰纸胶贴，也可采用混色油漆饰面。饰面的收口压线通常采用木线条。

饰面板之间的接缝有明缝、企口缝和压条盖缝等安装方式。安装面板前应用 0 号木砂纸打磨面板四周，使其棱边光滑无毛刺和飞边。

5.2.5 金属板的安装施工

5.2.5.1 铝合金墙板的安装施工

1. 施工前的准备工作

1）施工材料的准备。铝合金板材可选用生产厂家的各种定型产品，也可以根据设计要求，与铝合金型材生产厂家协商订货。

2）施工机具的准备。铝合金饰面板安装中所用的施工机具较简单，主要包括小型机具和手工工具。

2. 铝合金墙板安装工艺

（1）用螺钉固定的方法

1）铝合金板条的安装固定。将已加工好的铝合金板条，用不锈钢自攻螺钉，通过板边角码直接固定到构架上，并进行调整后紧固。

2）铝合金蜂窝板的安装固定。铝合金蜂窝板不仅具有良好的装饰效果，还具有保温、隔热、隔声等功能。图 5-2-24 所示为断面加工成蜂窝空腔状的铝合金蜂窝板，图 5-2-25 所示为用于外墙装饰的铝合金蜂窝板。铝合金蜂窝板的固定与连接的连接件，在铝合金制造过程中同板一起完成，周边用如图 5-2-25 所示的封边框进行封堵，封边框也是固定板的连接件。

安装时，两块板之间有 20mm 的间隙，用一条挤压成型的橡胶带进行密封处理。两板用一块 5mm 的铝合金板压住连接件的两端，然后用螺钉拧紧，螺钉的间距一般为 300mm 左右，其固定节点如图 5-2-26 所示。

当铝合金蜂窝板用于建筑窗下墙面时，在该板四周，均用如图 5-2-27 所示的连接件与骨架进行固定。这种周边固定的方法可以有效地约束板在不同方向的变形，其安装构造如图 5-2-28 所示。

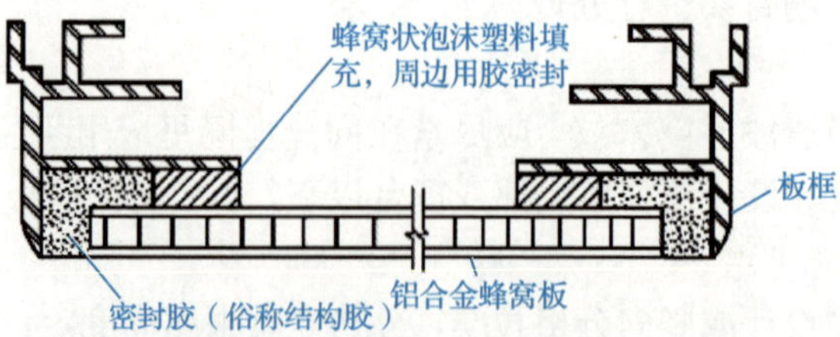

图 5-2-24 断面加工成蜂窝空腔状的铝合金蜂窝板示意

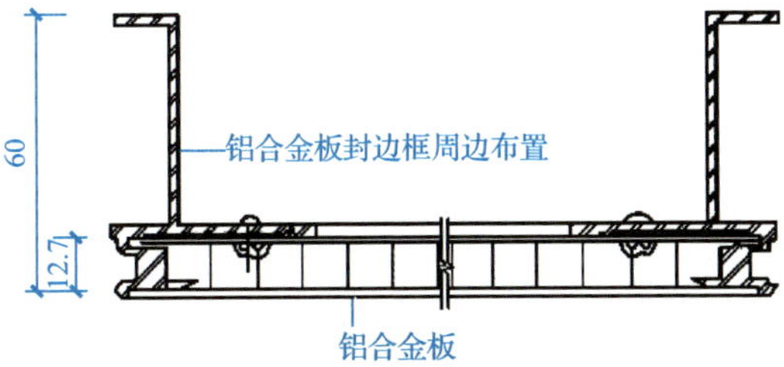

图 5-2-25　用于外墙装饰的铝合金蜂窝板

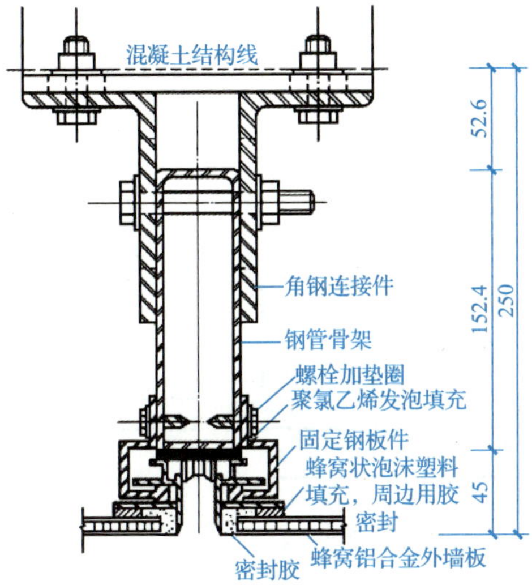

图 5-2-26　固定节点大样图

图 5-2-27　连接件断面

从图 5-2-28 中可以看出，墙板固定在骨架上，骨架采用方钢管，通过角钢连接件与结构连成整体。

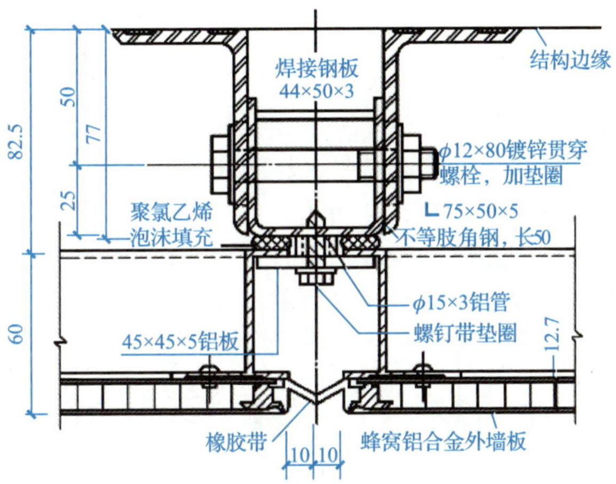

图 5-2-28　安装节点大样图

（2）柱子外包铝合金板的安装固定方法（图 5-2-29）

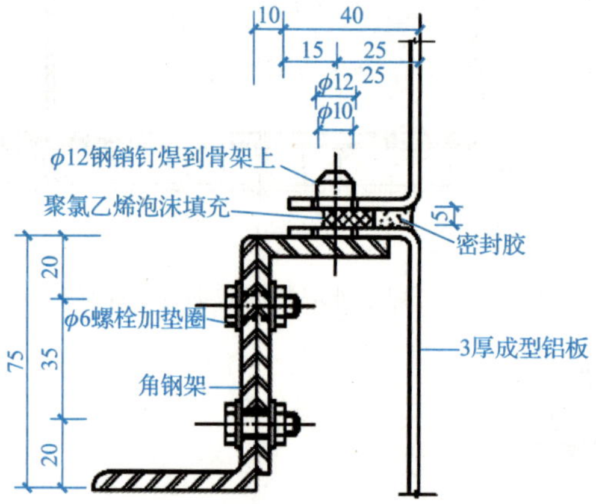

图 5-2-29　铝合金板固定示意

（3）板条卡在特制的龙骨上的安装固定方法

铝合金板条断面和特制龙骨及板条安装固定示意如图 5-2-30 和图 5-2-31 所示。

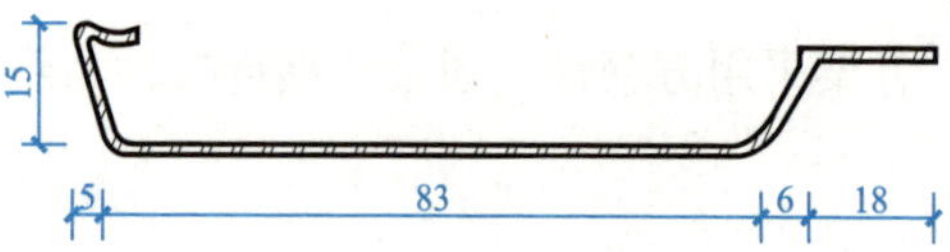

图 5-2-30　铝合金板条断面

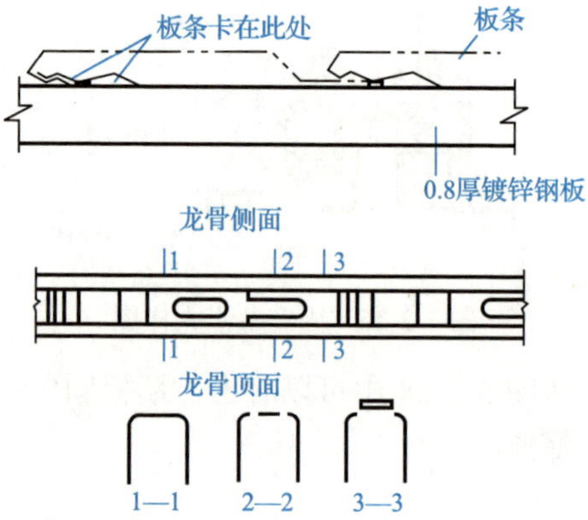

图 5-2-31　特制龙骨及板条安装固定示意

（4）收口细部的处理

1）转角部位的处理和转角部位节点如图 5-2-32 和图 5-2-33 所示。

2）窗台、女儿墙上部处理如图 5-2-34 所示。

3）墙面边缘部位收口处理如图 5-2-35 所示。

4）铝合金板墙下端收口处理如图 5-2-36 所示。

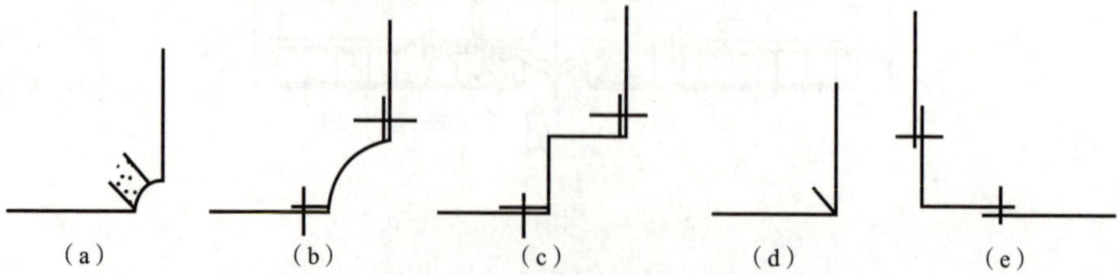

图 5-2-32　转角部位的处理方法

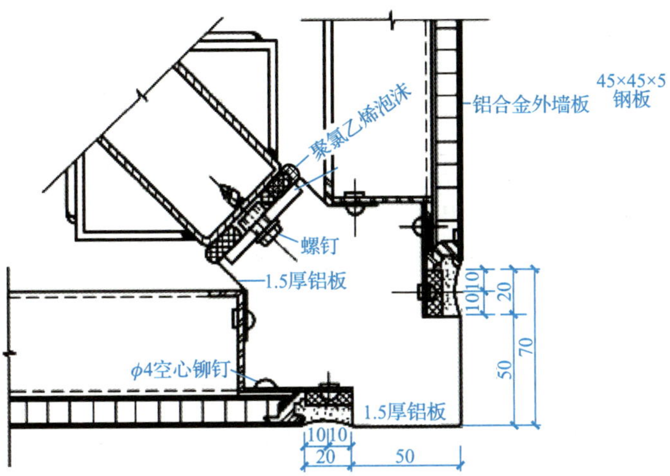

图 5-2-33　转角部位节点大样

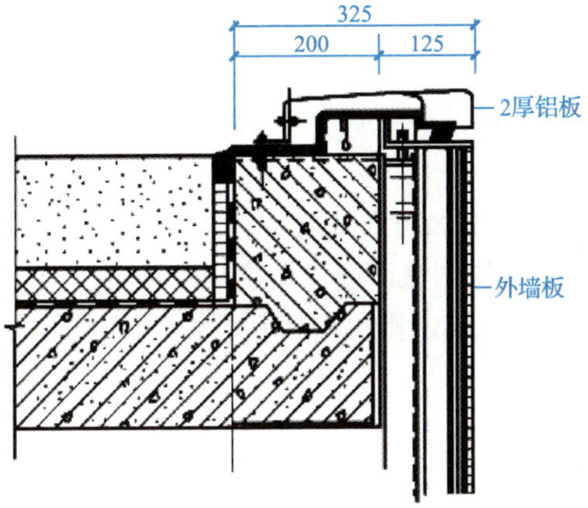

图 5-2-34　窗台、女儿墙上部处理

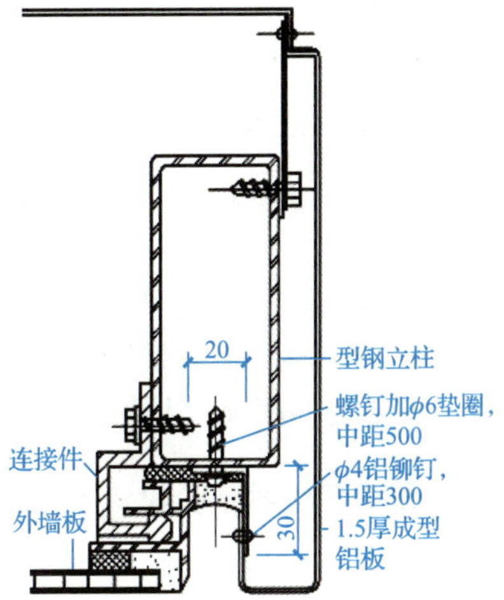

图 5-2-35　墙面边缘部位收口处理

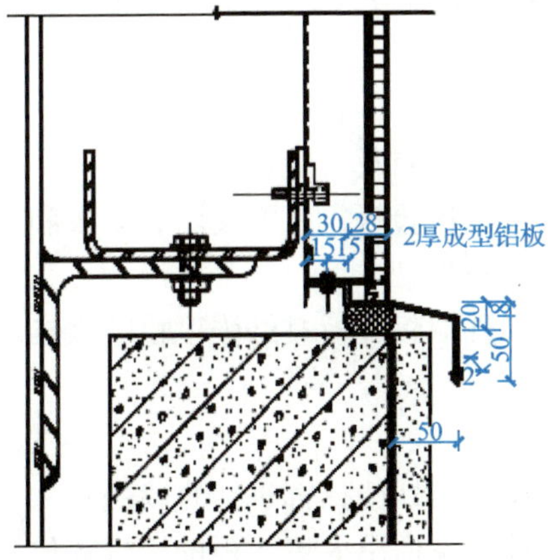

图 5-2-36　铝合金板墙下端收口处理

（5）施工中的注意事项

1）施工前应检查所选用的铝合金板材料及型材是否符合设计要求，规格是否齐全，表面有无划痕，有无弯曲现象。选用的材料最好一次进货（同批），这样可保证规格型号统一、色彩一致。

2）铝合金板的支承骨架应进行防腐（木龙骨）、防锈（型钢龙骨）处理。

3）连接杆及骨架的位置最好与铝合金板的规格尺寸相匹配，以减少施工现场材料的切割。

4）施工后的墙体表面应做到表面平整、连接可靠、无起翘卷边等现象。

5.2.5.2 彩色涂层钢板的安装施工

1. 彩色涂层钢板的特点及用途

彩色涂层钢板又称塑料复合钢板，是在原材钢板上覆以 0.2～0.4mm 厚软质或半硬质聚氯乙烯塑料薄膜或其他树脂。彩色涂层钢板可分为单面覆层和双面覆层两种，有机涂层可以配制成各种不同的色彩和花纹。

彩色涂层钢板绝缘、耐磨、耐酸碱、耐油、耐醇的侵蚀，并且具有加工性能好、易切断、弯曲、钻孔、铆接、卷边等优点，其用途十分广泛，可做样板、屋面板等。

2. 彩色涂层钢板的施工工艺

1）按照设计节点大样图，检查墙筋的位置，计算板材及缝隙宽度，进行排板、画线定位，然后进行安装。

2）在窗口和墙转角处应使用异型板，以简化施工，增加防水效果。

3）墙板与墙筋用铁钉、螺钉及木卡条连接。其连接原则是，按节点连接做法沿一个方向顺序安装，安装方向相反则不易施工。如果墙筋或墙板过长，则可用切割机切割。

5.2.6 饰面板工程质量验收

5.2.6.1 一般规定

1）饰面板工程质量验收适用于内墙饰面板安装工程和高度不大于 24m、抗震设防烈度不大于 8 度的外墙饰面板安装工程的石板安装、陶瓷板安装、木板安装、金属板安装、塑料板安装等分项工程的质量验收。

2）饰面板工程验收时应检查下列文件和记录：

① 饰面板工程的施工图、设计说明及其他设计文件。

② 材料的产品合格证书、性能检验报告、进场验收记录和复验报告。

③ 后置埋件的现场拉拔检验报告。

④ 满粘法施工的外墙石板和外墙陶瓷板黏结强度检验报告。

⑤ 隐蔽工程验收记录。

⑥ 施工记录。

3）饰面板工程应对下列材料及其性能指标进行复验：

① 室内用花岗石板的放射性、室内用人造木板的甲醛释放量。

② 水泥基黏结料的黏结强度。

③ 外墙陶瓷板的吸水率。

④ 严寒和寒冷地区外墙陶瓷板的抗冻性。

4）饰面板工程应对下列隐蔽工程项目进行验收：

① 预埋件（或后置埋件）。

② 龙骨安装。

③ 连接节点。

④ 防水、保温、防火节点。

⑤ 外墙金属板防雷连接节点。

5）各分项工程的检验批应按下列规定划分：

① 相同材料、工艺和施工条件的室内饰面板工程每50间应划分为一个检验批，不足50间的也应划分为一个检验批，大面积房间和走廊可按饰面板面积每30m^{2}计为1间。

② 相同材料、工艺和施工条件的室外饰面板工程每1000m^{2}应划分为一个检验批，不足1000m^{2}的也应划分为一个检验批。

6）检查数量应符合下列规定：

① 室内每个检验批应至少抽查10%，并不得少于3间，不足3间时应全数检查。

② 室外每个检验批每100m^{2}应至少抽查一处，每处不得小于10m^2。

7）饰面板工程的防震缝、伸缩缝、沉降缝等部位的处理应保证缝的使用功能和饰面的完整性。

5.2.6.2　石板安装工程

1. 主控项目

1）石板的品种、规格、颜色和性能应符合设计要求及国家现行标准的有关规定。

检验方法：观察；检查产品合格证书、进场验收记录、性能检验报告和复验报告。

2）石板孔、槽的数量、位置和尺寸应符合设计要求。

检验方法：检查进场验收记录和施工记录。

3）石板安装工程的预埋件（或后置埋件）、连接件的材质、数量、规格、位置、连接方法和防腐处理应符合设计要求。后置埋件的现场拉拔力应符合设计要求。石板安装应牢固。

检验方法：手扳检查；检查进场验收记录、现场拉拔检验报告、隐蔽工程验收记录和施工记录。

4）采用满粘法施工的石板工程，石板与基层之间的黏结料应饱满、无空鼓。石板黏结应牢固。

检验方法：用小锤轻击检查；检查施工记录；检查外墙石板黏结强度检验报告。

2. 一般项目

1）石板表面应平整、洁净、色泽一致，无裂痕和缺损。石板表面应无泛碱等污染。

检验方法：观察。

2）石板填缝应密实、平直，宽度和深度应符合设计要求，填缝材料色泽应一致。

检验方法：观察；尺量检查。

3）采用湿作业法施工的石板安装工程，石板应进行防碱封闭处理。石板与基体之间的灌注材料应饱满、密实。

检验方法：用小锤轻击检查；检查施工记录。

4）石板上的孔洞应套割吻合，边缘应整齐。

检验方法：观察。

5）石板安装的允许偏差和检验方法应符合表 5-2-1 的规定。

表 5-2-1　石材安装的允许偏差和检验方法

项次	项目	允许偏差/mm			检验方法
		光面	斩假石	蘑菇石	
1	立面垂直度	2	3	3	用 2m 垂直检测尺检查
2	表面平整度	2	3	—	用 2m 靠尺和塞尺检查
3	阴阳角方正	2	4	4	用直角检测尺检查
4	接缝直线度	2	4	4	拉 5m 线，不足 5m 时拉通线，用钢直尺检查
5	墙裙、勒脚上口直线度	2	3	3	拉 5m 线，不足 5m 时拉通线，用钢直尺检查
6	接缝高低差	1	3	—	用钢直尺和塞尺检查
7	接缝宽度	1	2	2	用钢直尺检查

5.2.6.3　陶瓷板安装工程

1. 主控项目

1）陶瓷板的品种、规格、颜色和性能应符合设计要求及国家现行标准的有关规定。

检验方法：观察；检查产品合格证书、进场验收记录和性能检验报告。

2）陶瓷板孔、槽的数量、位置和尺寸应符合设计要求。

检验方法：检查进场验收记录和施工记录。

3）陶瓷板安装工程的预埋件（或后置埋件）、连接件的材质、数量、规格、位置、连接方法和防腐处理应符合设计要求。后置埋件的现场拉拔力应符合设计要求。陶瓷板安装应牢固。

检验方法：手扳检查；检查进场验收记录、现场拉拔检验报告、隐蔽工程验收记录和施工记录。

4）采用满粘法施工的陶瓷板工程，陶瓷板与基层之间的黏结料应饱满、无空鼓。陶瓷板黏结应牢固。

检验方法：用小锤轻击检查；检查施工记录；检查外墙陶瓷板黏结强度检验报告。

2. 一般项目

1）陶瓷板表面应平整、洁净、色泽一致，无裂痕和缺损。

检验方法：观察。

2）陶瓷板填缝应密实、平直，宽度和深度应符合设计要求，填缝材料色泽应一致。

检验方法：观察；尺量检查。

3）陶瓷板安装的允许偏差和检验方法应符合表 5-2-2 的规定。

表 5-2-2　陶瓷板安装的允许偏差和检验方法

项次	项目	允许偏差/mm	检验方法
1	立面垂直度	2	用 2m 垂直检测尺检查
2	表面平整度	2	用 2m 靠尺和塞尺检查
3	阴阳角方正	2	用直角检测尺检查
4	接缝直线度	2	拉 5m 线，不足 5m 时拉通线，用钢直尺检查
5	墙裙、勒脚上口直线度	2	拉 5m 线，不足 5m 时拉通线，用钢直尺检查
6	接缝高低差	1	用钢直尺和塞尺检查
7	接缝宽度	1	用钢直尺检查

5.2.6.4　木板安装工程

1. 主控项目

1）木板的品种、规格、颜色和性能应符合设计要求及国家现行标准的有关规定。木龙骨、木饰面板的燃烧性能等级应符合设计要求。

检验方法：观察；检查产品合格证书、进场验收记录、性能检验报告和复验报告。

2）木板安装工程的龙骨、连接件的材质、数量、规格、位置、连接方法和防腐处理应符合设计要求。木板安装应牢固。

检验方法：手扳检查；检查进场验收记录、隐蔽工程验收记录和施工记录。

2. 一般项目

1）木板表面应平整、洁净、色泽一致，无缺损。

检验方法：观察。

2）木板接缝应平直，宽度应符合设计要求。

检验方法：观察；尺量检查。

3）木板上的孔洞应套割吻合，边缘应整齐。

检验方法：观察。

4）木板安装的允许偏差和检验方法应符合表 5-2-3 的规定。

表 5-2-3　木板安装的允许偏差和检验方法

项次	项目	允许偏差/mm	检验方法
1	立面垂直度	2	用 2m 垂直检测尺检查
2	表面平整度	1	用 2m 靠尺和塞尺检查
3	阴阳角方正	2	用直角检测尺检查
4	接缝直线度	2	拉 5m 线，不足 5m 时拉通线，用钢直尺检查
5	墙裙、勒脚上口直线度	2	拉 5m 线，不足 5m 时拉通线，用钢直尺检查
6	接缝高低差	1	用钢直尺和塞尺检查
7	接缝宽度	1	用钢直尺检查

5.2.6.5 金属板安装工程

1. 主控项目

1）金属板的品种、规格、颜色和性能应符合设计要求及国家现行标准的有关规定。

检验方法：观察；检查产品合格证书、进场验收记录和性能检验报告。

2）金属板安装工程的龙骨、连接件的材质、数量、规格、位置、连接方法和防腐处理应符合设计要求。金属板安装应牢固。

检验方法：手扳检查；检查进场验收记录、隐蔽工程验收记录和施工记录。

3）外墙金属板的防雷装置应与主体结构防雷装置可靠接通。

检验方法：检查隐蔽工程验收记录。

2. 一般项目

1）金属板表面应平整、洁净、色泽一致。

检验方法：观察。

2）金属板接缝应平直，宽度应符合设计要求。

检验方法：观察；尺量检查。

3）金属板上的孔洞应套割吻合，边缘应整齐。

检验方法：观察。

4）金属板安装的允许偏差和检验方法应符合表5-2-4的规定。

表5-2-4 金属板安装的允许偏差和检验方法

项次	项目	允许偏差/mm	检验方法
1	立面垂直度	2	用2m垂直检测尺检查
2	表面平整度	1	用2m靠尺和塞尺检查
3	阴阳角方正	2	用直角检测尺检查
4	接缝直线度	2	拉5m线，不足5m时拉通线，用钢直尺检查
5	墙裙、勒脚上口直线度	2	拉5m线，不足5m时拉通线，用钢直尺检查
6	接缝高低差	1	用钢直尺和塞尺检查
7	接缝宽度	1	用钢直尺检查

5.2.6.6 塑料板安装工程

1. 主控项目

1）塑料板的品种、规格、颜色和性能应符合设计要求及国家现行标准的有关规定。塑料饰面板的燃烧性能等级应符合设计要求。

检验方法：观察；检查产品合格证书、进场验收记录和性能检验报告。

2）塑料板安装工程的龙骨、连接件的材质、数量、规格、位置、连接方法和防腐处理应符合设计要求。塑料板安装应牢固。

检验方法：手扳检查；检查进场验收记录、隐蔽工程验收记录和施工记录。

2. 一般项目

1）塑料板表面应平整、洁净、色泽一致，无缺损。

检验方法：观察。

2）塑料板接缝应平直，宽度应符合设计要求。

检验方法：观察；尺量检查。

3）塑料板上的孔洞应套割吻合，边缘应整齐。

检验方法：观察。

4）塑料板安装的允许偏差和检验方法应符合表 5-2-5 的规定。

表 5-2-5　塑料板安装的允许偏差和检验方法

项次	项目	允许偏差/mm	检验方法
1	立面垂直度	2	用 2m 垂直检测尺检查
2	表面平整度	1	用 2m 靠尺和塞尺检查
3	阴阳角方正	2	用直角检测尺检查
4	接缝直线度	2	拉 5m 线，不足 5m 时拉通线，用钢直尺检查
5	墙裙、勒脚上口直线度	2	拉 5m 线，不足 5m 时拉通线，用钢直尺检查
6	接缝高低差	1	用钢直尺和塞尺检查
7	接缝宽度	1	用钢直尺检查

5.3 综合训练：某公司接待大厅内装质量调查

综合训练阶段是以项目探索与实战为载体，以学生为主体的行为过程实践阶段，包括任务分析与项目提交两个环节。

5.3.1　任务分析

某公司内装饰施工，第 1 标段为大堂业务接待大厅，按设计要求，柱子、墙面为干挂爵士白石材，墙面高度为 26m，大厅内有 4 根圆柱；第 2 标段为多功能厅墙面木质吸声板。项目部依据设计要求，分别对两个施工标段进行施工组织设计，并按不同材料制定了质量控制措施。

假设工程验收时发现该工程存在以下质量问题：

1）未做后置埋件的现场拉拔强度检测。

2）木龙骨与墙接触位置未做防腐处理。

3）墙面石材板块接缝不平，板面纹理不通顺，色泽深浅不均匀。

4）个别墙面存在不规则的暗裂缝。

5）镶嵌金属条个别不清晰，不通顺。

6）吸声板个别处颜色不均匀，接缝不严，钉眼明显。

问题：

1）花岗石和大理石按照行业标准是如何分类的？划分为几个等级？

2）“基层清理”这道工序针对干挂石材和安装木质吸声板各有什么不同要求？

3）墙面木吸声板的防火等级是多少？

4）本工程中墙面干挂石材安装的允许偏差检查应采用（饰面板、石材幕墙）哪种标准？为什么？

5）此工程是否存在违反强制性条文的质量问题？若有，请指出，并说明其违反了哪条强制性条文。

5.3.2 项目提交

项目提交阶段是学生完成项目实战所设定的任务，进行成果提交的阶段。

1）完成实战项目案例解析。

2）对周边生活中的墙面饰面板装饰工程做一次调查，完成一份关于墙面饰面板装饰施工质量及通病的调查报告，要求包括前期基层处理、施工工艺、操作要点、质量验收及质量通病的防治，对墙面饰面板装饰工程出现的通病现象应以拍照的方式做记录。

能力评价 饰面板工程施工能力评价

能力评价阶段是专业指导教师和企业指导教师针对学生项目实战、调查报告及答辩情况评价综合评价并给出成绩的阶段。

1. 评价功能

1）检验学生项目实战的效果及学生观察问题、分析问题、应用专业知识解决实际问题的能力。

2）教师自检其选择的教学方法、手段、形式所得的成果。

2. 评价内容

1）案例解析的准确度。

2）调查报告的全面性、真实性、代表性，对报告中出现的工程质量问题的总结性。

3）综合应用专业知识解决实际问题的能力。

4）对所提问题的回答是否充分及语言表达水平如何。

3. 成绩评定

总体评价参考比例标准：过程考核占40%，成果考核占40%，答辩占20%。

项目 6

饰面砖工程施工

学习目标

知识目标

1. 掌握饰面砖工程施工的基层处理、工艺流程、操作要点。
2. 掌握饰面砖工程施工质量验收的内容、要求和方法。

能力目标

1. 能根据墙体基层情况，选择合适的基层处理、施工方案。
2. 能分析并解决墙、柱面施工过程中出现的质量问题。
3. 能根据墙、柱面施工过程中出现的质量问题采取对应的防治措施。

思维导图

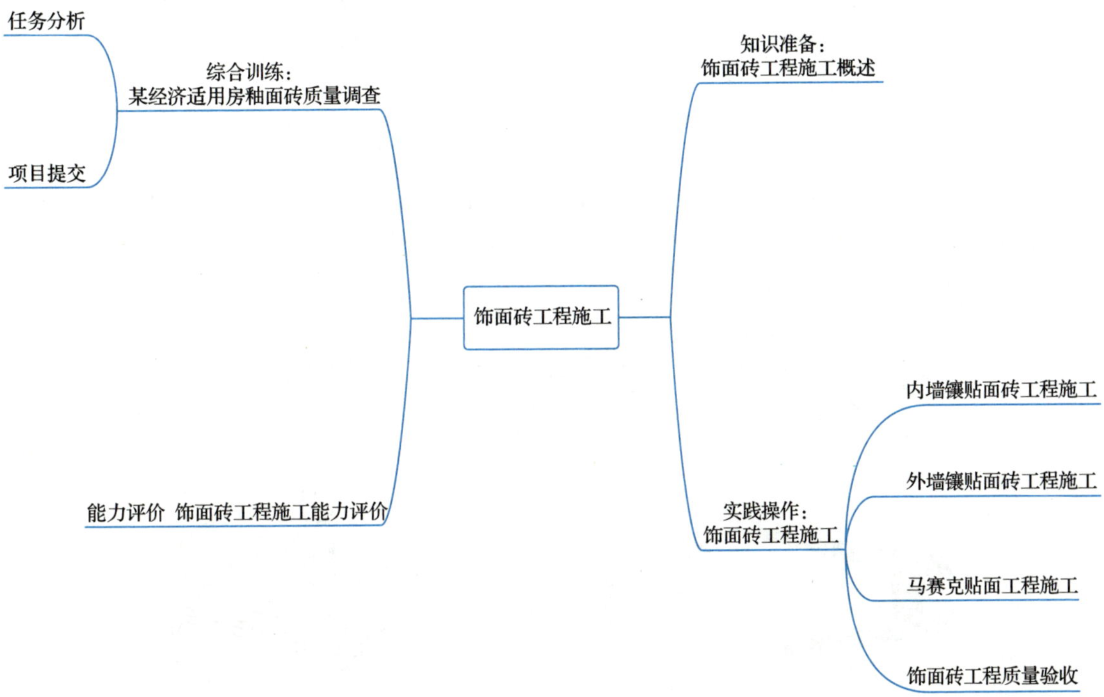

6.1 知识准备：饰面砖工程施工概述

饰面砖工程是指在建筑内外墙面、地面及柱面镶贴、挂贴饰面材料的一种装饰方法，是装饰施工的重要组成部分。饰面材料的种类很多，如饰面板、饰面砖等。本项目主要介绍饰面砖的安装施工。

6.2 实践操作：饰面砖工程施工

6.2.1 内墙镶贴面砖工程施工

6.2.1.1 施工准备

1. 材料准备

1）瓷砖。瓷砖也称瓷片、釉面砖，其品种和规格很多，应根据设计要求选择瓷砖。

2）黏结材料。强度等级为 32.5 或 42.5 的矿渣水泥（或普通水泥）、白水泥、中砂，并应过筛；其他材料，如石灰膏、建筑胶等。

2. 施工机具准备

手提切割机、橡皮锤（木锤）、锤子、水平尺、靠尺、开刀、托线板、硬木拍板、刮杠、方尺、墨斗、铁铲、拌灰桶、尼龙线、薄钢片、手动切割器、细砂轮片、棉丝、擦布、胡桃钳等。部分施工工具如图 6-2-1 所示。

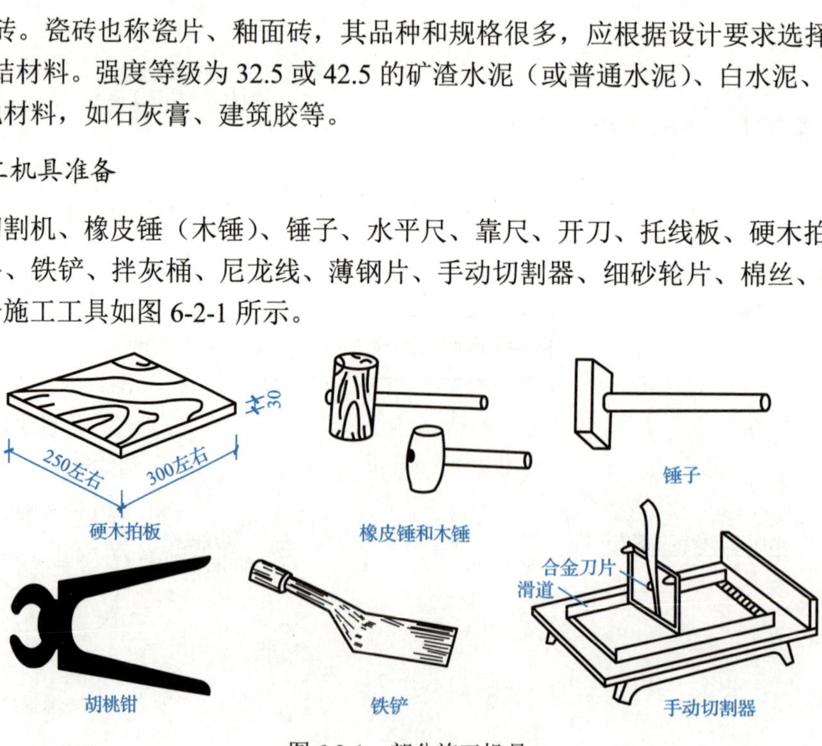

图 6-2-1　部分施工机具

6.2.1.2　施工工艺流程和操作要点

1. 施工工艺流程

内墙镶贴面砖工程施工工艺流程如图6-2-2所示。

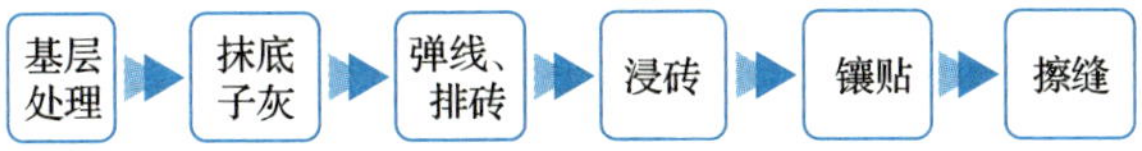

图6-2-2　内墙镶贴面砖工程施工工艺流程

2. 操作要点

（1）基层处理

1）基层为现浇混凝土或混凝土砌块墙面时，先剔平凸出墙面的混凝土，若墙面有油污，则可用清洗剂刷除，随之用清水冲净、晾干，然后将1∶1的聚合物水泥砂浆（掺加水重20%的界面剂）用笤帚甩到墙上，甩点要均匀，终凝后浇水养护至较高的强度（用手掰不动），即可抹底子灰或贴陶瓷马赛克。

2）基层为砖砌体墙面时，先剔除、清扫干净墙面上的残存砂浆、舌头灰，堵好脚手眼，然后浇水湿润基层墙面，即可抹底子灰。

3）基层为加气混凝土、陶粒混凝土空心砌块墙面时，先剔除、清扫干净墙面上的残存砂浆、舌头灰，分几遍浇水湿润，然后修补缺棱、掉角、凹凸不平处。修补时先用水湿润待修补处的墙面，再刷一道掺加界面剂的水泥聚合物砂浆（界面剂∶水泥∶砂子＝1∶1∶1），最后用混合砂浆（水泥∶白灰膏∶砂子＝1∶3∶9）分层修补平整，然后抹底子灰。

4）在基层不同的材质交界处，应钉钢板网，通常采用20mm×20mm孔的钢板网，厚度应不小于0.7mm，两边与基体搭接应不小于100mm，用间距不大于400mm的扒钉绷紧钉牢，然后抹底子灰。

（2）抹底子灰

基体基层处理好后，用1∶3水泥砂浆或1∶1∶4的混合砂浆打底。打底时要分层进行，每层厚度宜为5～7mm，并用木抹子搓出粗糙面或划出纹路，用刮杠和托线板检查其平整度和垂直度，隔日浇水养护。

（3）弹线、排砖

待底层灰到六七成干时，按图纸要求，结合瓷砖规格进行弹线、排砖。先量出镶贴瓷砖的尺寸，立好皮数杆，在墙面上从上到下弹出若干条水平线，控制水平皮数，再按整块瓷砖的尺寸弹出竖直方向的控制线。此时要考虑排砖形式和接缝宽度（应符合设计要求），应注意接缝宽度（水平方向和垂直方向的砖缝一致），排砖形式主要有直缝和错缝板（俗称“骑马缝”）两种。在同一墙面上的横竖排列，不宜有一行以上的非整砖，且非整砖要排在次要位置或阴角处。当遇有墙面盥洗镜等装饰物时，应以装饰物中心线为准向两边对称排砖，排砖过程中在边角、洞口和突出物周围常常出现非整砖或半砖，应将整块瓷砖切割成合适小块进行预排，并注意对称和美观，如图6-2-3所示。

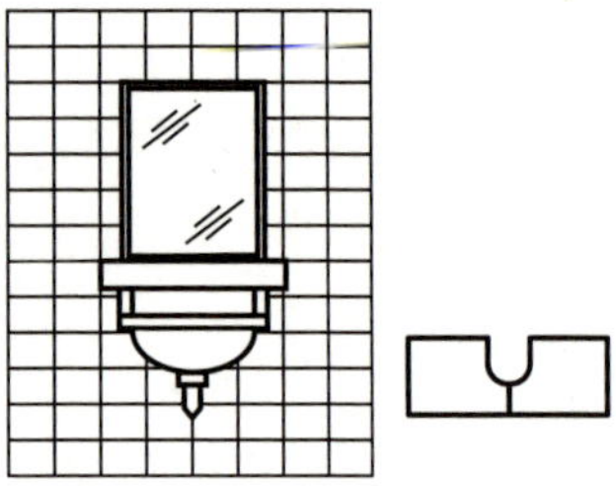

图 6-2-3 弹线、排砖

（4）浸砖

瓷砖在镶贴前应在水中充分浸泡，以保证镶贴后不致因吸灰浆中的水分而粘贴不牢或砖面浮滑。一般浸水时间不超过 2h，取出阴干备用，阴干时间通常为 3～5h，以手摸无水感为宜。

（5）镶贴

瓷砖铺贴的方式有离缝式和无缝式两种。无缝式铺贴要求阳角转角铺贴时倒角，即将瓷砖的阳角边用瓷砖切割机打磨成 30°～40°，以便对缝。依砖的位置，排砖有矩形长边水平排列和竖直排列两种。

正式镶贴前应贴标准点，即用混合砂浆将废瓷砖按粘贴厚度粘贴在基层上作标志块，用托线板上下挂直，横向拉通，用以控制整个镶贴瓷砖表面的平整度。在地面水平线嵌上一根八字尺或直靠尺，这样可防止瓷砖因自重或灰浆未硬结而向下滑移，以确保其横平竖直。

铺贴瓷砖宜从阳角开始，先大面，后阴阳角和凹槽部位，并自下向上粘贴。用铲刀在瓷砖背面刮满刀灰，贴于墙面用力按压，用铲刀木柄轻轻敲击，使瓷砖紧密粘于墙面，再用靠尺按标志块将其校正平直。取用瓷砖及贴砖要注意浅花色瓷砖的顺反方向，不要颠倒粘贴，以免影响整体效果。铺贴要求砂浆饱满，厚度 6～10mm，亏灰时，要取下重贴，不得在砖口处塞灰，防止空鼓。一般每贴 6～8 块应用靠尺检查平整度，随贴随检查。有高出标志块者，可用铲刀木柄或木锤轻锤使之平整；有低于标志块者，应取下重贴，同时要保证缝隙宽度一致。当贴到最上一行时，上口要呈一直线，上口如果没有压条，则应镶贴一面有圆弧的瓷砖。其他设计要求的收口、转角等部位，以及腰线、组合拼花等均应采用相应的砖块（条）适时就位镶贴。

铺贴时黏结料宜用 1∶2 的水泥砂浆，为改善和易性，可掺 15%的石膏灰，也可用聚合物水泥砂浆，当用聚合物水泥砂浆时，其配合比应由试验确定。水管处应先铺周围的整块砖，后铺异型砖，如图 6-2-4 所示。此时，水管顶部镶贴的瓷砖应用胡桃钳钳掉多余的部分，一次钳得不要太多，以免瓷砖碎裂。对整块瓷砖打预留孔，可先用打孔器钻孔，再用胡桃钳加工至所需孔径。

切割非整块砖时，应根据所需要的尺寸在瓷砖背面划痕，用专用瓷片刀沿木尺切割出较深的割痕，将瓷砖放在台面边沿处，用手将切割的部分掰下，再把断口不平和切割下的尺寸稍大的瓷砖放在磨石上磨平。

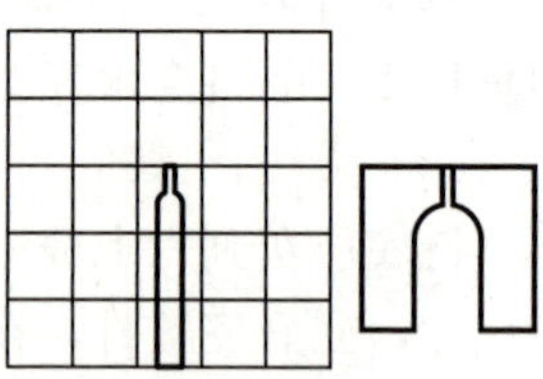

图 6-2-4 瓷砖铺贴

（6）擦缝

镶贴完毕，自检无空鼓、不平、不直后，用棉丝擦净。然后把白水泥加水调成糊状，用长毛刷蘸白水泥浆在墙砖缝上刷，待水泥浆变稠，用布将缝里的素浆擦匀，砖面擦净，不得漏擦或形成虚缝。对于离缝的饰面，宜用与釉面砖颜色相同的水泥浆嵌缝或按设计要求处理。釉面内墙砖镶贴装饰的基本构造做法如图 6-2-5 所示。

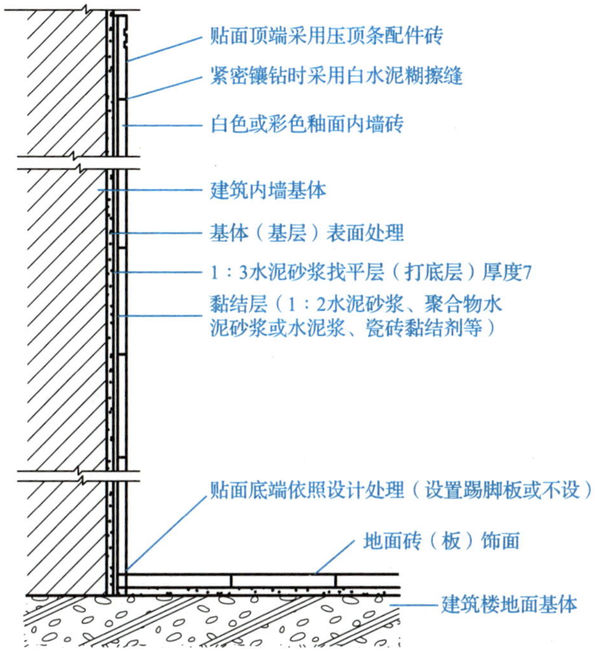

图 6-2-5　釉面内墙砖镶贴装饰的基本构造做法

6.2.1.3　强力胶直接粘贴法

1. 施工机具

调胶抹子、调胶板、线坠、水平尺、弦线、手提式石材切割机、角磨机、电钻等。

2. 施工工艺流程

施工工艺流程如图 6-2-6 所示。

图 6-2-6　施工工艺流程

3. 操作要点

1）基层处理。该施工方法简单，但对基层平整度要求较高，因基面的平整度直接影响面板的平整度。

2）胶料选用。目前施工中一般采用进口胶料，分为快干型、慢干型两类。一般为 A、B 双组分，现场调制使用。由于胶的粘贴质量是施工质量的根本保证，因此要严格按产品说明书进行配制，均匀混合，调制一般在木板上进行，随调随用。通常胶的有效时间在常温下为 45min。

3）粘贴方法。粘贴时，板块与墙面的间距不宜大于 8mm。将调好的胶料分点状（5 点）或条状（3 条）在石板背面涂抹均匀，厚度 10mm，根据已弹好的定位线将板材直接粘贴到墙面上，随后检查黏结点、线是否粘贴可靠，必要时加胶补强。

当石板镶贴高度较大时，应根据说明书要求采用部分锚件，增强其安全可靠性。

6.2.1.4 质量通病与防治

1. 空鼓、脱落

（1）产生原因

基层表面光滑，铺贴前基层未浇水润湿或润湿不够；瓷砖浸泡不够或水膜没有晾干，未晾干的湿面砖表面附水，使贴面砖时产生浮动，形成空鼓；砂浆过稀，嵌缝不密实；瓷砖质量不合格。

（2）防治措施

认真清理基层表面，铺砖前基层应浇透水，水应渗入基层 8～10mm；严格控制砂浆水灰比；瓷砖浸泡后阴干；控制砂浆黏结厚度，过厚、过薄均易引起空鼓，粘贴面砖时砂浆要饱满适量，必要时，按水泥质量的 2%～3%在砂浆中掺建筑胶。当出现空鼓或脱落时，应取下瓷砖，铲去原有砂浆重贴；严格对原材料把关验收。

2. 接缝不平直、墙面不平整

（1）产生原因

基层表面不平整；施工前对瓷砖尺寸和平整度检查把关不严；没有弹线、试排；没做标准块，也没有及时调缝和检查。

（2）防治措施

基层表面一定要平整、垂直；施工中应挑选优质瓷砖，校核尺寸，分类堆放；镶贴前应弹线预排，找好规矩；铺贴后立即拨缝，调直拍实。

3. 裂缝、变色或表面有脏污

（1）产生原因

瓷砖质量不合格；在运输、操作中有损伤；施工前浸泡不够；粘贴后被污物污染变色。

（2）防治措施

选用密实高强、吸水率低的优质瓷砖；操作前，瓷砖应用洁净水浸泡 2h 后阴干；不要用力敲击砖面，防止产生隐伤。尽量使用和易性、保水性较好的砂浆粘贴，铺贴后随时将砖面上的砂浆擦干净。

6.2.2 外墙镶贴面砖工程施工

6.2.2.1 施工准备

1. 材料准备

1）面砖。外墙饰面砖规格、性能、花色应符合设计要求。

2）黏结材料。外墙镶贴面砖施工的黏结材料同内墙。

2. 施工机具准备

外墙镶贴面砖施工的机具同内墙。

6.2.2.2　施工工艺流程和操作要点

1. 施工工艺流程

施工工艺流程如图 6-2-7 所示。

图 6-2-7　施工工艺流程

2. 操作要点

（1）基层处理

外墙面基层处理同内墙面基层处理，此处不再赘述。

（2）抹底子灰

打底时应分层进行，每层厚度不应大于 7mm，以防空鼓。第一遍抹后扫毛，待六七成干时，可抹第二遍，随即用木杠刮平，木抹搓毛，终凝后浇水养护。

多雨地区，找平层宜选用防水、抗渗性水泥砂浆，以满足抗渗漏要求。

（3）弹线分格、排砖

按设计要求和施工样板进行排砖，确定接缝宽度及分格，同时弹出控制线，做出标记。排砖须用整砖，对于必须用非整砖的部位，非整砖的宽度不宜小于整砖宽度的 1/3。一般要求阳角、窗口都是整砖。若按块分格，则应采取调整砖缝大小的方法排砖、分格。外墙镶贴的饰面砖其外形有矩形和方形两种，矩形饰面砖可以采用密缝、疏缝，按水平、竖直方向相互排列，其排列方式有 8 种，如图 6-2-8 所示。密缝排列时缝宽控制在 1～3mm，疏缝排列时砖缝宽一般控制在 4～20mm。

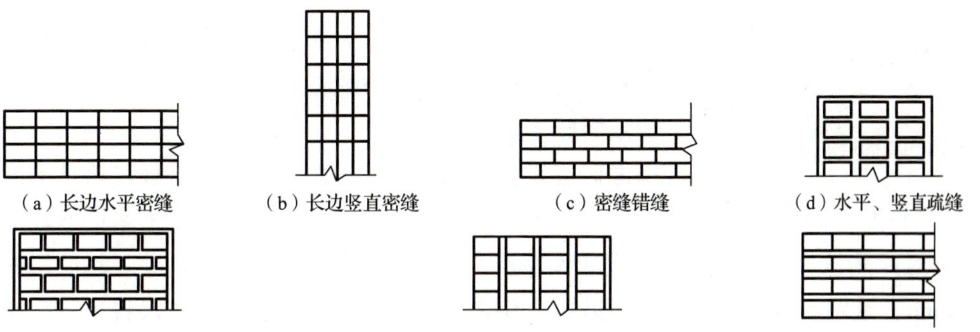

（a）长边水平密缝　（b）长边竖直密缝　（c）密缝错缝　（d）水平、竖直疏缝

（e）疏缝错缝　（f）水平密缝、竖直疏缝　（g）水平疏缝、竖直密缝

图 6-2-8　外墙面镶贴矩形饰面砖排列方式

在外墙面砖的预排中应遵循如下原则：阳角部位都应当是整砖，且阳角处正立面整砖应盖住侧立面整砖。对大面积墙面砖的镶贴，除不规则部位外，其他部位不允许裁砖。除柱面镶贴外，其余阳角不得对角粘贴。

凸出墙面部位（如窗台、腰线、阳角及滴水线等）的饰面层排砖方法，可按图 6-2-9 所示处理，其正面砖要往下凸出 3～5mm，底面砖要做出流水坡度。

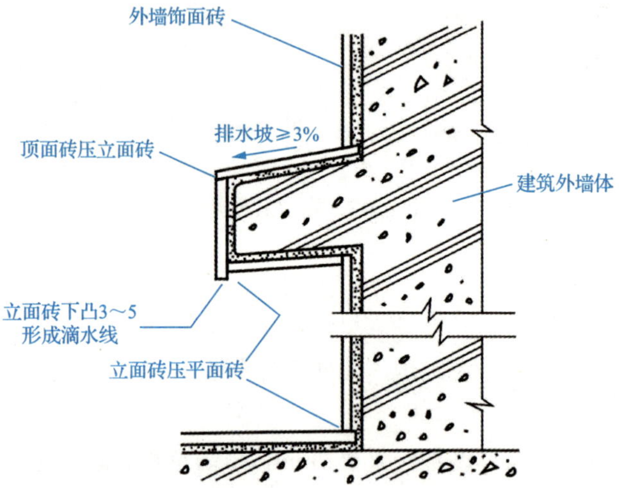

图 6-2-9　凸出墙面部位的饰面砖排砖方式

（4）浸砖

外墙饰面砖与内墙瓷砖的浸砖方法相同。

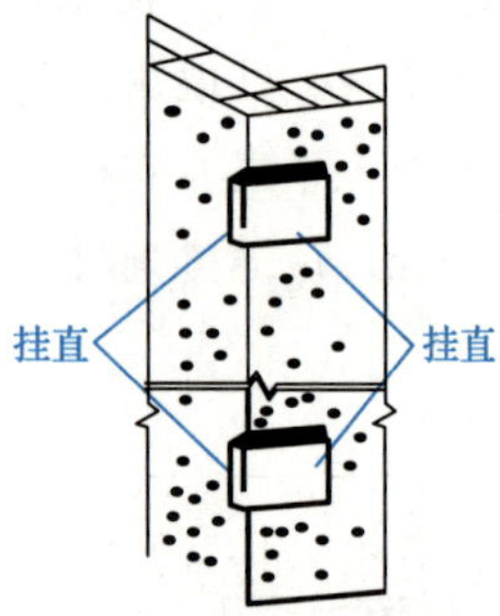

图 6-2-10　双面挂直

（5）贴标准点

在镶贴前，应先贴若干块废面砖作为标志块，上下用托线板吊直，作为黏结厚度的依据。横向每隔 1.5～2.0m 做一个标志块，用拉线或靠尺校正平整度。靠阳角的侧面也要挂直，称为双面挂直，如图 6-2-10 所示。

（6）刷结合层

找平层经检验合格并养护后，宜在表面涂刷结合层，这样有益于满足强度要求，提高外墙饰面砖粘贴质量。

（7）镶贴面砖

外墙饰面砖宜以自上向下顺序镶贴，并先贴墙柱，后贴墙面，再贴窗间墙。铺贴用砂浆一般为 1：2 水泥砂浆或掺入不大于水泥质量 15%的石膏的水泥混合砂浆。粘贴时，先按水平线垫平八字尺或直靠尺，再在面砖背面满铺黏结砂浆，粘贴层厚度宜为 4～8mm。粘贴后，用小铲柄轻轻敲击，使之与基层粘牢，并随时用直尺找平，贴完一行后，需要将面砖上的灰浆刮净。对于有设缝要求的饰面，可按设计规定的砖缝宽度制备小十字架，临时卡在每四块砖相邻的十字缝间，以保证缝隙精确；单元式的横缝或竖缝，则可用分隔条，一般情况下只需挂线贴砖。分隔条在使用前应用水充分浸泡，以防胀缩变形，在粘贴面砖次日（或当日）取出，取条时应轻巧，避免碰动面砖。

外墙饰面砖的贴面装饰构造及外墙、柱镶贴饰面砖阴、阳角处理如图 6-2-11、图 6-2-12 所示。

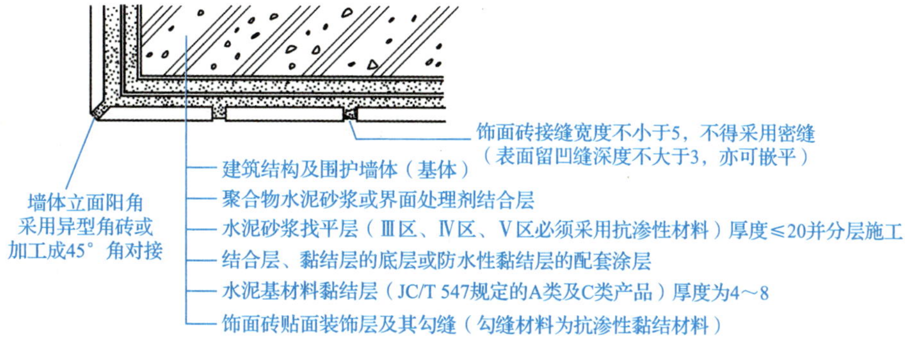

图 6-2-11 外墙饰面砖的贴面装饰构造

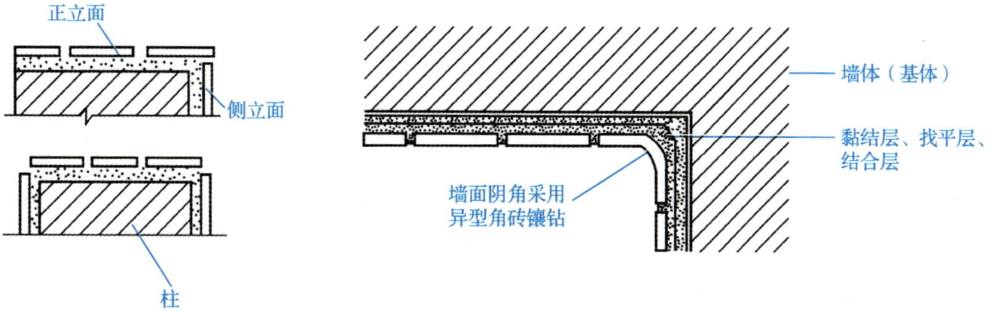

图 6-2-12 外墙、柱镶贴饰面砖阴、阳角处理示意

有抹灰与面砖相接的墙、柱面，应先在抹灰面上打好底，贴好面砖后再抹灰。

（8）勾缝、清理表面

贴完一个墙面或全部墙面并检查合格后进行勾缝。勾缝应用水泥砂浆分皮嵌实，并宜先勾水平缝，后勾竖直缝。勾缝一般分两遍，头遍用 1∶1 水泥细砂浆，第二遍用与面砖同色的彩色水泥砂浆擦成凹缝，凹进深度为 3mm。勾缝应连续、平直、光滑、无裂缝、无空鼓。勾缝处残留的砂浆，必须清除干净，同时用 3%～5%的稀盐酸清洗表面，并用清水冲洗干净。

6.2.2.3 质量通病与防治

1. 空鼓、脱落

外墙饰面砖空鼓、脱落的产生原因和防治措施同内墙瓷砖。

2. 分格缝不匀、墙面不平

（1）产生原因

未进行排砖、分格、弹线；砖质量有问题，施工前未进行选砖；没做标准块；未及时调缝和检查。

（2）防治措施

预先排砖、分格、弹线，找好规矩；操作时，贴完一皮砖后，垂直缝应在粘贴灰浆初凝前调缝；使用前应挑选面砖，分类堆放。

3. 墙面污染

（1）产生原因

砖密实度不够，含水率超标；对砖面保管和墙面完工后的成品保护不到位；未及时清除残留砂浆。

（2）防治措施

选用密实度大、含水率小的外墙砖；在运输和保管过程中切忌雨淋和受潮，不得用草绳或有色纸包装面砖；在铺贴过程中，不得在脚手架上倒污水；严格做到活完顺手清。

6.2.3 马赛克贴面工程施工

6.2.3.1 材料准备

1. 马赛克

陶瓷马赛克有挂釉和不挂釉两种，质地坚硬，色泽多样；玻璃马赛克是一种浊状半透明的玻璃质饰面材料，透明光亮，性能稳定。

2. 黏结材料

马赛克的黏结材料同外墙饰面砖。

6.2.3.2 施工机具准备

灰匙、胡桃钳、木板（150～300mm）、木抹子、墨斗、钢抹子、水平尺、方尺、托线板、鬃刷、排笔、拨缝刀等。

6.2.3.3 施工工艺流程、操作要点及注意事项

1. 施工工艺流程

马赛克镶贴的施工工艺流程如图 6-2-13 所示。

图 6-2-13　马赛克镶贴的施工工艺流程

2. 操作要点

1）基层处理。施工方法同外墙面砖。

2）抹底子灰。施工方法同外墙面砖。

3）排砖、分格、弹线。根据设计、建筑物墙面总高度、横竖装饰线条的布置、门窗洞口和马赛克品种规格定出分格缝宽，弹出若干水平线、垂直线，同时加工好分格条。需要注意的是，同一墙面上应采用同一种排列方式，预排中应注意阳角、窗口处必须是整砖，而且是立面压侧面。

4）镶贴。每个分格内粘贴马赛克一般自下向上进行。按已弹好的水平线安放八字尺或直靠尺，并用水平尺校正垫平。

一种操作方法是：两人协同操作，一人在前面洒水润湿墙面，先刮一道素水泥浆，随即抹上 2～5mm 厚的水泥浆作为黏结层，并用靠尺刮平；另一人将马赛克铺在木垫板上，纸面朝下，马赛克背面朝上，先用湿布把底面擦净，用水刷一遍，再刮白水泥浆（如果设计对缝格的颜色有特殊要求，也可用普通水泥或彩色水泥）。一边刮浆，一边用铁抹子往下挤压，将素水泥浆挤满马赛克的缝格，砖面不要留砂浆。清理四边余灰，将刮浆的纸交给镶贴操作者进行粘贴。

另一种操作方法是：在抹黏结层之前，在润湿的墙面上抹 1∶3 的水泥砂浆或混合砂浆，分层抹平，同时将马赛克铺在木垫板上（马赛克背面朝上），如图 6-2-14 所示。缝中灌 1∶2 干水泥砂，并用软毛刷刷净底面浮砂，再用刷子刷少许水，刮抹一层薄薄的水泥浆（水泥∶石灰膏=1∶0.3），随即进行粘贴。

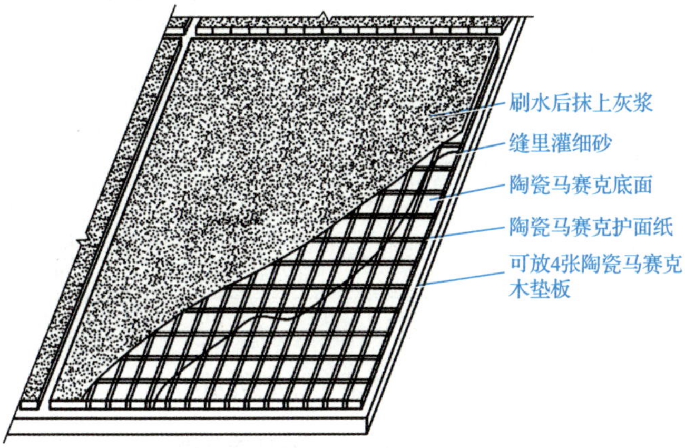

图 6-2-14　镶贴

镶贴操作时，操作者双手执在马赛克的上方，使下口与所垫直尺齐平，从下口粘贴线向上粘贴马赛克，缝隙要对齐，并且要注意每一大张之间的距离，以保持整个墙面的缝格一致。准确附位后随之压实，并将硬木垫板放在已贴好的马赛克面上，用小木锤敲击木拍板，使其平整。

5）揭纸、拨缝。一般地，一个单元的马赛克铺完后，在砂浆初凝前（20～30min）达到基本稳固时，用软毛刷刷水润透护面纸（或其他护面材料），用双手轻轻将纸揭下，揭纸宜从上往下撕，用力方向应尽量与墙面平行。

揭纸后检查缝的大小，用金属拨板（或开刀）调整弯扭的缝隙，并用黏结材料将未填实的缝隙嵌实，使之间距均匀。拨缝后再在马赛克上贴好垫板轻敲拍实一遍，以增强与墙面的黏结强度。

6）闭缝刮浆、清洗墙面、喷水养护。待全部墙面铺贴完，黏结层终凝后，将白水泥稠浆（或与马赛克颜色近似的色浆）用橡胶刮板往缝子里刮满、刮实、刮严，再用麻丝和擦布将表面擦净。遗留在缝隙的浮砂可用干净潮湿软毛刷轻轻带出。超出的米厘条分格缝要用 1∶1 水泥砂浆勾严勾平，并用布擦净。清洗墙面应在黏结层和勾缝砂浆终凝后进行。全面清理并擦干净后，次日喷水养护。

3. 注意事项

1）大面积粘贴马赛克墙面时，若排砖时窗间墙尺寸排完整联后的尾数不能被 20 整除，则意味着最后一块马赛克排不进去，此时应利用分格缝来调整，避免出现缺料的现象。

2）玻璃马赛克的颜色不易一致，因此不宜采用单色。

3）玻璃马赛克表面粗糙多孔，在揭纸后应及时清洗，否则容易造成水泥浆污染墙面。

4）玻璃马赛克呈半透明状，因此结合层及闭缝水泥浆应用白水泥调配。

6.2.3.4 允许偏差及质量标准

1）镶贴马赛克的允许偏差和检验方法如表 6-2-1 所示。

表 6-2-1 镶贴马赛克的允许偏差和检验方法

项次	项目	允许偏差/mm		检验方法
		内墙面砖	外墙面砖	
1	立面垂直度	3	2	用 2m 垂直检测尺检查
2	表面平整度	4	3	用 2m 靠尺和塞尺检查
3	阴阳角方正	3	3	用直角检测尺检查
4	接缝直线度	3	2	拉 5m 线，不足 5m 时拉通线，用钢直尺检查
5	接缝高低差	1	0.5	用钢直尺和塞尺检查
6	接缝宽度	1	1	用钢直尺检查

2）镶贴马赛克的质量标准及检验方法如表 6-2-2 所示。

表 6-2-2 镶贴马赛克的质量标准及检验方法

项次	项目	质量要求	检验方法
1	主控项目	饰面砖的品种、规格、图案、颜色和性能应符合设计要求	观察；检查产品合格证书、进场验收记录、性能检测报告和复验报告
2		饰面砖粘贴工程要求的找平、防水、黏结和勾缝材料及施工方法应符合设计要求及国家现行产品标准和工程技术标准的规定	检查产品合格证书、复验报告和隐蔽工程验收记录
3		饰面砖粘贴必须牢固	检查样板件黏结强度检测报告和施工记录
4		满粘法施工的饰面砖工程应无空鼓、裂缝	观察；用小锤轻击检查
1	一般项目	饰面砖表面应平整、洁净、色泽一致，无裂痕和缺损	观察
2		阴阳角处搭接方式、非整砖使用部位应符合设计要求	观察
3		墙面凸出物周围的饰面砖应整砖套割吻合，边缘应整齐；墙裙、贴脸凸出墙面的厚度应一致	观察；尺量检查
4		饰面砖接缝应平直、光滑，填嵌应连续、密实；宽度和深度应符合设计公司要求	观察；尺量检查
5		有排水要求的部位应做滴水线（槽），滴水线（槽）应顺直，流水坡向应正确，坡度应符合设计要求	观察；尺量检查

6.2.3.5　质量通病与防治

1. 墙面不平整，分格不均匀，砖缝不平直

（1）产生原因

1）黏结砂浆厚度不均匀，底子灰不平整。

2）阴阳角有偏差，粘贴面层时不易调整找平，产生表面不平整现象。

3）施工前，没有分格、弹线、试排和绘制大样图，抹底子灰时，各部位拉线找规矩不够，造成尺寸不准，引起分格缝不均匀。

4）撕纸后，没有及时对砖缝进行检查，拨缝不及时。

（2）防治措施

1）施工前，应对照设计图纸尺寸，核对结构实际偏差情况，根据排砖模数和分格要求，绘制出施工大样图，并加工好分格条，选好砖，编上号，便于粘贴时对号入座。

2）抹灰打底要确保平整，阴阳角要方正，并在底子灰上弹出水平、垂直分格线，以作为粘贴陶瓷马赛克时控制的标准线。

3）粘贴马赛克时，两人一组严格按工艺规程操作；粘贴好后用板放在面层上，用小锤均匀满敲拍板，及时拨缝，拨缝后再用小锤拍板拍平一遍。

2. 空鼓、脱落

（1）产生原因

1）基层处理不到位，灰尘和油污未处理干净。

2）砂浆配合比不当。

3）揭纸不及时，拨缝不及时，勾缝不严。

（2）防治措施

1）认真处理基体。

2）严格控制砂浆水灰比。

3）粘贴时，砂浆不宜过厚，面积不宜过大，且应随抹随贴。

4）揭纸、拨缝时间应控制在 1h 内，否则砂浆收水后再去纠偏拨缝，易造成空鼓、掉块。

5）对取出分隔条的大缝应用 1∶1 的水泥砂浆勾严。

6）当玻璃马赛克出现空鼓和脱落问题时，应取下马赛克，铲去一部分原有粘贴水泥浆，用掺水泥质量 3%的建筑胶水泥浆粘贴修补。

3. 墙面污染

（1）产生原因

1）墙面成品保护不到位，操作中没有清除砂浆，从而造成污染。

2）未按要求做流水坡和滴水线（槽）。

（2）防治措施

1）陶瓷马赛克在运输和堆放期间应注意保管，不能淋雨受潮。

2）注意成品保护，不得从室内向外倒污水、垃圾等；拆除脚手架时，要防止碰坏墙面，应采取措施保护墙面。

3）按要求认真做流水坡和滴水线（槽）。

4）玻璃马赛克粘贴后，如果受水泥或砂浆污染，可用10%的稀盐酸溶液自上向下洗刷，再用清水冲洗干净。

6.2.4 饰面砖工程质量验收

6.2.4.1 一般规定

1）饰面砖验收标准适用于内墙饰面砖粘贴和高度不大于100m、抗震设防烈度不大于8度、采用满粘法施工的外墙饰面砖粘贴等分项工程的质量验收。

2）饰面砖工程验收时应检查下列文件和记录：

① 饰面砖工程的施工图、设计说明及其他设计文件。

② 材料的产品合格证书、性能检验报告、进场验收记录和复验报告。

③ 外墙饰面砖施工前粘贴样板和外墙饰面砖粘贴工程饰面砖黏结强度检验报告。

④ 隐蔽工程验收记录。

⑤ 施工记录。

3）饰面砖工程应对下列材料及其性能指标进行复验：

① 室内用花岗石和瓷质饰面砖的放射性。

② 水泥基黏结材料与所用外墙饰面砖的拉伸黏结强度。

③ 外墙陶瓷饰面砖的吸水率。

④ 严寒及寒冷地区外墙陶瓷饰面砖的抗冻性。

4）饰面砖工程应对下列隐蔽工程项目进行验收：

① 基层和基体。

② 防水层。

5）各分项工程的检验批应按下列规定划分：

① 相同材料、工艺和施工条件的室内饰面砖工程每50间应划分为一个检验批，不足50间的也应划分为一个检验批，大面积房间和走廊可按饰面砖面积每30m^{2}计为1间。

② 相同材料、工艺和施工条件的室外饰面砖工程每1000m^{2}应划分为一个检验批，不足1000m^{2}的也应划分为一个检验批。

6）检查数量应符合下列规定：

① 室内每个检验批应至少抽查10%，并不得少于3间，不足3间时应全数检查。

② 室外每个检验批每100m^{2}应至少抽查一处，每处不得小于10m^2。

7）外墙饰面砖工程施工前，应在待施工基层上做样板，并对样板的饰面砖黏结强度进行检验，检验方法和结果判定应符合现行行业标准《建筑工程饰面砖黏结强度检验标准》（JGJ/T 110—2017）的规定。

8）饰面砖工程的防震缝、伸缩缝、沉降缝等部位的处理应保证缝的使用功能和饰面的完整性。

6.2.4.2　内墙饰面砖粘贴工程

1. 主控项目

1）内墙饰面砖的品种、规格、图案、颜色和性能应符合设计要求及国家现行标准的有关规定。

检验方法：观察；检查产品合格证书、进场验收记录、性能检验报告和复验报告。

2）内墙饰面砖粘贴工程的找平、防水、黏结和填缝材料及施工方法应符合设计要求及国家现行标准的有关规定。

检验方法：检查产品合格证书、复验报告和隐蔽工程验收记录。

3）内墙饰面砖粘贴应牢固。

检验方法：手拍检查；检查施工记录。

4）满粘法施工的内墙饰面砖应无裂缝，大面和阳角应无空鼓。

检验方法：观察；用小锤轻击检查。

2. 一般项目

1）内墙饰面砖表面应平整、洁净、色泽一致，应无裂痕和缺损。

检验方法：观察。

2）内墙面凸出物周围的饰面砖应整砖套割吻合，边缘应整齐。墙裙、贴脸凸出墙面的厚度应一致。

检验方法：观察；尺量检查。

3）内墙饰面砖接缝应平直、光滑，填嵌应连续、密实；宽度和深度应符合设计要求。

检验方法：观察；尺量检查。

4）内墙饰面砖粘贴的允许偏差和检验方法应符合表6-2-3的规定。

表6-2-3　内墙饰面砖粘贴的允许偏差和检验方法

项次	项目	允许偏差/mm	检验方法
1	立面垂直度	2	用2m垂直检测尺检查
2	表面平整度	3	用2m靠尺和塞尺检查
3	阴阳角方正	3	用直角检测尺检查
4	接缝直线度	2	拉5m线，不足5m时拉通线，用钢直尺检查
5	接缝高低差	1	用钢直尺和塞尺检查
6	接缝宽度	1	用钢直尺检查

6.2.4.3 外墙饰面砖安装工程

1. 主控项目

1）外墙饰面砖的品种、规格、图案、颜色和性能应符合设计要求及国家现行标准的有关规定。

检验方法：观察；检查产品合格证书、进场验收记录、性能检验报告和复验报告。

2）外墙饰面砖粘贴工程的找平、防水、黏结、填缝材料及施工方法应符合设计要求和现行行业标准《外墙饰面砖工程施工及验收规程》（JGJ 126—2015）的规定。

检验方法：检查产品合格证书、复验报告和隐蔽工程验收记录。

3）外墙饰面砖粘贴工程的伸缩缝设置应符合设计要求。

检验方法：观察；尺量检查。

4）外墙饰面砖粘贴应牢固。

检验方法：检查外墙饰面砖黏结强度检验报告和施工记录。

5）外墙饰面砖工程应无空鼓、裂缝。

检验方法：观察；用小锤轻击检查。

2. 一般项目

1）外墙饰面砖表面应平整、洁净、色泽一致，应无裂痕和缺损。

检验方法：观察。

2）外墙饰面砖阴阳角构造应符合设计要求。

检验方法：观察。

3）墙面凸出物周围的外墙饰面砖应整砖套割吻合，边缘应整齐。墙裙、贴脸凸出墙面的厚度应一致。

检验方法：观察；尺量检查。

4）外墙饰面砖接缝应平直、光滑，填嵌应连续、密实；宽度和深度应符合设计要求。

检验方法：观察；尺量检查。

5）有排水要求的部位应做滴水线（槽）。滴水线（槽）应顺直，流水坡向应正确，坡度应符合设计要求。

检验方法：观察；用水平尺检查。

6）外墙饰面砖粘贴的允许偏差和检验方法应符合表 6-2-4 的规定。

表 6-2-4 外墙饰面砖粘贴的允许偏差和检验方法

项次	项目	允许偏差/mm	检验方法
1	立面垂直度	3	用 2m 垂直检测尺检查
2	表面平整度	4	用 2m 靠尺和塞尺检查
3	阴阳角方正	3	用直角检测尺检查
4	接缝直线度	3	拉 5m 线，不足 5m 时拉通线，用钢直尺检查
5	接缝高低差	1	用钢直尺和塞尺检查
6	接缝宽度	1	用钢直尺检查

6.3 综合训练：某经济适用房釉面砖质量调查

综合训练阶段是以项目探索与实战为载体，以学生为主体的行为过程实践阶段，包括任务分析与项目提交两个环节。

6.3.1 任务分析

现要建造一批经济适用房，统一装修，其厨房、卫生间墙面采用彩色釉面陶瓷砖。墙砖粘贴半年后，经调查发现，约 30%的墙砖釉面开裂（胎体没有发现开裂），表面裂缝方向无规律性。另外发现部分墙砖有空鼓、脱落现象。

问题：

1）釉面开裂的主要原因是什么？

2）上述墙砖试验时的组批原则是什么？

3）内墙砖空鼓允许面积范围为多少时可不返工处理？

4）通常情况下，墙砖空鼓、脱落的主要原因是什么？

5）对于外墙面砖的铺贴，应对墙砖进行何种试验？

6）除以上所述外，对装饰材料的质量控制还应注意哪些方面？

6.3.2 项目提交

项目提交阶段是学生完成项目实战所设定的任务，进行成果提交的阶段。

1）完成实战项目案例解析。

2）对周边生活中的饰面砖工程做一次调查，完成一份关于饰面砖施工质量及通病的调查报告，要求包括前期基层处理、施工工艺、操作要点、质量验收及质量通病的防治，对饰面砖工程出现的通病现象应以拍照的方式做记录。

能力评价　饰面砖工程施工能力评价

能力评价阶段是专业指导教师和企业指导教师针对学生项目实战、调查报告及答辩情况进行综合评价并给出成绩的阶段。

1. 评价功能

1）检验学生项目实战的效果及学生观察问题、分析问题、应用专业知识解决实际问题的能力。

2）教师自检其选择的教学方法、手段、形式所得的成果。

2. 评价内容

1）案例解析的准确度。
2）调查报告的全面性、真实性、代表性，对报告中出现的工程质量问题的总结性。
3）综合应用专业知识解决实际问题的能力。
4）对所提问题的回答是否充分及语言表达水平如何。

3. 成绩评定

总体评价参考比例标准：过程考核占40%，成果考核占40%，答辩占20%。

7

项 目

幕墙工程施工

学习目标

知识目标

1. 掌握幕墙工程施工的工艺流程、操作要点。
2. 掌握幕墙工程施工质量验收的内容、要求和方法。

能力目标

1. 能根据幕墙工程基层情况，选择合适的基层处理方案。
2. 能分析幕墙工程施工过程中出现的质量问题。
3. 能根据幕墙工程施工过程中出现的质量问题采取对应的防治措施。

思维导图

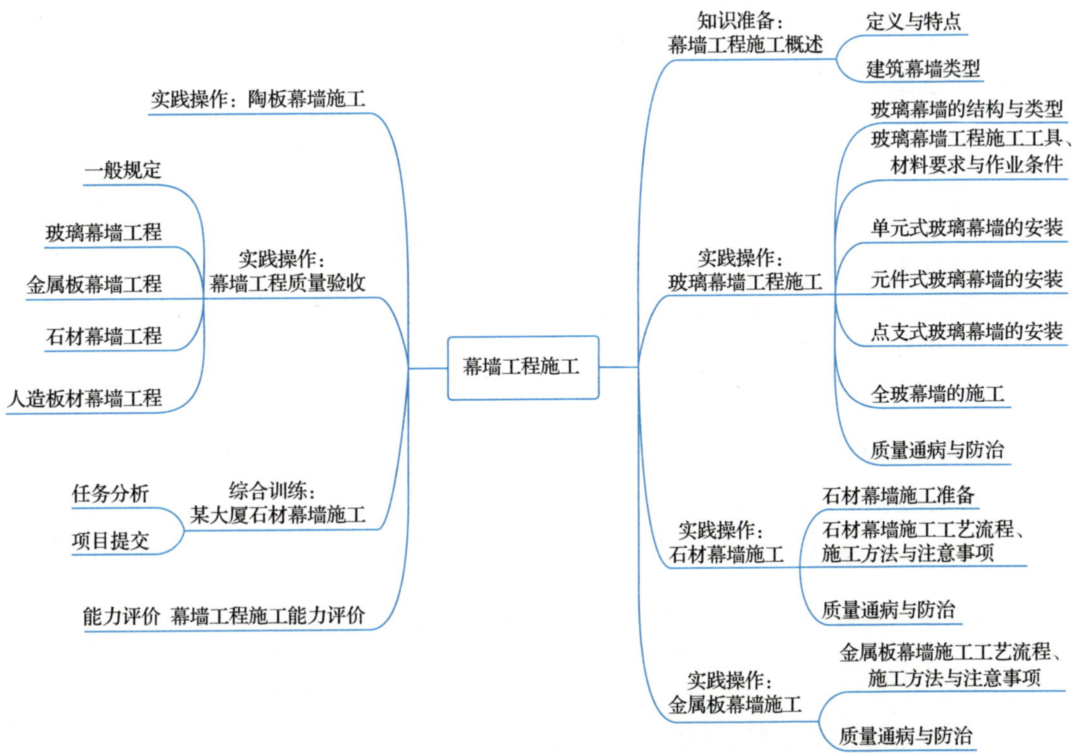

7.1 知识准备：幕墙工程施工概述

7.1.1 定义与特点

微课：幕墙工程装饰施工认知

1. 定义

幕墙是由金属构件与各种板材组成的悬挂于主体结构上，不承受结构荷载，将防风、遮雨、保温、隔热、防噪声、防空气渗透等使用功能与建筑装饰功能有机融为一体的建筑外围护结构。

2. 特点

幕墙施工具有如下特点：

1）幕墙装饰艺术效果好。

2）质量小。相同面积情况下，玻璃幕墙的质量为砖墙的 1/12～1/10，约为石材幕墙的 1/15，为混凝土挂板幕墙的 1/7～1/5，可大大减少主体结构的材料用量，减轻基础的荷载，节约基础的造价。

3）施工现场干作业，安装速度快，维修简单，可替换性强。

4）保护主体结构，温度变化时应力小。

7.1.2 建筑幕墙类型

7.1.2.1 玻璃幕墙

1. 框支承玻璃幕墙

框支承玻璃幕墙是指玻璃面板周边由金属框架支承的玻璃幕墙，主要包括下列类型：

1）明框玻璃幕墙。金属框架的构件显露于面板外表面的框支承玻璃幕墙。

2）隐框玻璃幕墙。金属框架完全不显露于面板外表面的框支承玻璃幕墙。

3）半隐框玻璃幕墙。金属框架的竖向或横向构件显露于面板外表面的框支承玻璃幕墙。

2. 全玻幕墙

全玻幕墙是指由玻璃肋和玻璃面板构成的玻璃幕墙。

3. 点支式玻璃幕墙

点支式玻璃幕墙是指由玻璃面板、点支承装置和支承结构构成的玻璃幕墙。

7.1.2.2 石材幕墙

石材幕墙是指面板为建筑石材板的建筑幕墙。

1. 石材幕墙的特点

石材幕墙是一种独立的围护结构体系，它利用金属挂件将石材饰面板直接悬挂在主体结构上。石材幕墙也是一个完整的围护结构体系，应能够承受重力荷载、风荷载、地震荷载和温度应力的作用，还应能适应主体结构位移影响，因此必须按照有关设计规范进行强度计算和刚度验算；另外还应满足建筑热工、隔声、防水、防火和防腐蚀等要求。

石材幕墙的分格既要满足建筑立面造型设计的要求，也应注意石材板的尺寸和厚度，保证石板满足在各种荷载作用下的强度要求，同时，分格尺寸也应尽量符合建筑模数，尽量减少规格尺寸的数量，从而方便施工。

2. 石材幕墙的种类

（1）短槽式石材幕墙

短槽式石材幕墙是在幕墙石材侧边中间开短槽，用不锈钢挂件挂接、支撑石板的幕墙。短槽式做法的构造简单，技术成熟，目前应用较多。

（2）通槽式石材幕墙

通槽式石材幕墙是在幕墙石材侧边中间开通槽，嵌入和安装通长金属卡条，石板固定在金属卡条上的幕墙。此种做法施工复杂，开槽比较困难，目前应用较少。

（3）钢销式石材幕墙

钢销式石材幕墙是在幕墙石材侧面打孔，穿入不锈钢钢销将两块石板连接，钢销与挂件连接，将石材挂接起来的幕墙。这种做法目前应用也较少。

（4）背栓式石材幕墙

背栓式石材幕墙是在幕墙石材背面钻四个扩底孔，孔中安装柱锥式锚栓，然后把锚栓通过连接件与幕墙的横梁相接的幕墙。背栓式石材幕墙是石材幕墙的新型形式，它受力合理、维修方便、更换简单，是一项引进的新型技术，目前正在推广应用中。

7.1.2.3　金属板幕墙

金属板幕墙是指面板为金属板材的建筑幕墙，主要包括：单层铝板幕墙、铝塑复合板幕墙、蜂窝铝板幕墙、不锈钢板幕墙、彩色钢板幕墙及搪瓷板幕墙等。

1. 金属板幕墙的特点

金属板幕墙一般悬挂在承重骨架和外墙面上，具有典雅庄重、质感丰富以及坚固、耐久、易拆卸等优点。施工方法多为预制装配，节点构造复杂，施工精度要求高。

与玻璃幕墙相比，金属板幕墙主要有以下几个特点：强度高、质量小、板面平整无暇；优良的成型性，加工容易、质量精度高、生产周期短，可进行工厂化生产；防火性能好。金属幕墙适用于各种工业与民用建筑。

2. 金属板幕墙的种类

金属板幕墙按照面板的材质不同，可以分为铝单板、蜂窝铝板、搪瓷板、不锈钢板等幕墙。有的还用两种或两种以上材料构成金属复合板，如铝塑复合板幕墙、金属夹芯板等幕墙。

金属板幕墙按照板面的形状分类可以分为光面平板、纹面平板、波纹板、压型板和立体盒板等幕墙，如图 7-1-1 所示。

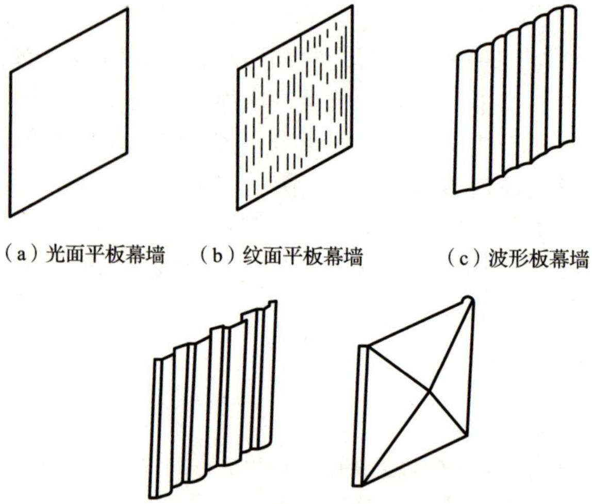

（a）光面平板幕墙　（b）纹面平板幕墙　（c）波形板幕墙

（d）压型板幕墙　（e）立体盒板幕墙

图 7-1-1　金属板幕墙

3. 金属板幕墙的组成

金属板幕墙主要由金属饰面板、连接件、金属骨架、预埋件、密封条和胶缝等组成。

4. 金属板幕墙的构造

按照安装方法不同，金属板幕墙有直接安装和骨架式安装两种。与石材幕墙构造不同的是，金属面板采用折边加副框的方法形成组合件，然后进行安装。图 7-1-2 所示为铝塑复合板面板的骨架式幕墙构造示例，它是用镀锌钢方管作为横梁立柱，用铝塑复合板制作带副框的组合件，用直径为 4.5mm 的自攻螺钉固定，板缝垫杆嵌填硅酮密封胶。

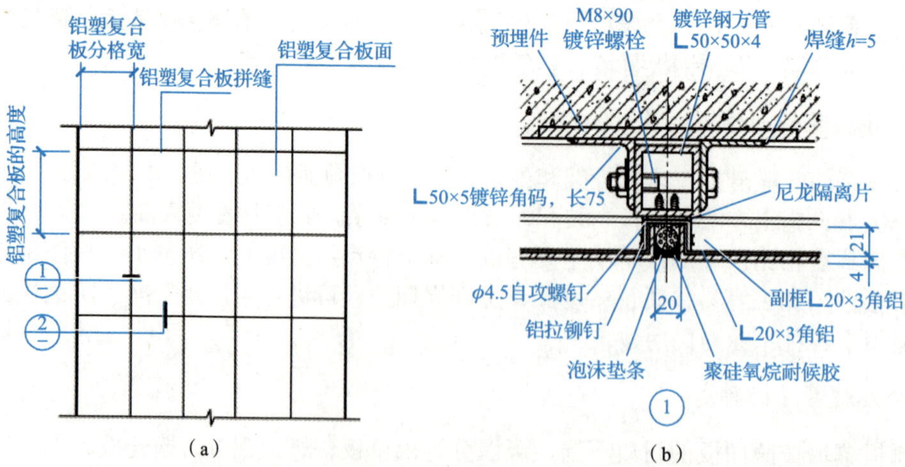

（a）　（b）

图 7-1-2　铝塑复合板面板的骨架式幕墙构造示例

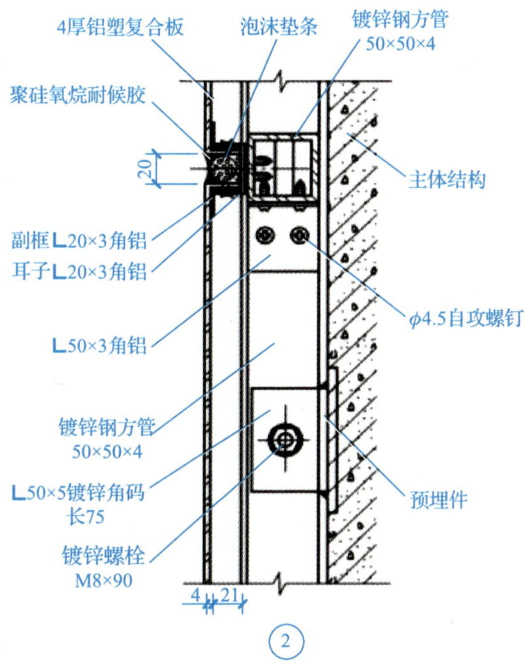

（c）

图 7-1-2（续）

7.1.2.4 人造板材幕墙

人造板材幕墙是指面板为瓷板、陶板、微晶玻璃板等的建筑幕墙。下面介绍陶板幕墙的组成和构造。

陶板幕墙采用开放式开缝结构，水平方向的间隙为 4～6mm，使陶板幕墙内、外的空气压力基本相等，试验证明进入陶板幕墙背面内的雨水量非常小，内部采用 1.2mm 镀锌钢板作为防水层，使进入陶板幕墙内部的雨水有组织地排出，加之陶板幕墙背面的空腔内有空气流动，残存在内部的雨水可很快风干。

陶板幕墙采用挂接结构，陶板幕墙挂钩与横向铝龙骨挂接，并用聚酯胶黏结，横向铝龙骨与竖向铝龙骨采用螺栓连接，由于幕墙板材可以切割，所以其能满足不同立面的安装效果。陶板幕墙表面无密封胶，可减少其表面硅油对灰尘的吸附作用，使表面的污染大为减少，保证建筑的清洁。陶板幕墙连接构造如图 7-1-3 所示。

7.1.2.5 组合幕墙

组合幕墙是指面板由玻璃、金属、石材、人造板材等不同面板组成的建筑幕墙。

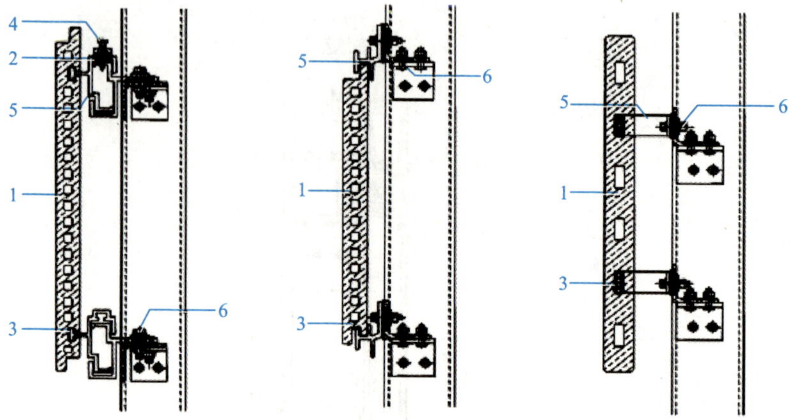

（a）T形挂件连接　（b）下挂接上插接　（c）侧面连接

1—陶板；2—限位块；3—胶粘剂；4—调节螺栓；5—铝合金挂件；6—紧固螺栓。

图 7-1-3　陶板幕墙连接构造

7.2 实践操作：玻璃幕墙工程施工

7.2.1　玻璃幕墙的结构与类型

7.2.1.1　玻璃幕墙的结构

玻璃幕墙一般由固定玻璃的骨架、连接件、嵌缝密封材料、填衬材料和幕墙玻璃等组成。

玻璃幕墙结构体系有露骨架（明框）结构体系、不露骨架（隐框）结构体系和无骨架结构体系。骨架可以采用型钢骨架、铝合金骨架、不锈钢骨架等。

7.2.1.2　玻璃幕墙的类型

从施工方法上，玻璃幕墙可分为先在工厂组装再在现场安装的单元式（板块式）玻璃幕墙和在现场安装组合的元件式（分件式）玻璃幕墙。

1）单元式玻璃幕墙。单元式玻璃幕墙是将铝合金骨架、玻璃、垫块、保温材料、减震和防水材料及装饰面料等事先在工厂组合成带有附加铁件的幕墙单元，用专用运输车运到施工现场，在现场吊装装配，直接与建筑结构相连接。

2）元件式玻璃幕墙。元件式玻璃幕墙是将必须在工厂制作的单件材料及其他材料运至施工现场，直接在建筑物结构上逐件进行安装的玻璃幕墙。

7.2.2　玻璃幕墙工程施工工具、材料要求与作业条件

7.2.2.1　施工工具

玻璃幕墙的施工工具主要有：手动真空吸盘、电动吸盘、牛皮带、电动吊篮、嵌缝枪、撬板、竹签、滚轮、热压胶带、电炉等。

7.2.2.2　材料要求

1. 骨架材料及金属边框

1）铝合金框架。铝合金框架多为经特殊挤压成型的幕墙型材，框架的规格按受力大小和设计要求而定。

铝合金框架为主要受力构件时，其截面宽度为 40～70mm，截面高度为 100～210mm，壁厚为 3～5mm；框架为次要受力构件时，其截面宽度为 40～60mm，截面高度为 40～150mm，壁厚为 1～3mm；其他应满足以下质量要求：

① 铝合金框架有普通级、高精级和超高精级三种，玻璃幕墙采用的应不低于高精级。

② 玻璃幕墙采用的铝合金阳极氧化膜厚度不应低于国家现行标准《铝及铝合金阳极氧化膜与有机聚合物膜　第 1 部分：阳极氧化膜》（GB/T 8013.1—2018）中规定的 AA15 级。

③ 与玻璃幕墙配套用的铝合金门窗应符合各有关国家现行标准的规定。

2）金属边框。在吊挂式全玻璃幕墙安装过程中，多采用型钢金属边框；埋入地面以下或墙面内的边框多采用镀锌冷弯壁槽钢，采用 3mm 厚不锈钢槽型钢更佳。

3）型钢连接件。型钢连接件多采用角钢、槽钢、钢板加工而成。这些金属材料易于焊接，加工方便，较其他金属材料强度高、价格便宜，因而在玻璃幕墙骨架中应用较多。连接件的形状可因部位不同、结构不同而不同。所采用的钢材、不锈钢配件和五金配件均应符合国家现行有关标准的规定。

目前，国内幕墙用的五金配件多，质量差异较大，标准不齐全。为保证幕墙用五金配件的质量，必须采用材质优良、功能可靠的五金配件。

2. 玻璃

1）幕墙应采用安全玻璃，用于幕墙的单块玻璃厚度一般不小于 6mm。所用玻璃的品种主要有热反射浮法镀膜玻璃（镜面玻璃）、中空玻璃、钢化玻璃、夹层玻璃、夹丝玻璃和吸热玻璃等。

2）所有的幕墙玻璃均应进行边缘处理（倒棱、倒角、磨边），以防应力集中而发生破裂。

3）钢化玻璃和夹丝玻璃都不允许在现场切割，而应按设计尺寸在工厂进行，玻璃切割、钻孔、磨边等加工应在钢化前进行。

4）玻璃安装前应将表面尘土和污染物擦拭干净，热反射浮法镀膜玻璃安装时应将镀膜面朝向室内，非镀膜面朝向室外。

3. 密封填充防水材料

密封填充防水材料主要用于玻璃幕墙的玻璃装配及块与块之间的缝隙处理。密封填充防

水材料通常由填充、密封、防水三种材料组成：

1）填充材料。填充材料主要用于填充凹槽两侧间隙的底部，以避免玻璃与金属之间的硬性接触，起缓冲作用。其上部多用橡胶密封材料和硅酮系列防水密封胶覆盖。填充材料目前用得比较多的是聚乙烯泡沫胶系列，有片状、圆柱条等多种规格，也有用橡胶密封条或将胶压条剪断，然后在玻璃两侧挤紧的，起到防止玻璃移动的作用。

2）密封材料。在玻璃装配中，密封材料不仅起到密封作用，同时起到缓冲、黏结作用，使脆性的玻璃和硬性的金属之间形成柔性缓冲接触。橡胶密封条是目前应用较多的密封、固定材料，也有人形象地称之为锁条，在装配中嵌入玻璃两侧，起到一定密封作用。橡胶密封条的面形式很多，其规格主要取决于凹槽的尺寸和形状。选用橡胶密封条时，其规格要与凹槽的实际尺寸相符，过松过紧都是不妥的。

3）防水材料。防水材料有橡胶密封条、建筑密封胶和硅酮结构密封胶。当前国内明框幕墙玻璃的密封主要采用橡胶密封条，依靠胶条自身的弹性在槽内起密封作用，要求胶条具有耐紫外线、耐老化、永久变形小、耐污染等特性。这是因为如果胶条老化、开裂，甚至脱落，会使幕墙产生漏水、透气等问题，严重时会使幕墙有脱落危险，给幕墙带来安全隐患。

建筑密封胶应防水、耐溶剂和耐大气老化性，并具有低温弹性、低透气率等特点。目前，用耐候硅酮结构密封胶代替建筑密封胶和橡胶密封条已成为国外建筑密封胶发展方向。耐候硅酮结构密封胶应采用中性胶。

玻璃幕墙采用中性硅酮结构密封胶时，其性能应符合国家现行标准《建筑用硅酮结构密封胶》（GB 16776—2005）的规定，硅酮结构密封胶应在有效期内使用。

隐框、半隐框幕墙构件中，选取板材与金属之间硅酮结构密封胶的黏结宽度时，应分别计算风荷载标准值和板材自重标准值作用下硅酮结构密封胶的黏结宽度，并选取其中较大值，且应大于等于 7.0mm。硅酮结构密封胶的黏结厚度应满足受力要求，且不应小于 6mm。硅酮结构密封胶的黏结宽度宜大于厚度，但不宜超过两倍厚度。隐框玻璃幕墙的硅酮结构密封胶的黏结厚度不应大于 12mm。

硅酮结构密封胶应打注饱满，并应在温度为 15～30℃、相对湿度大于 50%、洁净的室内进行；不得在现场的墙上打注。

硅酮结构密封胶常用的有醋酸型硅酮结构密封胶和中性硅酮结构密封胶，选用时可按基层的材质适当选择。醋酸型硅酮结构密封胶对金属有一定的腐蚀性，对未做任何处理的金属面，应慎重使用；另外，其对中空玻璃本身的胶粘剂有影响，因此不宜用于密封中空玻璃。硅酮结构密封胶是目前密封、防水、填缝、黏结材料中的高档材料，其性能优良、耐久性能好，一般可耐-60～+120℃的温度，抗断裂强度可达 1.6MPa。

在吊挂式全玻璃幕墙施工中，面玻璃和肋玻璃之间硅酮结构密封胶胶缝的宽度和厚度要通过强度验算；在玻璃与金属边框、夹扣之间，宜采用中性硅酮结构密封胶。

硅酮结构密封胶在玻璃装配中，常与橡胶密封条配套使用，下层用橡胶密封条，上部用硅酮结构密封胶密封。

4. 其他材料

1）低发泡间隔双面胶带。目前国内使用的双面胶带有两种，即聚氨基甲酸乙酯（又称聚氨酯）低发泡间隔双面胶带和聚乙烯低发泡间隔双面胶带。

依据经验，当玻璃幕墙风荷载大于 1.8kN/m^2 时，宜选用中等硬度的聚氨基甲酸乙酯低发泡间隔双面胶带；当玻璃幕墙风荷载小于等于 1.8kN/m^2 时，宜选用聚乙烯低发泡间隔双面胶带。

2）聚乙烯发泡填充材料。玻璃幕墙可采用聚乙烯发泡填充材料作填充材料，其密度不应大于 0.037g/cm^3。聚乙烯发泡填充材料应有优良的稳定性、弹性、透气性、防水性、耐酸碱性和抗老化性。

3）特殊功能材料。玻璃幕墙宜采用岩棉、矿棉、玻璃棉、防火板等不燃性和耐燃性材料作隔热材料，同时，应采用铝箔或塑料薄膜包装，以保证其防水性和防潮性。

幕墙立柱与横梁之间，须加设橡胶垫片，并应安装严密，以保证其防水性。

7.2.2.3　安装施工的作业条件

1）应审核幕墙施工组织设计（施工高度 50m 及以上需要进行专家论证），并严格要求按施工组织设计的顺序进行施工。施工正式开始前应该完成材料封样和四性试验，以检验工程选择的幕墙系统是否能达到实际要求，选择的材料能否满足实验要求，不满足则需要重新封样。

2）幕墙应在主体结构完毕后开始施工。对于高层建筑的幕墙，因工期的需要，应在保证质量与安全的前提下，按施工组织设计沿高分段施工。在与上部主体结构进行立体交叉施工时，结构施工层下方及幕墙施工的上方必须采取可靠的防护措施。

3）幕墙施工时，原主体结构施工搭设的外脚手架宜保留，并根据幕墙施工的要求进行必要的拆改（拆改后脚手架须满足规范要求）。如果采用吊篮安装幕墙，那么吊篮必须安全可靠。

4）幕墙施工时，应配备必要的安全可靠的起重吊装工具和设备。

5）当装修分项工程会对幕墙造成污染或损伤时，应将该工程安排在幕墙施工之前施工，或应对幕墙采取可靠的保护措施。

6）不应在六级以上大风或大雨天气进行幕墙的施工，不应在雨天进行密封胶施工。当气温低于-5℃时不得进行玻璃安装。

7）应在主体结构施工时控制和检查固定幕墙的各层楼（层）面的标高、边线尺寸和预埋件位置的偏差，并应在幕墙施工前对其进行检查与测量。当结构边线尺寸偏差过大时，应先对结构进行必要的修正；当预埋件位置偏差过大时，应调整框料的间距或修改连接件与主体结构的连接方式。

7.2.3　单元式玻璃幕墙的安装

7.2.3.1　工艺流程

单元式玻璃幕墙现场安装的工艺流程如图 7-2-1 所示。

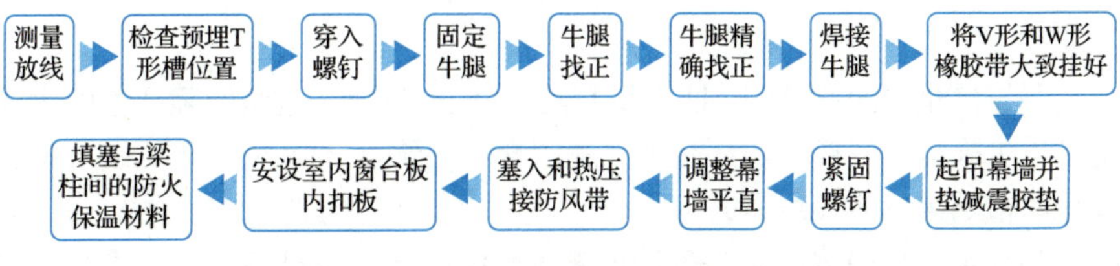

图 7-2-1　单元式玻璃幕墙现场安装的工艺流程

7.2.3.2 操作要点

1. 测量放线

测量放线的目的是确定幕墙安装的位置，因此必须先熟悉幕墙设计施工图纸。对主体结构的质量（如垂直度、水平度、平整度及预留孔洞、埋件等）进行检查，做好记录，如果有问题应提前进行剔凿处理。根据检查的结果，调整幕墙与主体结构的间距。校核建筑物的轴线和标高，然后弹出玻璃幕墙安装位置线（挂板式）。

2. 牛腿安装

在建筑物上固定幕墙，首先要安装好牛腿铁件。牛腿铁件应在土建结构施工时按设计要求将固定牛腿的 T 形槽预埋在每层楼板（梁、柱）的边缘或墙面上。预埋件标高偏差不大于 10mm，预埋件轴线与幕墙轴线垂直方向的前后距离偏差不大于 20mm，平行方向的左右偏差不大于 30mm。

3. 幕墙的吊装和调整

幕墙由工厂整品组装后，经质检人员检验合格后方可运往现场。幕墙必须采取立运（切勿平放），应用专用车辆进行运输。幕墙与车架接触面要垫好毛毡减震、减磨，上部用花篮螺栓将幕墙拉紧。幕墙运到现场后，有条件的应立即安装就位。否则，应将幕墙存放于箱中，也可用脚手架木支撑临时存放，但必须用苫布遮盖。牛腿找正焊牢后即可吊装幕墙，幕墙吊装应自下逐层向上进行。吊装前需将幕墙之间的 V 形和 W 形橡胶带暂时铺挂在外墙面上。幕墙起吊就位时，应在幕墙就位处下层设人监护，上层要有人携带螺钉、减震橡胶垫和扳手等准备紧固。幕墙吊至安装位置时，幕墙下端两块凹型轨道插入下层已安装好的幕墙上端的凸形轨道内，将螺钉通过牛腿孔穿入幕墙螺孔内，螺钉中间要垫好两块减震橡胶圆垫。幕墙上方的方管梁上焊接两块定位块，使其坐落在牛腿悬挑出的长方形橡胶块上，用两个六角头螺栓固定。幕墙吊装就位后，通过紧固螺栓、加垫等方法进行水平、垂直方向的调整，使幕墙横平竖直、外表一致。

4. 塞焊胶带

幕墙与幕墙之间的间隙用 V 形和 W 形橡胶带封闭，胶带两侧的圆形槽内用一条ϕ6mm 圆形胶带与铝框固定。胶带遇有垂直和水平接口时，可用专用热压胶带电炉将胶带加热后压为一体。塞圆形胶带时，为了润滑，可用喷壶在胶带上喷硅油（冬季）或洗衣粉水（夏季）。全部塞胶带和热压接口工作基本在室内作业，但遇到无窗口墙面（如在建筑物的内外拐角处），则须在室外乘电动吊篮进行。

5. 填塞保温、防火材料

幕墙内表面与建筑物的梁柱间，四周均有约 200mm 间隙，这些间隙要按防火要求进行收口处理，用轻质防火材料充塞严实。空隙上封铝合金装饰板，下封大于 0.8mm 厚镀锌钢板，并宜在幕墙后面粘贴黑色非燃织品。

施工时，必须使轻质耐火材料与幕墙内侧锡箔纸接触部位黏结严实，不得有间隙，不得松动，否则将达不到防火和保温要求。

7.2.4　元件式玻璃幕墙的安装

元件式玻璃幕墙是通过竖骨架（竖骨架悬吊点的后置埋板必须采用相应化学锚栓固定）与楼板或梁连接，并在水平方向设置横杆，以增加横向刚度和便于安装。元件式玻璃幕墙的分块规格可以不受层高和柱间尺寸的限制。这种安装方法是目前采用较多的一种方法，适用于有框玻璃幕墙，包括明框玻璃幕墙、隐框玻璃幕墙和半隐框玻璃幕墙。本节主要介绍隐框玻璃幕墙及其施工工艺。

7.2.4.1　隐框玻璃幕墙的构造

1. 基本构造

从图 7-2-2（b）中可以看到，立柱两侧角码是∟100mm×60mm×10mm 的角钢，它通过 M12×110mm 的镀锌连接螺栓将铝合金立柱与主体结构预埋件焊接，立柱又与铝合金横梁连接，在立柱和横梁的外侧再用连接压板通过 M6×25mm 圆头螺钉将带副框的玻璃组合件固定在立柱上。

为了提高幕墙的密封性能，在两块中空玻璃之间填充直径为 18mm 的泡沫条并填耐候胶，形成 15mm 宽的缝，使中空玻璃发生变形时有位移的空间。《玻璃幕墙工程技术规范》（JGJ 102—2003）中规定，隐框玻璃幕墙的拼缝宽度不宜小于 15mm。

图 7-2-2（c）反映横梁与立柱的连接构造，以及玻璃组合件与横梁的连接关系。玻璃组合件应在符合洁净要求的车间生产，然后运至施工现场安装。

幕墙构件应连接牢固，接缝处须用密封材料使连接部位密封［图 7-2-2（b）中玻璃副框与横梁、立柱相交处均有胶垫］，用于消除构件间的摩擦声，防止串烟串火，并消除温差变化引起的热胀冷缩应力。

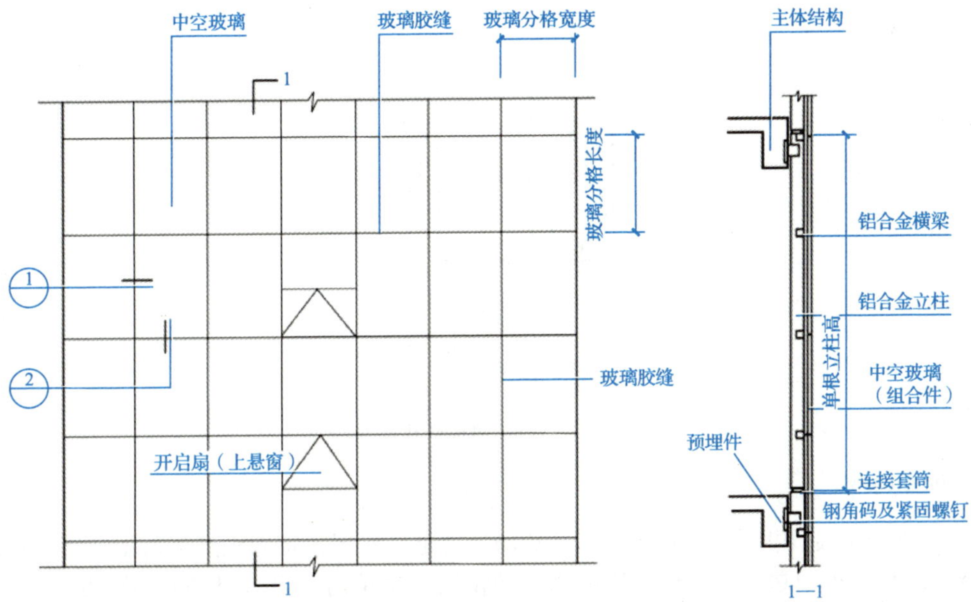

（a）隐框玻璃幕墙组成

图 7-2-2　隐框玻璃幕墙的组成及节点

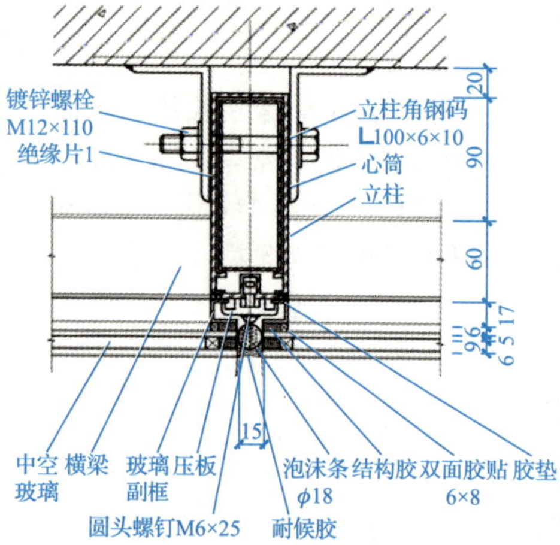

（b）隐框玻璃幕墙水平节点

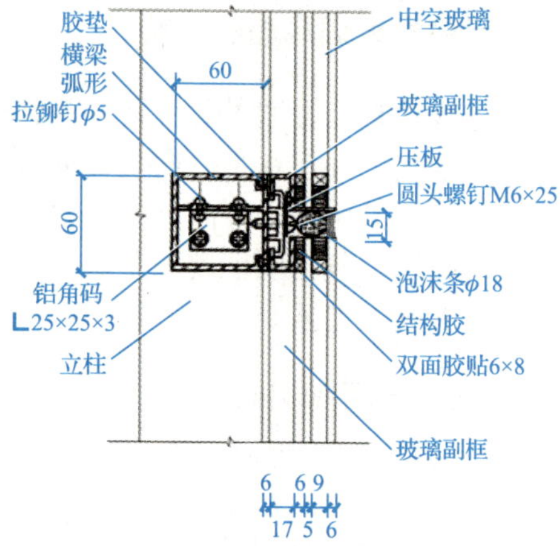

（c）隐框玻璃幕墙垂直节点

图 7-2-2（续）

2. 防火构造

为了保证建筑物的防火能力，玻璃幕墙与每层楼板、隔墙处，以及窗间墙、窗槛墙的缝隙应采用不燃材料（如填充岩棉等）填充严密，形成防火隔层。如图 7-2-3 所示，在横梁位置安装厚度不小于 200mm 的防护岩棉，并用 1.5mm 镀锌钢板衬托。

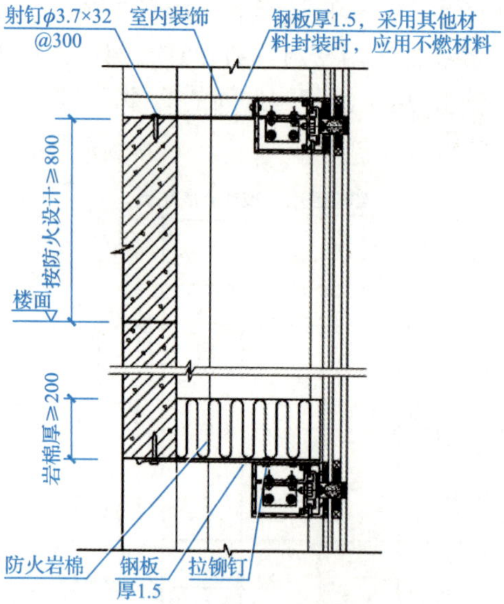

图 7-2-3　隐框玻璃幕墙防火构造节点

3. 防雷构造

《建筑物防雷设计规范》（GB 50057—2010）规定，高层建筑应设置防雷用的等电位连接环（沿建筑物外墙周边每隔一定高度的水平防雷网，用于防侧雷），环间垂直间距应不大于 12m，等电位连接环可利用电气设备的等电位连接干线环路。

采用梁内的纵向钢筋作等电位连接环时，幕墙位于等电位连接环处的预埋件的锚筋必须与等电位连接环处梁的纵向钢筋连通；设等电位连接环位置的幕墙立柱必须与等电位连接环连通，该位置处的幕墙横梁必须与幕墙立柱连通；未设等电位连接环处的立柱必须与固定在设等电位连接环楼层的立柱连通，如图 7-2-4 所示。以上接地电阻应小于 4Ω。

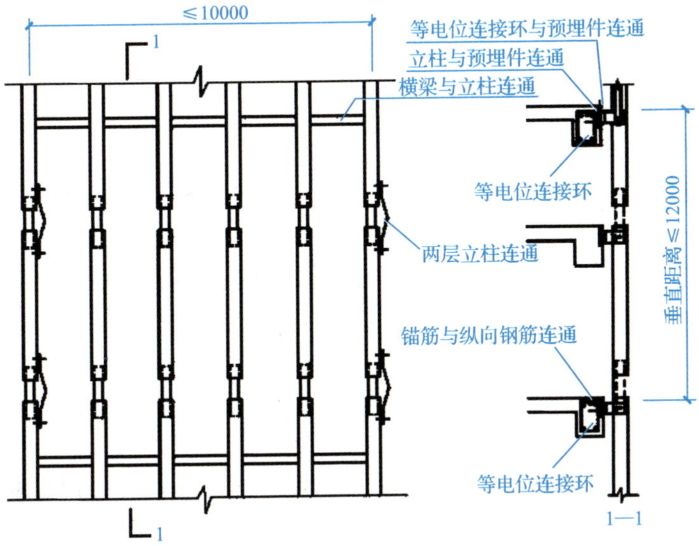

图 7-2-4　隐框玻璃幕墙防雷构造

7.2.4.2　施工工艺流程

隐框玻璃幕墙的施工工艺流程如图 7-2-5 所示。

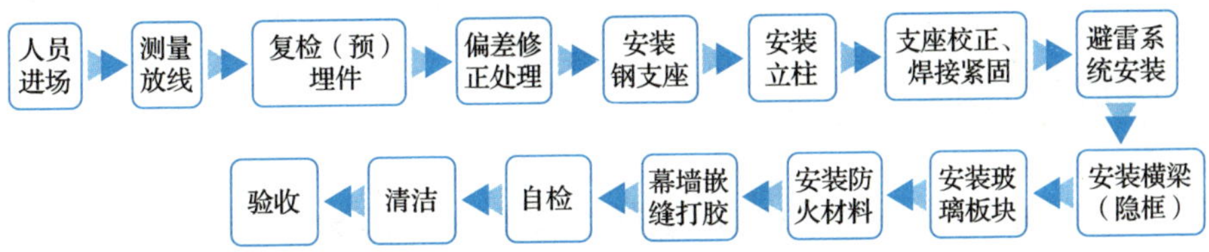

图 7-2-5　隐框玻璃幕墙的施工工艺流程

7.2.4.3　施工安装要点及注意事项

1. 测量放线

1）放线定位前使用经纬仪、水准仪等测量设备，配合标准钢卷尺、重锤、水平尺等复核主体结构轴线、标高及尺寸，注意是否有超出允许值的偏差。

2）幕墙分格轴线的测量应与主体结构测量相配合，其偏差应及时调整，不得累计。

3）对高层建筑的测量应在风力不大于 4 级时进行。

2. 预埋件

在测量放线的同时，应对预埋件的偏差进行检验，预埋件标高偏差不应大于 10mm，预埋件位置与设计位置的偏差不应大于 20mm，超过偏差的预埋件必须办理设计变更手续。

3. 立柱安装

1）立柱应先与连接件连接，然后连接件再与主体埋件连接，并及时进行调整和固定。

2）立柱与连接件（支座）接触面之间必须加设防腐隔离柔性垫片。

3）上下立柱之间应留有不小于15mm的缝隙，闭口型材可采用长度不小于250mm的芯柱连接，芯柱与立柱应紧密配合。

4）焊接完毕后应进行二次复核。

5）立柱安装牢固后，必须去掉上下立柱之间用于定位伸缩缝的标准块，并在伸缩缝处打密封胶。

6）相邻两根立柱安装标高偏差不应大于3mm，同层立柱的最大标高偏差不应大于5mm；相邻两根立柱固定点的距离偏差不应大于2mm。

7）立柱安装轴线偏差不应大于2mm。

4. 幕墙横梁的安装及要求

1）横梁安装必须在土建作业完成及立柱安装后进行，当安装完一层高度时，应进行检查、校正、固定，使其符合质量要求。

2）应按设计要求安装横梁，横梁与立柱接缝处应打与立柱、横梁颜色相近的密封胶。

3）横梁两端与立柱连接处应加弹性橡胶垫。

4）同一根横梁两端或相邻两根横梁的水平标高偏差应不大于1mm。同层标高偏差要求：当一幅幕墙宽度不大于35m时，不应大于5mm；当一幅幕墙宽度大于35m时，不应大于7mm。

5）同一层的横梁安装应自下向上安装，当安装完成一层高度时，应及时进行检查、校正和固定。

6）在安装横梁时应注意，设计中如果有排水系统，那么冷凝水排出管及附件应与横梁预留孔连接严密，与内衬板出水孔连接处应设橡胶密封条，其他通气孔、雨水排出口应按设计进行施工，不得出现遗漏。

5. 调整、紧固幕墙立柱、横梁

1）玻璃幕墙立柱、横梁全部就位后，再做一次整体检查，调整立柱局部不合适的地方，使其达到设计要求。然后对临时定位焊的部位进行正式焊接。紧固连接螺栓，对没有防松措施的螺栓均需要定位焊防松。

2）焊缝清理干净后再做防锈、防腐、防火处理。玻璃幕墙与铝合金接触的螺栓及金属配件应采用不锈钢或轻金属制品。不同金属的接触面应采用垫片做隔离处理。

6. 幕墙防火、保温施工的要求

1）幕墙与每层楼板、隔墙处的缝隙应采用不燃材料填充，防火材料要用厚度不小于1.5mm的镀锌钢板固定，不得用铝板。

2）有保温要求的幕墙，保温部分宜从内往外安装。

3）防火、保温材料应采用铝箔或塑料薄膜包扎，防止材料受潮失效。

7. 玻璃安装

1）玻璃安装前应将表面及四周尘土、污物擦拭干净，保证嵌缝耐候胶可靠黏结。玻璃的镀膜面朝向室内，如果发现玻璃色差明显或镀膜脱落等，应及时向有关部门反映，得到处理方案后方可安装。

2）用于固定玻璃组合件的压块或其他连接件及螺钉等，应严格按设计或有关规范装配，严禁少装或不装紧固螺钉。

3）玻璃组合件安装时应注意保护，避免碰撞、损伤或跌落。当玻璃面积较大或自身质量较大时，应采用机械安装，或者利用中空吸盘帮助提升安装。

8. 拼缝及密封

1）每幅幕墙抽检 5%的分格，且不少于 5 个分格。允许偏差项目有 80%抽检实测值合格，其余抽检实测值不影响安全和使用的，则判为合格。抽检合格后才能进行泡沫条嵌填和耐候胶灌注。

2）耐候胶在缝内相对两面黏结，不得三面黏结，较深的密封槽口应先嵌填聚乙烯泡沫条。注胶前应对施工区域进行清洁，保证缝内无水、油渍、灰尘等杂物。耐候胶施工厚度应大于 3.5mm，施工宽度应不小于两倍施工厚度。注胶后胶缝饱满、表面光滑细腻，不污染其他表面，注胶前应在可能导致污染的部位贴上纸基胶带（即美纹纸条），注胶完成后再将其揭除。

3）玻璃幕墙的密封材料常用的是耐候硅酮结构密封胶，在立柱、横梁等交接部位填胶一定要密实、无气泡。当采用明框玻璃幕墙时，在铝合金的凹槽内玻璃应用定形的橡胶密封条进行嵌填，然后用耐候胶嵌缝。

9. 窗扇安装

1）安装时应注意窗扇与窗框的配合间隙是否符合设计要求，窗框胶条应安装到位，以保证其密封性。图 7-2-6 所示为隐框玻璃幕墙开启扇的竖向节点大样图。

2）窗扇连接件的品种、规格、质量一定要符合设计要求，并采用不锈钢或轻钢金属制品，以保证窗扇的安全、耐用。

10. 保护和清洁

1）在整个施工过程中的玻璃幕墙，应采取适当的措施加以保护，防止产生污染、碰撞和变形受损。

2）工程完工后应从上往下用中性清洗剂对幕墙表面进行清洗。清洗剂在用于清洗前要进行腐蚀性试验，确实证明对玻璃、铝合金无腐蚀作用后方可使用。清洗剂清洗后应用清水冲洗干净。

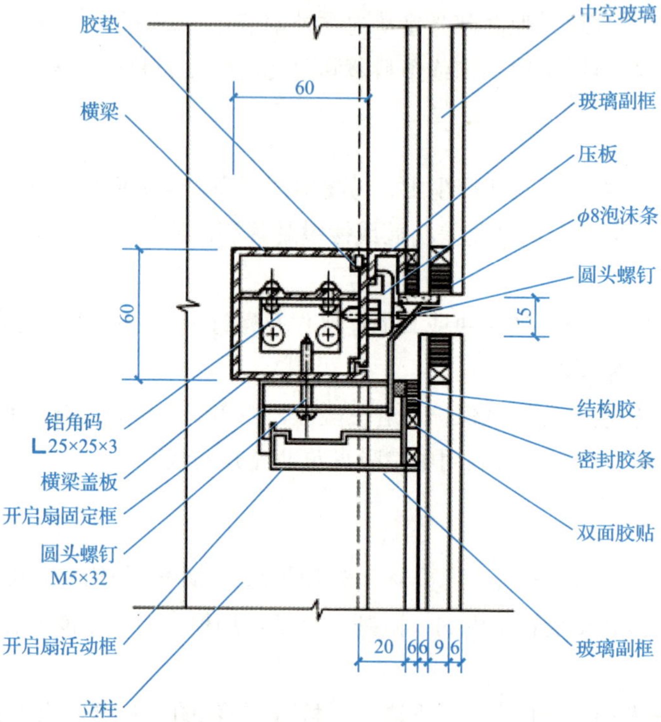

图 7-2-6 隐框玻璃幕墙开启扇的竖向节点大样图

7.2.4.4 安装安全措施

1）安装玻璃幕墙用的施工机具，应进行严格检验。手电钻、电动螺钉旋具、射钉枪等电动工具应做绝缘性试验，手持玻璃吸盘、电动玻璃吸盘应进行吸附重量和吸附持续时间的试验。

2）施工人员进入施工现场，必须佩戴安全帽、系安全带、带工具袋等。

3）在高层玻璃幕墙安装与上部结构施工交叉时，结构施工下方应设安全防护网。在离地3m 处，应搭设挑出 6m 的水平安全网。

4）在施工现场进行焊接时，在焊件下方应吊挂接渣斗，以免发生火灾。

7.2.5 点支式玻璃幕墙的安装

点支式玻璃幕墙是指在幕墙玻璃四角打孔，用幕墙专用钢爪将玻璃连接起来并将荷载传给相应构件，最后传给主体结构的幕墙。这类幕墙光线通透，可使室内空间和室外环境自然和谐。这种幕墙构件精巧，结构美观，可实现精美的金属构件与玻璃装饰艺术的完美融合，并且支撑结构多样，可满足不同建筑结构和装饰效果的需要。这种幕墙的缺点是不易实现开启通风及工程造价偏高。

7.2.5.1 点支式玻璃幕墙的类型

点支式玻璃幕墙可分为玻璃肋点支式玻璃幕墙、钢桁架点支式玻璃幕墙、拉索点支式玻璃幕墙等类型。

1）玻璃肋点支式连接幕墙是指玻璃肋支承在主体结构上，在玻璃肋上安装连接板和钢爪，面玻璃开孔后与钢爪（四脚支架）用特殊螺栓连接的幕墙形式，如图 7-2-7 所示。

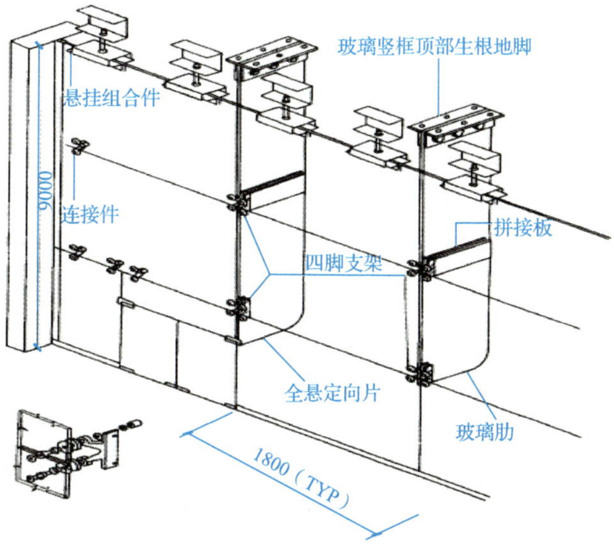

图 7-2-7　玻璃肋点支式玻璃幕墙示意

2）钢桁架点支式玻璃幕墙是指在钢桁架上安装钢爪，玻璃面板四角打孔，钢爪上的特殊螺栓穿过玻璃孔，紧固后将玻璃固定在钢爪上形成的幕墙，如图 7-2-8 所示。

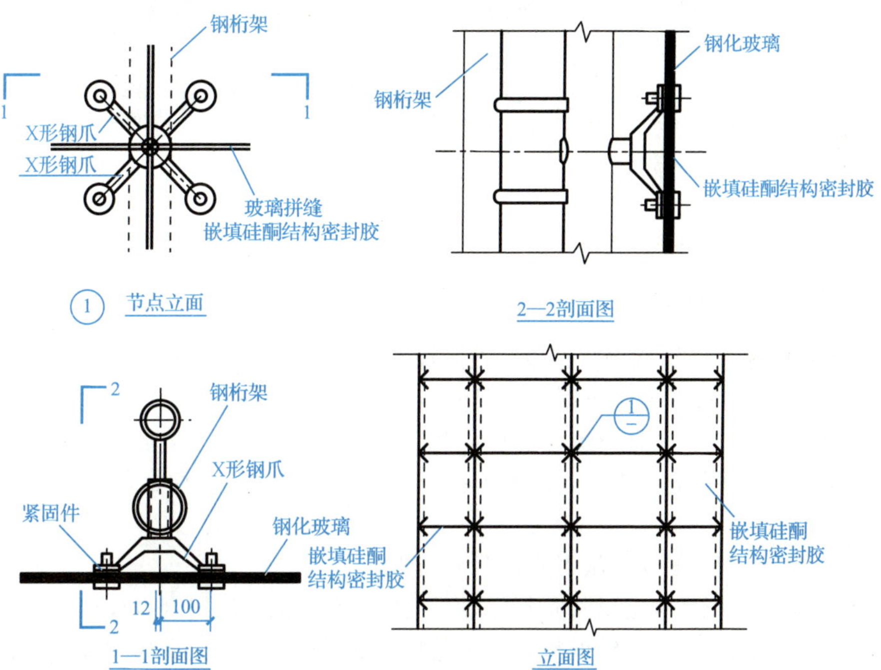

图 7-2-8　钢桁架点支式玻璃幕墙示意

3）拉索点支式玻璃幕墙是将玻璃面板用钢爪固定在索桁架上的玻璃幕墙，它由玻璃面板、索桁架、支撑结构组成，如图 7-2-9 所示。

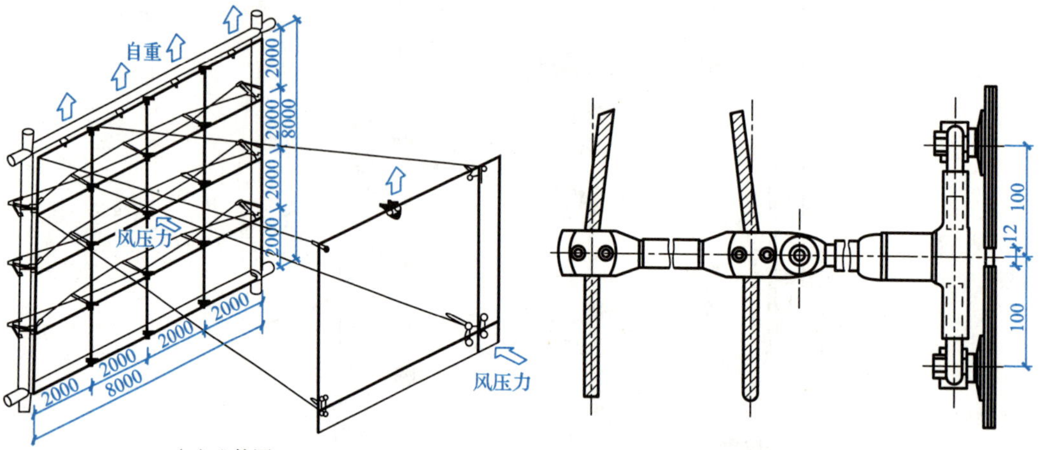

（a）立体图　　（b）索系与玻璃连接图

图 7-2-9　拉索点支式玻璃幕墙示意

7.2.5.2　施工工艺流程

点支式玻璃幕墙的施工工艺流程如图 7-2-10 所示。

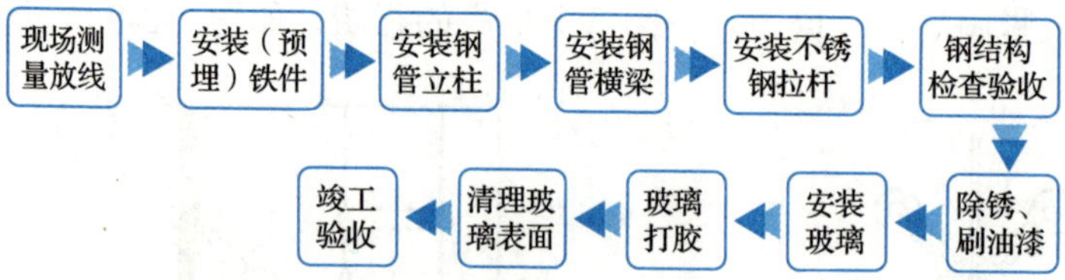

图 7-2-10　点支式玻璃幕墙的施工工艺流程

7.2.5.3　施工安装要点及注意事项

1. 驳接系统的固定与安装

1）驳接座的安装。在结构调整结束后按照控制单元所控制的驳接座安装点进行驳接座的安装，对结构偏移所造成的安装点误差可用偏心座和偏心头校正。

2）驳接爪的安装。在驳接座焊接安装结束后开始定位驳接爪。将驳接爪的受力孔朝下，并用水平尺校准两水平孔的水平度（两水平孔偏差应小于 0.5mm）配钻定位销孔，安装定位销，如图 7-2-11 所示。

点支式玻璃幕墙钢爪的安装施工应符合下列要求：

① 钢爪安装前，应精确定出其安装位置，钢爪的允许偏差应符合设计要求。

② 钢爪装入后应能进行三维调整，并应能减少或消除结构平面变形和温差的影响。

③ 钢爪安装完成后，应对钢爪的位置进行检验。

④ 钢爪与玻璃点连接件的固定应采用力矩扳手，力矩的控制应符合设计要求及有关规定。力矩扳手应定期进行力矩检测。

3）驳接头的安装。驳接头在安装之前要对其螺纹的松紧度、头与胶垫的配合情况进行

100%的检查。先将驳接头的前部安装在玻璃的固定孔上并销紧，确保每件驳接头内的衬垫齐全，使金属与玻璃隔离，保证玻璃的受力部分为面接触，并保证锁紧环锁紧密封，锁紧扭矩为 10N·m。在玻璃吊装到位后将驳接头的尾部与驳接爪相互连接并锁紧，同时要注意玻璃的内侧与驳接爪的定位距离在规定范围以内，如图 7-2-12 所示。

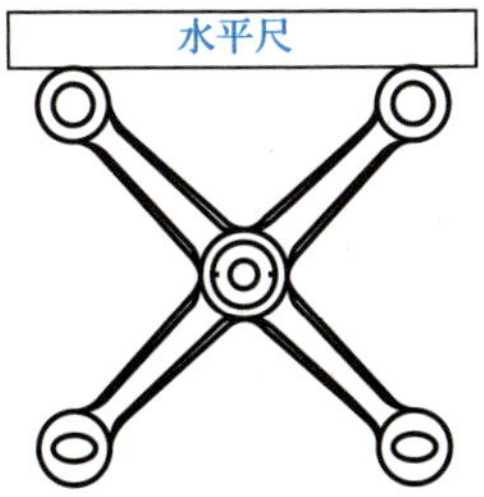

图 7-2-11　定位销

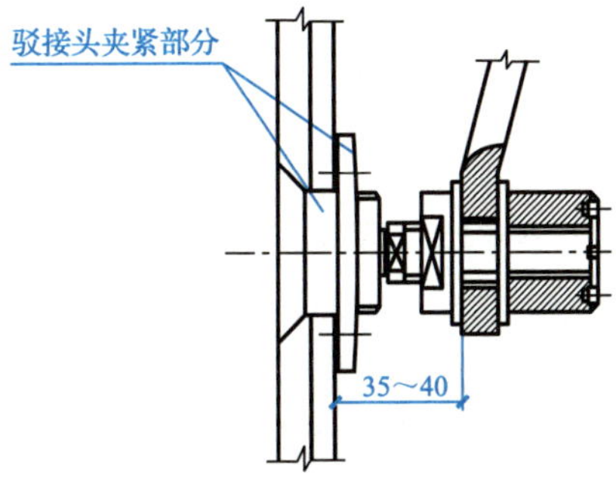

图 7-2-12　玻璃的内侧与驳接爪的定位距离控制

2. 玻璃安装

1）玻璃到达施工现场后，由现场质量检查员与安装组长对玻璃的表面质量、公称尺寸进行 100%的检测。同时使用玻璃边缘应力仪对玻璃的钢化情况进行全检。玻璃安装顺序可采取先上后下，逐层安装调整。

2）玻璃垂直运输：可采用电动葫芦垂直提升到安装平台上进行定位、安装。在整个过程中尽量减少尺寸积累误差，在每个控制单元内尺寸公差带为±3mm。

3. 打胶

1）在玻璃安装调整结束后进行打胶，使玻璃的缝隙密封。

2）打胶顺序是先上后下，先竖向后横向。

3）打胶过程中应注意的事项：先清洗玻璃，特别是玻璃边部与胶连接处的污迹要清洗擦干，在贴美纹纸后要在 24h 之内打胶并及时处理，打好的胶不得有外溢、毛刺等现象。

7.2.6　全玻幕墙的施工

7.2.6.1　全玻幕墙的分类

1. 吊挂式全玻幕墙

为了提高玻璃的刚度、安全性和稳定性，避免产生压屈破坏，在超过一定高度的通高玻璃上部设置专用的金属夹具，将玻璃和玻璃肋吊挂起来形成玻璃墙面，这种玻璃幕墙称为吊挂式全玻幕墙。

吊挂式全玻幕墙的下部需镶嵌在槽口内，以利于玻璃板的伸缩变形，吊挂式全玻幕墙的玻璃尺寸和厚度要比坐落式全玻幕墙的大，而且构造复杂、工序较多，因此造价也较高。

2. 坐落式全玻幕墙

当全玻幕墙的高度较低时，可以采用坐落式安装。坐落式全玻幕墙的通高玻璃板和玻璃肋上下均镶嵌在槽内，玻璃直接支撑在下部槽内的支座上，上部镶嵌玻璃的槽与玻璃之间留有空隙，使玻璃有伸缩的余地。这种做法构造简单、工序较少、造价较低，但只适用于建筑物层高较小的情况。

工程实践证明，下列情况可采用吊挂式全玻幕墙：玻璃厚度为10mm，幕墙高度为4～5m时；玻璃厚度为12mm，幕墙高度为5～6m时；玻璃厚度为15mm，幕墙高度为6～8m时；玻璃厚度为19mm，幕墙高度为8～10m时。

7.2.6.2 全玻幕墙的构造

1. 坐落式全玻幕墙的构造

坐落式全玻幕墙的构造组成为上下金属夹槽、玻璃板、玻璃肋、弹性垫块、聚氯乙烯泡沫垫杆或橡胶嵌条、膨胀螺栓、硅酮结构密封胶及耐候胶等，如图7-2-13（a）所示。

玻璃肋应垂直于玻璃板面布置，间距根据设计计算而确定。图7-2-13（b）所示为坐落式全玻幕墙平面示意。从图中可看到玻璃肋均匀设置在玻璃板面的一侧，并与玻璃板垂直相交，玻璃竖缝嵌填硅酮结构密封胶或耐候胶。

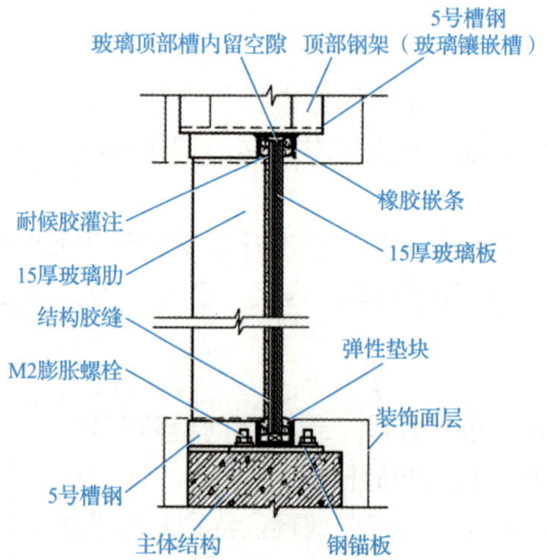

（a）构造示意

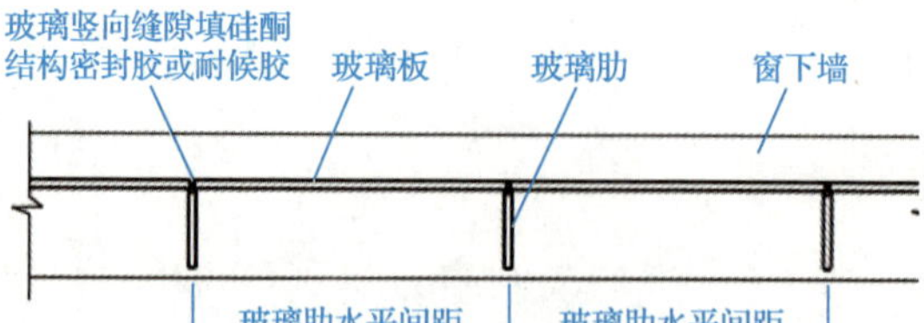

（b）平面示意

图7-2-13 坐落式全玻幕墙构造示意

玻璃肋的布置方式有以下几种。

1）后置式。后置式玻璃肋置于玻璃板的后部，用密封胶与玻璃板黏结成为一个整体，如图7-2-14（a）所示。

2）骑缝式。骑缝式玻璃肋位于两玻璃板的板缝位置，在缝隙处用密封胶将三块玻璃黏结起来，如图7-2-14（b）所示。

3）平齐式。平齐式玻璃肋位于两块玻璃之间，玻璃肋前端与玻璃板面平齐，两侧缝隙用密封胶嵌填、黏结，如图 7-2-14（c）所示。

4）凸出式。凸出式玻璃肋夹在两玻璃板中间，两侧均凸出玻璃表面，两面缝隙内用密封胶嵌填、黏结，如图 7-2-14（d）所示。

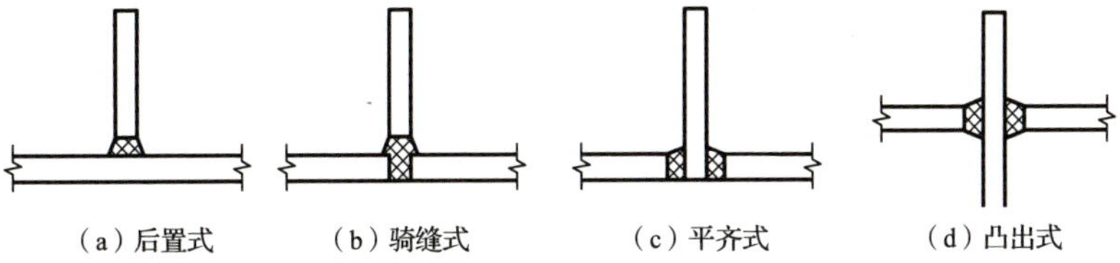

图 7-2-14　玻璃肋的布置方式

2. 吊挂式全玻幕墙的构造

当幕墙的玻璃高度超过一定数值时，采用吊挂式全玻幕墙是一种较好的方法。现以图 7-2-15 和图 7-2-16 为例说明其构造。

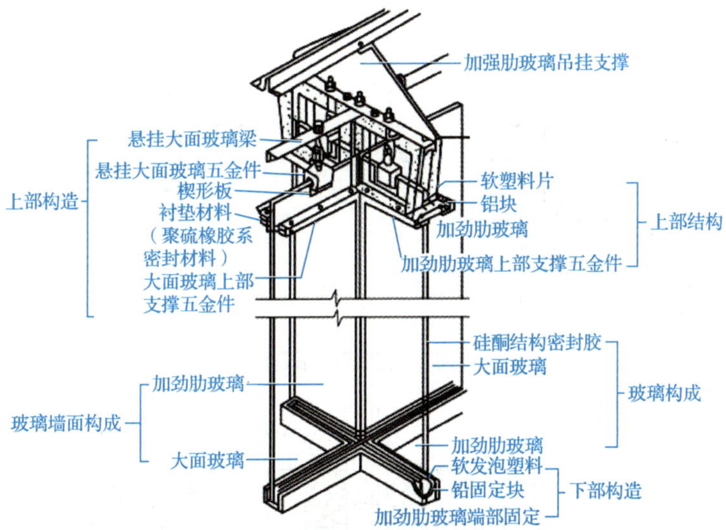

图 7-2-15　吊挂式全玻幕墙的构造

7.2.6.3　全玻幕墙的玻璃定位嵌固

1. 干式嵌固

干式嵌固是指在固定玻璃时采用密封条嵌固的安装方法，如图 7-2-17（a）所示。

2. 湿式嵌固

湿式嵌固是指当玻璃插入金属槽内、填充垫条后，将密封胶（如硅酮结构密封胶等）注入玻璃、垫条和槽壁之间的空隙中，凝固后将玻璃固定的方法，如图 7-2-17（b）所示。

3. 混合式嵌固

混合式嵌固是指先在金属槽内一侧装入密封条，然后放入玻璃，在另一侧注入密封胶的安装方法，这种方法是以上两种方法的结合，如图 7-2-17（c）所示。

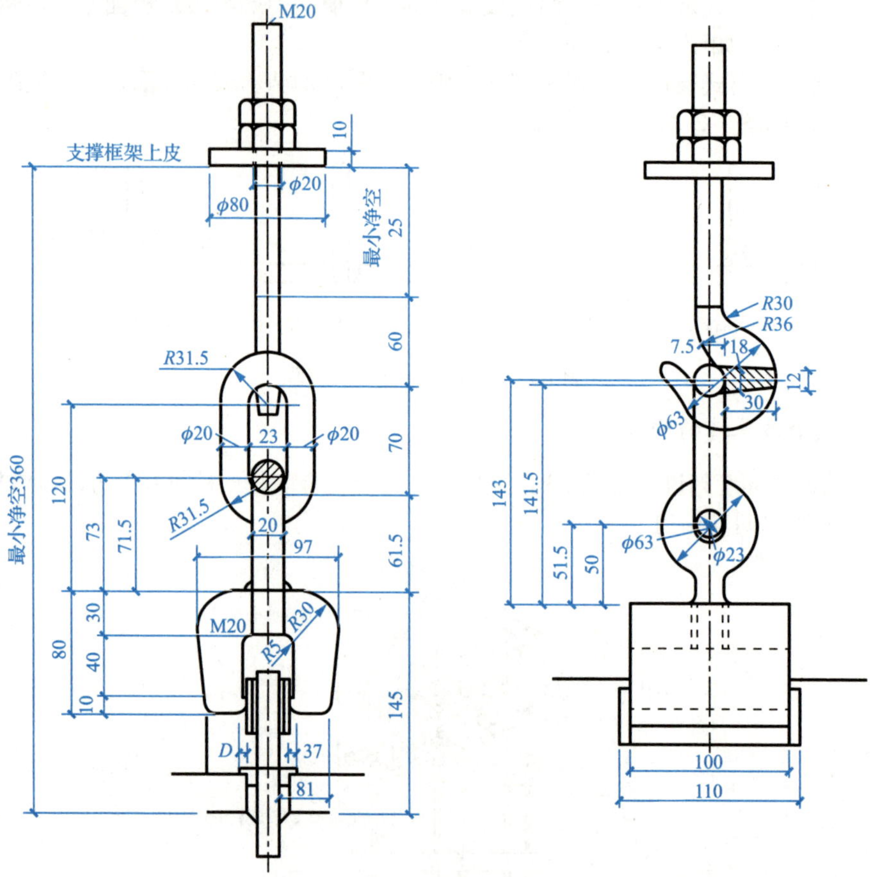

图 7-2-16　全玻幕墙吊具的构造

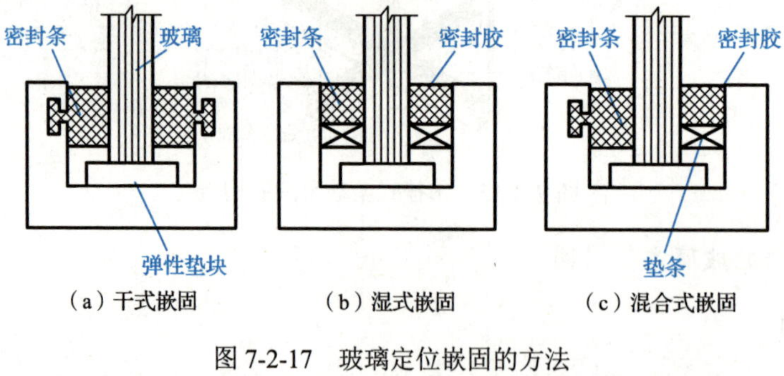

（a）干式嵌固　　（b）湿式嵌固　　（c）混合式嵌固

图 7-2-17　玻璃定位嵌固的方法

7.2.6.4　全玻幕墙的施工工艺

现以吊挂式全玻幕墙为例说明全玻幕墙的施工工艺流程，具体如图 7-2-18 所示。

图 7-2-18　全玻幕墙的施工工艺流程

1. 定位放线

定位放线的方法与有框玻璃幕墙相同。使用经纬仪、水准仪等测量设备，配合标准钢卷尺、重锤、水平尺等复核主体结构轴线、标高及尺寸，对原预埋件进行位置检查、复核。

2. 上部钢架安装

上部钢架用于安装玻璃吊具的支架，强度和稳定性要求都比较高，应使用热渗镀锌钢材，严格按照设计要求施工、制作。在安装过程中，应注意以下事项：

1）钢架安装前要检查预埋件或钢锚板的质量是否符合设计要求，锚栓位置离开混凝土外缘不小于 50mm。

2）相邻柱间的钢架、吊具的安装必须通顺平直，吊具螺杆的中心线在同一铅垂平面内，应分段拉通线检查、复核，吊具的间距应均匀一致。

3）钢架应进行隐蔽工程验收，需要经监理公司有关人员验收合格后，方可对施焊处进行防锈处理。

3. 下部和侧面嵌槽安装

嵌固玻璃的槽口应采用型钢，如尺寸较小的槽钢等，应与预埋件焊接牢固，验收后做防锈处理。下部槽口内每块玻璃的两角附近放置两块氯丁橡胶垫块，长度不小于 100mm。

4. 玻璃肋、玻璃板的安装就位

在玻璃板安装中的主要工序如下。

1）检查玻璃。在吊装玻璃前，需要再次检查玻璃质量，尤其注意检查有无裂纹和崩边，黏结在玻璃上的铜夹片位置是否正确。用干布将玻璃表面擦干净，用记号笔做好中心标记。

2）安装电动玻璃吸盘。玻璃吸盘要对称吸附于玻璃面，吸附必须牢固。

3）在安装完毕后，先进行试吸，即将玻璃吊起 2～3m，检查各个吸盘的牢固度，试吸成功才能正式吊装玻璃。

4）在玻璃适当位置安装手动吸盘、拉缆绳和侧面保护胶套。手动吸盘用于在不同高度工作的工人能够用手协助玻璃就位，拉缆绳是为玻璃在起吊、旋转、就位时，能控制玻璃的摆动，防止因风力作用和吊车转动发生玻璃失控。

5）在嵌固玻璃的上下槽口内侧粘贴低发泡垫条，垫条宽度同嵌缝胶的宽度，并且留有足够的注胶深度。

6）吊车将玻璃移动至安装位置，并将玻璃对准安装位置慢慢靠近。

7）上层的工人把握好玻璃，防止玻璃就位时碰撞钢架。等下层工人都能握住深度吸盘时，可将玻璃一侧的保护胶套去掉。

上层工人利用吊挂电动吸盘的手动吊链慢慢吊起玻璃，使玻璃下端略高于下部槽口，此时下层工人应及时将玻璃轻轻拉入槽内，并利用木板遮挡防止碰撞相邻玻璃。

另外应有人用木板轻轻托扶玻璃下端，保证在吊链慢慢下放玻璃时，玻璃能准确落入下部的槽口中，并防止玻璃下端与金属槽口碰撞。

8）玻璃定位。安装好玻璃夹具，各吊杆螺栓应在上部钢架的定位处，并与钢架轴线重合，上下调节吊挂螺栓的螺钉，使玻璃提升和准确就位。第一块玻璃就位后要检查其侧边的垂直度，其后玻璃只需要检查其缝隙宽度是否相等且符合设计尺寸即可。

9）做好上部吊挂后，嵌固上下边框槽口外侧的垫条，使安装好的玻璃嵌固到位。

5. 嵌固及注入密封胶

1）在灌注密封胶之前，所有注胶部位的玻璃和金属表面均用丙酮或专用清洗剂擦拭干净，注意不得用湿布和清水擦洗，所有注胶面必须干燥。

2）为确保幕墙玻璃表面清洁美观，防止在注胶时污染玻璃，在注胶前需要在玻璃上粘贴美纹纸加以保护。

3）安排受过训练的专业注胶工施工，注胶时内外两侧同时进行。注胶的速度要均匀，厚度要均匀，不要夹带气泡。胶道表面要呈凹曲面。

4）耐候硅酮结构密封胶的施工厚度为3.5～4.5mm，胶缝太薄对保证密封性能不利。

5）胶缝厚度应遵守设计中的规定，硅酮结构密封胶必须在产品有效期内使用。

6. 表面清洁和验收

打胶后对幕墙玻璃进行清洁。拆除脚手架前进行全面检查。

7.2.6.5 全玻幕墙施工注意事项

1）玻璃磨边。每块玻璃四周均需要进行磨边处理，不要因为上下不露边而忽视玻璃的安全和质量。玻璃在吊装中，下部可能临时落地受力；在玻璃上端有夹具夹固，夹具具有很大的应力；吊挂后玻璃又要整体受拉，内部存在着应力。如果玻璃边缘不进行磨边，在复杂的外力、内力共同作用下，很容易产生裂缝而破坏。

2）夹持玻璃的铜夹片一定要用专用胶黏结牢固，密实且无气泡，并按说明书要求充分养护后，才可进行吊装。

3）在安装玻璃时应严格控制玻璃板面的垂直度、平整度及玻璃缝隙尺寸，使之符合设计及规范要求，并保证外观效果的协调、美观。

7.2.7 质量通病与防治

7.2.7.1 材料

1）玻璃、型材合格证、检测报告与试验报告等资料缺失。

防治措施：明确供应商及检测单位所提供的合格证或检测报告，试验资料的正确性、数量；加强管理和归档工作。

2）结构密封胶、耐候密封胶订货渠道不正规、品质无保障。

防治措施：做好项目采购的统筹协调工作，建立合格供应商档案，严格按标准进行进货检验。

3）密封胶过期使用。

防治措施：明确要求结构胶、耐候胶厂家在产品上醒目地标明出厂日期和使用期限，加强加工、施工、运输、储存和搬运等过程的检查和品质管理工作。

4）结构胶、密封胶条没有进行相关的试验，品质和性能达不到标准要求。

防治措施：严格管理制度，加强供应商的评审和选择，协作厂商做好品质控制工作，完善进货检验手段、方法和标准。

5）五金配件质量变异大。

防治措施：完善质量标准，健全进货检验制度，检查出厂许可证。

7.2.7.2　支座点安装

1）预埋件位置、标高、偏差大，支座钢板连接处理不当，影响节点受力和幕墙安全。

防治措施：严格施工流程，土建施工单位和幕墙安装单位应密切配合，对施工过程中发现的偏差，要及时制定合理的施工方案进行处理。

2）预埋件锚固中的钢板厚度、锚固长度和直径不符合要求，焊缝质量差。

防治措施：严格按照国家标准规定，锚筋不得采用冷加工钢筋，数量、直径和长度不得小于最低下限值，认真做好除锈和防锈工作。

3）支座节点有松动或过紧现象，外力作用或温差大时易产生异常声响。

防治措施：按要求紧固所有的螺栓，对不可拆卸的有关节点进行焊接；主梁芯套与主梁的配合必须为间隙配合。

4）安装后玻璃幕墙与施工图所规定位置尺寸不符且超差过大。

防治措施：放线定位准确，注意消除累计误差，主梁安装调整后进行测量检查，然后将支点固定。

7.2.7.3　玻璃板块主体制作及注胶

1）玻璃及铝框几何尺寸出现偏差，超出有关标准规定。

防治措施：严格原材料质量检验标准，下料、加工每道工序都必须自检。

2）注胶构件表面不清洁、不密实、有气泡，胶缝宽度不均匀，缝面不平滑。

防治措施：有关人员必须经过专门培训，加强现场管理，操作速度均匀，及时排出气泡，经常保养和维护注胶机；玻璃裁割后进行倒棱和倒角处理，缝口外溢出的胶应用力向缝面压实，清除多余的胶渍并刮平整。

3）玻璃放置在铝框上的位置不正，产生偏移或歪斜。

防治措施：组装后，及时检查校正变形的铝框。

4）注胶后，平置固化时间控制不到位；不按规定认真填写胶的型号、批号、桶号和注胶时间等记录。

防治措施：建立硅酮结构密封胶施工操作规程，完善质量责任制度，发挥质量检验监督检查功能。

5）板块组件尺寸偏差大，玻璃同铝框产生错位，或未进行切框检查胶的剥离测试。

防治措施：构件在固化期内严禁移动，按规定要求抽查板块组件时，须切框检查胶的剥离测试。

7.2.7.4　横梁、竖框制作安装

选用合格的型材，调试好所需使用的设备，加强管理，提高加工制造精度。

1）横梁加工未留出伸缩间隔或间隙过大。

防治措施：设计时应考虑温差变化及装配误差，留好伸缩间隙；严格按流程加工。

2）横梁与竖框接触面未设柔性垫片，温差和风力作用下产生噪声。

防治措施：所有必要的接触面均要按照规定设置柔性垫片。

3）横梁、竖框排水、泄水做法不当，有积水或渗漏现象。

防治措施：采用等压原理进行结构设计，相应部位分别做密封、冷凝水有组织排水、设置滴水线及挡水板等。

7.2.7.5 玻璃板块组件

1）对缝不平齐，墙面不平整影响外观效果。

防治措施：严格控制主梁变形、各部件尺寸及施工步骤，防止误差累计超标。

2）勾块（压块）固定玻璃组件时发生固定不良现象。

防治措施：尽量少采用此种固定方法固定玻璃组件；在钻底孔前选配适当的钻头，有条件时，采用自攻螺钉，既能节约时间，又能满足要求。

3）活动窗不灵活，有漏水、漏气等不严密现象。

防治措施：检查、调整铰链和密封胶条，在设计时充分考虑避水结构，防止水直接进入防水胶条。

4）横梁支撑块固定不牢。

防治措施：每完成一层都要进行调整、校正和固定等工作，横梁安装尽量在土建湿作业结束之后进行。

5）玻璃表面被污染，色差过大。

防治措施：严把玻璃质量关，避免二次污染，拆架前用中性清洗剂清洗。

6）耐候胶等填塞材料位置深浅不一，胶缝不密实、不平直、不光滑。

防治措施：严格按照注胶工艺流程进行，不可缺少或颠倒。

7.2.7.6 防火、防雷

1）防火层托板位置不在横梁上或与玻璃接触，同层防火区间隔未做竖向处理；防火层铺填有空隙、不严实。

防治措施：尽量避免大块玻璃跨越楼层，应用不燃材料隔开两区间。

2）防雷设施不完善，接地电阻值过大，达不到规范要求。

防治措施：幕墙防雷框架装置要与建筑物防雷网可靠接通，防雷装置使用的材料必须符合规定；防雷设计中关键措施是有效接地网络的形成，它有两方面的意义，即建筑物防雷接地和金属板幕墙防雷接地装置。

7.2.7.7 封边、封顶处理

1）封边板直接与水泥砂浆接触，造成腐蚀；封边金属板处理不当，密封不好、漏水；封边构件固定不可靠，有松动。

防治措施：埋入水泥砂浆内的铝封边板应涂防腐涂料，外露的做保护涂层处理；封板两连接处与外墙间设置沟槽或形成倾角，注胶密封饱满、连续；封板固定前墙体应找平，可采用先装胶塞再植入螺钉的方法固定封边。

2）封顶部位有渗漏现象，铝板有变形、平直度差；伸出的接口处注胶密封差，漏水且不

美观。

防治措施：封顶板制成单元件接口处注胶密封，外露连接铆钉也应涂胶处理；合理设置封顶板跨度，适当考虑用铝材或钢材作内衬框架封边、封顶的效果；刻划出幕墙的边界，同时隔断外界物质，尤其是雨水进入室内的通道，既要处理好与其他结构连接的过渡关系，又要起到美观装饰作用。

7.3 实践操作：石材幕墙施工

7.3.1 石材幕墙施工准备

7.3.1.1 石材幕墙对石材的基本要求

石材幕墙所选用的材料应符合国家现行产品标准的规定，同时应有出厂合格证、质量保证书及必要的检验报告。根据设计要求，确定石材的品种、颜色、花纹和尺寸规格，并严格控制、检查其抗折、抗拉及抗压强度，吸水率、耐冻融循环等性能。石材表面必须做六面防护处理，以防石材污染、变色等。

1. 幕墙石材的选用

1）石材的品种。石材包括花岗石、大理岩、石灰岩、砂岩、洞石等多个品种，在高级建筑装饰幕墙工程中，使用最多的当属花岗石石材幕墙。

2）石材的厚度。幕墙石材的常用厚度一般为 25～30mm。为满足强度计算的要求，幕墙石材的厚度最小应为 25mm。火烧石材的厚度应比抛光石材的厚度大 3mm。石材经过火烧加工后，在板材表面形成细小的不均匀麻坑效果而影响了板材厚度，同时影响了板材的强度，故规定在设计计算强度时，对同厚度火烧板材一般需要按减薄 3mm 处理。

3）石材的面积。单块花岗石石板面积不宜大于 1.5m^2，其他材质的石材单块面积限值应根据设计要求施工。

2. 板材的表面处理

石板的表面处理方法应根据环境和用途确定。石板的表面应采用机械加工，加工后的表面应用高压水冲洗或用水和刷子清理。

3. 对石材的技术要求

1）吸水率。由于幕墙石材处于比较恶劣的使用环境中，尤其是冬季冻缩的影响，容易损伤石材，因此对用于幕墙的石材吸水率要求较高，应小于 0.8%。

2）弯曲强度。用于幕墙的花岗石板材的弯曲强度，应经具有相应资质的检测机构进行检测确定，其弯曲强度应大于等于 8.0MPa。

3）技术性能。幕墙石板材的技术要求和性能试验方法应符合国家现行标准的有关规定。

① 石材的技术要求应符合行业标准《天然花岗石荒料》（JC/T 204—2011）、国家标准《天

然花岗石建筑板材》(GB/T 18601—2009)的规定。

② 石材的主要性能试验方法应符合下列国家现行标准的规定:《天然石材试验方法 第1部分:干燥、水饱和、冻融循环后压缩强度试验》(GB/T 9966.1—2020);《天然石材试验方法 第2部分:干燥、水饱和冻融循环后弯曲强度试验》(GB/T 9966.2—2020);《天然石材试验方法 第3部分:吸水率、体积密度、真密度、真气孔率试验》(GB/T 9966.3—2020);《天然石材试验方法 第5部分:硬度试验》(GB/T 9966.5—2020);《天然石材试验方法 第6部分:耐酸性试验》(GB/T 9966.6—2020)。

4. 对其他材料的要求

1)埋件及龙骨要求。根据图纸及规范对埋件、转接件、竖龙骨(槽钢、钢方通)、横龙骨(角钢)等材料进行验收(含截面尺寸及壁厚),合格后方可使用。埋件、转接件、竖龙骨、横龙骨表面应热镀锌处理、镀锌层厚度应满足设计及规范要求。

2)紧固件要求。根据合同、图纸及规范对化学螺栓(图7-3-1)、膨胀螺栓(图7-3-2)、不锈钢螺栓等材料的品牌、规格、型号、材质进行验收,合格后方可使用。

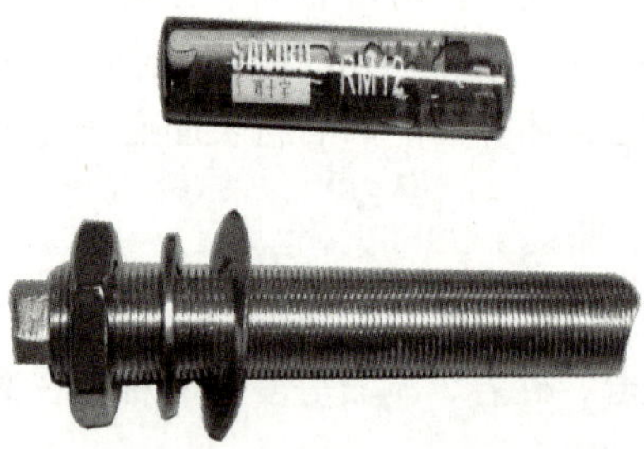

图 7-3-1 化学螺栓

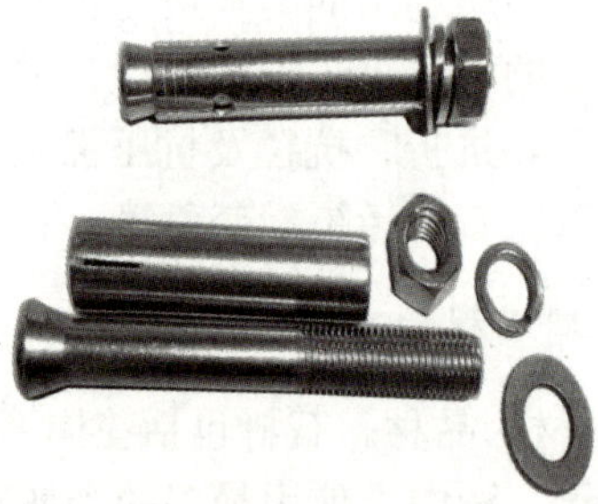

图 7-3-2 膨胀螺栓

3)挂件要求。挂件的规格必须符合设计及规范要求,一般采用不锈钢挂件(图7-3-3),进场时应有材质证明、出厂合格证及检验报告。

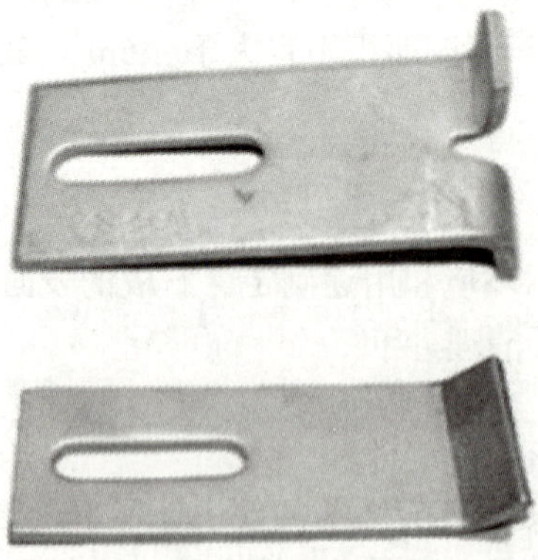

图 7-3-3 不锈钢挂件

4)胶的要求。石材幕墙干挂禁止使用云石胶,应使用干挂石材结构胶(分为A、B组分),外墙嵌缝应采用石材专用中性硅酮耐候密封胶。同一幕墙工程应采用同一品牌的单组分或双组分的中性硅酮结构密封胶，并应有保质年限的质量证书和证明无污染的试验报告；必须对结构胶的黏结强度、耐候密封胶的污染性进行复检。

7.3.1.2　石材幕墙的组成和构造

石材幕墙主要由石材面板、不锈钢挂件、钢骨架（立柱和横梁）及预埋件、连接件和石材拼缝嵌胶等组成。石材幕墙的横梁、立柱等骨架，是承担主要荷载的框架，可以选用型钢或铝合金型材，并由设计计算确定其规格、型号，同时要符合有关规范的要求。

图 7-3-4 所示为有金属骨架的石材幕墙的组成，图 7-3-5 所示为短槽式石材幕墙的构造，图 7-3-6 所示为钢销式石材幕墙的构造，图 7-3-7 所示为背栓式石材幕墙的构造。

石材幕墙的防火、防雷等构造与有框玻璃幕墙基本相同。

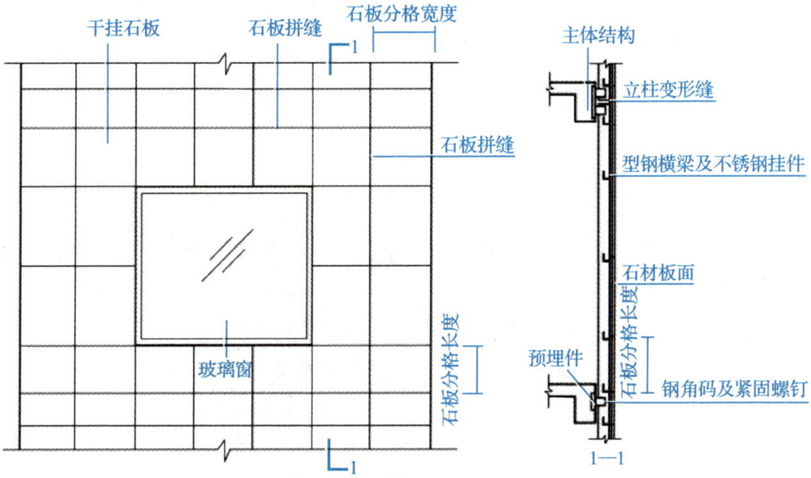

图 7-3-4　有金属骨架的石材幕墙的组成

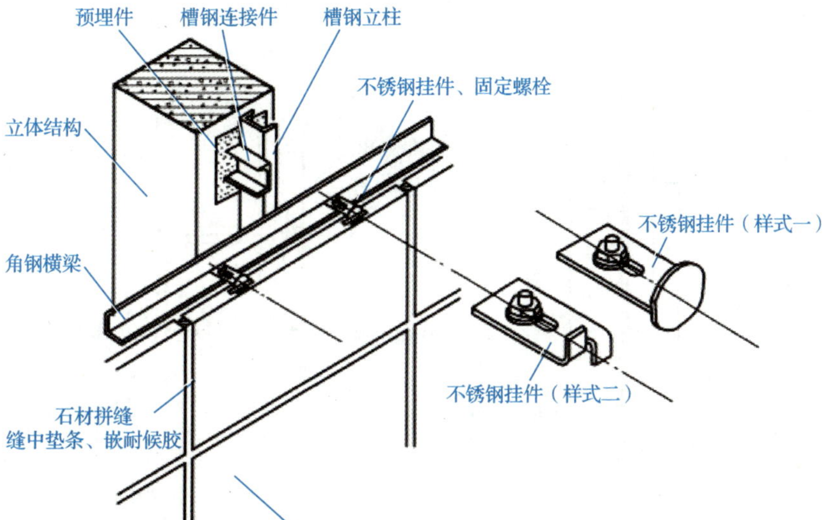

（a）立体图

图 7-3-5　短槽式石材幕墙的构造

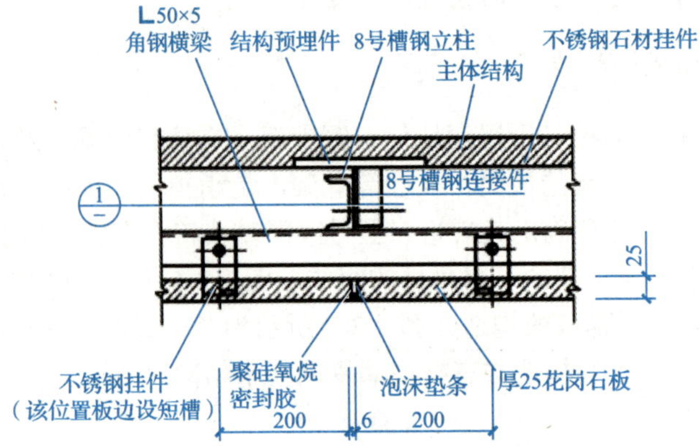

（b）水平节点图

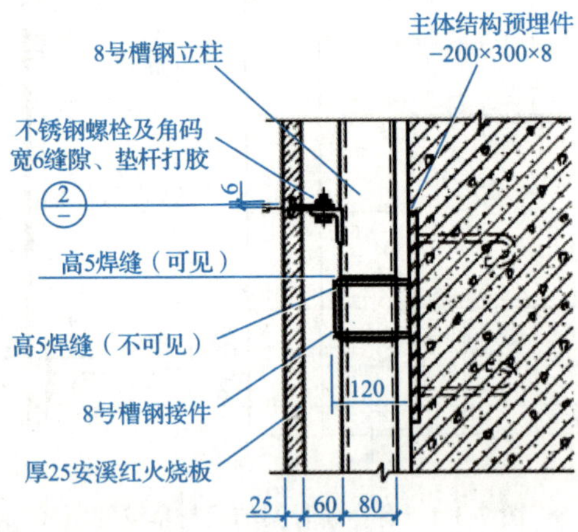

（c）竖向节点图

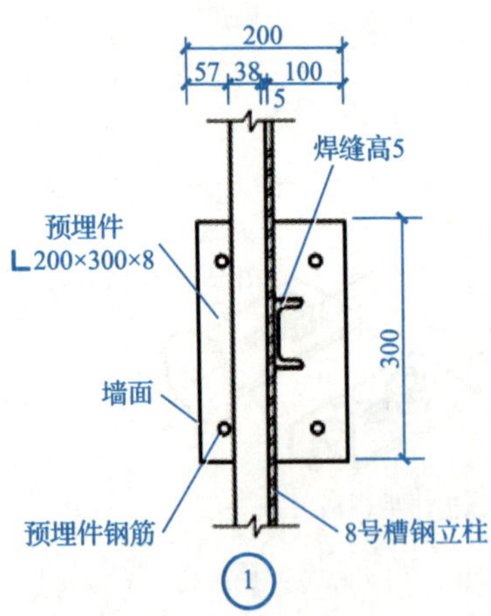

（d）预埋件节点图

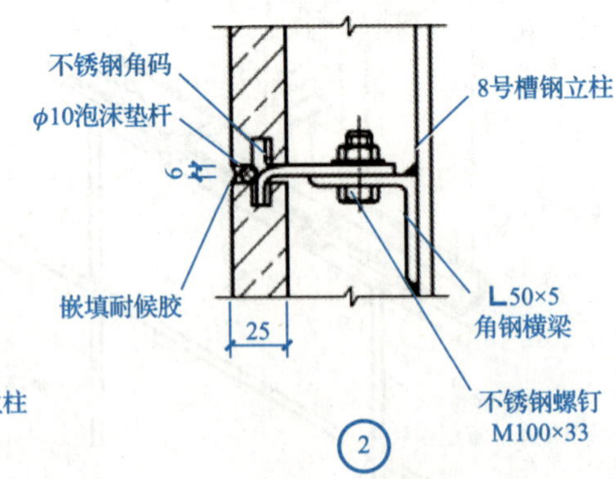

（e）横梁与石板节点图

图 7-3-5（续）

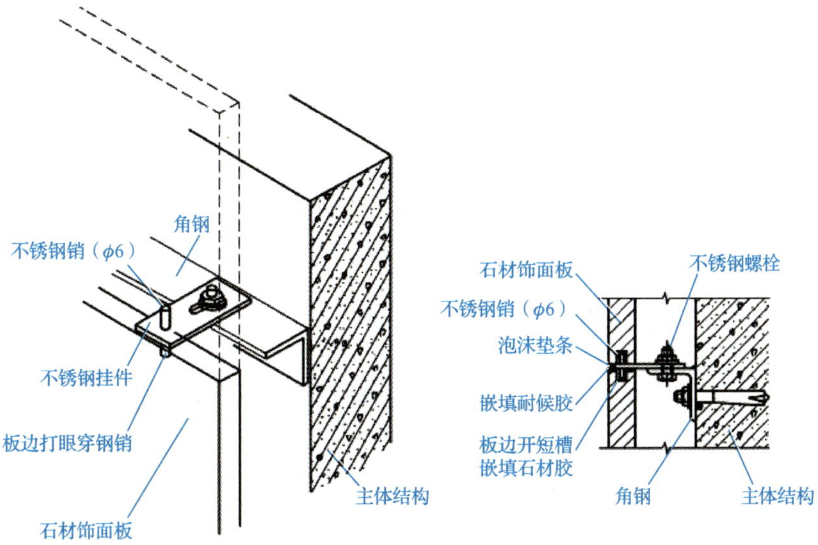

图 7-3-6　钢销式石材幕墙的构造

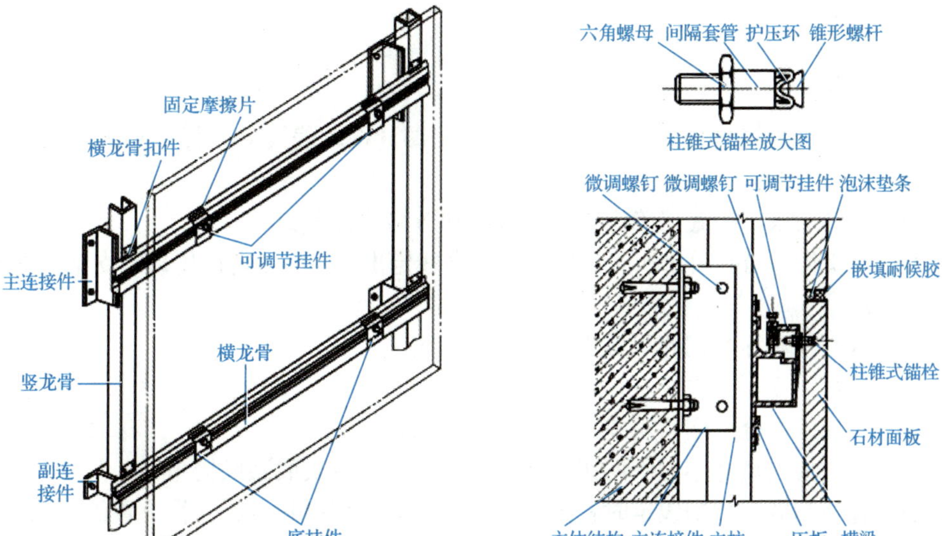

图 7-3-7　背栓式石材幕墙的构造

7.3.1.3　石材幕墙的施工条件

石材幕墙需要满足如下施工条件：

1）施工前应编制施工组织设计（施工高度 50m 及以上需要进行专家论证）。

2）石材幕墙施工前应有土建移交的控制线和基准线。

3）可能对石材面板造成污染及破坏的分项工程应安排在石材面板安装前进行。

4）石材幕墙与主体结构连接的预埋件，应在主体结构施工时按图纸要求同步埋设；如预埋件偏位或漏埋则采用后置埋板，后置埋板与混凝土结构之间采用化学锚栓或膨胀螺栓固定。

5）垂直运输、操作平台等设施就位，高层或超高层项目幕墙工程宜采用吊篮进行施工。

6）石材幕墙构件材料的品种、规格、色泽和性能应符合设计要求。

7）石材幕墙施工前，对有防水要求的外墙，在防水层施工完成且淋水试验合格后，方能进行石材面板的施工。

7.3.2 石材幕墙施工工艺流程、施工方法与注意事项

7.3.2.1 施工工艺流程

石材幕墙的施工工艺流程如图 7-3-8 所示。

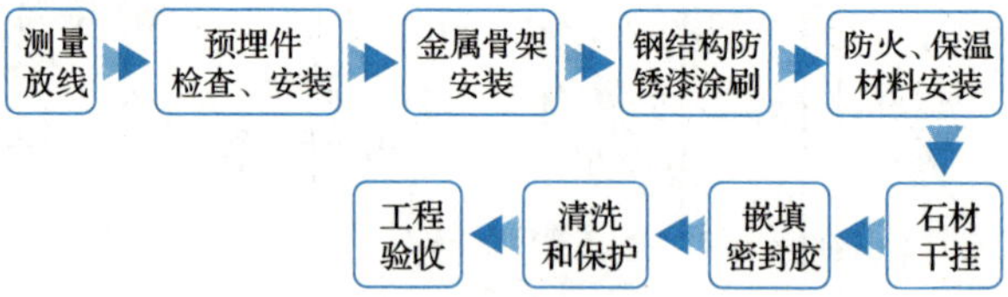

图 7-3-8 石材幕墙的施工工艺流程

7.3.2.2 施工方法

1. 测量放线

1）根据干挂石材幕墙施工图，结合土建施工图复核轴线尺寸、标高和水准点，并予以校正。

2）按照设计要求，在底层确定幕墙定位线和分格线位置。

3）用经纬仪将幕墙的阳角和阴角位置及标高线定出，并用固定在屋顶钢支架上的钢丝线做标志控制线。

4）使用水平仪和标准钢卷尺等引出各层标高线。

5）确定好每个立面的中线。

6）测量时应控制分配测量误差，不能使误差积累。

7）测量放线应在风力不大于四级的情况下进行，并应采取避风措施。

8）放线定位后要对控制线定时校核，以确保幕墙垂直度和金属立柱位置的正确性。

2. 预埋件检查、安装

预埋件应在进行土建工程施工时埋设，幕墙施工前要根据该工程基准轴线和中线，以及基准水平点对预埋件进行检查、校核，当设计无明确要求时，一般位置尺寸的允许偏差为±20mm，预埋件的标高允许偏差为±10mm。

3. 金属骨架安装

1）根据施工放样图检查放线位置。

2）安装固定立柱上的铁件。

3）先安装同立面两端的立柱，然后拉通线按顺序安装中间立柱，使同层立柱安装在同一水平位置。相邻两根立柱安装标高偏差不应大于 3mm，同层立柱的最大标高偏差不应大于 5mm，相邻两根立柱的距离偏差不应大于 2mm。

4）将各施工水平控制线引至立柱上，并用水平尺校核。

5）按照设计尺寸安装金属横梁，横梁一定要与立柱垂直，相邻两根横梁的水平标高偏差不应大于 1mm。同层标高偏差：当一幅幕墙宽度小于等于 35m 时，不应大于 5mm；当一幅幕墙宽度大于 35m 时，不应大于 7mm。

6）钢骨架中的立柱和横梁采用螺栓连接。采用焊接时，应对下方和邻近的已完工装饰饰面进行成品保护。

7）金属骨架完工，并通过隐蔽工程检查后，方可进行下道工序。

4. 防火、保温材料安装

1）必须采用合格的材料，即要求有出厂合格证。

2）在每层楼板与石材幕墙之间不能有空隙，应用 1.5mm 厚镀锌钢板和防火岩棉形成防火隔离带，用防火胶密封。

3）在北方寒冷地区，保温层最好有防水、防潮保护层，在金属骨架内填塞固定，要求严密牢固。

4）幕墙保温层施工后，保温层最好有防水、防潮保护层，以便在金属骨架内填塞固定后严密可靠。

5. 石材干挂

1）将运至工地的石材饰面板按编号分类，检查尺寸是否准确和有无破损、缺棱、掉角。按施工要求分层次将石材饰面板运至施工面附近，并注意可靠摆放。

2）按幕墙墙面基准线仔细安装好底层第一层石材。

3）注意每层金属挂件安放的标高，金属挂件应紧托上层饰面板（背栓式石板安装除外）而与下层饰面板之间留有间隙（间隙留待下道工序处理），如图 7-3-9 所示。

4）安装时，要在饰面板的销钉孔或短槽内注入结构胶，以保证饰面板与挂件的可靠连接，如图 7-3-10 所示。

图 7-3-9　石材采用挂件固定安装

图 7-3-10　石材采用结构胶固定

5）安装时，宜先完成窗洞口四周的石材镶边。

6）安装到每楼层标高时，要注意调整垂直误差，使误差不累积。

7）在搬运石材时，要有安全防护措施，摆放时下面要垫木方。

6. 嵌填密封胶

1）要按设计要求选用合格且未过期的耐候密封胶。最好选用含硅油少的石材专用密封胶，以免硅油渗透污染石材表面。

2）用带有凸头的刮板填装聚乙烯泡沫圆形泡沫条，保证胶缝的最小宽度和均匀性，如图 7-3-11 所示。选用的圆形泡沫条直径应稍大于缝宽，保持泡沫条与板块侧面有足够的摩擦力，填塞后泡沫条凹入表面距石材表面约 3mm。注胶后胶缝厚度为 3.5～5mm，如图 7-3-12 所示。

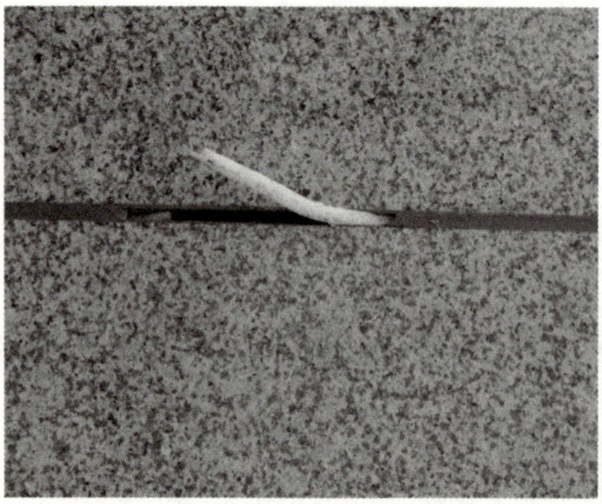

图 7-3-11　石材拼缝内填塞泡沫条

图 7-3-12　密封胶十字胶缝处理

3）在胶缝两侧粘贴胶带纸保护，以免密封胶迹污染石材表面。

4）用专用清洗剂或草酸擦洗缝隙处的石材表面。

5）安排受过训练的注胶工注胶。注胶应均匀无流淌，边打胶边用专用工具勾缝，使密封胶成型后呈微弧形凹面。

6）施工中注意不能有漏胶污染墙面，如果墙面上粘有胶液则应立即擦去，并用清洗剂及时擦净余胶。

7）在刮风和下雨时不能注胶，因为尘土及雨水进入胶缝会严重影响密封质量。

7. 清洗和保护

施工完毕后，除去石材表面的胶带纸，用清水和清洗剂将石材表面擦洗干净，按要求进行打蜡或刷防护剂。

7.3.2.3　施工注意事项

1）严格控制石材质量，材质和加工尺寸都必须合格。

2）要仔细检查每块石材有没有裂纹，防止石材在运输和施工时发生断裂。

3）测量放线要精确，各专业施工要组织统一放线、统一测量，避免各专业施工因测量和放线误差发生施工矛盾。

4）预埋件的设计和放置要合理，位置要准确。

5）根据现场放线数据绘制施工放样图，落实实际施工和加工尺寸。

6）安装和调整石材板位置时，可用垫片适当调整缝宽，所用垫片必须与挂件是同质材料。

7）固定挂件的不锈钢螺栓要加弹簧垫圈，在调平、调直、拧紧螺栓后，在螺母上抹少许结构胶固定。

7.3.2.4　施工安全措施

1）应符合《建筑施工高处作业安全技术规范》（JGJ 80—2016）的规定，还应遵守施工组织设计确定的各项要求。

2）安装幕墙的施工机具和吊篮在使用前应进行严格检查，符合规定后方可使用。

3）施工人员应佩戴安全帽，系安全带，带工具袋。

4）工程上下部交叉作业时，结构施工层下方应采取可靠的安全防护措施。

5）现场焊接时，在焊件下方应设接渣斗。

6）脚手架上的废弃物应及时清理，不得在窗台、栏杆上放置施工工具。

7.3.3　质量通病与防治

7.3.3.1　材料方面

1. 质量通病

1）骨架材料型号、材质不符合设计要求，用料断面偏小，杆件有扭曲变形。

2）所采用的锚栓无产品合格证，无物理力学性能测试报告。

3）石材加工尺寸不符合要求，或与其他装饰工程发生矛盾。

4）石材色差大，颜色不均匀。

2. 防治措施

1）骨架结构必须由有资质的设计机构设计，施工单位要严格进行采购进货的检测和加强验货手续。

2）加强现场的统一测量放线，提高精度，加工前绘制放样加工图，并严格按放样图加工。

3）加强产地选材工作，不能单凭小块样板确定材种，加工后要进行试铺配色，不要选用含氧化铁成分较多的板材。

7.3.3.2　安装方面

1. 质量通病

1）骨架竖框的垂直度、横梁的水平度偏差较大。

2）锚栓松动，不牢靠。

3）垫片太厚。

4）石板缺棱掉角。

5）石板安装完成面不平整。

6）防火保温材料接缝不严。

2. 防治措施

1）提高测量放线精度，所用的测量仪器要检验合格，安装时加强检测和自验工作。钻孔时，必须按锚栓产品说明书要求施工，钻孔的孔径、孔深应适合所用锚栓的要求，不能扩孔，也不能钻孔过深。

2）挂件尺寸要适应土建施工误差，垫片不得太厚。

3）不能选用质地太脆的石材。

4）一定要将挂件调平和用螺栓锁紧后再安装石板。

5）不能将测量和加工误差积累。

6）要选用良好的锚钉和胶粘剂，铺放时要仔细。

7.3.3.3 胶缝方面

1. 质量通病

1）密封胶开裂、不严密。

2）胶中硅油渗出污染板面。

3）板（销）孔中未注胶。

2. 防治措施

1）必须选用柔软、弹性好、使用寿命长的耐候胶，一般宜用硅酮胶。

2）施工时要用清洗剂将石材板表面的污物擦净。

3）胶缝宽度和深度不能太小，施工时精心操作，不漏封。

4）应选用石材专用嵌缝胶；严格按设计要求施工。

7.3.3.4 墙面清洗完整

1. 质量通病

1）幕墙表面被油漆、胶等物污染。

2）有划痕、凹坑。

2. 防治措施

1）上部施工时，必须注意对下部成品的保护。

2）拆搭脚手架和搬运材料时要注意防止损伤墙面。

7.4 实践操作：金属板幕墙施工

7.4.1 金属板幕墙施工工艺流程、施工方法与注意事项

7.4.1.1 施工工艺流程

金属板幕墙施工工艺流程如图 7-4-1 所示。

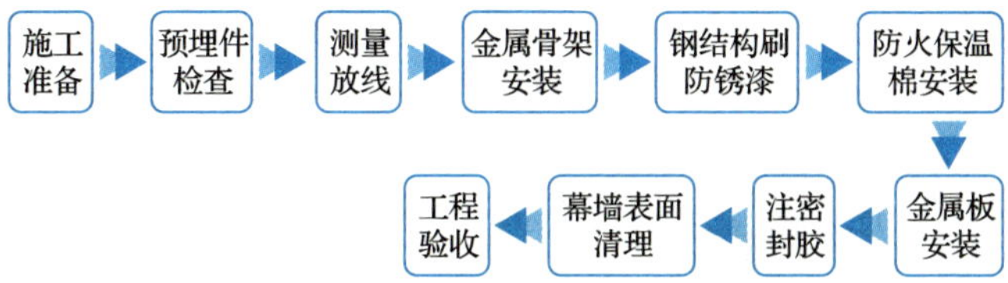

图 7-4-1　金属板幕墙的施工工艺流程

7.4.1.2　施工方法

1. 施工准备

在施工之前科学规划，熟悉图样，做好单项工程施工组织设计，做好施工方案部署，确定施工工艺流程和工、料、机安排等。

2. 预埋件检查

金属板幕墙与主体结构连接的预埋件应在主体结构施工时按设计要求埋设。预埋件应牢靠，位置准确，预埋件的位置误差应按设计要求进行复查。当设计无明确要求时，预埋件的标高偏差不应大于 10mm，位置差不应大于 20mm。

3. 测量放线

幕墙的安装质量很大程度上取决于测量放线是否准确，轴网和结构标高与图样有出入时，应及时向业主和监理工程师报告，按照反馈意见进行调整，由设计单位做出设计变更。

4. 金属骨架安装

1）安装前应检查放线是否正确，并用经纬仪对立柱横梁进行贯通测量，尤其是对建筑转角、伸缩缝、沉降缝等部位进行详细测量放线。

2）安装连接件必须按设计图加工，表面处理按国家现有标准的有关规定进行。

3）连接件焊接时，应采用对称焊，以控制因焊接产生的变形，焊接不得有夹渣和气孔，敲掉焊渣后，对焊缝进行防腐处理（不能在潮湿、多雾及阳光直接暴晒时涂防锈漆）。

4）立柱与连接件的连接应采用不锈钢螺栓，在立柱与连接件的接触面应防止金属电解腐蚀。

5）相邻两根立柱安装标高偏差不应大于 3mm，同层立柱的最大标高偏差不应大于 5mm，相邻两根立柱的距离偏差不应大于 2mm。

6）相邻两根横梁的水平标高偏差不应大于 1mm。同层标高偏差：当一幅幕墙宽度小于等于 35m 时，不应大于 5mm；当一幅幕墙宽度大于 35m 时，不应大于 7mm。

7）在两种金属材料接触处应垫好隔离片，防止接触腐蚀，不锈钢材料除外。

5. 金属板制作

金属饰面板的种类多，一般在工厂加工后运至工地安装。铝塑复合板组合件一般在工地制作、安装。现在以铝单板、铝塑复合板、蜂窝铝板为例说明加工制作的要求。

1）铝单板。铝单板在弯折加工时弯折外圆孤半径应不小于 1.5 倍板厚，以防出现裂纹和集中应力。板上加劲肋的固定可采用电栓钉，但应保证铝板外表面不变形、不褪色，固定应牢靠。铝单板的折边上要做耳子用于安装，如图 7-4-2 所示。

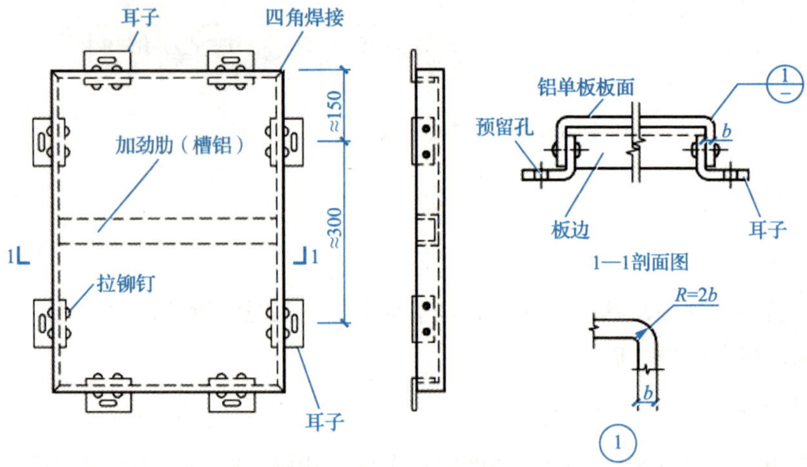

图 7-4-2　铝单板

2）铝塑复合板。铝塑复合板面有内外两层铝板，中间复合聚乙烯塑料。在切割内层铝板和聚乙烯塑料时，应保留不小于 0.3mm 厚的聚乙烯塑料，并不得划伤外层铝板的内表面，如图 7-4-3 所示。

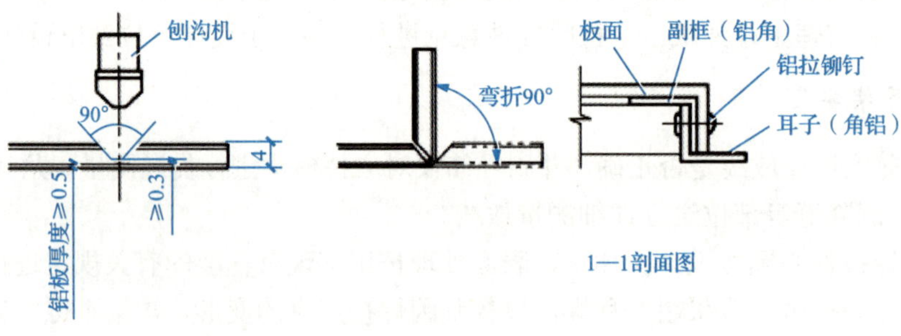

（a）铝塑复合板的折边

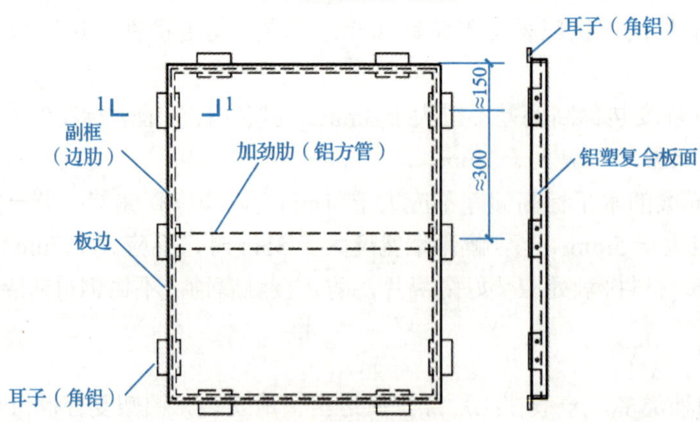

（b）铝塑复合板的结构

图 7-4-3　铝塑复合板

3）蜂窝铝板。应根据组装要求确定切口的尺寸和形状。在去除铝芯时不得划伤外层铝板的内表面，各部位外层铝板应保留 0.3～0.5mm 的铝芯。直角部位的加工，折角内弯成圆弧，角缝应采用硅酮密封胶密封。边缘的加工，应将外层铝板折合 180°，并将铝芯包封。

4）金属板幕墙的吊挂件、安装件。金属板幕墙的吊挂件、安装件应采用铝合金件或不锈钢件，并应有可调整范围。采用铝合金立柱时，立柱连接部位的局部壁厚不得小于 5mm。

6. 防火、防雷节点处理

1）防火层应采取隔离措施，并应根据防火材料的耐火极限确定防火层的厚度和宽度，且应在楼板处形成防火带。

2）幕墙的防火层必须采用经防腐处理且厚度不小于 1.5mm 的耐热钢板，不得采用铝板。

3）防火层的密封材料应采用防火密封胶；防火密封胶应有法定检测机构的防火检验报告。

4）幕墙框架应具有连续且有效的电传导性。

5）幕墙防雷系统要与建筑物防雷系统有效连接，连接部位应清除非导电保护层。

6）幕墙防雷系统直接接地，不应与供电系统共用同一地线。

7. 金属板幕墙的吊挂件、安装件

金属面板安装同有框玻璃幕墙中的玻璃组合件安装。金属面板是经过折边加工、装有耳子（有的还有加劲肋）的组合件，通过铆钉、螺栓等与横竖骨架连接。复合铝塑板与幕墙骨架的连接，如图 7-4-4～图 7-4-9 所示。

1）金属面板表面应平整、光滑，无肉眼可见的变形、波纹和凹凸不平，金属面板无严重表观缺陷和色差。

2）金属面板安装前，应检查对角线及平整度。

3）板与板之间的间隙应符合设计要求。

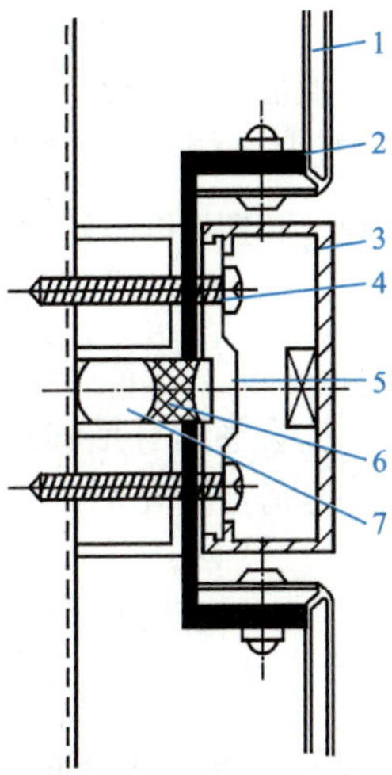

1—铝塑板；2—副框；3—嵌条；4—自攻螺钉；5—压片；6—密封胶；7—泡沫条。

图 7-4-5　复合铝塑板组框图（1）

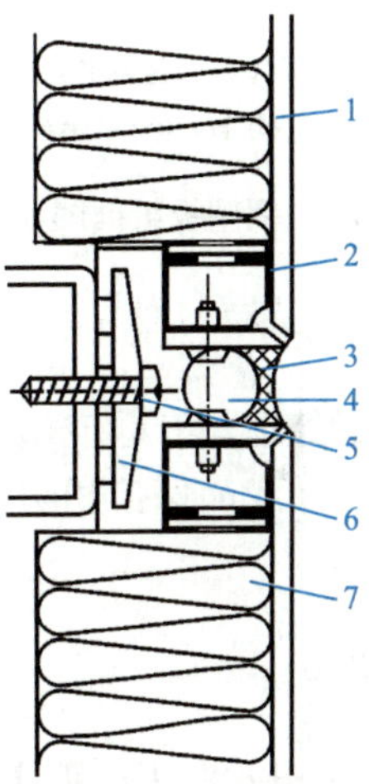

1—铝塑板；2—副框；3—密封胶；4—泡沫条；5—自攻螺钉；6—压片；7—保温板。

图 7-4-5　复合铝塑板组框图（2）

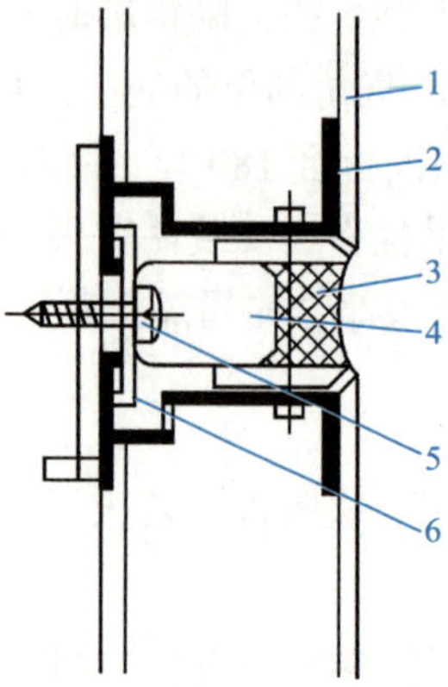

1—铝塑板；2—副框；3—密封胶；4—泡沫条；5—自攻螺钉；6—压片。

图 7-4-6　复合铝塑板组框图（3）

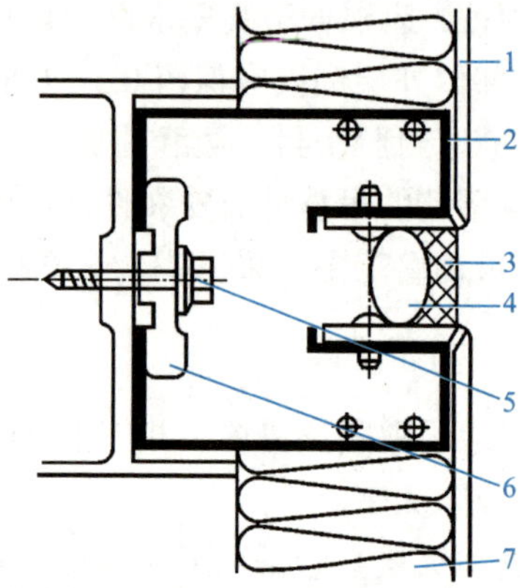

1—铝塑板；2—副框；3—密封胶；4—泡沫条；5—自攻螺钉；6—压片；7—保温板。

图 7-4-7　铝塑板组框图（4）

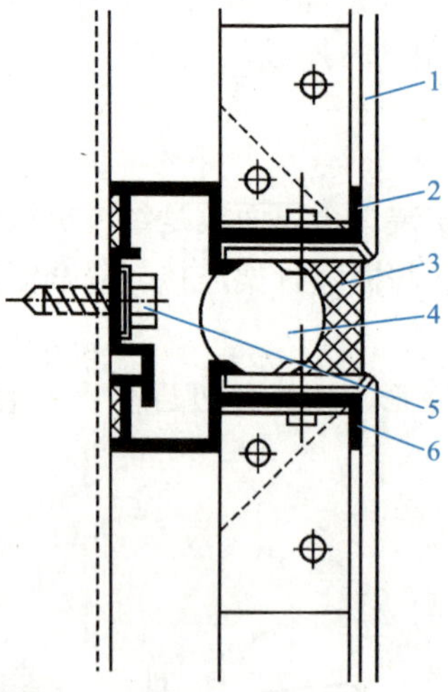

1—铝塑板；2—副框；3—密封胶；4—泡沫条；5—自攻螺钉；6—副框。

图 7-4-8　铝塑板组框图（5）

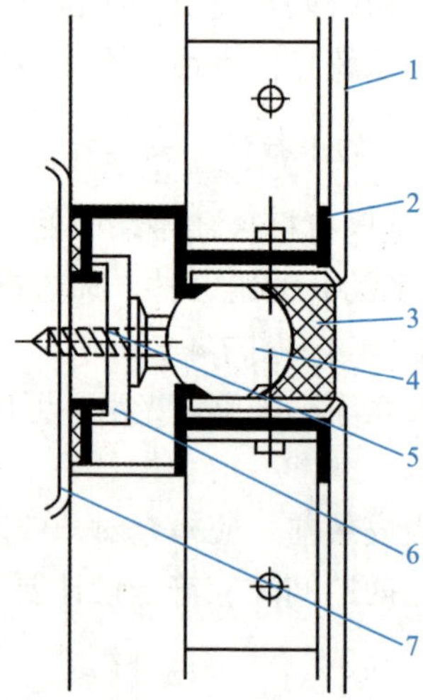

1—铝塑板；2—副框；3—密封胶；4—泡沫条；5—自攻螺钉；6—压片；7—主框。

图 7-4-9　铝塑板组框图（6）

8. 嵌胶封缝与清洁

板的拼缝的密封处理与有框玻璃幕墙相同，并应保证幕墙整体有足够的、符合设计的防渗漏能力。施工时注意成品保护和防止构件污染。待密封胶完全固化后再撕去金属板面的保护膜。

7.4.1.3　施工注意事项

1）金属面板通常由专业工厂加工成型。但因实际工程的需要，部分面板在现场加工是不可避免的。现场加工应使用专业设备和工具，由专业操作人员操作，以确保板件的加工质量和操作安全。

2）各种电动工具使用前必须进行性能和绝缘检查，吊篮须做荷载、各种保护装置和运转试验。

3）金属面板不要重压，以免发生变形。

4）由于金属面板的表面均有防腐及保护涂层，因此应注意硅酮密封胶与涂层黏结的相容性问题，事先做好相容性试验，并为业主和监理工程师提供合格成品的试验报告，保证胶缝的施工质量和耐久性。

5）在金属面板加工和安装时，应当特别注意金属面板的压延纹理方向，通常成品保护膜上印有安装方向的标记，否则会出现纹理不顺、色差较大等现象，影响装饰效果和安装质量。

6）固定金属面板的压板、螺钉，其规格、间距一定要符合规范和设计要求，并应拧紧不松动。

7）金属面板的四角如果未经焊接处理，则应当用硅酮密封胶来嵌填，保证密封、防渗漏效果。

其他注意事项同隐框玻璃幕墙和石材幕墙。

7.4.2　质量通病与防治

7.4.2.1　板面不平整，接缝不平齐

1. 产生原因

连接件固定不牢，产生偏移；码件安装不平直；金属面板本身不平整。

2. 防治措施

确保连接件的固定，应在码件固定时放通线定位，且在上板前严格检查金属面板的质量。

7.4.2.2　密封胶开裂、产生气体渗透或雨水渗漏

1. 产生原因

1）注胶部位不洁净。

2）胶缝深度过大，造成三面黏结。

3）胶在未完全黏结前受到灰尘沾染或损伤。

2. 防治措施

1）充分清洁板材间隙缝（尤其是黏结面），并加以干燥。

2）在较深的胶缝中充填聚氯乙烯发泡材料（小圆棒），使胶形成两面黏结，保证其嵌缝深度。

3）注胶后认真养护，直至其完全固化。

7.4.2.3　预埋件位置不准，致使横竖料很难与其固定连接

1. 产生原因

1）预埋件安装时偏离安装基准线。

2）预埋件与模板、钢筋的连接不牢，使其在浇筑混凝土时位置变动。

2. 防治措施

1）预埋件放置前，认真校核其安装基线，确定其准确位置。

2）采用适当方法将预埋件模板、钢筋牢固连接（如绑扎、焊接等）。

7.4.2.4 胶缝不平滑充实，胶线不平直

1. 产生原因

打胶时，挤胶用力不匀，胶枪角度不正确，刮胶时不连续。

2. 防治措施

连续均匀挤胶，保持正确的角度，将胶注满后用专用工具将其刮平，表面光滑无皱纹。

7.4.2.5 产品污染

1. 产生原因

金属面板安装完毕后，未及时保护，使其发生碰撞变形、变色、污染、排水管堵塞等现象。

2. 防治措施

1）施工过程中及时清除板面及构件表面的黏附物。

2）安装完毕后立即自上向下清扫，并在易受污染破坏的部位贴保护胶纸或覆盖塑料薄膜，在易受磕碰的部位设置护栏。

7.5 实践操作：陶板幕墙施工

1. 施工工艺流程

陶板幕墙的施工工艺流程如图 7-5-1 所示。

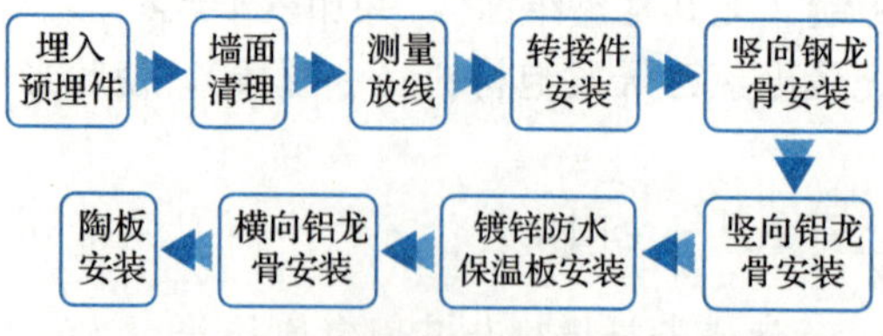

图 7-5-1 陶板幕墙的施工工艺流程

2. 操作要求

（1）埋入预埋件

陶板幕墙立柱与混凝土结构通过预埋件连接，预埋件在主体结构混凝土施工时埋入，预埋件的位置必须符合图纸要求，预埋件必须做防锈处理。发现漏埋时，可采用后置埋件，并

通过现场试验确定承载力。

（2）测量放线

根据陶板幕墙分格大样图和标高控制点、进出口线及轴线位置，采用重锤、钢丝线、测量器具及水平仪等测量工具在主体结构上测出幕墙平面、立柱、分格及转角基准线，并用经纬仪进行调校、复测。根据放线结果从顶部女儿墙往下用钢线吊重锤，每隔 15～20m 吊一根，每根钢线位置以轴线为基准，外延距离相同，起始点水平方向架设一根水平钢线，用经纬仪和水准仪测量其垂直度和水平度，无误后进行后续工作。

（3）转接件安装

根据放线位置，将转接件进行初步焊接固定。初步固定的转接件按层逐步检查，其三维空间误差控制要求：垂直误差小于 2mm、水平误差小于 2mm、进深误差小于 3mm。转接件经过检查符合图纸设计要求后，进行焊接固定，焊缝高度及长度分别经计算确定，但高度不应小于 6mm，长度不应小于 100mm。转接件进行焊渣清理、刷防锈漆完毕后，对预埋件、连接件进行隐蔽工程验收，要求其三维方向定位准确，有效连接牢固。此工序可在安装放线完成时或穿插于放线过程中进行。转接件的安装原理如图 7-5-2 所示。

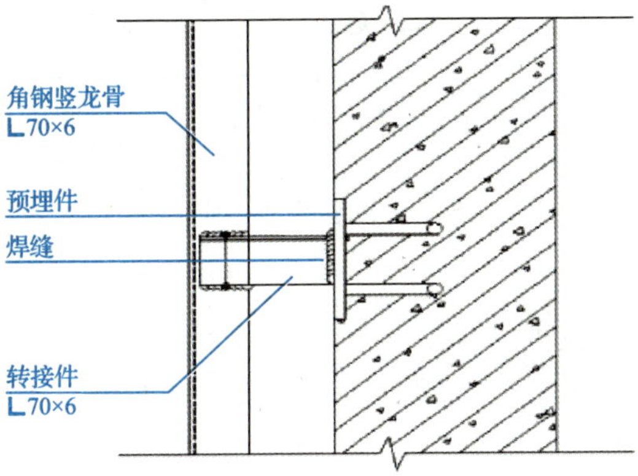

图 7-5-2　转接件的安装原理

（4）角钢竖龙骨安装

以钢线为基准，初步安装竖龙骨，从下往上安装，按照层高高度设置角钢竖龙骨，相邻两根龙骨间留伸缩缝 15～20mm，竖龙骨与转接件定位焊牢后复测尺寸及垂直度，然后进行满焊、清理焊渣及涂刷防锈漆。骨架安装完成后，对骨架进行电气连接，使其成为导电通路，并与主体结构的防雷系统进行可靠连接。

（5）铝合金竖龙骨安装

根据施工图要求在角钢竖龙骨上弹铝合金竖龙骨定位分格线，复测后安装铝合金竖龙骨，铝合金竖龙骨与角钢竖龙骨采用 M6×50 镀锌螺栓连接，间距不大于 600mm，两龙骨间在螺栓部位垫 8mm 厚三元乙丙橡胶绝缘层，宽度同铝合金龙骨凹槽，长度为 100mm，防止电化腐蚀。铝合金竖龙骨同样按照层高高度设置，相邻两根龙骨间留伸缩缝 15～20mm，并且铝合金龙骨伸缩缝位置同角钢竖龙骨。

（6）镀锌防水保温板安装

将玻璃丝棉用岩棉钉及氯丁胶粘到镀锌板上制成防水保温板。安装时从下往上安装，后安装板压住先安装板宽度不小于 30mm。板与铝合金竖龙骨采用镀锌自攻螺钉连接，间距不大于 350mm。板与板、板与铝龙骨的缝隙及钉帽等均用灰色硅酮密封胶封严。为减少冷桥，在竖龙骨背侧等镀锌防水保温板无法覆盖的部位，将玻璃丝棉剪成长条形直接与龙骨用氯丁胶点状粘牢，粘点间距不大于 200mm。

（7）铝合金横龙骨安装

铝合金横龙骨间距为陶板宽度加 10mm。安装铝合金横龙骨时，采用镀锌钢角码和镀锌螺栓固定，保证分格尺寸及水平度。角码与铝合金竖龙骨间垫厚度不小于 1.5mm 的三元乙丙绝缘橡胶垫。铝合金横竖龙骨的连接如图 7-5-3 所示。

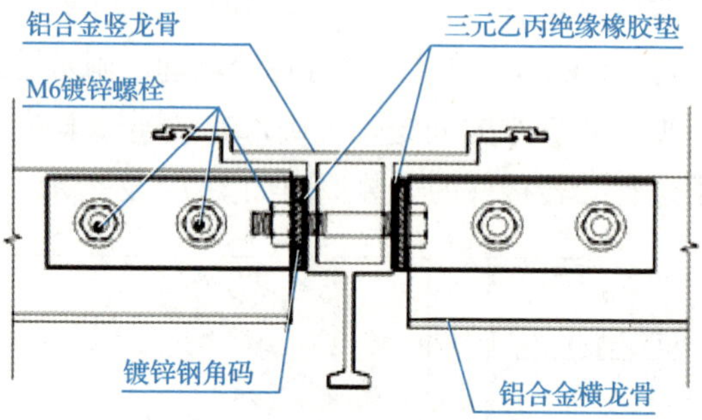

图 7-5-3　铝合金横竖龙骨的连接

（8）陶板安装

根据竖龙骨间距确定陶板横向排板方式及加工尺寸，采用电动切割机进行切割加工。横向采用多块板组成一个单元时，板与板横向不留缝隙，板与铝合金龙骨小棱外缘间距 5mm。

安装时，在陶板上下挂槽与横龙骨挂接处涂聚酯胶黏结，每板黏结不少于四处（上下挂槽各两处），每处胶长 20mm。陶板自下向上逐层安装，全部安装完成后，清理表面，交付验收。

陶板的挂接如图 7-5-4 所示。

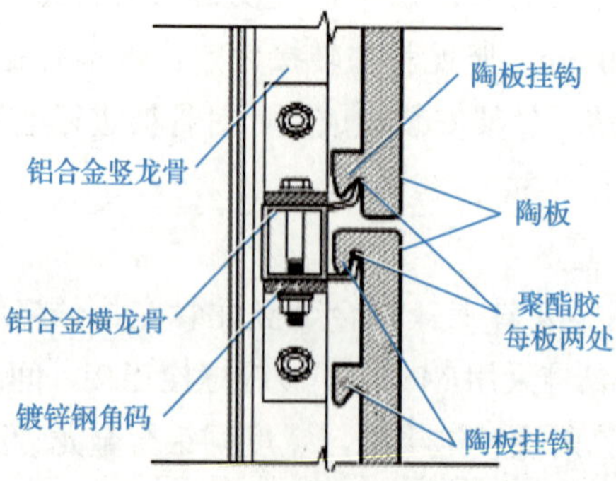

图 7-5-4　陶板的挂接

7.6 实践操作：幕墙工程质量验收

7.6.1　一般规定

1）玻璃幕墙、金属板幕墙、石材幕墙、人造板材幕墙等分项工程的质量验收应符合国家现行标准《建筑装饰装修工程质量验收标准》（GB 50210—2018）的规定。玻璃幕墙分为构件式玻璃幕墙、单元式玻璃幕墙、全玻璃幕墙和点支承玻璃幕墙等。

2）幕墙工程验收时应检查下列文件和记录：

① 幕墙工程的施工图、结构计算书、热工性能计算书、设计变更文件、设计说明及其他设计文件。

② 建筑设计单位对幕墙工程设计的确认文件。

③ 幕墙工程所用材料、构件、组件、紧固件及其他附件的产品合格证书、性能检验报告、进场验收记录和复验报告。

④ 幕墙工程所用硅酮结构胶的抽查合格证明；国家批准的检测机构出具的硅酮结构胶相容性和剥离黏结性检验报告；石材用密封胶的耐污染性检验报告。

⑤ 后置埋件和槽式预埋件的现场拉拔力检验报告。

⑥ 封闭式幕墙的气密性能、水密性能、抗风压性能及层间变形性能检验报告。

⑦ 注胶、养护环境的温度、湿度记录；双组分硅酮结构胶的混匀性试验记录及拉断试验记录。

⑧ 幕墙与主体结构防雷接地点之间的电阻检测记录。

⑨ 隐蔽工程验收记录。

⑩ 幕墙构件、组件和面板的加工制作检验记录。

⑪ 幕墙安装施工记录。

⑫ 张拉杆索体系预拉力张拉记录。

⑬ 现场淋水检验记录。

3）幕墙工程应对下列材料及其性能指标进行复验：

① 铝塑复合板的剥离强度。

② 石材、瓷板、陶板、微晶玻璃板、木纤维板、纤维水泥板和石材蜂窝板的抗弯强度；严寒、寒冷地区石材、瓷板、陶板、纤维水泥板和石材蜂窝板的抗冻性；室内用花岗石的放射性。

③ 幕墙用结构胶的邵氏硬度、标准条件拉伸黏结强度、相容性试验、剥离黏结性试验；石材用密封胶的污染性。

④ 中空玻璃的密封性能。

⑤ 防火、保温材料的燃烧性能。

⑥ 铝材、钢材主受力杆件的抗拉强度。

4）幕墙工程应对下列隐蔽工程项目进行验收：

① 预埋件或后置埋件、锚栓及连接件。

② 构件的连接节点。

③ 幕墙四周、幕墙内表面与主体结构之间的封堵。

④ 伸缩缝、沉降缝、防震缝及墙面转角节点。

⑤ 隐框玻璃板块的固定。

⑥ 幕墙防雷连接节点。

⑦ 幕墙防火、隔烟节点。

⑧ 单元式幕墙的封口节点。

5）各分项工程的检验批应按下列规定划分：

① 相同设计、材料、工艺和施工条件的幕墙工程每 $1000m^2$ 应划分为一个检验批，不足 $1000m^2$ 的也应划分为一个检验批。

② 同一单位工程不连续的幕墙工程应单独划分检验批。

③ 对于异型或有特殊要求的幕墙，检验批的划分应根据幕墙的结构、工艺特点及幕墙工程规模，由监理单位（或建设单位）和施工单位协商确定。

6）幕墙工程主控项目和一般项目的验收内容、检验方法、检查数量应符合行业现行标准《玻璃幕墙工程技术规范》(JGJ 102—2003)、《金属与石材幕墙工程技术规范》(JGJ 133—2001）和《人造板材幕墙工程技术规范》（JGJ 336—2016）的规定。

7）幕墙及其连接件应具有足够的承载力、刚度和相对于主体结构的位移能力。当幕墙构架立柱的连接金属角码与其他连接件采用螺栓连接时，应有防松动措施。

8）玻璃幕墙采用中性硅酮结构密封胶时，其性能应符合国家现行标准《建筑用硅酮结构密封胶》（GB 16776—2005）的规定。硅酮结构密封胶应在有效期内使用。

9）不同金属材料接触时应采用绝缘垫片分隔。

10）硅酮结构密封胶的注胶应在洁净的专用注胶室内进行，且养护环境、温度、湿度条件应符合结构胶产品的使用规定。

11）幕墙的防火应符合设计要求和国家现行标准《建筑设计防火规范（2018 年版）》（GB 50016—2014）的规定。

12）幕墙与主体结构连接的各种预埋件，其数量、规格、位置和防腐处理必须符合设计要求。

13）幕墙的变形缝等部位处理应保证缝的使用功能和饰面的完整性。

7.6.2 玻璃幕墙工程

1）玻璃幕墙工程主控项目应包括下列项目：

① 玻璃幕墙工程所用材料、构件和组件质量。

② 玻璃幕墙的造型和立面分格。

③ 玻璃幕墙主体结构中的埋件。

④ 玻璃幕墙连接安装质量。

⑤ 隐框或半隐框玻璃幕墙玻璃托条。

⑥ 明框玻璃幕墙的玻璃安装质量。

⑦ 吊挂在主体结构上的全玻璃幕墙吊夹具和玻璃接缝密封。
⑧ 玻璃幕墙节点、各种变形缝、墙角的连接点。
⑨ 玻璃幕墙的防火、保温、防潮材料的设置。
⑩ 玻璃幕墙防水效果。
⑪ 金属框架和连接件的防腐处理。
⑫ 玻璃幕墙开启窗的配件安装质量。
⑬ 玻璃幕墙的防雷。
2）玻璃幕墙工程一般项目应包括下列项目：
① 玻璃幕墙表面质量。
② 玻璃和铝合金型材的表面质量。
③ 明框玻璃幕墙的外露框或压条。
④ 玻璃幕墙拼缝。
⑤ 玻璃幕墙板缝注胶。
⑥ 玻璃幕墙隐蔽节点的遮封。
⑦ 玻璃幕墙安装偏差。

7.6.3　金属板幕墙工程

1）金属板幕墙工程主控项目应包括下列项目：
① 金属板幕墙工程所用材料和配件质量。
② 金属板幕墙的造型、立面分格、颜色、光泽、花纹和图案。
③ 金属板幕墙主体结构上的埋件。
④ 金属板幕墙连接安装质量。
⑤ 金属板幕墙的防火、保温、防潮材料的设置。
⑥ 金属框架和连接件的防腐处理。
⑦ 金属板幕墙防雷。
⑧ 变形缝、墙角的连接节点。
⑨ 金属板幕墙防水效果。
2）金属板幕墙工程一般项目应包括下列项目：
① 金属板幕墙表面质量。
② 金属板幕墙的压条安装质量。
③ 金属板幕墙板缝注胶。
④ 金属板幕墙流水坡向和滴水线。
⑤ 金属板表面质量。
⑥ 金属板幕墙安装偏差。

7.6.4　石材幕墙工程

1）石材幕墙工程主控项目应包括下列项目：
① 石材幕墙工程所用材料质量。

② 石材幕墙的造型、立面分格、颜色、光泽、花纹和图案。
③ 石材孔、槽的加工质量。
④ 石材幕墙主体结构中的埋件。
⑤ 石材幕墙连接安装质量。
⑥ 金属框架和连接件的防腐处理。
⑦ 石材幕墙的防雷。
⑧ 石材幕墙的防火、保温、防潮材料的设置。
⑨ 变形缝、墙角的连接节点。
⑩ 石材表面和板缝的处理。
⑪ 有防水要求的石材幕墙的防水效果。
2）石材幕墙工程一般项目应包括下列项目：
① 石材幕墙表面质量。
② 石材幕墙的压条安装质量。
③ 石材接缝、阴阳角、凸凹线、洞口、槽。
④ 石材幕墙板缝注胶。
⑤ 石材幕墙流水坡向和滴水线。
⑥ 石材表面质量。
⑦ 石材幕墙安装偏差。

7.6.5 人造板材幕墙工程

1）人造板材幕墙工程主控项目应包括下列项目：
① 人造板材幕墙工程所用材料、构件和组件质量。
② 人造板材幕墙的造型、立面分格、颜色、光泽、花纹和图案。
③ 人造板材幕墙主体结构中的埋件。
④ 人造板材幕墙连接安装质量。
⑤ 金属框架和连接件的防腐处理。
⑥ 人造板材幕墙的防雷。
⑦ 人造板材幕墙的防火、保温、防潮材料的设置。
⑧ 变形缝、墙角的连接节点。
⑨ 有防水要求的人造板材幕墙防水效果。
2）人造板材幕墙工程一般项目应包括下列项目：
① 人造板材幕墙表面质量。
② 板缝。
③ 人造板材幕墙流水坡向和滴水线。
④ 人造板材表面质量。
⑤ 人造板材幕墙安装偏差。

7.7 综合训练：某大厦石材幕墙施工

综合训练阶段是以项目探索与实战为载体，以学生为主体的行为过程实践阶段，包括任务分析与实战操作两个环节。

7.7.1 任务分析

有一施工队安装一大厦石材幕墙，石材原片进场后在现场切割加工，加工后的石材任意堆放在一起，施工时工人按尺寸找到后安装。施工队进场后首先以地平面为基准，用水准仪和 50m 皮卷尺进行放线测量；在安装顶部封边（女儿墙）结构处石材幕墙时，其安装次序是先安装中间部位的石材，后安装四周转角处部位的石材。施工中在石材幕墙与每层楼板之间填充了防火材料，并用厚度不小于 1.5mm 的铝板进行了固定。

问题：

1）石材可不可以在现场切割加工？应注意什么问题？

2）施工队进场后放线的测量基准对不对？为什么？

3）放线使用的测量仪器和量具是否正确？为什么？

4）顶部封边（女儿墙）结构处石材幕墙的安装顺序对不对？为什么？

5）防火材料的安装有无问题？防火材料与石材及主体结构之间应注意什么？

7.7.2 项目提交

项目提交是学生完成项目实战所设定的任务，进行成果提交的阶段。

1）完成实战项目案例解析。

2）对周边生活中的幕墙工程做一次调查，完成一份关于幕墙施工质量及通病的调查报告，要求包括前期准备工作、施工工艺、操作要点、质量验收，以及质量通病的防治，对幕墙工程施工中出现的通病现象应以拍照的方式做记录。

能力评价　幕墙工程施工能力评价

能力评价阶段是专业指导教师和企业指导教师针对学生项目实战、调查报告及答辩情况进行综合评价并给出成绩的阶段。

1. 评价功能

1）检验学生项目实战的效果及学生观察问题、分析问题、应用专业知识解决实际问题的能力。

2）教师自检其选择的教学方法、手段、形式所得的成果。

2. 评价内容

1）案例解析的准确度。

2）调查报告的全面性、真实性、代表性，对报告中出现的工程质量问题的总结性。

3）综合应用专业知识解决实际问题的能力。

4）对所提问题的回答是否充分及语言表达水平如何。

3. 成绩评定

总体评价参考比例标准：过程考核占40%，成果考核占40%，答辩占20%。

8

项目

涂饰工程施工

学习目标

知识目标

1. 掌握涂饰工程施工的基层处理、工艺流程、操作要点。
2. 掌握涂饰工程施工质量验收的内容、要求和方法。

能力目标

1. 能根据涂饰基层情况，选择合适的基层处理方案。
2. 能分析并解决涂饰施工过程中出现的质量问题。
3. 能根据涂饰施工过程中出现的质量问题采取对应的防治措施。

思维导图

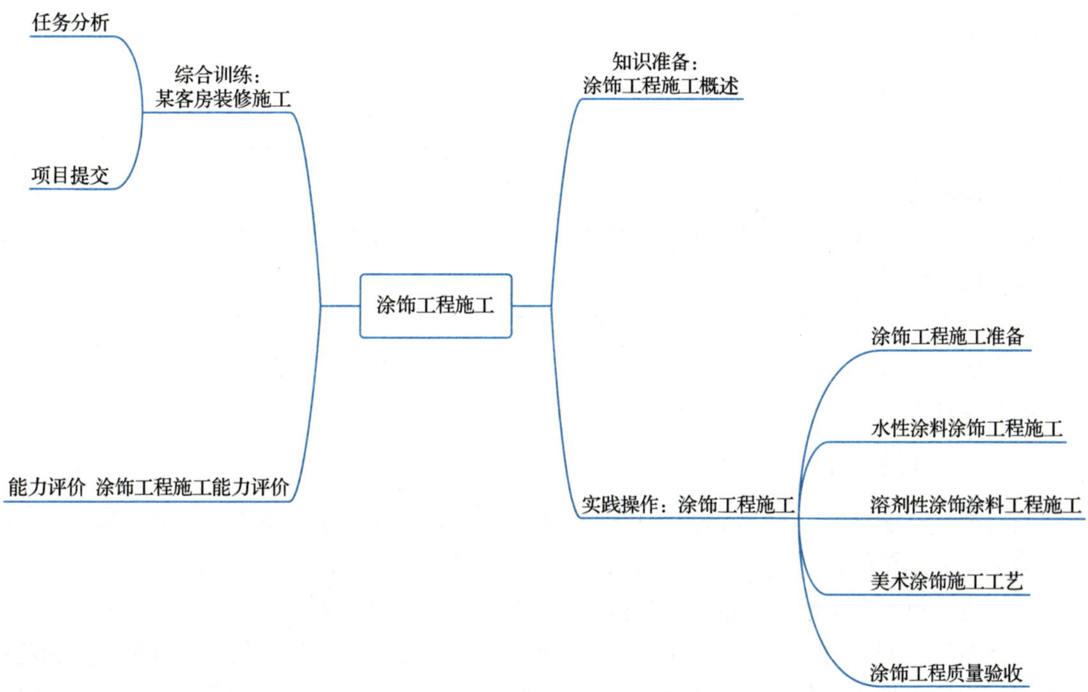

8.1 知识准备：涂饰工程施工概述

微课：墙柱面装饰施工认知

建筑物涂饰饰面是各种饰面做法中最简便、最经济的一种方式。虽然它比贴面砖、水刷石的有效使用年限短，但由于这种饰面做法省工省料、工期短、工效高、自重轻、便于维修更新，而且造价相对比较低，因此，无论在国外还是在国内，这种饰面做法均得到了广泛的应用。

涂饰工程常用的施工方法有刷涂、滚涂、喷涂等，每种施工方法都是在做好基层后施涂，不同的基层对涂料施工有不同的要求。

8.2 实践操作：涂饰工程施工

8.2.1 涂饰工程施工准备

8.2.1.1 涂料的选择及颜色调配

1. 涂料的选择

涂料的选择并不是价格越高越好，而是根据工程的实际情况进行科学选择，总的原则是涂料具有良好的装饰效果、合理的耐久性和经济性。

1）装饰效果。装饰效果是由质感、线形和色彩这三个方面决定的。色彩和质感都可以通过选用合适的涂料来体现。

2）耐久性。涂料的耐久性包括两个方面，即对建筑物的保护效果和对建筑物的装饰效果。

3）经济性。涂料饰面比较经济，但用量大，施涂面广，在装饰工程造价中占有一定比例。因此，要综合考虑，选择合理的涂料，确保其经济性。

2. 涂料的颜色调配

涂料颜色调配是一项比较细致且复杂的工作。涂料的颜色种类非常多，要进行颜色调配，首先需要了解颜色的性能。各种颜色都可由红、黄、蓝三种基本的颜色配成。例如，黄与蓝可配成绿色，黄与红可配成橙色，红与蓝可配成紫色，黄红蓝可配成黑色等。

在涂料颜色调配的过程中，应注意颜色的组合比例，以量多者为主色，以量少者为副色，配制时应将副色加入主色中，由浅到深，不能相反。颜色在涂料湿润的时候比较淡，干燥后颜色则转深，因此调色时切忌过量。

8.2.1.2　涂饰工程施工对基层的一般要求

1）对于有缺陷的基层应进行修补，经修补后的基层表面不平整度及连接部位的错位状况，应限制在涂料品种、涂饰厚度及表面状态等的允许范围之内。

2）基层含水率应根据所用涂料产品种类控制在允许范围之内，除非采用允许施涂于潮湿基层的特殊涂料品种。

3）基层 pH 值应根据所用涂料产品的种类控制在允许范围之内，一般要求小于 10。

4）基层表面修补砂浆的碱性、含水率及粗糙度等，应与其他部位相同，不一致时，应进行处理并加涂封底涂料。

5）基层表面的强度与刚度应高于涂料的涂层。如果基层材料为加气混凝土等疏松表面，应预先涂刷固化溶剂型封底涂料或合成树脂乳液封闭底漆等配套底涂层，以加固基层的表面。

6）现行国家标准《建筑装饰装修工程质量验收标准》（GB 50210—2018）规定：新建筑物的混凝土基层在涂饰涂料前，应涂刷抗碱封闭底漆；旧墙面在涂饰涂料前，应清除疏松的旧装饰层，并涂刷界面剂。

7）涂饰工程基层所用的腻子，应按基层、底涂料和面涂料的性能配套选用，其塑性和易涂性应满足施工的要求，干燥后应坚实牢固，不得粉化、起皮和裂缝。腻子干燥后，应打磨平整光滑并清理干净。

8）在涂饰基层上安装的金属件和钉件等，除不锈产品外均应进行防锈处理。

9）在涂饰基层上的各种构件、预埋件，以及水暖、电气、空调等设备管线或控制接口等，凡是有可能影响涂层装饰质量的工种、工序和操作项目，均应按设计要求事先完成。

8.2.1.3　涂饰工程施工环境条件

涂饰工程施工的环境条件，应注意以下几个方面：

1）环境温度。涂饰工程施工环境的温度宜为 10～35℃，最低温度不得低于 5℃；冬季在室内进行涂料施工时，应当采取保温和采暖措施，室温要保持均匀，不得骤然变化。溶剂型涂料宜在 5～35℃条件下施工，不能采用现场烘烤饰面的加温方式促使涂膜表干和固化。

2）环境湿度。建筑涂料所适宜的施工环境相对湿度一般为 60%～70%，在高湿度环境或降雨天气不宜施工，如采用氯乙烯-偏氯乙烯共聚乳液进行地面罩面涂布时，湿度大于 85%就难以干燥。

3）太阳光照。建筑涂料一般不宜在阳光直接照射下进行施工，特别是夏季的强烈日光照射之下，会造成涂料的成膜不良，进而影响涂层质量。

4）风力大小。在大风天气下不宜进行涂料涂饰施工，风力过大会加速涂料中的溶剂或水分的挥（蒸）发，致使涂层的成膜不良并容易沾染灰尘而影响饰面的质量。

5）污染性物质。在施工过程中，如果发现有特殊的气味（SO_2 或 H_2S 等强酸气体会散发刺激性气味），应停止施工或采取有效措施。

8.2.1.4 施涂准备工作

1. 涂料使用前的准备

1）一般涂料在使用前须充分搅拌，使之均匀。在使用过程中通常也要不断地进行搅拌，以防涂料厚薄不匀、填料结块或饰面色泽不一致。

2）涂料的黏度或稠度必须加以严格控制，使涂料在施涂时不流坠、不显涂刷的痕迹；但在施涂的过程中不得任意稀释。应根据具体的涂料产品种类，按其使用说明进行黏度和稠度调整。

3）根据规定的施工方法（喷涂、滚涂、弹涂和刷涂等），选用设计要求的品种及相应稠度或颗粒状的涂料，并应按工程的施涂面积采用同一批号的产品一次备足。

应注意涂料的贮存时间不宜过长，根据涂料的不同品种具体要求，正常条件下的贮存时间一般不得超过出厂日期的3～6个月。涂料密闭封存的温度以5～35℃为宜，最低不得低于0℃，最高不得高于40℃。

4）对于双组分或多组分的涂料产品，施涂之前应按使用说明规定的配合比分批混合，并在规定的时间内用完。

2. 对涂层的基本要求

为确保涂施涂层的质量，在施工过程中应满足以下几个方面：

1）同一墙面或同一装饰部位应采用同一批号的涂料；施涂操作的每遍涂料根据涂料产品的特点施涂，一般不宜施涂过厚，而且涂层要均匀，颜色要一致。

2）在施涂操作过程中，应注意涂层施涂的间隔时间控制，以保证涂膜的质量。施涂溶剂型涂料时，后一遍涂料必须在前一遍涂料干燥后进行。

3）施涂水性和乳液涂料时，后一遍涂料必须在前一遍涂料表干后进行。每遍涂料应施涂均匀，各层必须结合牢固。

8.2.1.5 涂料施工操作方法

1. 刷涂

刷涂是指人工利用漆刷蘸取涂料进行涂装的方法，其优点是工具简单、施工简便、易于掌握、灵活性强、适用性强、节省涂料。对于边角、沟槽及设备底座等特殊位置和狭窄区域，其他施工方式难以涂装的部位，常采用手工刷涂方法施工。在大面积涂装前，一般应将上述部位先涂刷1～2遍涂料，并扩展30cm以上宽度，以利于大面积涂装时搭接。刷涂不会形成漆雾，对施工环境污染较小，涂料利用率也高，浪费少。

刷涂施工的缺点是：手工操作，生产效率低，劳动强度大。对于干性较快的和流平性较差的涂料，刷涂容易留下刷痕并导致膜厚不均匀现象，影响涂膜的平整度和装饰效果。

（1）施工操作

1）刷涂时，第一遍横涂走刷要平直，有流坠马上刷开，回刷一次。

2）蘸涂料要少，一刷一蘸，不宜蘸得太多，防止流淌。

3）由上向下一刷紧挨一刷，不得留缝。

4）第一遍涂料表干后刷第二遍，第二遍一般为竖涂。

（2）注意事项

1）上道涂层干燥后，再进行下道涂层，间隔时间依涂料性能而定。

2）涂料挥发快的和流平性差的，不可过多重复回刷，注意每层厚薄一致。

3）刷罩面层时，走刷速度要均匀，涂层厚度也要均匀。

4）第一道深层涂料稠度不宜过大，深层要薄，以使基层快速吸收为佳。

2. 滚涂

滚涂是指利用滚筒刷进行涂饰。大面积墙面用滚筒刷涂刷，墙角等处用排笔卡边，采用的涂饰工具不同，饰面效果也会有一定差异。滚筒刷按照毛的长短、质地和花纹也分很多种，可得到不同的漆膜（质感）效果。采用羊绒短毛滚筒刷做出来的效果接近喷涂效果，比较平滑；采用中毛或长毛滚筒刷在墙面漆不加水的情况下可做出立体效果，花纹较大。

（1）施工操作

1）将涂料搅匀调至施工黏度，取少量倒入平漆盘中摊开。

2）将蘸取漆液的滚筒刷先以 W 形进行涂刷，使涂料大致涂在基层上。

3）用不蘸取漆液的滚筒刷紧贴基层上下、左右来回滚动，使漆液在基层上均匀展开。

4）用蘸取漆液的滚筒刷按一定方向满滚一遍，阴角及上下口宜采用排笔刷涂找齐。

（2）注意事项

1）平面涂饰时，要求采用流平性好、黏度低的涂料；立面滚涂时，要求采用流平性小、黏度大的涂料。

2）不要用力滚压，以保证涂料厚薄均匀。不要让滚筒刷上的涂料全部挤压出后才蘸料，应使滚筒刷上保持一定数量的涂料。

3）接槎部位或滚涂一定数量时，应用未蘸取涂料的滚筒刷滚压一遍，以保护滚涂饰面的均匀和完整，不留痕迹。

（3）质量要求

滚涂的涂膜应厚薄均匀、平整光滑、不流挂、不漏底，表面图案应清晰均匀，颜色和谐。

3. 喷涂

喷涂是指利用压力将涂料喷涂于物面墙面上的施工方法，分为有气喷涂和无气喷涂，有气喷涂是空气压缩机带喷枪，施工效率较低，墙面漆需大倍数稀释，只适宜在木器漆喷涂中使用。

高压无气喷涂是近年应用广泛的一种墙面涂漆工艺。它利用压缩空气驱动高压泵，使涂料增压至 25MPa，通过喷嘴小孔（直径 0.2～1mm）喷出。当受高压的涂料离开喷嘴到达空气时，便雾化成极细的小漆粒附着到被喷涂的墙面上，一次喷涂就能渗入缝隙或凹陷处，边角处也能形成均匀的漆膜，光泽度好，附着力大，一次喷涂厚度为 100～300μm。

（1）施工操作

1）将涂料调至施工所需稠度，装入贮料罐或压力供料筒中，关闭所有开关。

2）打开空气压缩机，调节其压力至施工压力。施工喷涂压力一般为 0.4～0.8MPa。

3）喷涂作业时，手要稳定地握持喷枪，涂料出口应与被涂面垂直；喷枪移动时应与被涂面保持平行；喷枪运行速度一般为 400～600mm/s。

4）喷涂时，喷嘴与被涂面的距离一般控制在 400～600mm。

5）喷枪移动范围不能太大，一般直线喷涂 700～800mm 后下移折返喷涂下一行，一般选择横向或竖向往返喷涂。

6）喷涂面的上下或左右搭接宽度为喷涂宽度的 1/3～1/2。

7）喷涂时应先喷门、窗附近，涂层一般要求两遍成活（“横一竖一”）。

8）喷枪喷不到的地方应用油刷、排笔填补。

（2）注意事项

1）涂料稠度要适中。

2）喷涂压力过大或过小都会影响涂膜的质感。

3）涂料开桶后要充分搅拌均匀，若有杂质要过滤。

4）涂层接槎须留在分格缝处，以免出现明显的搭接痕迹。

（3）质量要求

涂膜厚度均匀，颜色一致，平整光滑，不得出现露底、皱纹、流挂、针孔、气泡和失光等现象。

8.2.1.6 涂料施工常用工具

1. 涂料滚涂所用工具

涂料滚涂所用工具如图 8-2-1 所示。

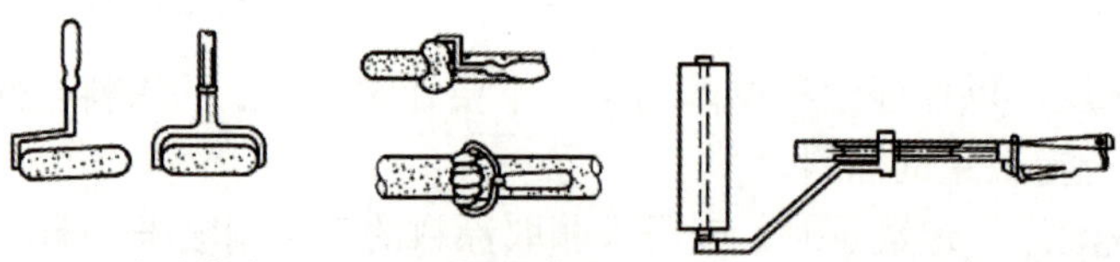

（a）一般滚筒刷 （b）异型滚筒刷 （c）压力送料滚筒刷

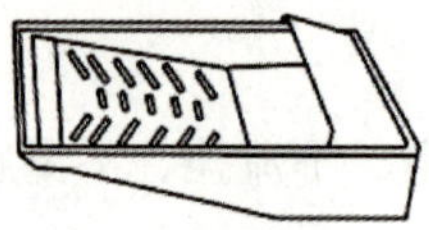

（d）涂料托盘

图 8-2-1 涂料滚涂所用工具

2. 涂料喷涂所用工具

空气喷涂也称有气喷涂，是指利用压缩空气作为喷涂动力的油漆喷涂。涂料喷涂常用的喷枪类型主要有吸出式、对嘴式和流出式，如图 8-2-2 所示。

（a）吸出式喷枪 （b）对嘴式喷枪 （c）流出式喷枪

图 8-2-2 涂料喷涂常用的喷枪类型

3. 涂料高压无气喷涂设备

高压无气喷涂通常利用 0.4～0.8MPa 的压缩空气作为动力，高压泵在此动力驱动下，将油漆涂料吸入并加压至 15MPa 左右，之后通过特制的喷嘴喷出。承受高压的油漆涂料喷至空气中时，即刻剧烈膨胀雾化成扇形气流射向被涂面。涂料高压无气喷涂设备如图 8-2-3 所示。

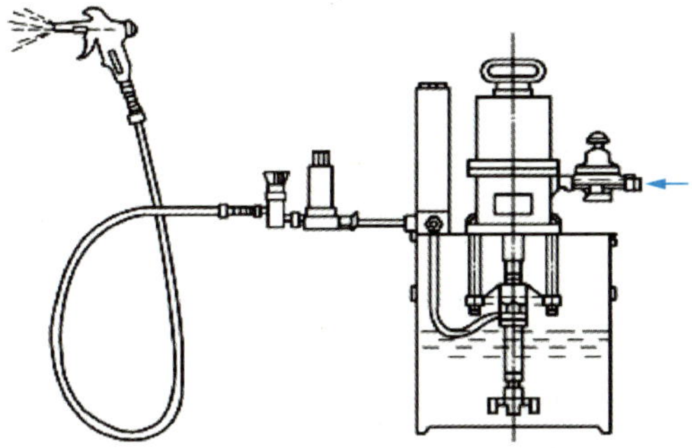

图 8-2-3　涂料高压无气喷涂设备

8.2.2　水性涂料涂饰工程施工

水性涂料涂饰工程施工主要分为内墙面涂料涂饰和外墙面涂料涂饰。

内墙面的涂料施工按材料可分为乳胶漆涂料、多彩花纹涂料、喷塑涂料、仿瓷涂料；外墙面的涂料施工按材料可分为薄质类涂料、厚质类涂料、复层涂料。

乳胶漆是合成树脂乳液的简称，其装饰效果高雅、清新，颜色丰富多彩且可任意调色，其无毒、无味、环保，是目前内墙装饰的主要品种。

8.2.2.1　施工准备和作业条件

1. 施工准备

（1）材料准备

涂料：乳胶漆、胶粘剂、清油、聚醋酸乙烯乳液、白水泥、大白粉、石膏粉、滑石粉等。各色有机或无机涂料应耐碱、耐光。

室内装修所采用的涂料、胶粘剂、水性处理剂，其苯、游离甲苯、游离甲苯二异氰酸醋（TDI）、总挥发性有机化合物（TVOC）的含量应符合有关规定，不应采用聚乙烯醇缩甲醛胶粘剂。

（2）机具准备

滚涂、刷涂施工：滚筒刷、毛刷、涂料托盘、手提电动搅拌器、涂料桶、高凳、脚手板等。

喷涂施工：喷枪、空气压缩机及料勺、氧气管等。

2. 作业条件

1）涂刷溶剂型涂料时，含水率不得大于 8%；涂刷乳液型涂料时，含水率不得大于 10%。

2）抹灰作业已全部完成，过墙管道、洞口、阴阳角等应提前处理完毕，为确保墙面干燥，各种穿墙孔洞都应提前抹灰补平。

3）门窗扇及玻璃已安装完毕，油漆已完成涂刷。如果采用机械喷涂涂料，应将不喷涂的部位遮盖，以防污染。

4）地面已施工完毕（塑料地面、地毯等除外），管道设备已安装完毕，试水试压已完成。

5）大面积施工前应事先做好样板（间），经有关质量检查部门检查鉴定合格后，方可组织施工人员进行大面积施工。

6）施工现场温度宜为5～35℃，并应注意防尘，作业环境应通风良好，周围环境比较干燥。冬季涂料涂饰施工应在采暖条件下进行，室内温度保持均衡，不得突然变化。同时设专人负责测试温度和开关门窗，以利通风与湿气的排出。

8.2.2.2 施工工艺和成品保护

1. 施工工艺

水性涂料涂饰工程的施工工艺流程如图8-2-4所示。

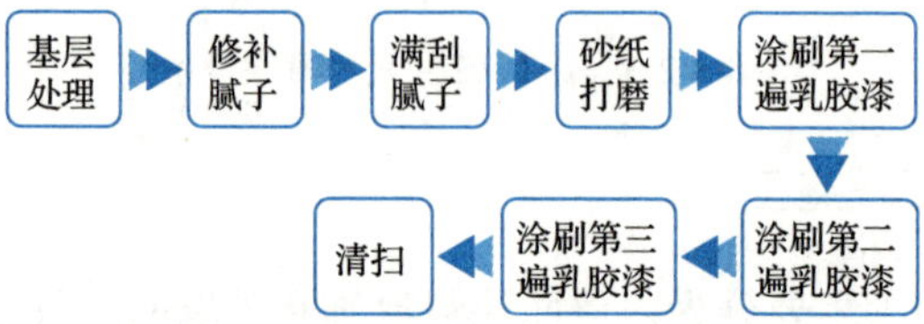

图8-2-4 水性涂料涂饰工程的施工工艺流程

1）基层处理。对墙面抹灰面进行检查，有空鼓、强度低的抹灰层等时应将其剔除后重新抹灰。对可能出现裂缝的位置（如线槽、板缝、施工洞边缘、填充墙与混凝土梁柱之间等位置）及已出现裂缝的位置，应粘贴防止裂缝发展的纸带、纤维布等进行处理。墙面清洁时应将墙体表面上的灰块、浮渣等杂物用开刀铲除，如表面有污垢、油污应用清洗剂和清水洗净，干燥后再用鬃刷将表面灰尘清扫干净。

对于泛碱、析盐的基层，应先用3%的草酸溶液清洗，然后用清水冲刷干净或在基层上满刷一遍耐碱底漆。

2）修补腻子。对墙面平整度及垂直度超过5mm的墙面用石膏腻子，将墙面麻面、蜂窝、洞眼、残缺处填补好。腻子干透后先用开刀将多余腻子铲平整，然后用粗砂纸打磨平整，干燥后再用鬃刷将表面灰尘清扫干净。

3）满刮腻子。墙面刮腻子的遍数根据墙面平整度情况而定，一般是刮两遍腻子。腻子配合比（质量比）为聚醋酸乙烯乳液∶滑石粉或大白粉∶水=1∶5∶3.5。

刮第一遍腻子：第一遍腻子应用胶皮板满刮，要求横向刮抹平整、均匀、光滑、密实，线角及边棱整齐。腻子应用821胶水搅拌均匀后使用，施工时尽量刮薄，不得漏刮，接头不得留槎，不得有明显刮纹（痕），注意不要沾污门窗框及其他装饰部位，否则应及时清理。待第一遍腻子干透后，用粗砂纸打磨平整，打磨操作时要力度均匀，保护好棱角。打磨后用鬃刷将表面灰尘清扫干净。

刮第二遍腻子的方法同第一遍，但刮抹方向宜与第一遍相垂直。然后用粗砂纸打磨平整，鬃刷扫清灰尘。如果达不到阴阳角顺直、大面平整的要求则应进行第三遍、第四遍满刮。

4）砂纸打磨。基层检查合格后，用200W以上灯光侧照墙面，对部分仍未平整的墙面进行找补后，用粗砂纸仔细打磨平整，最后用细砂纸打磨平整光滑，并用毛刷将表面灰尘清扫干净。

经过两遍腻子满刮及打磨，可进一步对墙面平整度进行保证。所用腻子不能使用强度低、易粉化的材料。特别是在湿度大的房间，如果腻子强度低、耐水性差、遇水易膨胀，那么会起泡、开裂进而脱落。

5）涂刷第一遍乳胶漆。乳胶漆涂料使用前应搅拌均匀，根据基层及环境温度情况，可加10%的水进行稀释，以防第一遍涂料施涂不开。干燥后复补腻子，待复补腻子干透后，用 1 号砂纸磨光并清扫干净。

涂刷第一遍乳胶漆前先将墙面仔细清扫干净，用布将墙面粉尘擦净。滚涂顺序一般遵循“从下到上，从左到右，先远后近，先边角棱角、小面后大面”的原则。要求涂料厚薄均匀，防止涂料过多流坠。滚筒刷涂不到的阴角等处，需用毛刷补充，不得漏涂。要随时剔除沾在墙上的滚筒刷毛。一面墙的涂刷要一气呵成，避免接槎刷迹重叠现象，沾污到其他部位的涂料要及时用清水擦净。第一遍涂料施工后，一般需干燥 4h 以上才能进行下道磨光工序。如遇天气潮湿，应适当延长间隔时间。然后，用细砂纸进行打磨，打磨时用力要轻而匀，并不得磨穿涂层，磨后将表面清理干净。

6）涂刷第二遍乳胶漆。操作要求同第一遍乳胶漆的涂刷。涂刷前要充分搅拌，如果涂料不是很稠，不宜加水或尽量少加水，以防露底。漆膜干燥后，用细砂纸将墙面小疙瘩和排笔毛打磨掉，磨光滑后用布擦干净。

7）涂刷第三遍乳胶漆。操作要求同第二遍乳胶漆的涂刷。由于乳胶漆膜干燥较快，应连续迅速操作，涂刷时从左端开始，逐渐涂刷向另一端，一定要注意上下顺刷互相衔接，后一排笔紧接前一排笔，避免出现接槎明显而须另行处理的现象。

施工涂刷时控制好施工温度、湿度，应在 5℃以上（最好是 10℃以上）、湿度不超过 85%的环境下施工。如果施工时温度过低，乳液不能形成连续涂膜造成龟裂，那么遇水或湿气即会脱落。在雨天等湿度高的环境下施工时，涂膜易泛白，不易产生连续涂膜，附着力小。

施工涂刷前，要充分搅拌乳胶漆，使之均匀，没有沉淀或浮色。同时要保证乳胶漆的黏度，不能随意加水稀释。如果黏度过低，那么会出现严重的浮色现象；如果黏度较高，那么即使密度相差较大的颜料也会减少分层的倾向。

8）清扫。清扫飞溅乳胶，清除施工准备时预先覆盖在踢脚线、水、暖、电、卫设备及门窗等部位的遮挡物。

2. 成品保护

1）涂刷前应清理好周围环境，防止尘土飞扬，影响涂饰质量。

2）在涂刷墙面层涂料时，不得污染地面、踢脚线、窗台、阳台、门窗及玻璃等已完成的分部分项工程，必要时采取遮挡措施。

3）最后一遍涂料涂刷完成后，应设专人负责开关门窗使室内空气流通，以防漆膜干燥后表面无光或光泽不足。

4）涂料未干透前，禁止打扫室内地面，严防灰尘等沾污墙面层涂料。

5）涂刷完的墙面要妥善保护，不得磕碰墙面，不得在墙面上乱写乱画造成污染。

8.2.2.3 施工注意事项和安全措施

1. 施工注意事项

1）涂饰工程使用的腻子应坚实牢固，不得粉化、起皮和裂缝。厨房、厕所、浴室等应使用具有耐水性能的腻子。

2）涂刷时应不漏刷，注意保持涂料稠度，不可加水过多，以免产生透底现象。

3）涂刷时要上下顺刷，后一排笔紧接前一排笔，若时间间隔稍长，则容易出现明显接槎。因此，大面积涂刷时，应配足人员，互相衔接好。

4）乳胶漆稠度要适中，排笔蘸涂料量要适宜，涂刷时要多理多顺，以防刷纹过大，使刷纹明显。

5）涂刷带色的乳胶漆时，配料要合适，并一次配足，保证每间或每个独立面和每遍都用同一批涂料且宜一次用完，以确保颜色一致。

2. 安全措施

1）对施工操作人员进行安全教育，并进行书面交底，使之对所使用的涂料的性能及安全措施有基本了解，并在操作中严格执行劳动保护制度。

2）涂料施涂前，检查马凳和跳板是否搭设牢固，高度是否满足操作者的要求，经鉴定合格后才能上架操作，凡不符合安全之处均应及时修整。

3）施工现场严禁设油漆材料仓库。涂料仓库应有足够的消防设施。

4）施工现场应有严禁烟火安全标语，现场应设专职安全员监督保证施工现场无明火。

5）每天收工后应尽量不剩涂料材料，剩余涂料不准乱倒，应收集后集中处理。涂料使用后，应及时封闭存放。废料应及时从室内清出并处理。

6）施工现场周边应根据噪声敏感区域的不同，选择低噪声设备或其他措施，同时应按国家有关规定控制施工作业时间。

7）施工时室内应保持良好通风，但不宜有穿堂风。涂刷作业时操作工人应佩戴相应的劳动保护设施，如防毒面具、口罩、手套等，以免危害工人的肺、皮肤等。

8）严禁在民用建筑工程室内用有机溶剂清洗施工用具。

8.2.2.4 质量通病与预防措施

1. 泛碱

泛碱：漆膜遇水后，表面出现白色结晶物的现象，如图 8-2-5 所示。

图 8-2-5 泛碱

（1）原因分析

1）基材碱性太高或腻子质量太差。

2）封闭底漆封闭性差，不耐水、耐碱。

3）外墙面漆的抗雨水渗透性差，经过大量雨水的渗透，在雨过天晴后，水蒸气往外蒸发。

（2）预防措施

1）减低墙体碱性：对高碱性墙面使用10%的草酸溶液洗刷中和，再用清水冲洗墙面，干燥后封底涂刷涂料。

2）加强对底材的封闭：选用渗透封闭作用强的封闭底漆（如溶剂型封闭底漆，溶剂型封闭底漆封闭性最好）。

2. 泛白

泛白：涂膜含有水分或其他液体，呈白雾状的现象，如图8-2-6所示。

图8-2-6　泛白

（1）原因分析

1）基材含水率过高，环境湿度过高。

2）稀释剂挥发过快。

3）涂料涂刷过厚。

4）固化剂配套错误，与涂料不相容。

（2）预防措施

1）基层施工前必须进行干燥处理。

2）油漆施工时，不要一次性厚涂。

3）使用指定的稀释剂和固化剂。

3. 涂膜黄变

涂膜黄变：浅色漆膜经光、水或其他化学物质作用，出现的泛黄现象，如图8-2-7所示。

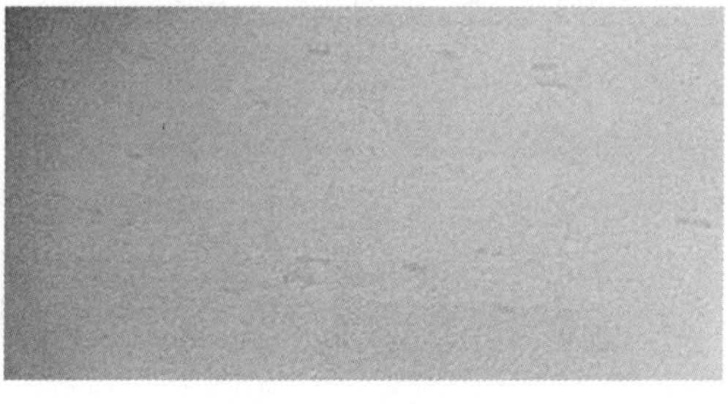

图8-2-7　涂膜黄变

（1）原因分析

1）涂料中含有性能不稳定的白颜料，光氧作用下易变色。

2）乳胶漆涂料同溶剂型涂料一起施工，乳胶漆受溶剂型涂料的影响泛黄。

3）涂膜受碱性物质的影响、水的浸泡等也会导致泛黄。

（2）预防措施

1）选用耐黄变的乳液及化学性能稳定的颜料生产涂料。

2）在装修涂装过程中先涂刷溶剂型涂料，干透后过一段时间再涂刷乳胶漆涂料。

4. 粉化

粉化：涂膜表面有粉末状物质析出，用手轻轻擦拭，掉下白粉的现象，如图 8-2-8 所示。

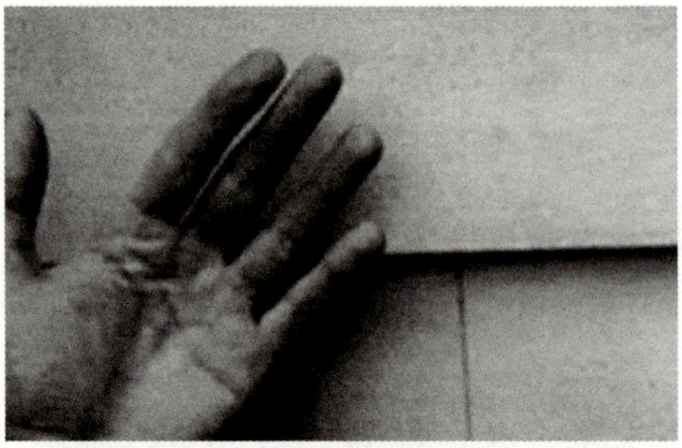

图 8-2-8 粉化

（1）原因分析

1）涂料质量差，基料不足以包覆所有填料，部分填料松散地堆积在涂膜中。

2）涂料施工过度兑水稀释，涂膜疏松、不耐擦拭。

3）涂料施工温度低、湿度大、风大，成膜干燥慢，乳胶粒成膜性差。

（2）预防措施

1）选用优质涂料，涂料施工控制稀释程度，提高涂膜密实度。

2）选用优质封闭底漆，做好基底处理工作。

3）施工时选择良好的天气环境，不在恶劣的环境下施工。

5. 橘皮

橘皮：涂膜表面不光滑，呈现凹凸状态如橘皮的现象，如图 8-2-9 所示。

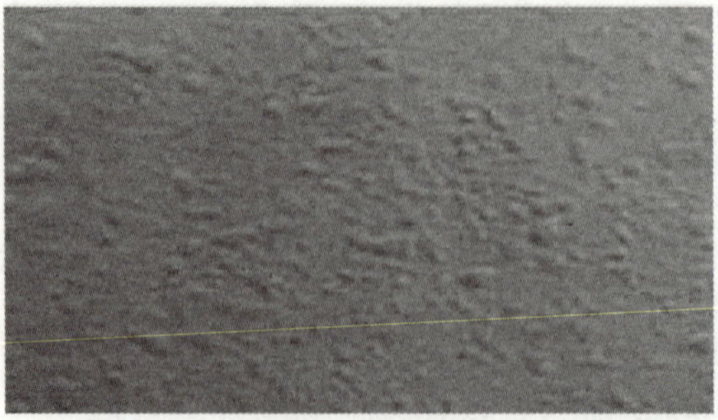

图 8-2-9 橘皮

（1）原因分析

1）油漆太稠，稀释剂过少。

2）未采用合适的喷涂距离与喷涂压力。

3）施工场地温度过高、风速过快、干燥过快，油漆无法充分流平。

4）加入固化剂后放置时间过长。

（2）预防措施

1）注意油漆配比，合理调漆。

2）充分熟练喷枪使用方法。

3）改善施工场所条件。

4）使用合适的稀释剂，加入固化剂后尽快用完。

5）增加适量氧化锌。

6. 涂膜开裂

涂膜开裂：干燥涂膜上生成线状、多角状或不定状裂缝的现象，如图 8-2-10 所示。

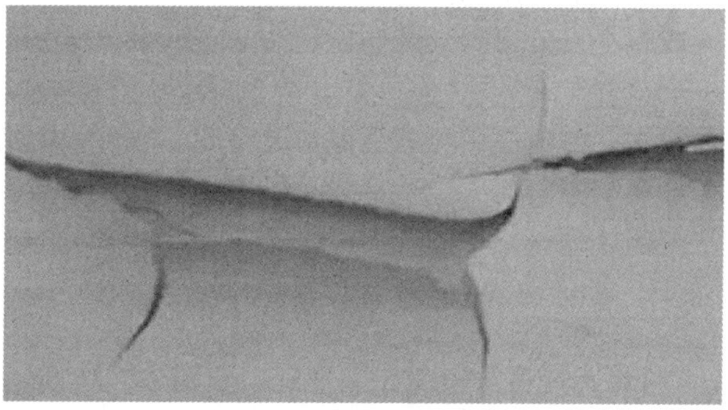

图 8-2-10 涂膜开裂

（1）原因分析

1）涂料劣质，成膜性差，开裂。

2）涂层间匹配差，如硬质涂层涂布在弹性涂膜上。

3）低温涂装，或遇大风，涂层干燥成膜不良开裂。

4）一次涂刷过厚或未干重涂，收缩开裂。

5）涂料过度稀释，涂膜太薄，不能抗裂。

（2）预防措施

1）选用成膜良好的涂料，涂料配方根据季节调整，调整其干燥成膜性。

2）遵循施工规范，彻底处理基材，做好基底防水层，施工前对基底进行修补，保证基底条件合乎施工要求。

3）不在恶劣的环境下施工。

7. 起皮、脱落

局部涂膜出现老化，附着力丧失，出现起皮、脱落现象，如图 8-2-11 所示。

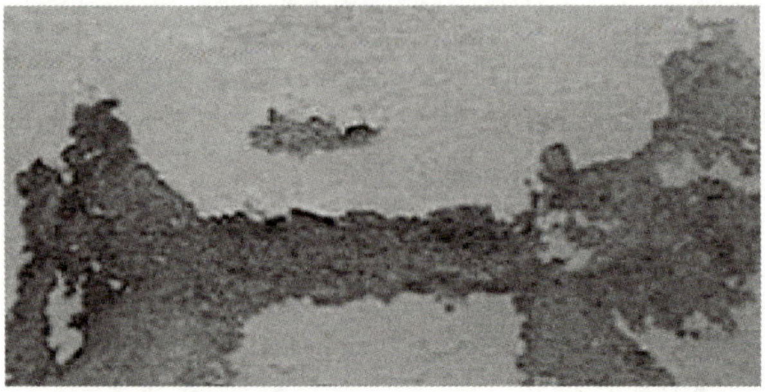

图 8-2-11　起皮、脱落

（1）原因分析

1）底漆涂刷后，暴露时间过长，有粉化现象存在。

2）腻子强度低，耐水性差，吸水膨胀，导致涂膜起皮脱落。

3）基底或腻子碱性过高，不停泛碱，导致涂膜起皮脱落。

4）基层表面过硬且过于光滑，面涂附着力差。

5）涂膜干燥过快，成膜不充分。

（2）预防措施

1）涂料具有良好的抗水、抗碱性（可适当添加硅溶胶，它可大大增强涂膜的抗碱性）。

2）使基材干净、干燥和牢固。

3）对基底做好防水封闭处理。

8. 涂膜起泡

局部涂膜出现老化，附着力丧失，出现起泡现象，如图 8-2-12 所示。

图 8-2-12　涂膜起泡

（1）原因分析

1）水分透入漆面内或墙体表面潮湿，漆层失去了黏附性，导致物体表面起泡。

2）上道漆没干透，就涂布下一道，导致上道漆中的水分活溶剂不能顺利排出。

3）在阳光直射下进行施工。

4）乳胶漆干后不久，就暴露在湿蒸汽或雨水中。

（2）预防措施

1）确保底漆质量可靠，无漏涂现象。

2）必须待上一道漆充分干燥后，方能施工下一道漆。

3）不在有大风、潮湿或阳光直射等不良条件下进行涂饰工程施工。

9. 咬底

咬底：涂膜起鼓移位、起皱的现象，如图 8-2-13 所示。咬底多见于溶剂型涂料。

图 8-2-13　咬底

（1）原因分析

底漆未彻底干透就涂刷面漆，或前道漆与后道漆不配套所引起的漆膜鼓起、移位、溶解、起皱、收缩、脱落等。

（2）预防措施

涂层施工必须按指定的时间间隔进行，第一道漆要彻底干透后再涂第二道，并用配套体系的漆涂装。

10. 流挂

流挂：施工时涂料上产生向下流淌、形成眼泪或波纹状的外观，如图 8-2-14 所示。

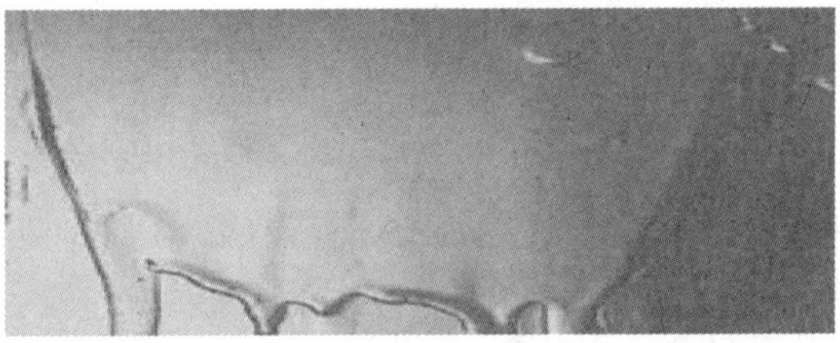

图 8-2-14　流挂

（1）原因分析

涂料稀释过度或涂料本身黏度太低，一次性涂刷过厚，喷枪嘴与被涂表面靠得太近。

（2）预防措施

把墙体重新打磨平整，按正确的比例稀释重新正确施工或调整涂料本身黏度。

8.2.3　溶剂性涂饰涂料工程施工

常用的溶剂性涂料有丙烯酸酯涂料、聚氨酯丙烯酸涂料、有机硅丙烯酸涂料、色漆等，木基层清漆、色漆施工属于传统的油漆施工，在建筑装饰中仍被大量采用，适用于木质家具、门窗、板壁的涂饰及钢结构表面混色磁漆饰面工程。

8.2.3.1 木基层清漆涂饰施工

1. 施工准备

（1）材料准备

1）涂料：光油、清油、脂胶清漆、酚醛清漆、铅油、调和漆、漆片等。

2）填充料：石膏、地板黄、红土子、黑烟子、大白粉等。

3）稀释剂：汽油、煤油、醇酸稀料、松香水、酒精等。

4）催干剂：液体钴催干剂等。

（2）机具准备

油刷、排笔、铲刀、牛角刮刀、调料刀、开刀、牛角板、油画笔、毛笔、砂纸、砂布、擦布、腻子板、钢皮刮板、小油桶、半截大桶、水桶、油勺、棉丝、麻丝、竹签、小色碟、铜丝筛、高凳、脚手板、安全带、钢丝钳子、小锤子和笤帚等。

2. 作业条件

1）施工区域应有良好的通风设施，抹灰工程、地面工程、木装修工程、水暖电气工程等全部完工，环境比较干燥，相对湿度不大于 60%。室内温度不宜低于 10℃。

2）先做样板间，经业主及监理公司检查鉴定合格后，方可组织班组进行大面积施工。

3）施工前应对木门窗材质及木饰面板外形进行检查，不合格的应拆换。木材制品含水率应不大于 12%。

4）操作前应认真进行工序交接检验工作，不符合规范要求的，不准进行油漆施工。要求书面交接。

5）施工前各种材料必须先报验，经业主及监理确认并进行封样后才能采购。已报验样品在大批量材料进场时，必须经过业主及监理公司验收出具有关书面验收单后才能正式使用。

3. 施工工艺流程及操作要求

（1）施工工艺流程

木基层清漆涂饰的施工工艺流程如图 8-2-15 所示。

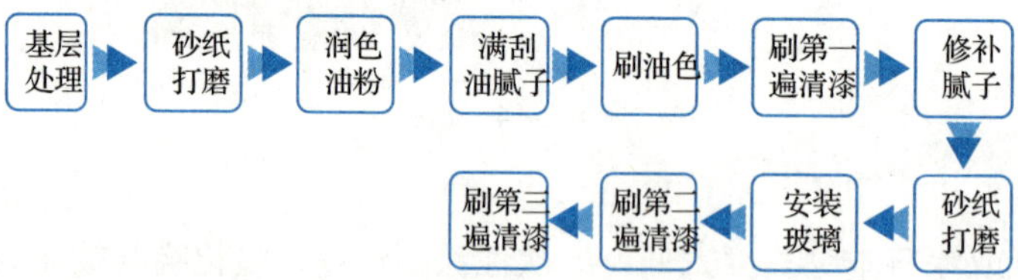

图 8-2-15　木基层清漆涂饰的施工工艺流程

（2）操作要求

1）基层处理。首先将木门窗和木料表面基层面上的灰尘、油污、斑点、胶迹等用刮刀或碎玻璃片刮除干净。注意不要刮出毛刺，也不要刮破抹灰墙面。然后用 1 号以上砂纸顺木纹打磨，先打磨线角，后打磨四口平面，直到光滑为止。木门窗基层有小块活翘皮时，可用小刀撕掉。重皮的地方应用小钉子钉牢固，如重皮较大或有烤煳印疤，应由木工修补。

2）砂纸打磨。将基层打磨光滑，顺木纹打磨，先磨线角，后磨四口平面。

3）润色油粉。用棉丝蘸油粉在木材表面反复擦涂，将油粉擦进棕眼，然后用麻布或木丝擦净，线角上的余粉用竹片剔除。待油粉干透后，用 1 号砂纸顺木纹轻打磨，直到光滑为止。操作过程中注意保护棱角。

4）满刮油腻子。抹腻子的质量配合为石膏粉 20、熟桐油 7、水 50，配合完成后需加颜料调成油色腻子（颜色浅于样板 1～2 色）。要注意腻子油性不可过大或过小：若油性过大，则刷时腻子不易浸入木制品内；若油性小，则腻子易钻入木制品内；腻子油性过大或过小时，油色不易均匀，颜色不能一致。用开刀或牛角板将腻子刮入钉孔、裂缝、棕眼内。刮抹时要横抹竖起，遇接缝或节疤较大时，应用开刀、牛角板将腻子挤入缝内，然后抹平。腻子一定要刮光，不留野腻子。待腻子干透后，用 1 号砂纸轻轻顺木纹打磨，先打磨线角、裁口，后打磨四口平面，注意保护棱角，来回打磨直至光滑。打磨完后用潮布将磨下的粉末擦净。

5）刷油色。先将铅油（或调和漆）、汽油、光油、清油等混合在一起过箩（颜色同样板颜色），然后倒在小油桶内，使用时经常搅拌，以免沉淀造成颜色不一致。刷油色时，应按从外至内、从左至右、从上至下的方式进行，顺着木纹涂刷。刷门窗框时不得污染墙面，刷到接头处要轻飘，以使颜色一致。因为油色干燥较快，所以刷油色时动作应敏捷，要求无缕无节，横平竖直，同时刷子要轻飘，避免出刷绺。油色涂刷后，要求木材色泽一致，同时又不盖住木纹，因而每个刷面一定要一次刷好，不留接头，两个刷面交接棱口不要互相沾油，沾油后要及时擦掉，以保证颜色一致。

6）刷第一遍清漆。刷法与刷油色相同，但刷第一遍用的清漆应略加一些稀料以便快干。因为清漆黏性较大，所以应优先选用已用出刷口的旧刷子，刷时要注意不流、不坠、涂刷均匀。待清漆完全干透后，用 1 号或旧砂纸彻底打磨一遍，将第一遍清漆面上的光亮基本打磨掉，再用潮布将粉尘擦净。

7）修补腻子。一般要求刷油色后不抹腻子，特殊情况下，可以使用油性略大的带色石膏腻子修补残缺不全之处。操作时必须使用牛角板刮抹，不得损伤漆膜，腻子要收刮干净，光滑无腻子疤（有腻子疤必须点漆片处理）。

8）修色。木料表面上的黑斑、节疤、腻子疤和材色不一致处，应用漆片、酒精加色调配（颜色同样板颜色），或用由浅到深清漆调和漆和稀释剂调配，进行修色；材色深的应修浅，浅的应提深，将深浅色的木料拼成一色，并绘出木纹。

9）砂纸打磨：先用细砂纸轻轻往返打磨，再用潮布擦净粉末。

10）刷第二遍清漆：使用原桶清漆不加稀释剂，刷法同前，刷油动作要敏捷，多刷多理，清漆涂刷得饱满一致，不流、不坠、光亮均匀，刷完后再仔细检查一遍，有问题要及时纠正。刷此遍清漆时，周围环境要整洁，宜暂时禁止通行，最后将木门窗用挺钩钩住或用木楔固定牢靠。

11）刷第三遍清漆：待第二遍清漆干透后，首先要进行磨光，然后过水布，最后刷第三遍清漆，刷法同前。

12）冬季施工：室内油漆工程应在采暖条件下进行，室温保持均衡，温度不宜低于 10℃，相对湿度不宜低于 60%。

4. 成品保护

1）每次刷油漆前，均应将地面、窗台清扫干净，防止尘土飞扬，影响油漆质量。

2）每遍刷油漆后，均应将门窗扇用挺钩钩住，防止门窗扇、框油漆黏结，破坏漆膜。

3）刷油后应将滴在地面或窗台上及沾染在墙上的油点清刷干净。

4）油漆刷完成后，应派专人看管，并设警示牌。

5. 施工注意事项

1）防止出现节疤、裂缝、钉孔、榫头、上下冒头、合页、边棱残缺等处缺刮腻子、缺砂纸打磨的现象，操作者应认真按照规程和工艺标准操作。

2）防止漏刷。漏刷是刷油漆操作易出现的问题，多发生在门窗的上下冒头、靠合页小面及门窗框、压缝条的上下端部和衣柜门框的内侧等处。漏刷的主要原因是内门窗安装时油工与木工配合欠佳，下冒头未刷油漆就安装了门扇，事后油工根本无法刷油漆（除非把门扇合页卸下来重新涂刷）。此外，操作者不认真也会导致漏刷。

3）涂刷油漆时，操作者应注意避免出现涂料太稀、漆膜太厚、环境温度高、油漆干性慢等问题，同时应采取合理操作顺序和正确的手法，防止油漆流坠、裹棱。尤其是门窗边棱分色处，一旦油量过大和操作不慎，就容易造成流坠、裹棱。

4）防止刷纹明显。操作者应使用合适的鬃刷，并在使用前将鬃刷用稀料泡软。

5）防止漆面粗糙。操作前必须将基层清理干净，用湿布擦净，油漆要过箩，严禁刷油漆时扫尘、清理或在大风天气刷油漆。

6）严防油漆质量差、兑配不均、溶剂挥发快或催干剂过多等，以免造成涂膜表面出现皱纹。

7）防止污染五金，操作者要认真细致，及时将小五金等污染处清理干净，并应尽量将门锁、门窗拉手和插销等的安装放在后面的流程，以确保五金洁净美观。

6. 安全措施

1）施工现场严禁设油漆材料仓库，场外的油漆仓库应有足够的消防设施。

2）施工现场应有严禁烟火等安全标语，现场应设专职安全员监督，保证施工现场无明火。

3）每天收工后应尽量不剩油漆材料，剩余油漆不准乱倒，应收集后集中处理。废弃物（如废油桶、油刷、棉纱等）按环保要求分类消纳。

4）现场应设专人清扫、洒水，不得有扬尘污染。打磨粉尘用潮布擦净。

5）施工现场周边应根据噪声敏感区域的不同，选择低噪声设备或采取其他措施，同时应按国家有关规定控制施工作业时间。

6）涂刷作业时，操作者应穿戴相应的保护设施，如防毒面具、口罩、手套等，以免危害操作者的肺、皮肤等。

7）严禁在民用建筑工程室内用有机溶剂清洗施工用具。

8）油漆使用后，应及时封闭存放，废料应及时清出室内，施工时室内应保持良好通风，但不宜有穿堂风。

9）在民用建筑工程室内装修中，进行饰面人造木板拼接施工时，除A类芯板外，应对其他芯板断面及无饰面部位进行密封处理（如采用环保胶类腻子等）。

8.2.3.2　木饰面施涂混色油漆施工

1. 施工准备

（1）材料准备

1）涂料：光油、清油、醇酸磁漆、漆片等。

2）填充料：石膏、大白粉、地板黄、红土子、黑烟子、立德粉、纤维素等。

3）稀释剂：汽油、煤油、醇酸稀料、酒精等。

4）催干剂：液体催干剂等。

5）抛光剂：上光蜡、砂蜡等。

6）腻子：所使用的腻子必须与相应的涂料配套，同时满足耐水性要求。

（2）机具准备

1）主要机械设备：圆盘打磨器、喷枪和空气压缩机等。

2）主要工具：鬃刷、排笔、油画笔、砂纸、砂布、棉丝、擦布、铲刀、腻子刀、钢刮板、牛角刮刀、调料刀、油灰刀、刮刀、滤漆筛、提桶等。

2. 作业条件

1）施工区域应有良好的通风设施，装饰木饰面的结构表面含水率不得大于 12%，室内温度不低于 10℃。抹灰工程、地面工程、木装修工程、水暖电气工程等全部完工后，环境比较干燥，相对湿度应不大于 60%。

2）先做样板间，经业主及监理公司检查鉴定合格后，方可组织班组进行大面积施工。

3）施工前应对木门窗等材质及木饰面板外形进行检查，不合格的应更换。木材制品含水率应不大于 12%。

4）操作前应认真进行工序交接检验工作，不符合规范要求的，不得进行油漆施工。

5）施工前各种材料必须先报验，经业主及监理确认并进行封样后才能采购。已报验样品在大批量材料进场时，必须经过业主及监理公司验收出具有关书面验收单后才能出库使用。

3. 施工工艺流程及操作要求

木饰面施涂混色油漆施工的施工工艺流程如图 8-2-16 所示。

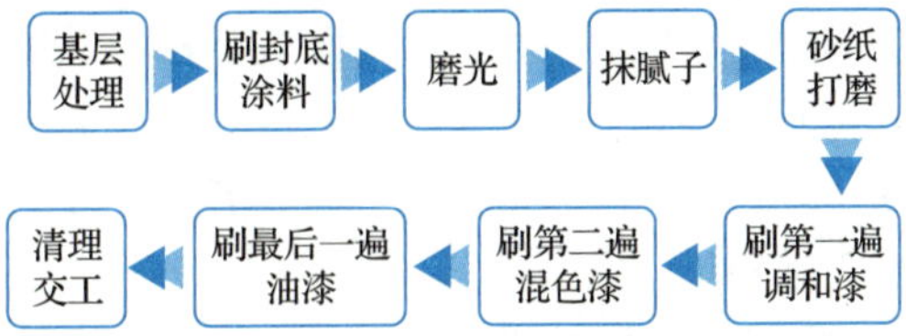

图 8-2-16　木饰面施涂混色油漆施工的施工工艺流程

1）基层处理。先将木基层表面上的灰尘、斑迹、胶迹等用刮刀或碎玻璃片刮除干净，注意不要刮出毛刺，也不要刮破抹灰的墙面，然后用 1 号以上砂纸顺木纹精心打磨，先打磨线角，后打磨四口平面，直到光滑为止。木基层有小块活翘皮时，可用小刀撕掉。重皮的地方应用小钉子钉牢靠，若重皮较大或有烤煳印疤，应由木工修补，则并用酒精漆片点刷。

2）刷封底涂料。封底涂料由清油、汽油、光油配制，略加一些红土子（避免漏刷不好区分）。对于泛碱、析盐的基层应选用耐碱底漆。涂饰时，先从框上部左边开始顺木纹涂刷，框边涂油不得碰到墙面，厚薄要均匀，框上部刷好后，再刷亮子。刷窗扇时：若为两扇窗，则应先刷左扇后刷右扇；若为三扇窗，则应最后刷中间扇。窗扇外面全部刷完后，用挺钩钩住窗扇，不得关闭，然后刷里面。刷门时，先刷亮子再刷门框，门扇的背面刷完后用木楔将门扇固定，最后刷门扇的正面。待全部刷完后，检查有无遗漏，里外门窗油漆分色是否正确，并将小五金等处沾染的油漆擦净。

3）磨光。待腻子干透后，用 1 号砂纸打磨，打磨方法与底层砂纸打磨相同，注意不要磨穿漆膜并保护好棱角、不留松散腻子痕迹。磨完后应打扫干净，并用潮布将磨下的粉末擦净。

4）刮腻子。将裂缝、钉孔、边棱残缺处嵌批平整，要刮平刮到。腻子的质量配合比为石膏∶熟桐油∶松香水∶水＝16∶5∶1∶6。涂刷的清漆干透后再进行批刮。上下冒头、榫头等处均应批刮到。

5）砂纸打磨。腻子要干透，砂纸打磨时不要将涂膜磨穿，保护好棱角，注意不要留松散腻子痕迹。磨完后应打扫干净，并用潮布将散落的粉尘擦净。

6）刷第一遍混色漆。调和漆黏度较大，要多刷、多理、涂刷油灰时要等油灰有一定强度后进行，并要盖过油灰 0.5～1.0mm，以起到密封作用。门、窗及木饰面刷完后要仔细检查有无漏刷处，最后将活动扇做好临时固定。

7）刮腻子。第一遍油漆干透后，底腻子收缩处或有残缺处需用腻子重新仔细批刮一次。

8）砂纸、安装玻璃。待腻子干透后，用 1 号砂纸打磨，然后安装玻璃。

9）刷第二遍调和漆。如果木门窗有玻璃（打玻璃胶时应待胶干透），那么应用潮布或废报纸将玻璃内外擦干净，同时应注意不得损坏玻璃四角油灰和八字角。使用新砂纸时，须将两张砂纸对磨，把粗大砂粒磨掉，防止划破油漆膜。

10）刷最后一遍油漆。要注意油漆不流、不坠、光亮均匀、色泽一致。油灰（玻璃胶）要干透，要仔细检查，固定活动门（窗）扇，注意进行成品保护。

11）冬季施工。室内应在采暖条件下进行，室温保持均衡，温度不宜低于 10℃，相对湿度不宜大于 60%。应设专人开关门、窗，以利排湿通风。

4. 成品保护

1）刷油漆前，应将施工现场的垃圾及灰尘清理干净，以免影响油漆质量。

2）每遍油漆刷完后，所有能活动的门扇及木饰面成品都应该临时固定，以防油漆面相互黏结影响质量。必要时设置警示牌。

3）刷油后立即将滴在地面或窗台上的油漆擦干净，五金、玻璃等应事先用废旧报纸等隔离材料进行保护，到工程交工前拆除。

4）油漆完成后应派专人看管，严禁摸碰。

5. 施工注意事项

1）防止出现节疤、裂缝、钉孔、榫头、上下冒头、合页、边棱残缺等处缺刮腻子、缺打砂纸的现象，操作者应认真按照规程和工艺标准操作。

2）防止漏刷。漏刷是刷油漆操作易出现的问题，多发生在门窗的上下冒头、靠合页小面、门窗框和压缝条的上下端部、衣柜门框的内侧等处，主要原因是内门窗安装时油工与木工配合欠佳，下冒头未刷油漆就安装了门扇，事后油工根本无法刷油漆（除非把门扇合页卸下重新涂刷）。此外，操作者不认真也会导致漏刷。

3）涂刷油漆时，操作者应注意避免涂料太稀、漆膜太厚、环境温度高、油漆干性慢等，并采取合理操作顺序和正确的手法，防止油漆流坠、裹棱。尤其是门窗边棱分色处，一旦油量过大和操作不慎，就容易造成流坠、裹棱。

4）防止刷纹明显。操作者应选用合适的油鬃刷，并在使用前将油鬃刷用稀料泡软。

5）防止漆面粗糙现象。操作前必须将基层清理干净，用湿布擦净，油漆要过箩，严禁刷油漆时扫尘、清理或在大风天气刷油漆。

6）严防油漆质量差、兑配不均、溶剂挥发快或催干剂过多等，以免造成涂膜表面出现皱纹。

7）防止污染五金，操作者要认真细致，及时将小五金等污染处清擦干净，并应尽量将门锁、门窗拉手和插销等的安装放在后面的流程，以确保五金洁净美观。

8）在玻璃油灰上刷油漆时，应待油灰达到一定强度后方可进行。刷完油漆后要立即检查一遍，有缺陷时应及时修整。

6. 安全措施

1）高度作业超过 2m 应按规定搭设脚手架。施工前要检查脚手架是否牢靠。使用的人字梯应四角落地，摆放平稳，梯脚应设防滑橡胶垫和保险链。人字梯上铺设脚手板，脚手板两端搭设长度不得少于 20cm，脚手板中间不得同时两人操作。挪动梯子时，作业人员必须从梯子上下来，严禁站在梯子上踩高跷式挪动，人字梯顶部铰轴不准站人，不准铺设脚手板。人字梯应当经常检查，发现开裂、腐朽、楔头松动、缺档等问题时，不得使用。

2）油漆施工前应集中工人进行安全教育，并进行书面交底。

3）施工现场严禁设油漆材料仓库，场外的油漆仓库应有足够的消防设施。

4）施工现场应有严禁烟火等安全标语，现场应设专职安全员监督，以确保施工现场无明火。

5）每天收工后应尽量不剩油漆材料。剩余油漆不准乱倒，应收集后集中处理。废弃物（如废油桶、油刷、棉纱等）按环保要求分类堆放、消纳。

6）现场应设专人清扫、洒水，不得有扬尘污染。打磨粉尘用潮布擦净。

7）施工现场周边应根据噪声敏感区域的不同，选择低噪声设备或采取其他措施，同时应按国家有关规定控制施工作业时间。

8）涂刷作业时，操作者应采取相应的保护设施，如佩戴防毒面具、口罩、手套等，以免危害操作者的肺、皮肤等。

9）严禁在民用建筑工程室内用有机溶剂清洗施工用具。

10）油漆使用后，应及时封闭存放，废料应及时清出室内，施工时室内应保持良好通风，但不宜有穿堂风。

11）民用建筑工程室内装修中，进行饰面人造木板拼接施工时，除 A 类芯板外，应对其他芯板断面及无饰面部位进行密封处理（如采用环保胶类腻子等）。

8.2.3.3 金属面施涂混色油漆施工

1. 施工准备

（1）材料准备

调和漆、清漆、醇酸清漆、醇酸磁漆、金属漆、硝基磁漆（带配套底漆）、防锈漆等。

（2）机具准备

1）机械：气泵、喷枪、电动砂轮机、角磨机、钢针除锈枪等。

2）工具：油刷、油画笔、开刀、腻子板、钢刮板、橡皮刮板、牛角板、铜丝筛、过滤网、小油桶、油勺、砂纸、砂布、半截大桶、水桶、钢丝钳、小锤子、錾子、钢丝刷、铲刀、钢锉等。

3）计量检测用具：钢尺、量筒、量杯、温度计、湿度计、天平、电子秤等。

4）安全防护用品：口罩、安全帽、防护手套、护目镜、呼吸保护器等。

2. 施工工艺流程及操作要求

（1）施工工艺流程

金属面施涂混色油漆的施工工艺流程如图 8-2-17 所示。

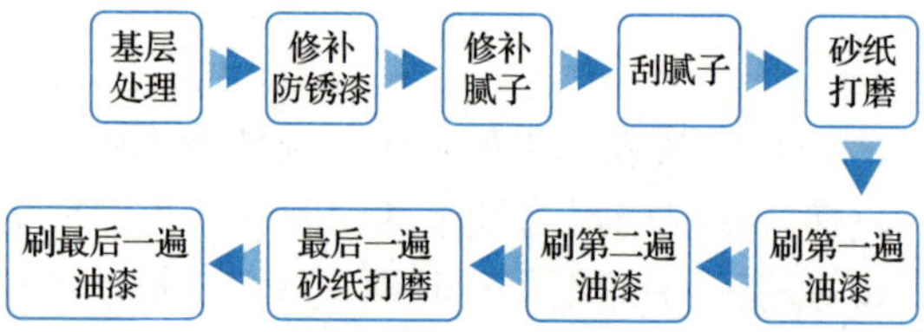

图 8-2-17 金属面施涂混色油漆的施工工艺流程

（2）操作要求

1）基层处理。金属表面的处理除油脂、污垢、锈蚀外，最重要的是表面氧化皮的清除，常用的办法有三种，即机械和手工清除、火焰清除、喷砂清除。根据不同基层，要彻底除锈、满刷（或喷）防锈漆 1～2 道。

2）修补防锈漆。对安装过程的焊点进行焊渣清除。对于防锈漆磨损处，有锈时除锈，补 1～2 道防锈漆。

3）修补腻子。将金属表面的砂眼、凹坑、缺棱拼缝等处找补腻子，做到基本平整。

4）刮腻子。用开刀或胶皮刮板满刮一遍石膏或原子灰腻子，要刮得薄，收得干净，均匀平整，无飞刺。

5）砂纸打磨。用 1 号砂纸轻轻打磨，将多余腻子打掉，并将灰尘清理干净。注意保护棱角，同时注意使表面平整光滑，线角平直，整齐一致。

6）刷第一遍油漆。要厚薄均匀，线角处要薄一些但要盖底，油漆不流淌，不显刷痕。

7）刷第二遍油漆。刷法同第一遍油漆的刷法，但要增加油漆的总厚度。

8）进行最后一遍砂纸打磨。用 1 号或旧砂纸打磨，注意保护棱角，使表面平整光滑，线角平直，整齐一致。由于是最后一遍砂纸打磨，砂纸要轻磨，磨完后用湿布打扫干净。

9）刷最后一遍油漆。要多刷多理，刷油漆饱满，不流、不坠，光亮均匀，色泽一致，有问题时要及时修整。

3. 成品保护

1）涂刷前应将作业场所清扫干净，防止灰尘飞扬，影响油漆质量。

2）涂刷作业前，做好对不同色调、不同界面及五金配件等的遮盖保护，以防油漆越界污染。

3）涂刷门窗油漆时，应将门窗扇固定，防止门窗扇与框相合，粘坏漆膜。

4）涂刷作业时，细部、五金配件、不同颜色交界处要小心仔细，一旦出现越界污染，必须及时处理。

5）涂刷完成后，应派专人看管或采取有效的保护措施，以防成品破坏。

4. 应注意的质量问题

1）施工现场应保持清洁、通风良好，不得尘土飞扬。涂料使用前应过滤杂质，打磨作业时应仔细，保证平整光滑，避免成活的涂料表面粗糙。

2）调配涂料时，应注意产品的配套性，严格掌握涂料浓度，不得过稀或过稠，添加固化剂、催干剂和稀释剂的比例应适当，以防刷（喷）后出现皱纹、橘皮、流坠。

3）刷（喷）油漆时，每层油漆不宜太厚太重，应严格控制时间间隔。喷涂时应控制好喷枪压力和喷涂距离，避免造成橘皮、流坠、裹棱等问题。

4）涂刷油漆时，门窗的上下冒头、靠合页的小面和门窗框、压缝条的上下端部都要涂刷到位。门窗安装前和纱门、纱窗绷纱前，应先把油漆刷好，避免安装、绷纱后油工无法作业，造成漏刷。

5）金属基层表面应在涂刷前认真除锈、涂刷防锈涂层，以防造成返锈。

6）涂刷油漆前应对合页槽、上下冒头、框件接头、钉孔、拼缝及边棱伤痕等处，认真进行砂纸打磨、补腻子和砂纸打磨，防止出现不平、不光、疤痕等缺陷。

7）涂刷油漆时，刷毛应用稀料泡软后使用，宜用羊毛板刷，不宜用鬃刷。避免因刷毛太硬、油漆太稠造成表面明显刷纹。

8）作业时，五金配件、不同颜色分色线要仔细施工，并遮盖保护，避免造成分色线不清晰、不顺直和涂料越界污染现象。

9）雨期施工应控制作业现场的空气湿度，并用湿度计进行检测。当空气湿度超过规定要求时，可在油漆中加入适量的催干剂，防止油漆涂刷完工后出现漆膜泛白现象。

8.2.4　美术涂饰施工工艺

8.2.4.1　施工准备

1. 材料准备

1）涂料：光油、清油、桐油、各色油性调和漆（酯胶调和漆、酚醛调和漆、醇酸调和漆）和各色水溶性涂料。

2）稀释剂：汽油、煤油、松香水、酒精、醇酸稀料等与油漆相应配套的稀料。

3）填充料：大白粉、滑石粉、石膏粉、双飞粉（麻斯面）、地板黄、红土子、黑烟子、 立德粉、羧甲基纤维素、聚醋酸乙烯乳液等。

4）颜料：各色颜料应耐碱、耐光。

2. 机具设备

1）机械：单斗喷枪、空气压缩机、油漆搅拌机、砂纸打磨机等。

2）工具：高凳子、脚手板、半截大桶、小油桶、铜丝筛、橡皮刮板、钢皮刮板、笤帚、腻子槽、开刀、刷子、排笔、砂纸、棉丝、擦布等。

8.2.4.2 施工工艺

1. 套色花饰施工

（1）套色花饰施工的概念

套色花饰，又称假壁纸、仿壁纸油漆。套色花饰施工是在墙面涂饰完油漆的基础上进行的，即用特制的漏花板，按美术图案（花纹或动物图像）的形式，有规律地将各种颜色的油漆喷（刷）在墙面上。这种美术涂饰通常用于宾馆、会议室、影剧院，以及高级住宅等抹灰墙面上，建筑艺术效果很好，给人以柔和、舒适的感觉。

（2）施工工艺流程

套色花饰施工工艺流程如图 8-2-18 所示。

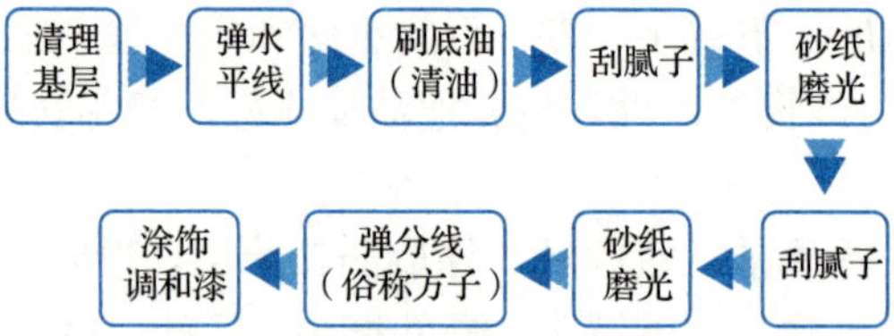

图 8-2-18 套色花饰施工工艺流程

（3）注意事项

漏花前，应仔细检查漏花的各色图案版有无损伤。图案花纹的颜色须试配，深浅适度、协调柔和，并有立体感。漏花时，图案版必须找好垂直，第一遍色浆干透再上第二遍色浆，以防混色。多套色者依此类推，多套色的漏花版要对准，以保持各套颜色严密，不露底子。配料稠度适宜，过稀易流淌、污染墙面，过干则易堵喷嘴。

2. 仿木纹涂饰施工

（1）仿木纹涂饰施工的概念

仿木纹又称木丝，一般是仿硬质木材的木纹。在涂饰美术装饰工程中，人们常把应用广泛的几种硬质木材的花纹（如黄菠萝、水曲柳、榆木、核桃楸等）通过艺术手法用油漆涂到室内墙面上，花纹如同镶木墙裙，在门窗上也可用同样的方法涂仿木纹。仿木纹美术涂饰多用于宾馆和影剧院的走廊、休息厅，也部分用于高级饭店及住宅工程。

（2）操作工艺流程

仿木纹涂饰施工工艺流程如图 8-2-19 所示。

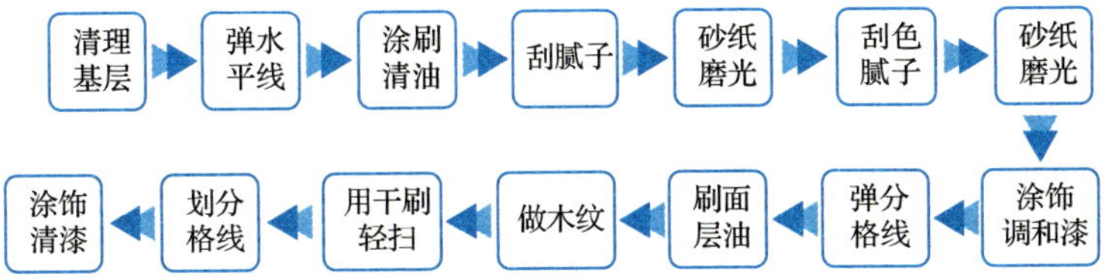

图 8-2-19　仿木纹涂饰施工工艺流程

3. 涂饰鸡皮皱施工

（1）涂饰鸡皮皱施工的概念

鸡皮皱是一种高级油漆涂饰工程，在东北地区各城市的高级建筑物室内装饰中得到广泛采用。鸡皮皱的皱纹美丽、疙瘩均匀，可做成各种颜色，具有隔声、协调光等优点（有光但不反射），给人以舒适感。鸡皮皱适用于公共建筑及民用建筑的室内装饰，如休息室、会客室、办公室和其他高级建筑物的抹灰墙面，也有涂饰在顶棚的。

（2）操作要点

1）在涂饰好油漆的底层上涂饰鸡皮皱油漆，其配合比十分重要，否则拍打不成鸡皮皱。目前常用的配合比（质量配合比）为清油∶大白粉∶双飞粉（麻斯面）∶松节油=15∶26∶54∶5，也可由试验确定。

2）涂饰面层的厚度为 1.5～2.0mm，比一般涂饰的油漆要厚。涂饰鸡皮皱油漆和拍打鸡皮皱是同时进行的，应由两人操作，即前面一人涂饰，后面一人紧随拍打。拍打时，刷子应平行于墙面，距离 20cm 左右，刷子一定要放平，一起一落，拍击成稠密而散布均匀的疙瘩状，即像鸡皮皱一样。

4. 涂饰墙面拉毛施工

（1）腻子拉毛施工

1）概念。在腻子干燥前，用毛刷拍拉腻子，即得到表面有平整拉毛感的花纹，称为腻子拉毛。

2）操作要点如下：

① 墙面底层要做到表面嵌补平整。

② 腻子采用血料腻子加石膏粉或滑石粉（也可用熟桐油油胶腻子），用钢皮或木刮尺满批。石膏粉或滑石粉的掺量应根据波纹大小由试验确定。

③ 要严格控制腻子厚度，一般办公室、卧室等面积较小的房间，腻子的厚度应不超过 5mm；公共场所及大型建筑的内墙墙面，因为面积较大，普通拉毛尺寸不能被明显看出，所以腻子厚度要求为 20～30mm，这样才可以拉出尺寸较大的花纹。腻子的厚度应根据波纹大小由试验来确定。

④ 腻子干燥之前，及时用长方形的猪鬃毛刷拍拉腻子，使其头部有尖形的花纹；再用长刮尺把尖头轻轻刮平，即形成表面有平整感觉的花纹（或者等平面干燥后，再用砂纸轻轻磨去毛尖）。刮腻子和拍拉花纹时的接头要留成弯曲状，不得留得齐直，以免影响美观。

⑤ 根据需要涂饰各种油漆或粉浆。由于拉毛腻子较厚，干燥后吸附能力特别强，因此在涂饰 油漆、粉浆前必须刷清油或胶料水润滑。涂饰时应用新的排笔或油刷，以防流坠。

（2）石膏油拉毛施工

1）概念。石膏油满批后，用毛刷紧跟着进行拍拉，即形成高低均匀的毛面，称为石膏油拉毛。

2）操作要点：

① 基层清扫干净后，应涂一遍底油，以增强其附着力和便于操作。

② 底油干后，用较硬的石膏油腻子将墙面洞眼、低凹处及门窗边与墙间的缝隙补嵌平整，腻子干后，用铲刀或钢皮刮去残余的腻子。

③ 批石膏油时，面积大可使用钢皮或橡皮刮板，也可以用塑料板或木刮板，面积小可用铲刀批刮。满批石膏油要严格控制厚度，表面要均匀平整。剧院、娱乐场、体育馆等大型建筑的内墙一般要求大尺寸拉毛，石膏油应批厚些，其厚度为 15～25mm；办公室等较小房间的内墙，一般要求小尺寸拉毛，石膏油的厚度应控制在 5mm 以下。

④ 石膏油批上后，随即用腰圆形长猪鬃刷子捣到、捣匀，使石膏油厚薄一致。紧跟着进行拍拉，即形成高低均匀的毛面。

⑤ 如果石膏油拉毛面要求涂刷各色油漆，那么应先涂刷一遍清油。由于拉毛面涂刷困难，因此最好采用喷涂法，应将油漆适当调稀，以便操作。

⑥ 石膏必须先过箩。若石膏油过稀，则会出现流坠现象，此时可加入石膏粉调整。

8.2.5 涂饰工程质量验收

8.2.5.1 一般规定

1）涂饰工程质量验收标准适用于水性涂料涂饰、溶剂型涂料涂饰、美术涂饰等分项工程的质量验收。水性涂料包括乳液型涂料、无机涂料、水溶性涂料等；溶剂型涂料包括丙烯酸酯涂料、聚氨酯丙烯酸涂料、有机硅丙烯酯涂料、交联型氟树脂涂料等；美术涂饰包括套色涂饰、滚花涂饰、仿花纹涂饰等。

2）涂饰工程验收时应检查下列文件和记录：

① 涂饰工程的施工图、设计说明及其他设计文件。

② 材料的产品合格证书、性能检验报告、有害物质限量检验报告和进场验收记录。

③ 施工记录。

3）各分项工程的检验批应按下列规定划分：

① 室外涂饰工程每栋楼的同类涂料涂饰的墙面每 1000m^2 应划分为一个检验批，不足 1000m^2 的也应划分为一个检验批。

② 室内涂饰工程同类涂料涂饰墙面每 50 间应划分为一个检验批，不足 50 间的也应划分为一个检验批，大面积房间和走廊可按涂饰面积每 30m^2 计为 1 间。

4）检查数量应符合下列规定：

① 室外涂饰工程每 100m^2 应至少检查一处，每处不得小于 10m^2。

② 室内涂饰工程每个检验批应至少抽查 10%，并不得少于 3 间；不足 3 间时应全数检查。

5）涂饰工程的基层处理应符合下列规定：

① 新建筑物的混凝土或抹灰基层在用腻子找平或直接涂饰涂料前应涂刷抗碱封闭底漆。

② 既有建筑墙面在用腻子找平或直接涂饰涂料前应清除疏松的旧装修层，并涂刷界面剂。

③ 混凝土或抹灰基层在用溶剂型腻子找平或直接涂刷溶剂型涂料时，含水率不得大于 8%；在用乳液型腻子找平或直接涂刷乳液型涂料时，含水率不得大于 10%，木材基层的含水率不得大于 12%。

④ 找平层应平整、坚实、牢固、无粉化、起皮和裂缝；内墙找平层的黏结强度应符合行业现行标准《建筑室内用腻子》（JG/T 298—2010）的规定。

⑤ 厨房、卫生间墙面的找平层应使用耐水腻子。

6）水性涂料涂饰工程施工的环境温度应为 5～35℃。

7）涂饰工程施工时应对与涂层衔接的其他装修材料、邻近的设备等采取有效的保护措施，以避免由涂料造成脏污。

8）涂饰工程应在涂层养护期满后进行质量验收。

8.2.5.2　水性涂料涂饰工程质量验收

1. 主控项目

1）水性涂料涂饰工程所用涂料的品种、型号和性能应符合设计要求及国家现行标准的有关规定。

检验方法：检查产品合格证书、性能检验报告、有害物质限量检验报告和进场验收记录。

2）水性涂料涂饰工程的颜色、光泽、图案应符合设计要求。

检验方法：观察。

3）水性涂料涂饰工程应涂饰均匀、黏结牢固，不得漏涂、透底、开裂、起皮和掉粉。

检验方法：观察和（或）手摸检查。

4）水性涂料涂饰工程的基层处理应符合一般规定中的要求。

检验方法：观察和（或）手摸检查和（或）检查施工记录。

2. 一般项目

1）薄涂料的涂饰质量和检验方法应符合表 8-2-1 的规定。

表 8-2-1　薄涂料的涂饰质量和检验方法

项次	项目	普通涂饰	高级涂饰	检验方法
1	颜色	均匀一致	均匀一致	观察
2	泛碱、咬色	允许少量轻微	不允许	
3	流坠、疙瘩	允许少量轻微	不允许	
4	砂眼、刷纹	允许少量轻微砂眼，刷纹通顺	无砂眼、无刷纹	
5	光泽、光滑	光泽基本均匀、光滑无挡手感	光泽均匀一致、光滑	

2）厚涂料的涂饰质量和检验方法应符合表 8-2-2 的规定。

表 8-2-2　厚涂料的涂饰质量和检验方法

项次	项目	普通涂饰	高级涂饰	检验方法
1	颜色	均匀一致	均匀一致	观察
2	光泽	光泽基本均匀	光泽均匀一致	
3	泛碱、咬色	允许少量轻微	不允许	
4	点状分布	—	不允许	

3）复层涂料的涂饰质量和检验方法应符合表 8-2-3 的规定。

表 8-2-3　复层涂料的涂饰质量和检验方法

项次	项目	质量要求	检验方法
1	颜色	均匀一致	观察
2	光泽	光泽基本均匀	
3	泛碱、咬色	不允许	
4	喷点疏密程度	均匀，不允许连片	

4）涂层与其他装修材料和设备衔接处应吻合，界面应清晰。

检验方法：观察。

5）墙面水性涂料涂饰工程的允许偏差和检验方法应符合表 8-2-4 的规定。

表 8-2-4　墙面水性涂料涂饰工程的允许偏差和检验方法

项次	项目	允许偏差/mm					检验方法
		薄涂料		厚涂料		复层涂料	
		普通涂饰	高级涂饰	普通涂饰	高级涂饰		
1	立面垂直度	3	2	4	3	5	用 2m 垂直检测尺检查
2	表面平整度	3	2	4	3	5	用 2m 靠尺和塞尺检查
3	阴阳角方正	3	2	4	3	4	用 200mm 直角检测尺检查
4	装饰线、分色线直线度	2	1	2	1	3	拉 5m 线，不足 5m 时拉通线，用钢直尺检查
5	墙裙、勒脚上口直线度	2	1	2	1	3	拉 5m 线，不足 5m 时拉通线，用钢直尺检查

8.2.5.3　溶剂型涂料涂饰工程质量验收

1. 主控项目

1）溶剂型涂料涂饰工程所选用涂料的品种、型号和性能应符合设计要求及国家现行标准的有关规定。

检验方法：检查产品合格证书、性能检验报告、有害物质限量检验报告和进场验收记录。

2）溶剂型涂料涂饰工程的颜色、光泽、图案应符合设计要求。

检验方法：观察。

3）溶剂型涂料涂饰工程应涂饰均匀、黏结牢固，不得漏涂、透底、开裂、起皮和返锈。

检验方法：观察和（或）手摸检查。

4）溶剂型涂料涂饰工程的基层处理应符合一般规定的要求。

检验方法：观察和（或）手摸检查和（或）检查施工记录。

2. 一般项目

1）色漆的涂饰质量和检验方法应符合表 8-2-5 的规定。

表 8-2-5　色漆的涂饰质量和检验方法

项次	项目	普通涂饰	高级涂饰	检验方法
1	颜色	均匀一致	均匀一致	观察
2	光泽、光滑	光泽基本均匀、光滑无挡手感	光泽均匀一致、光滑	观察，手摸检查

续表

项次	项目	普通涂饰	高级涂饰	检验方法
3	刷纹	刷纹通顺	无刷纹	观察
4	裹棱、流坠、橘皮	明显处不允许	不允许	

2）清漆的涂饰质量和检验方法应符合表 8-2-6 的规定。

表 8-2-6　清漆的涂饰质量和检验方法

项次	项目	普通涂饰	高级涂饰	检验方法
1	颜色	基本一致	均匀一致	观察
2	木纹	棕眼刮平、木纹清楚	棕眼刮平、木纹清楚	
3	光泽、光滑	光泽基本均匀、光滑无挡手感	光泽均匀一致、光滑	观察，手摸检查
4	刷纹	无刷纹	无刷纹	观察
5	裹棱、流坠、橘皮	明显处不允许	不允许	

3）涂层与其他装修材料和设备衔接处应吻合，界面应清晰。

检验方法：观察。

4）墙面溶剂型涂料涂饰工程的允许偏差和检验方法应符合表 8-2-7 的规定。

表 8-2-7　墙面溶剂型涂料涂饰工程的允许偏差和检验方法

项次	项目	允许偏差/mm				检验方法
		色漆		清漆		
		普通涂饰	高级涂饰	普通涂饰	高级涂饰	
1	立面垂直度	4	3	3	2	用 2m 垂直检测尺检查
2	表面平整度	4	3	3	2	用 2m 靠尺和塞尺检查
3	阴阳角方正	4	3	3	2	用 200mm 直角检测尺检查
4	装饰线、分色线直线度	2	1	2	1	拉 5m 线，不足 5m 时拉通线，用钢直尺检查
5	墙裙、勒脚上口直线度	2	1	2	1	拉 5m 线，不足 5m 时拉通线，用钢直尺检查

8.2.5.4　美术涂饰工程质量验收

1. 主控项目

1）美术涂饰工程所用材料的品种、型号和性能应符合设计要求及国家现行标准的有关规定。

检验方法：观察；检查产品合格证书、性能检验报告、有害物质限量检验报告和进场验收记录。

2）美术涂饰工程应涂饰均匀、黏结牢固，不得漏涂、透底、开裂、起皮、掉粉和返锈。

检验方法：观察和（或）手摸检查。

3）美术涂饰工程的基层处理应符合一般规定的要求。

检验方法：观察和（或）手摸检查和（或）检查施工记录。

4）美术涂饰工程的套色、花纹和图案应符合设计要求。

检验方法：观察。

2. 一般项目

1）美术涂饰表面应洁净，不得有流坠现象。

检验方法：观察。

2）仿花纹涂饰的饰面应具有被模仿材料的纹理。

检验方法：观察。

3）套色涂饰的图案不得移位，纹理和轮廓应清晰。

检验方法：观察。

墙面美术涂饰工程的允许偏差和检验方法应符合表 8-2-8 的规定。

表 8-2-8 墙面美术涂饰工程的允许偏差和检验方法

项次	项目	允许偏差/mm	检验方法
1	立面垂直度	4	用 2m 垂直检测尺检查
2	表面平整度	4	用 2m 靠尺和塞尺检查
3	阴阳角方正	4	用 200mm 直角检测尺检查
4	装饰线、分色线直线度	2	拉 5m 线，不足 5m 时拉通线，用钢直尺检查
5	墙裙、勒脚上口直线度	2	拉 5m 线，不足 5m 时拉通线，用钢直尺检查

8.3 综合训练：某客房装修施工

综合训练阶段是以项目探索与实战为载体，以学生为主体的行为过程实践阶段，包括任务分析与实战操作两个环节。

8.3.1 任务分析

某宾馆的 248 套客房进行装修施工，在门窗、吊顶、地面等分项工程施工完成后，施工单位根据设计要求对吊顶及墙面进行涂饰施工。

其乳胶漆墙面做法包括以下几道工序：基体清理、嵌刮腻子、刷底涂料、砂纸打磨、涂面层涂料等，有的工序需往返几次。

真石漆墙面做法如下：

1）喷（刷）罩面涂料一道饰面。

2）喷面漆一道。

3）喷（刷）底漆一道。

4）基体清理。

问题：

1）请给出乳胶漆施工的工艺流程。

2）请按照先后顺序将真石漆墙面做法排序。

3）基层处理的质量是影响涂饰工程质量的主要因素，请针对以下不同基层，填写基层处理要求：

① 新建建筑物的混凝土或抹灰基层在涂饰前应（　　）。

② 旧墙面在涂饰前应（　　）。

③ 混凝土或抹灰基层涂刷溶剂型涂料时，含水率不得大于（　　），涂刷乳液型涂料时，含水率不得大于（　　），木材基层的含水率不得大于（　　）。

④ 基层腻子应（　　）；内墙腻子的黏结强度应符合《建筑室内用腻子》（JG/T 298—2010）的规定。

⑤ 厨房、卫生间墙面必须使用（　　）。

⑥ 以石膏板面为基层的质量要求：应表面干净、光滑无污染，割面整齐，接缝处理严密，无挂胶，钉帽应进行（　　）处理，与骨架紧贴（　　）、稳定性好。面层满挂腻子并平整、坚实、牢固，无（　　），腻子黏结强度应符合《建筑室内用腻子》（JG/T 298—2010）的规定。

4）根据《建筑装饰装修工程质量验收标准》（GB 50210—2018），本工程的室内涂饰工程应分为几个检验批？每个检验批应至少抽查几间？

5）涂料施工中，如何防止门扇、玻璃及木饰面的污染？

8.3.2　项目提交

项目提交是学生完成项目实战所设定的任务而进行成果提交的阶段。

1）完成实战项目案例解析。

2）对周边生活中的墙面涂饰工程做一份调查，完成一份关于墙面涂饰施工质量及通病的调查报告，要求包括前期基层处理、施工工艺、操作要点、质量验收以及质量通病的防治，对墙面涂饰施工中出现的通病现象应以拍照的方式进行记录。

能力评价　涂饰工程施工能力评价

能力评价阶段是专业指导教师和企业指导教师针对学生项目实战、调查报告及答辩情况进行综合评价并给出成绩的阶段。

1. 评价功能

1）检验学生项目实战的效果及学生观察问题、分析问题、应用专业知识解决实际问题的能力。

2）教师自检其选择的教学方法、手段、形式所得的成果。

2. 评价内容

1）案例解析的准确度。

2）调查报告的全面性、真实性、代表性，对报告中出现的工程质量问题的总结性。

3）综合应用专业知识解决实际问题的能力。

4）对所提问题的回答是否充分及语言表达水平如何。

3. 成绩评定

总体评价参考比例标准：过程考核占40%，成果考核占40%，答辩占20%。

项目 9

楼地面工程施工

学习目标

知识目标

1. 掌握楼地面工程施工的基层处理、工艺流程、操作要点。
2. 掌握楼地面工程施工质量验收的内容、要求和方法。

能力目标

1. 能根据楼地面工程基层情况，选择合适的基层处理方案。
2. 能分析并解决楼地面工程施工过程中出现的质量问题。
3. 能根据楼地面工程施工过程中出现的质量问题采取对应的防治措施。

思维导图

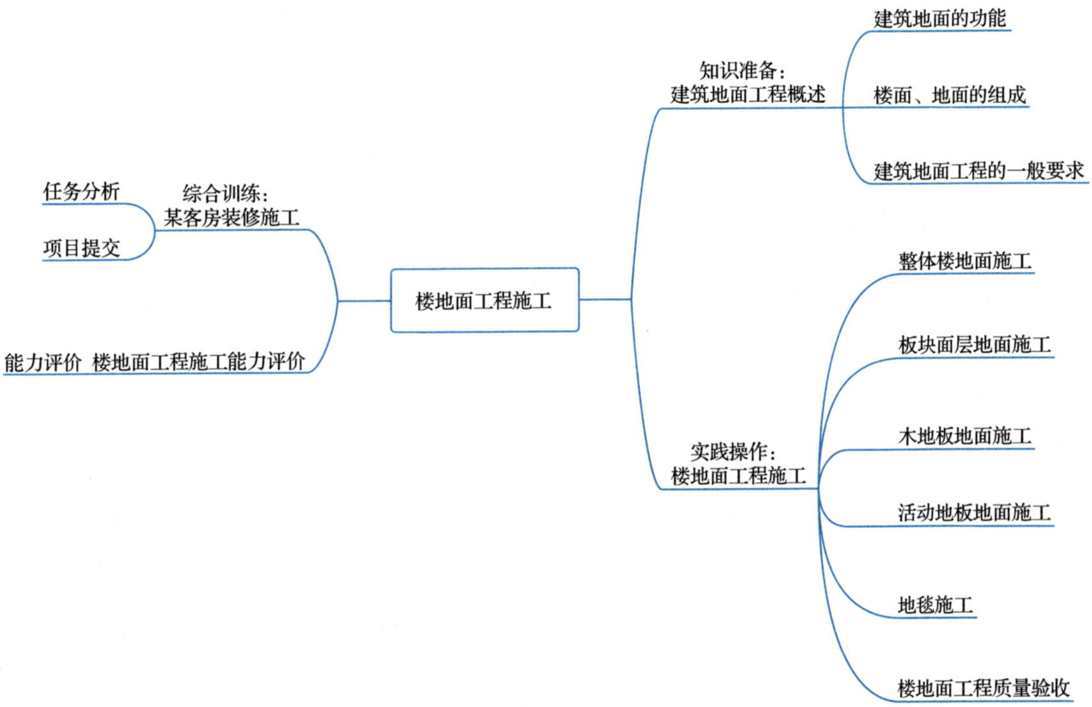

9.1 知识准备：建筑地面工程概述

9.1.1 建筑地面的功能

建筑地面是建筑物的基本组成部分之一，在建筑中主要有分隔空间、满足人们的使用要求及隔声、保温、找坡、防水、防潮、防渗等作用。楼地面与人、设备、家具等直接接触，承受各种荷载以及物理、化学作用，因此必须满足以下要求：

1. 坚固、耐久性的要求

楼地面面层的坚固程度、耐久性由室内使用状况和材料特性决定。楼地面面层应当不易被磨损、破坏，表面应平整，不起尘，其耐久性国际通用标准规定一般为 10 年。

2. 安全性的要求

安全性是指楼地面面层使用时防滑、防火、防潮、耐腐蚀、电绝缘性好等。

3. 舒适感要求

舒适感是指楼地面面层应具备一定的弹性、蓄热系数及隔声性。

4. 装饰性要求

装饰性是指楼地面面层的色彩、图案、质感效果必须考虑室内空间的形态、家具陈设、交通流线及建筑的使用性质等因素，以满足人们的审美要求。

9.1.2 楼面、地面的组成

楼面饰面要注意防渗漏问题，地面饰面要注意防潮问题，楼面、地面的组成分为面层、垫层、基层三部分。

1. 基层

基层的作用是承担其上面的全部荷载，它是楼地面的基体。地面基层多为素土或加入石灰、碎砖的夯实土，楼面的基层一般是现浇或预制钢筋混凝土楼板。

2. 垫层

垫层位于基层之上，其作用是将上部的各种荷载均匀地传给基层，同时还起着隔声和找平作用。垫层按材料性质的不同，分为刚性垫层和非刚性垫层两种。根据室内使用要求的不同，可增设填充层、隔离层、找平层、结合层等其他构造层。

3. 面层

面层是楼地面的表层，即装饰层，它直接受外界各种因素的作用。楼地面的名称通常以面层所用的材料命名，如水泥砂浆楼地面、塑料楼地面等。

楼地面按面层结构分为整体式楼地面（常用面层包括灰土、菱苦土、水泥砂浆、混凝土、现浇水磨石、三合土等）、块材楼地面（常用面层包括缸砖、釉面砖、陶瓷马赛克、拼花木板花砖、预制水磨石块、大理石板材、花岗石板材、硬质纤维板等）和木竹楼地面。

9.1.3　建筑地面工程的一般要求

1）楼面与地面各层所用的材料和制品，其种类、规格、配合比、强度等级、各层厚度、连接方式等均应根据设计要求选用，并应符合国家和行业等有关现行标准及地面、楼面施工验收规范的规定。

2）位于沟槽、暗管等上的地面与楼面工程的装饰，当在以上工程完工经检查合格后方可进行。

3）铺设各层地面与楼面工程时，其下面一层在符合规范有关规定后方可继续施工，并应做好隐蔽工程验收记录。

4）铺设的楼地面的各类面层，一般宜在其他室内装饰工程基本完工后进行。在铺设菱苦土、木地板、拼花木地板和涂料类面层时，其基层必须干燥后进行，尽量避免在气候潮湿的情况下施工。

5）踢脚线宜在楼地面的面层基本完工、墙面最后一遍抹灰前完成。木质踢脚线应在木地面与楼面刨（磨）光后进行安装。

6）当采用混凝土、水泥砂浆和水磨石面层时，同一房间要均匀分格或按设计要求进行分缝。

7）在钢筋混凝土板上铺设有坡度的地面与楼面时，应用垫层或找平层找坡。

8）铺设沥青混凝土面层及用玛琋脂（沥青胶）做结合层铺设块料面层时，应将下一层表面清扫干净，并涂刷同类冷底子油。结合层、块料面层填缝和防水层应采用同类沥青、纤维和填充材料配制。纤维、填充料一般采用 6 级石棉和锯木屑。

9）凡用水泥砂浆作为结合层铺砌的地面，均应在常温下养护，一般不得少于 10 天。菱苦土面层的抗压强度应不低于设计强度的 70%，水泥砂浆和混凝土面层强度应不低于 5.0MPa。当板块面层的水泥砂浆结合层的强度达到 1.2MPa 时，方可在其上面行走或进行其他轻微动作的作业。达到设计强度后，才可投入使用。

10）用胶粘剂粘贴各种地板时，室内的施工温度不得低于 10℃。

9.2 实践操作：楼地面工程施工

9.2.1 整体楼地面施工

9.2.1.1 水泥砂浆地面的施工

微课：楼地面装修工程认知

水泥砂浆地面面层是以水泥作胶凝材料、砂作骨料，按配合比配制抹压而成的。水泥砂浆楼地面组成示意如图 9-2-1 所示。水泥砂浆地面的优点是造价较低、施工简便、耐用；缺点是容易出现起灰、起砂、裂缝、空鼓等质量问题。

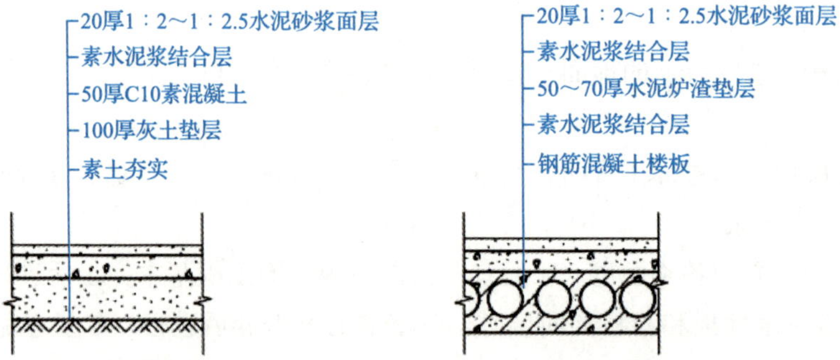

（a）水泥砂浆地面　　（b）水泥砂浆楼面

图 9-2-1　水泥砂浆楼地面组成示意

1. 材料要求

1）胶凝材料。水泥砂浆楼地面所用的胶凝材料为水泥，应优先选择硅酸盐水泥、普通硅酸盐水泥，其强度等级一般不得低于 32.5MPa。如果采用矿渣硅酸盐水泥，那么其强度等级应大于 32.5MPa，在施工中要严格按施工工艺操作，并且要加强养护，这样才能保证工程质量。

2）细骨料。水泥砂浆面层所用的细骨料为砂，一般多采用中砂和粗砂，其含泥的质量分数不得大于 3%。不采用细砂的原因是其级配不好，拌制的砂浆强度比中砂、粗砂拌制的强度低 25%～35%，不仅耐磨性较差，而且干缩性较大，容易产生收缩裂缝等质量问题。

2. 施工工艺流程和操作要点

（1）施工工艺流程

水泥砂浆地面的施工比较简单，其施工工艺流程如图 9-2-2 所示。

图 9-2-2　水泥砂浆地面的施工工艺流程

（2）操作要点

1）基层处理。水泥砂浆面层多铺抹在楼地面混凝土垫层上，基层处理是防止水泥砂浆面层出现空鼓、裂缝、起砂等质量通病的关键工序。

表面比较光滑的基层，应进行凿毛，并用清水冲洗干净，冲洗后的基层，最好不要上人。在现浇混凝土或水泥砂浆垫层、找平层上做水泥砂浆地面面层时，其抗压强度达到 1.2MPa 时才能铺设面层，这样不致破坏其内部结构。

2）弹线、找规矩。

① 弹基准线。地面抹灰前，应先在四周墙上弹出一道水平基准线，作为确定水泥砂浆面层标高的依据。具体做法是，以地面±0.00 为依据，根据实际情况在四周墙上弹出 0.5m 或 1.0m 作为水平基准线。根据水平基准线量出地面标高并弹于墙上（水平辅助基准线），作为地面面层上皮的水平基准，如图 9-2-3 所示。要注意按设计要求的水泥砂浆面层厚度弹线。

② 做标筋。根据水平辅助基准线，从墙角处开始沿墙每隔 1.5～2.0m 用 1∶2 水泥砂浆抹标志块，标志块的大小一般是 64～100cm^2。待标志块结硬后，再以标志块的高度做出纵横方向通长的标筋以控制面层的标高，如图 9-2-4 所示。地面标筋用 1∶2 水泥砂浆，宽度一般为 8～10cm。做标筋时，要注意控制面层标高与门框的锯口线吻合。

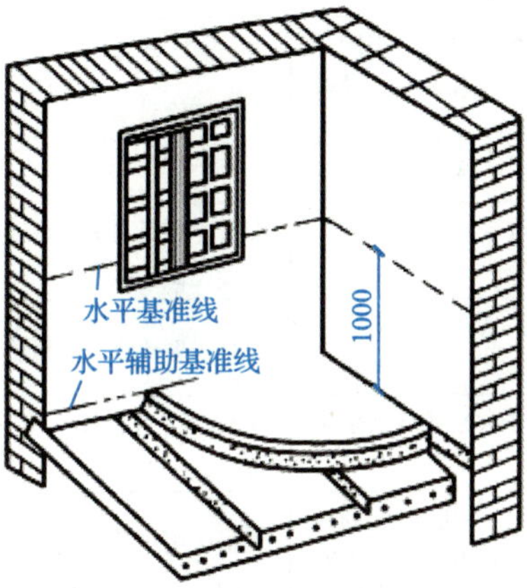

图 9-2-3　弹基准线

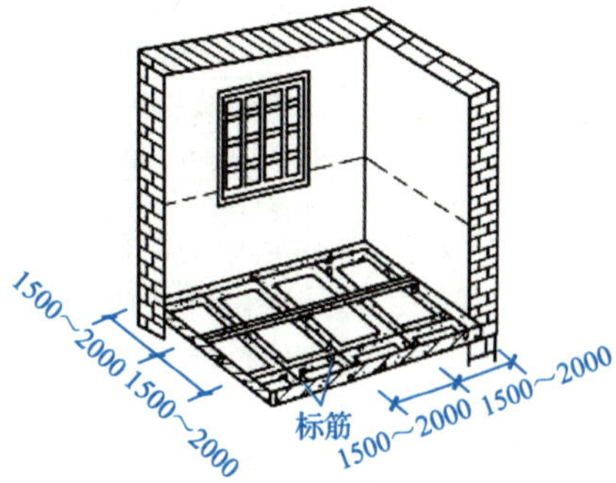

图 9-2-4　做标筋

③ 找坡度。对于厨房、浴室、厕所等房间的地面，要找好排水坡度。有地漏的房间，要在地漏四周做出不小于 5%的泛水，以避免地面“倒流水”或产生积水。抄平时要注意各室内地面与走廊高度的关系。

④ 校核找正。地面铺设前，还要将门框再一次校核找正。具体做法是，先将门框锯口线抄平找正（注意当地面面层铺设后，门扇与地面的间隙应符合规定要求），然后将门框固定，防止松动、位移。

3）水泥砂浆抹面。面层水泥砂浆的配合比应符合有关设计要求，一般不低于 1∶2，水灰比为 1∶0.3～1∶0.4，其稠度不大于 3.5cm。水泥砂浆要求拌和均匀、颜色一致。

铺抹前，先将基层浇水湿润，第二天先刷一道水灰比为 0.4～0.5 的水泥素浆结合层，随即进行面层铺抹。如果水泥素浆结合层过早涂刷，则起不到与基层和面层两者黏结的作用，反而易造成地面空鼓，所以一定要随刷随抹。

4）养护。面层抹压完毕后，在常温下铺盖草垫或锯木屑进行洒水养护，使其在湿润的状态下进行硬化。养护洒水要适时，洒水过早容易起皮，洒水过晚易产生裂缝或起砂。一般夏季在 24h 后进行养护，春秋季节应在 48h 后进行养护。

当采用硅酸盐水泥、普通硅酸盐水泥时，养护时间不得少于 7 天；当采用矿渣硅酸盐水泥时，养护时间不得少于 14 天。面层强度超过 5MPa 后，才允许人在地面上行走或进行其他作业。

3. 质量标准

1）水泥砂浆面层的允许偏差和检验方法如表 9-2-1 所示。

表 9-2-1　水泥砂浆面层的允许偏差和检验方法

项次	项目	允许偏差/mm	检验方法
1	表面平整度	4	用 2m 靠尺和楔形塞尺检查
2	踢脚线上口平直	4	拉 5m 线和用钢尺检查
3	缝格平直	3	

2）水泥砂浆面层的质量要求和检验方法如表 9-2-2 所示。

表 9-2-2　水泥砂浆面层的质量要求和检验方法

项次	项目	质量要求	检验方法
1	主控项目	水泥宜采用硅酸盐水泥、普通硅酸盐水泥，不同品种、不同强度等级的水泥不应混用；砂应为中粗砂，当采用石屑时，其粒径应为 1～5mm，且含泥的质量分数不应大于 3%；防水水泥砂浆采用的砂或石屑，其含泥的质量分数不应大于 1%	观察，检查质量合格证明文件
2		防水水泥砂浆中掺入的外加剂的技术性能应符合国家现行有关标准的规定，外加剂的品种和掺量应经试验确定	观察，检查质量合格证明文件、配合比试验报告
3		水泥砂浆的体积比（强度等级）应符合设计要求，且体积比应为 1∶2，强度等级不应小于 M15	检查强度等级检测报告
4		有排水要求的水泥砂浆地面，坡向应正确、排水通畅；防水水泥砂浆面层不应渗漏	观察，蓄水、泼水检验，坡度尺检查，检查检验记录
5		面层与下一层应结合牢固，且应无空鼓和开裂。当出现空鼓时，空鼓面积不应大于 $400cm^2$，且每自然间或标准间不应多于 2 处	观察，用小锤轻击检查
1	一般项目	面层表面的坡度应符合设计要求，不应有倒泛水和积水现象	观察，采用泼水或坡度尺检查
2		面层表面应洁净，不应有裂缝、脱皮、麻面、起砂等现象	观察
3		踢脚线与柱、墙面应紧密结合，踢脚线高度及柱、墙厚度应符合设计要求且均匀一致。当出现空鼓时，局部空鼓长度不应大于 300mm，且每自然间或标准间不应多于 2 处	观察，用小锤轻击、钢尺
4		楼梯、台阶踏步的宽度、高度应符合设计要求。楼层梯段相邻踏步高度差不应大于 10mm；每踏步两端宽度差不应大于 10mm，旋转楼梯梯段的每踏步两端宽度的允许偏差不应大于 5mm。踏步面层应做防滑处理，齿角应整齐，防滑条应顺直、牢固	观察，用钢尺检查
5		水泥砂浆面层的允许偏差应符合表 9-2-1 的规定	

4. 通病防治

（1）水泥砂浆面层起砂、开裂

1）产生原因如下：

① 原料质量不合格，如水泥强度等级低、安定性不达标、砂过细或含泥量大等。

② 配合比不当、水灰比过大、表面强度低。

③ 砂浆搅拌不均匀，压光遍数少或操作时机不佳。

④ 面层养护时间不足，覆盖、保湿不到位。

⑤ 冬季施工保温抗冻措施不到位。

2）防治措施如下：

① 控制水泥、砂原材质量，严格按配合比搅拌，控制水灰比。砂浆稠度（以标准圆锥体沉入度计）不宜大于 35mm。

② 掌握面层压光时间和遍数，地面压光不少于三遍：第一遍随铺随进行，第二遍压光在初凝后终凝前完成，第三遍在终凝前进行，用于消除抹痕和封闭毛细孔，切忌在终凝后再抹压。

③ 确保连续养护时间（不宜少于 7 天）。

④ 冬季应采取抗冻保温措施。

（2）水泥砂浆面层空鼓（起壳）

1）产生原因如下：

① 基层清理不干净或表面疏松、铺浆前未湿润或基层有积水，导致砂浆与基层结合不牢。

② 基层平整度差异大，砂浆厚薄不一，导致收缩失水不一致，造成开裂、空鼓。

③ 砂子粒径不达标、水灰比大。

④ 工艺流程不严谨，未做到结合层与砂浆随刷随铺。

2）防治措施如下：

① 面层施工前严格处理好基层，包括含水率、平整度、基层强度等。

② 严格控制砂浆材料品质和水灰比等技术需求。

③ 素水泥浆结合层与砂浆层同步随刷随铺。

④ 做好成品保护，养护期间严禁堆重物、禁止动荷载碾压。

9.2.1.2　现浇水磨石地面的施工

现浇水磨石地面具有坚固耐用、表面光亮、外形美观、色彩鲜艳等优点。它是在水泥砂浆垫层已完成的基层上，根据设计要求弹线分格，镶贴分格条，然后抹水泥石子浆，待水泥石子浆硬化后研磨露出石渣，并经补浆、细磨、打蜡而制成的。现浇水磨石楼地面的构造做法如图 9-2-5 所示。

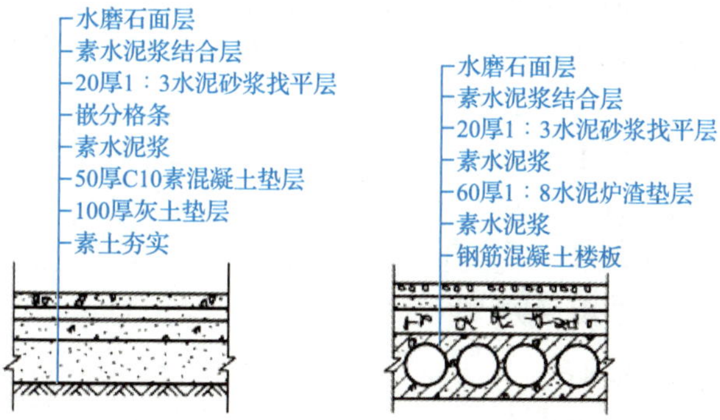

（a）现浇水磨石地面　（b）现浇水磨石楼面

图 9-2-5　现浇水磨石楼地面的构造

水磨石地面适用于清洁要求较高或潮湿的场所，如洁净厂房车间、医疗办公用房、厕所、厨房等。

1. 施工准备

（1）材料准备

1）胶凝材料。现浇水磨石地面所用的水泥与水泥砂浆地面不同。白色或浅色的水磨石面层应采用白色硅酸盐水泥，深色的水磨石地面应采用硅酸盐水泥、普通硅酸盐水泥。

无论白色水泥还是深色水泥，其强度均不得低于32.5MPa。对于未超期而受潮的水泥，当用手捏无硬粒、色泽比较新鲜时，可考虑降低强度的5%使用；肉眼观察存有小球粒，但仍可散成粉末的水泥，可考虑降低强度的15%左右使用；对于已有部分结成硬块的水泥，不能再使用。

2）石粒材料。水磨石石粒应采用质地坚硬、耐磨、洁净的大理石、白云石、方解石、花岗石、玄武岩、辉绿岩等，要求石粒中不得含有风化颗粒和草屑、泥块、砂粒等杂质。石粒的最大粒径以比水磨石面层厚度小1～2mm为宜。

工程实践证明：普通水磨石地面宜采用4～12mm的石粒，而彩色水磨石地面宜采用3～7mm、10～15mm、20～40mm三种规格的组合。现浇彩色水磨石参考配合比符合设计要求。

3）颜料材料。颜料在水磨石面层中虽然用量很少，但对于面层质量和装饰效果，却起着非常重要的作用。用于水磨石的颜料，一般应采用耐碱、耐光、耐潮湿的矿物颜料。要求呈粉末状，不得有结块，掺入量根据设计要求并做样板确定，一般不大于水泥质量的12%，并以不降低水泥的强度为宜。

4）分格条。分格条又称嵌条，为达到理想的装饰效果，通常选用黄铜条、铝条和玻璃条三种，另外也可选用不锈钢、硬质聚氯乙烯制品。

5）其他材料。

① 草酸。它是水磨石地面面层抛光材料。草酸为无色透明晶体，有块状和粉末状两种。

② 氧化铝。它呈白色粉末状，不溶于水，与草酸混合可用于水磨石地面面层抛光。

③ 地板蜡。它用于水磨石地面面层磨光后做保护层。地板蜡有成品出售，也可根据需要自配蜡液，但应注意做好防火措施。

（2）作业条件准备

水磨石地面施工前，墙面、顶面抹灰已完成；门框已完成安装并做好防护；地面预埋管线等隐蔽工程已安装完成；认真进行技术要求交底，按图纸要求确定面层厚度、分格大小，要确保水磨石施工层的厚度大于等于30mm。

若为彩色水磨石，则应确定图案施工顺序、石粒的配比组合方案。

（3）常用工具和机具准备

水磨石地面施工除常用的抹灰手工工具（如方头铁抹、木抹子、刮杠、水平尺等）外，还需要磨石机、湿式磨光机和滚筒刷等机具。

2. 施工工艺流程和操作要点

（1）施工工艺流程

现浇水磨石地面的施工工艺流程如图9-2-6所示。

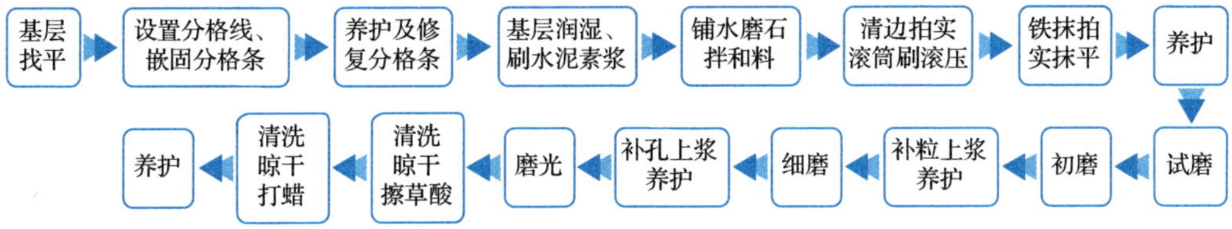

图 9-2-6　现浇水磨石地面的施工工艺流程

（2）操作要点

1）基层找平。基层找平的方法是根据墙面上+500mm 标高线，向下测出面层的标高，弹在四周墙上，再以此线为基准，留出 10～15mm 面层厚度，然后抹 1∶3 水泥砂浆找平层。为保证找平层的平整度，应先抹灰饼（纵横间距 1.5m 左右），再抹纵横标筋，然后抹 1∶3 水泥砂浆用刮杠刮平，但表面不要压光。

2）嵌固分格条。在抹好水泥砂浆找平层 24h 后，按设计要求在找平层上弹（划）线分格，分格间距以 1m 左右为宜，要选择好分格条。对铜条、铝条应先调直，并每隔 1.0～1.2m 打四个眼，供穿 22 号钢丝用。彩色水磨石地面采用玻璃分格条，应在嵌条处先抹一条 50mm 宽的白水泥浆带，再弹线嵌条。嵌条时先用靠尺板按分格线靠直，与分格对齐，将分格条紧靠靠板，用素水泥在分格条一侧根部抹成八字形灰埂固定，起尺后再在另一侧抹水泥浆，如图 9-2-7 所示。

水磨石分格条嵌固是一项十分重要的工序，应特别注意水泥浆的粘贴高度和角度，灰埂高度应比分格条顶面高度低 4～6mm，角度以 45° 为宜。分格条纵横交叉处应各留出一定的空隙，以确保铺设水泥石粒浆时使石粒在分格条十字交叉处分布饱满，磨光后美观，如图 9-2-8 所示。如果嵌固抹灰不当，那么磨光后将会沿分格条出现一条明显的水泥斑带，俗称“秃斑”，这会影响装饰效果。分格条接头不应错位，交点应平直，侧面不得弯曲。嵌固后 12h 开始浇水养护 2～3 天，其间不得进行其他工序工作。

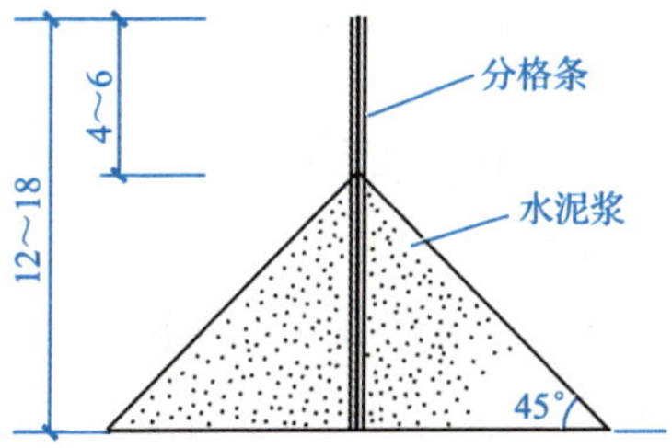

图 9-2-7　嵌固分格条（1）

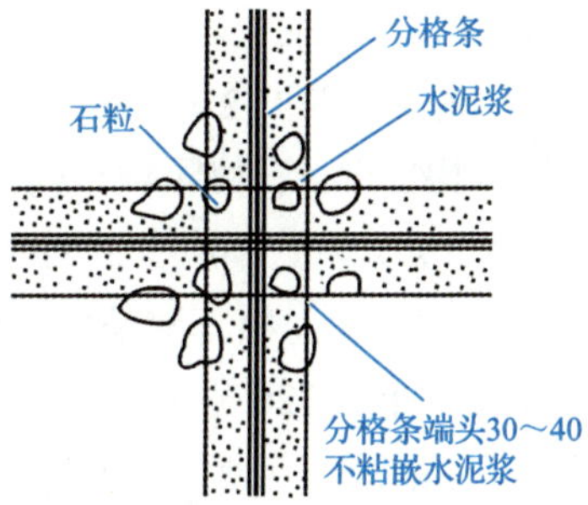

图 9-2-8　嵌固分格条（2）

3）基层润湿，刷素水泥浆。先用清水将找平层洒水润湿，涂刷与面层颜色一致的水泥浆结合层，水灰比为 0.4～0.5，也可在水泥浆内掺胶粘剂。刷水泥浆应与铺拌和料同步进行，随刷随铺拌和料，不得涂刷面积过大，以防浆层风干导致面层空鼓。

4）铺设水磨石拌和料。按设计要求配置拌和好水磨石料，水泥与石料配合的体积比为 1∶2.5～1∶1.5。先将水泥和颜料干拌均匀后装袋备用，铺设前再将石粒加入彩色水泥粉干拌

2～3 遍，然后加水湿拌。将石粒浆的坍落度控制在 60mm 左右，另在备用的石粒中取 1/5 石粒作撒石用。铺设水泥石粒浆时，应均匀平整地铺在分格框内，并高出分格条 1～2mm。先用木抹子轻轻将分格条两侧的石粒浆拍紧压实，以免分格条被破坏。而后在表面均匀撒一层石粒，用抹子轻轻拍实压平。如果在同一平面上有几种颜色的水磨石，那么应先做深色，后做浅色；先做大面，后做镶边；待前一种色浆凝固后，再抹后一种色浆。两种颜色的色浆不能同时铺设，以免串色造成界线不清。但间隔时间也不宜过长，以免两种石粒浆干硬程度不同，一般隔日铺设即可。应注意在滚压或抹拍过程中，不要触动前一种石粒浆。

5）滚压抹平。随后用滚筒刷滚压密实，滚压时用力要均匀（要随时清掉粘在滚筒刷上的石渣），应从横竖两个方向轮换进行，达到表面平整密实、出浆石料均匀为止。待石粒浆稍收水后，再用铁抹子将浆抹平、压实，如果发现石粒不均匀，则应补石粒浆再用铁抹子拍平、压实。次日开始浇水养护。

6）试磨。由于开磨过早易造成石粒松动，开磨过迟易造成磨光困难，因此为掌握相适应的硬度，在大面积开磨前应进行试磨，以面层不掉石粒、水泥浆面基本平齐为准。具体开磨时间与气温高低有关，参考表 9-2-3。

表 9-2-3　水磨石面层开磨时间

平均气温/℃	开磨时间/天	
	机磨	人工磨
20～30	3～4	1～2
10～20	4～5	1.5～2.5
5～10	6～7	2～3

7）初磨。初磨用 60～90 号金刚石磨，磨石机走“8”字形，边磨边加水，并随时用靠尺检查平整度，直至表面磨平、分格条全部露出（边角采用人工磨），再用清水冲洗晾干，用同配比水泥浆擦补一遍，补齐脱落的石粒，填平洞眼空隙。浇水养护 2～3 天。

8）细磨和磨光。细磨用 90～120 号金刚石磨，要求磨至表面光滑，然后用清水冲洗净，擦补第二遍水泥浆，养护 2～3 天。磨光采用 200 号金刚石或油石，洒水细磨至表面光亮，要求光滑、无砂眼细孔、石粒颗颗显露。

普通水磨石磨光遍数不应少于 3 遍，高级水磨石面层磨光遍数和油石规格按设计要求确定。

9）擦草酸和打蜡。擦草酸是用质量分数为 10%的草酸溶液（加入 1%～2%的氧化铝）进行涂刷，随即用 240～320 号油石细磨。必要时，可将软布蘸草酸液卷固在磨石机上进行研磨，清除水磨石面上的所有污垢，露出水泥和石料本色，再用水冲洗和用软布擦干。

上述工作完成后，可进行上蜡。方法是在水磨石面层薄涂一层蜡，稍干后用磨光机研磨，或用钉有细帆布（麻布）的木方块代替油石，装在磨石机上研磨出光，再涂蜡研磨一遍，直到光滑洁亮为止。上蜡后须铺锯末养护。

3. 质量标准

1）水磨石面层的允许偏差和检验方法如表 9-2-4 所示。

表 9-2-4　水磨石面层的允许偏差和检验方法

<table>
<tr><th rowspan="2">项次</th><th rowspan="2">项目</th><th colspan="2">允许偏差/mm</th><th rowspan="2">检验方法</th></tr>
<tr><th>普通</th><th>高级</th></tr>
<tr><td>1</td><td>表面平整度</td><td>3</td><td>2</td><td>用 2m 靠尺和楔形塞尺检查</td></tr>
<tr><td>2</td><td>踢脚线上口平直</td><td>3</td><td>3</td><td rowspan="2">拉 5m 线和用钢尺检查</td></tr>
<tr><td>3</td><td>缝格平直</td><td>3</td><td>2</td></tr>
</table>

2）水磨石面层的质量要求和检验方法，如表 9-2-5 所示。

表 9-2-5　水磨石面层的质量要求和检验方法

<table>
<tr><th>项次</th><th>项目</th><th>质量要求</th><th>检验方法</th></tr>
<tr><td>1</td><td rowspan="3">主控项目</td><td>水磨石面层的石粒，应采用坚硬可磨的白云石、大理石等岩石加工而成，石粒应洁净无杂物，其粒径除特殊要求外应为 6～15mm；水泥强度等级不应小于 32.5MPa；颜料应采用耐光、耐碱的矿物颜料，不得使用酸性颜料</td><td>观察，检查材质合格证明文件</td></tr>
<tr><td>2</td><td>水磨石面层拌和料的体积比应符合设计要求，宜为 1∶2.5～1∶1.5（水泥∶石粒）</td><td>检查配合比通知单和检测报告</td></tr>
<tr><td>3</td><td>面层与下一层应结合牢固，无空鼓、裂缝</td><td>用小锤敲击检查</td></tr>
<tr><td>1</td><td rowspan="4">一般项目</td><td>面层表面应光滑；无明显裂缝、砂眼和磨纹；石粒密实，显露均匀；颜色图案一致，不混色；分格条牢固、顺直和清晰</td><td>观察</td></tr>
<tr><td>2</td><td>踢脚线与墙面应紧密结合，高度一致，出墙厚度均匀</td><td>观察，用小锤敲击、钢尺</td></tr>
<tr><td>3</td><td>楼梯踏步的宽度、高度应符合设计要求；楼层梯段相邻踏步高度差不应大于 10mm，每踏步两端宽度差应不大于 10mm；旋转楼梯段的每踏步的允许偏差为 5mm；楼梯的齿角应整齐，防滑条应顺直</td><td>观察，钢尺检查</td></tr>
<tr><td>4</td><td colspan="2">水磨石面层的允许偏差应符合表 9-2-4 的规定</td></tr>
</table>

4. 通病防治

（1）水磨石地面裂缝空鼓

1）产生原因如下：

① 结构层产生裂缝，如地面垫层或基层不实或结构沉降。

② 楼层预制板灌缝不密实或基层清理不干净。

③ 水泥浆中水泥过多，收缩变形较大等。

2）防治措施如下：

① 对底层地面水磨石的垫层及基层施工，要确保收缩变形稳定后再做面层，对于面积较大的基层应配筋，同时设伸缩缝。

② 认真清理基层，预制板缝应用细石混凝土填灌严密。

③ 门洞口处应在洞口两侧贴分格条。

④ 暗敷管线不能太集中，且上部应设有 20mm 厚的保护层。

（2）表面色泽不一致

1）产生原因如下：

① 石粒浆兑色没有集中统一配料，没有采用同一规格批号、同一配合比。

② 石粒清洗不干净。

③ 砂眼多，色浆颜色与基层颜色不一致。

2）防治措施如下：

① 同一部位同一类型的材料必须统一，数量一次备足。

② 严格按配合比配拌和料且拌和均匀，严禁随配随拌。

③ 石粒清洗干净并保护好，防止被污染。

④ 对多彩图案水磨石施工，严格按工艺要求进行，以防串色、混色，造成分色线处深色污染浅色。

（3）表面石粒疏密不均、分格条显露不清

1）产生原因如下：

① 分格条粘贴不正确，两边嵌固灰埂太高，十字交叉处不留空隙。

② 石粒浆稠度过大，石粒太多，铺设太厚，超出分格条高度太多。

③ 开磨时面层强度过大，磨石过细，分格条不易磨出。

2）防治措施如下：

① 粘贴分格条时，按前述的工艺要求施工，保证分格条“粘七露三”，十字交叉处留空。

② 面层石粒浆以半干硬性为宜，撒石粒一定要均匀。

③ 严格控制铺设厚度，滚筒刷滚压后以面层高出分格条 1mm 为宜。

④ 开磨时间和磨石规格应适宜，初磨应采用 60～90 号金刚石，浇水量不宜过大，使面层保持一定浓度的磨浆水。

9.2.2 板块面层地面施工

9.2.2.1 石材地面铺设施工

石材地面是指采用天然大理石、花岗石、预制水磨石板块、碎拼大理石板块及新型人造石板块等装饰材料作饰面层的楼地面。

天然大理石组织细密、坚实，色泽鲜明光亮，庄重大方，高贵豪华，常用于展览馆、车站等的室内墙面。天然花岗石质地坚硬、耐磨，不易风化变质，色泽自然庄重、典雅气派，常用于高级装饰工程，如宾馆、饭店、酒楼、写字楼的大厅地面、楼厅走廊、踢脚线等部位。

1. 施工准备

（1）材料准备

1）石材准备。材料应按要求的品种、规格、颜色到场。凡有翘曲、歪斜、厚薄偏差太大以及缺边、掉角、裂缝、隐伤和局部污染变色的石材应予剔除，完好的石材板块应套方检查，规格尺寸如有偏差，应磨边修正。用草绳等易褪色材料包装花岗石板时，拆包前应防止受潮和污染。材料进场后应堆放于施工现场附近，下方垫木，板块叠合之间应用软质材料垫塞。

2）黏结材料准备。水泥的强度等级不低于 32.5。结合层用砂采用过筛的中砂、粗砂，灌缝选用中细砂，砂含泥的质量分数不超过 3%。颜料选用矿物颜料，一次备足。同一楼地面工程应采用同一厂家、同一批次的产品，不得混用。

（2）现场作业条件准备

墙面粉刷完成后，以室内墙面+500mm 标高线定出地面标高线。暗管线已敷设完毕且验收合格。准备好加工棚，安装好台钻和砂轮锯，接通水源、电源。

（3）施工机具准备

石材切割机、钢卷尺、水平尺、方尺、墨斗、尼龙线靠尺、木刮尺、橡皮锤或木锤、抹子、喷水壶、灰铲、合金扁錾、钢丝刷、台钻、砂轮、磨石机等。

2. 大理石、花岗石、预制水磨石板块施工工艺流程和操作要点

（1）施工工艺流程

大理石、花岗石、预制水磨石板块的施工工艺流程如图 9-2-9 所示。

图 9-2-9　大理石、花岗石、预制水磨石板块的施工工艺流程

（2）操作要点

1）基层清理。板块地面在铺贴前应先挂线检查基层平整情况，偏差较大处应事先凿平和修补，如果为光滑的混凝土楼地面，则应凿毛。基层应清洁，不能有油污、落地灰，特别不要有白灰、砂浆灰，不能有渣土。清理干净后，在抹底子灰前应洒水润湿。

2）弹线。根据设计要求，确定平面标高位置，并弹在四周墙上，再在四周墙上取中，在地上弹出十字中心线，按板块的尺寸加预留缝放样分块。大理石板地面缝宽 1mm，花岗石板地面缝宽小于 1mm，预制水磨石地面缝宽 2mm。与走廊直接相通的门口应与走廊地面拉通线，板块布置要以十字线对称，若室内地面与走廊地面颜色不同，其分界线应安排在门口或门窗中间。在十字线交点处对角安放两块标准块，并用水平尺和角尺校正。铺板时依标准块和分块位置，每行依次挂线，此挂线起到面层标筋的作用。

3）试拼、试铺。在正式铺设前，对每个房间的大理石板块应按图案、颜色、纹理进行试拼。试拼后按两个方向编号排列，然后按编号码放整齐，以便对号入座，使铺设出来的楼地面色泽美观、一致。在房间内相互垂直的两个方向，铺两条宽度略大于板块板宽、厚度不小于 30mm 的干砂带，根据试拼石板的编号及施工图，将石材板块排好，检查板块之间的缝隙，核对板块与墙、柱、洞口等部位的相对位置，根据试铺结果，在房间主要部位弹相互垂直的控制线，并引至墙上，用以检查和控制板块位置。

4）板块浸水。大理石、花岗石、预制水磨石板块在铺贴前应先浸水润湿，阴干后擦干净板背的浮尘方可使用。铺板时，板块的底面以内潮外干为宜。

5）铺水泥砂浆结合层。铺水泥砂浆结合层是铺贴工艺中重要的环节，必须注意以下几点：

① 水泥砂浆结合层宜采用干硬性水泥砂浆。干硬性水泥砂浆的配合比常用 1∶1（水泥∶砂，体积比），一般采用强度等级不低于 32.5 的水泥配制，铺设时稠度（标准圆锥体沉入度）以 20～40mm 为宜。现场如无测试仪器，可用手捏成团，在手中颠后即散开为度。

② 为保证干硬性水泥砂浆与基层或找平层的黏结效果，在铺设前，应在基层或找平层刷一道水灰比为 0.4～0.5 的水泥浆（可掺 10% 801 胶），以保证整个上下层之间黏结牢固。

③ 铺结合层时，摊铺砂浆长度应在 1m 以上，宽度应超出板块宽度 20～30mm，铺浆厚度为 10～15mm，虚铺砂浆厚度应比标高线高出 3～5mm，砂浆由里向外铺抹，然后用木刮尺刮平、拍实。

6）铺板。铺贴时，要将板块四角同时平稳落下，对准纵横缝后，用橡皮锤（木锤）轻敲振实，并用水平尺找平，锤击板块时注意不要敲砸边角，也不要敲打已铺贴完毕的板块，以

免造成空鼓。铺贴时，一般从房间中部向四周退步铺贴。凡有柱子的大厅，宜先铺柱子与柱子中间部分，然后向两边展开。

7）灌缝、擦缝。铺板完成 2 天后，经检查板块无断裂及空鼓现象后，方可进行灌缝。根据板块颜色，用浆壶将调好的稀水泥素浆或 1∶1 稀水泥砂浆（水泥∶细砂）灌入缝内 2/3 高，并及时清理板块表面上溢出的浆液，再用与板面颜色相同的水泥浆将缝灌满、擦缝。待缝内水泥色浆凝结后，应将板面清洗干净，在拭净的石材楼地面上覆盖锯末保护，24h 后洒水养护，3 天内禁止上人走动或在面层上进行其他作业。

8）踢脚线镶贴。预制水磨石、大理石和花岗石踢脚线一般高度为 100～200mm，厚度为 15～20mm。可采用粘贴法和灌浆法施工。踢脚线施工前应认真清理墙面，提前一天浇水润湿。阳角处踢脚线的一端用无齿锯切成 45°。踢脚线应用水刷净，阴干备用。镶贴时由阳角开始向两侧试贴，检查踢脚线是否平直，缝隙是否严密，有无缺边掉角等缺陷，合格后方可实贴。不论采取什么方式安装，均要先在墙面两端各镶贴一块踢脚线，其上沿高度在同一水平线上，出墙厚度要一致，然后沿两块踢脚线上沿拉通线，逐块依顺序安装。

① 粘贴法。根据墙面标筋和标准水平线，用 1∶2～1∶2.5 水泥砂浆抹底并刮平划毛，待底层砂浆干硬后，将已润湿阴干的影脚板抹上 2～3mm 素水泥浆进行粘贴，同时用橡皮锤敲击平整，并注意随时用水平尺、靠尺板找平、找直。次日，用与地面同色的水泥浆擦缝。

② 灌浆法。将踢脚线临时固定在安装位置，用石膏糊将相邻的两块踢脚线粘牢，然后用稠度为 10～15cm 的 1∶2 水泥砂浆（体积比）灌缝，并随时把溢出的砂浆擦干净。待灌入的水泥砂浆凝固后，把石膏铲掉擦净，用与板面同色水泥浆擦缝。

9）上蜡。板块铺贴完工后，待其结合层砂浆强度达到 60%～70%即可打蜡抛光。上蜡的具体操作方法与现浇水磨石地面基本相同。

3. 碎拼大理石地面铺贴施工工艺流程和操作要点

碎拼大理石地面又称冰裂纹地面，它是采用不规则的并经挑选的碎块大理石，铺贴在水泥砂浆结合层上，并用水泥砂浆或水泥石粒浆填补块料间隙，最后进行磨平抛光而制成的。

碎拼大理石地面在高级装饰工程中，是利用色泽鲜艳、品种繁多的大理石碎块，无规则地拼镶在一起，由于花色不同、形状各异、造型多变，给人一种乱中有序、清新自然的感受。碎拼大理石的构造做法和平面示意如图 9-2-10 和图 9-2-11 所示。

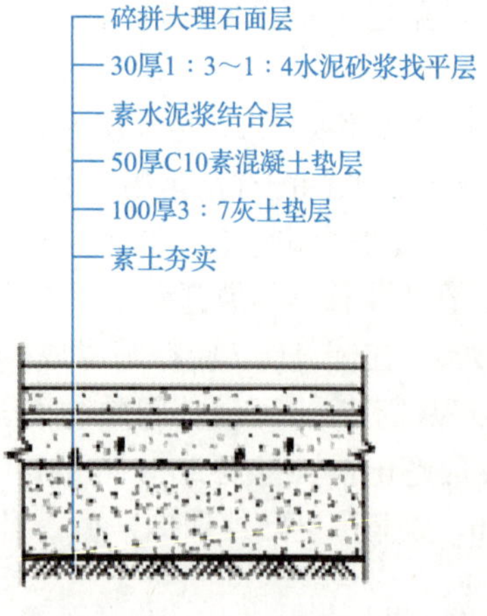

图 9-2-10　碎拼大理石地面构造做法

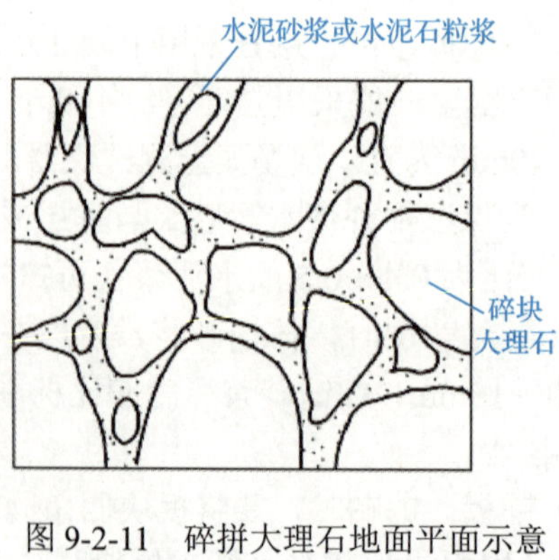

图 9-2-11　碎拼大理石地面平面示意

（1）施工工艺流程

碎拼大理石地面铺贴的施工工艺流程如图 9-2-12 所示。

图 9-2-12　碎拼大理石地面铺贴的施工工艺流程

（2）操作要点

1）基层清理。检查基层平整情况，偏差较大处应事先凿平和修补，若为光滑的混凝土楼地面，则应凿毛。基层应清洁，不能有油污、落地灰，特别不要有白灰、砂浆灰，不能有渣土。清理干净后，在抹底子灰前应洒水润湿。

2）抹找平层。碎拼大理石地面应在基层上抹 30mm 厚 1∶3 水泥砂浆找平层，用木抹子搓平。

3）铺贴。在找平层上刷素水泥浆一遍，用 1∶2 水泥砂浆镶贴碎大理石标筋（或贴灰饼），间距 1.5m，然后铺碎大理石块，并用橡皮锤轻轻敲击，使其平整、牢固。随时用靠尺检查表面平整度。注意石块与石块间留足间隙，挤出的砂浆应从间隙中剔除，缝底呈方形。

4）灌缝。将缝中积水、杂物清除干净，刷素水泥浆一遍，然后嵌入彩色水泥石渣浆，嵌抹应凸出大理石表面 2mm，再在其上撒一层石渣，用木抹子拍平压实，次日养护。也可用同色水泥砂浆嵌抹间隙做成平缝。

5）磨光。面层分四遍磨光。第一遍用 80～100 号金刚石，第二遍用 100～160 号金刚石，第三遍用 240～280 号金刚石，第四遍用 750 号或更细的金刚石进行打磨。

6）上蜡。研磨完毕后，将面层表面清理干净，便可进行上蜡抛光工作，具体操作方法同水磨石地面。

4. 质量标准

1）石材板块铺贴地面允许偏差及检验方法如表 9-2-6 所示。

表 9-2-6　石材板块铺贴地面允许偏差及检验方法

项次	项目	允许偏差/mm	检验方法
1	表面平整度	1.0	用 2m 靠尺和楔形塞尺检查
2	缝格平直	2.0	拉 5m 线，不足 5m 时拉通线和尺量检查
3	接缝高低差	0.5	尺量和楔形塞尺检查
4	板块间隙宽度	1.0	尺量检查
5	踢脚线上口平直	1.0	拉 5m 线和尺量检查

2）大理石和花岗石板块面层的质量标准和检验方法如表 9-2-7 所示。

表 9-2-7　大理石和花岗石板块面层的质量标准和检验方法

项次	项目	质量要求	检验方法
1	主控项目	大理石、花岗石面层所用的板块的品种、质量应符合设计要求	观察，检查材质合格记录
2		面层与下一层应结合牢固，无空鼓	用小锤敲击检查

续表

项次	项目	质量要求	检验方法
1	一般项目	大理石、花岗石面层的表面应洁净、平整、无磨痕，且应图案清晰、色泽一致、接缝均匀、周边顺直、镶嵌正确，板块无裂缝、掉角和缺棱等缺陷	观察
2		踢脚线表面应洁净、高度一致、结合牢固、出墙厚度一致	用小锤敲击及尺量检查
3		楼梯踏步和台阶板块的缝隙宽度应一致、齿角整齐，楼梯段相邻踏步高度差不应大于 10mm；防滑条应顺直、牢固	观察，尺量检查
4		面层表面的坡度应符合设计要求，不倒泛水，无积水；与地漏、管道结合处应严密牢固，无渗漏	观察、泼水或坡度尺及蓄水检查
5		大理石和花岗石面层的允许偏差应符合表 9-2-6 中的相关规定	

5. 通病防治

（1）空鼓、起拱

1）产生原因如下：

① 基层或板块面层与干硬性水泥砂浆黏结不牢。

② 结合层砂浆太稀或结合层砂浆未压实。

③ 板块四角部位由于铺放方法不当等形成空鼓。

2）防治措施如下：

① 基层在施工前应彻底清洗干净并晾干。

② 干硬性砂浆应拌匀、拌熟，切忌用稀砂浆。

③ 铺砂浆前先润湿基层，水泥素浆刷匀后，随即铺结合层砂浆，且必须拍实、揉平、搓毛。

④ 大理石板块料铺贴前必须浸湿后阴干备用。

⑤ 若用干水泥素灰作结合层，干水泥灰一定要撒匀，并洒适量的水。

⑥ 铺贴时轻拿轻放，定位后均匀敲实。室外地坪铺贴地砖应设分仓缝断开。

（2）相邻板接缝高差及水平度偏大

1）产生原因如下：

① 板材厚薄不均，板块角度偏差大。

② 操作时检查不严，未严格按拉线对准校核。

③ 铺设干硬性砂浆不平整等。

2）防治措施如下：

① 用“品”字法挑选合格板块，对厚薄不均的板材，采用厚度调整的办法，在板背面抹砂浆调整板厚。

② 试铺时，浇浆宜稍厚，板块正式定位后，应不断用水平尺骑缝检查，并轻敲调整相邻板块的平整度，对水平板缝宽度应用开刀调整，直至符合要求。

9.2.2.2 陶瓷地砖楼地面施工

1. 施工准备

（1）材料准备

① 地砖应符合有关要求，对有裂缝、掉角、翘曲、色差明显、尺寸误差大等缺陷的块材

应剔除。

② 水泥宜采用强度等级 32.5 以上的普通硅酸盐水泥、矿渣硅酸盐水泥或白水泥。

③ 找平层水泥砂浆用粗砂，嵌缝宜用中、细砂。

（2）作业条件准备

同大理石地面。

（3）施工机具准备

小水桶、方尺、钢卷尺、木抹子、铁抹子、木拍板、手锹、筛子、喷壶、墨斗、长短刮杠、扫帚、橡皮锤、合金錾、开刀、手提式切割机等。

2. 施工工艺流程和操作要点

（1）施工工艺流程

1）有地漏或排水的房间施工工艺流程如图 9-2-13 所示。

图 9-2-13　有地漏或排水的房间施工工艺流程

2）走廊、大厅等室内地坪施工工艺流程如图 9-2-14 所示。

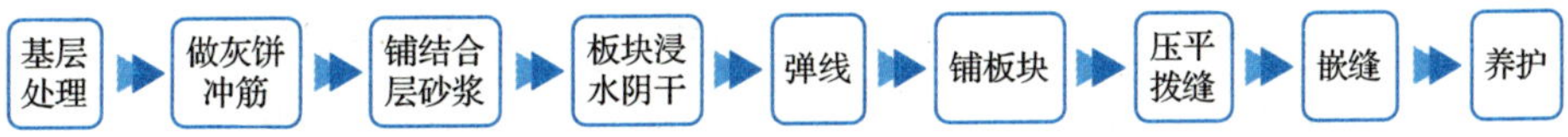

图 9-2-14　走廊、大厅等室内地坪施工工艺流程

（2）操作要点

1）基层处理。表面砂浆、油污和垃圾清除干净，用水冲洗、晾干。若混凝土楼面光滑，则应凿毛或拉毛。

2）做灰饼冲筋。根据墙面水平基准线，弹出地面标高线。在房间四周做灰饼，灰饼表面标高与铺贴材料厚度之和应符合地面标高要求。依据灰饼标筋，在有地漏和排水孔的部位，用 50～55mm 厚 1∶2∶4 细石混凝土从门口处向地漏找泛水，应双向放坡 0.5%～1%，但最低处不小于 30mm 厚。

3）铺结合层砂浆。铺砂浆前，基层应浇水润湿，刷一道水泥素浆，随刷随铺 1∶3（体积比）干硬性水泥砂浆。砂浆稠度必须控制在 35mm 以下。根据标筋标高，用木拍子拍实，短刮杠刮平，再用长刮杠通刮一遍。检测平整度误差不大于 4mm。拉线测定标高和泛水，符合要求后用木抹子搓成毛面。踢脚线应抹好底层水泥砂浆。

有防水要求时，找平层砂浆或水泥混凝土要掺防水剂，也可按设计要求加铺防水卷材，如用水乳型橡胶沥青防水涂料布（无纺布）做防水层，四周卷起 150mm 高，外粘粗砂，门口处铺出 30mm 宽。

4）板块浸水阴干。为避免瓷砖及墙地砖从水泥砂浆中过快吸水而影响黏结强度，在铺贴前应在清水中充分浸泡，一般为 2～3h，在铺贴前先浸水湿润，阴干后擦干背后的浮尘，铺板时，板块的底面以内潮外干为宜。

5）弹线。在已有一定强度的找平层上用墨线弹线。先根据排砖图确定铺砌的缝隙宽度，一般为缸砖 10mm，卫生间、厨房通体砖 3mm，房间、走廊通体砖 2mm。根据排砖图及缝宽在地面上弹纵、横控制线。注意该十字线与墙面抹灰时控制房间方正的十字线是否对应平行，同时注意开间方向的控制线是否与走廊的纵向控制线平行，不平行时应调整至平行，以避免在门口位置的分色砖出现大小头。

排砖原则如下：

① 开间方向要对称（垂直门口方向分中）。

② 破活尽量排在远离门口及隐蔽处，如暖气罩下面。

③ 为了排整砖，可以用分色砖调整。

④ 与走廊的砖缝尽量对上，对不上时可以在门口处用分色砖分隔。

⑤ 根据排砖原则画出排砖图。

⑥ 有地漏的房间应注意坡度、坡向。

6）铺板块。铺贴操作时，先用方尺找好规矩，拉好控制线，按线由门口向进深方向依次铺贴，再向两边铺贴。铺贴中用 1∶2 水泥砂浆铺摊在板块背面，再粘贴到地面上，并用橡皮锤敲压实，使标高、板缝均符合要求。如有板缝误差可用开刀拨缝，对高的部分用橡皮锤敲平，低的部分应起出瓷砖用水泥砂浆垫高找平。

瓷砖的铺贴形式，对于小房间（面积小于 40m^2），通常是做 T 形（直角定位法）标准高度面；对于大面积房间，通常在房间中心按十字形（直角定位法和对角定位法）做出标准高度面，可便于多人同时施工。铺贴形式如图 9-2-15 所示。房间内外地砖品种不同，其交接线应在门扇下中间位置，且门口不应出现非整砖，非整砖应放在房间不起眼的位置。

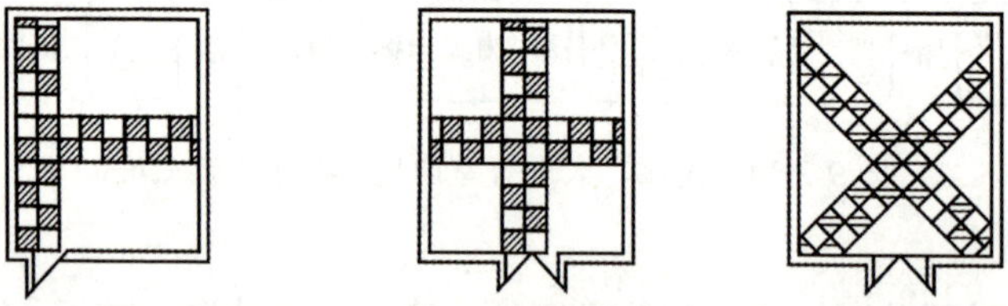

（a）面积较小的房间做T形　（b）大面积房间做法(1)　（c）大面积房间做法(2)

图 9-2-15　地砖块板铺贴形式

7）压平拨缝。每铺完 8～10 块后，用喷壶略洒水，15min 左右用橡皮锤（木锤按铺砖顺序捶铺一遍，不得遗漏，边压实边用水平尺找平。压实后拉通线先竖缝后横缝调拨缝，使缝口平直、贯通。从铺砂浆到压平拨缝应在 5～6h 完成。

8）嵌缝、养护。水泥砂浆结合层终凝后，用白水泥或普通水泥浆擦缝，擦实后铺撒锯末屑养护，4～5 天后方可上人。

3. 质量标准

1）陶瓷地砖铺贴地面允许偏差及检验方法如表 9-2-8 所示。

表 9-2-8　陶瓷地砖铺贴地面允许偏差及检验方法

项次	项目	允许偏差/mm	检验方法
1	表面平整度	2.0	用 2m 靠尺和楔形塞尺检查
2	缝格直线度	3.0	拉 5m 线，不足 5m 时拉通线和尺量检查
3	接缝高低差	0.5	用钢尺和楔形塞尺检查
4	踢脚线上口平直	3.0	拉 5m 线和尺量检查
5	板块间隙宽度	2.0	钢尺检查

2）陶瓷地砖面层的质量标准和检验方法如表 9-2-9 所示。

表 9-2-9　陶瓷地砖面层的质量标准和检验方法

<table>
<tr><th>项次</th><th>项目</th><th>质量标准</th><th>检验方法</th></tr>
<tr><td>1</td><td rowspan="3">主控项目</td><td>面层所用板块产品应符合设计要求和国家现行有关标准的规定</td><td>观察，检查型式检验报告、出厂检验报告、出厂合格证</td></tr>
<tr><td>2</td><td>面层所用板块产品进入施工现场时，应有放射性限量合格的检测报告</td><td>检查检测报告</td></tr>
<tr><td>3</td><td>面层与下一层的结合（黏结）应牢固，无空鼓（单块砖边角允许有局部空鼓，但每自然间或标准间的空鼓砖不应超过总数的 5%）</td><td>用小锤轻击检查</td></tr>
<tr><td>1</td><td rowspan="6">一般项目</td><td>面层的表面应洁净、图案清晰，色泽应一致，接缝应平整，深浅应一致，周边应顺直。板块应无裂纹、掉角和缺棱等缺陷</td><td>观察</td></tr>
<tr><td>2</td><td>面层邻接处的镶边用料及尺寸应符合设计要求，边角应整齐、光滑</td><td>观察，用钢尺检查</td></tr>
<tr><td>3</td><td>踢脚线表面应洁净，与柱、墙面的结合应牢固。踢脚线高度及出柱、墙厚度应符合设计要求，且均匀一致</td><td>观察，用小锤轻击及钢尺检查</td></tr>
<tr><td>4</td><td>楼梯、台阶踏步的宽度、高度应符合设计要求。踏步板块的缝隙宽度应一致；楼层梯段相邻踏步高度差不应大于 10mm；每踏步两端宽度差不应大于 10mm，旋转楼梯梯段的每踏步两端宽度的允许偏差不应大于 5mm。踏步面层应做防滑处理，齿角应整齐，防滑条应顺直、牢固</td><td>观察，用钢尺检查</td></tr>
<tr><td>5</td><td>面层表面的坡度应符合设计要求，不倒泛水、无积水；与地漏、管道接合处应严密牢固，无渗漏</td><td>观察、泼水或用坡度尺及蓄水检查</td></tr>
<tr><td>6</td><td colspan="2">面层的允许偏差应符合表 9-2-8 中的相关规定</td></tr>
</table>

4. 通病防治

（1）板块空鼓

1）产生原因。基层清理不干净，洒水湿润不均匀，砖未浸水湿润，水泥浆结合层铺刷质量不好，上人过早等。

2）防治措施。严格进行基层和作业条件验收；严格按施工工艺要求做好基层洒水、砖浸水湿润及结合层施工；铺贴完成 24h 内严禁上人。

（2）边角料过小，砖缝不均

1）产生原因如下：

① 未进行深化设计及排砖设计。

② 施工前未检查房间方正，铺贴时未试铺。

③ 铺贴时未带线和及时拨缝修整。

2）防治措施如下：

① 施工前进行深化设计及排砖设计。

② 铺贴前检查房间方正，通过墙面抹灰调整房间方正。

③ 大面积铺贴前先试铺排砖，按照排砖设计图根据现场尺寸进行砖缝微调。

④ 每铺贴 2～3 行进行一次检查及修整。

（3）地面铺贴不平

1）产生原因如下：

① 地砖未进行挑选，部分砖偏差过大。

② 铺贴时未严格按水平标高线进行控制。

2）防治措施如下：

① 铺贴前应对进场砖进行选择，偏差过大的剔除，不将其用于工程施工。

② 砖厚薄偏差可通过砂浆或胶粘剂适当调整厚度，每行砖均要求带水平标高线控制。

9.2.2.3 塑料地板地面铺贴施工

1. 施工准备

（1）材料准备

塑料地板；胶粘剂。表 9-2-10 列举了常用胶粘剂的名称及特点。

表 9-2-10 常用胶粘剂的名称及特点

名称	特点
氯丁胶（如 202 胶、401 胶）	初粘力大，黏结强度大；对人体刺激性较大；施工中须采用有机溶剂；现场施工要注意加强通风、防毒、防燃。价格高
916 安全地板胶、920 胶	初始强度高，无毒；不易燃、不易爆；耐火、耐水、耐酸碱。价格较低
水乳型胶（如 106 胶、建筑胶）	初粘力大，胶稳定性较好，干后不易潮解；需双面涂胶、干固快、毒性小。价格低
聚氨酯胶（如 101 胶、JQ-1、2 胶）	初粘力差，固化后黏结力强，胶膜柔韧性好；防水、耐碱。价格较低
环氧胶（如 717 胶、HN 302 胶）	黏结力强，脆性较大；用于地下室、人流量大等场合，施工时对皮肤有刺激。价格较高
立时得胶	黏结效果好，干固快。价格高

1）塑料地板。塑料地板饰面采用的板块（片）应平整、光洁、无裂纹、色泽均匀、厚薄一致、边缘平直，板内不应有杂物和气泡，并应符合产品的各项技术指标。塑料地板使用前，应贮存于干燥、洁净的库房，并距热源 3m 以外，其环境温度不宜超过 32℃。

2）胶粘剂。塑料地板粘合铺贴施工所用的胶粘剂，应根据基层材料和面层材料的使用要求，通过试验确定，可采用乙烯类（聚醋酸乙烯乳液）、氯丁橡胶型、聚氨酯类、环氧树脂类、合成橡胶溶液型、沥青类和多功能建筑胶等。胶粘剂应存放在阴凉通风、干燥的室内；超过生产日期 3 个月的产品，应取样检验，合格后方可使用；超过保质期的产品，不得使用。除上述材料外，还应准备普通水泥、清洗剂（丙酮、汽油等）、聚醋酸乙烯乳液、801 胶、焊条等。

（2）现场准备

施工前要做好样板间，有拼花要求的地面应预先绘制大样图。其他可能造成建筑地面潮湿的施工工序（如顶面、墙面的装饰施工等）应全部完成。在铺设施工前，应使房间干燥，避免在潮湿的环境中进行铺装施工。塑料地板施工时，室内的相对湿度不应大于 80%。施工作业温度不得低于 10℃。

（3）施工机具准备

梳形刮板、橡胶滚筒刷、橡胶锤、橡胶压边滚筒刷、大压辊、裁切刀、划线器、墨斗、8～10kg 砂袋、棉纱、油漆刷、钢尺等常用工具。塑料地板铺贴常用工具如图 9-2-16 所示。

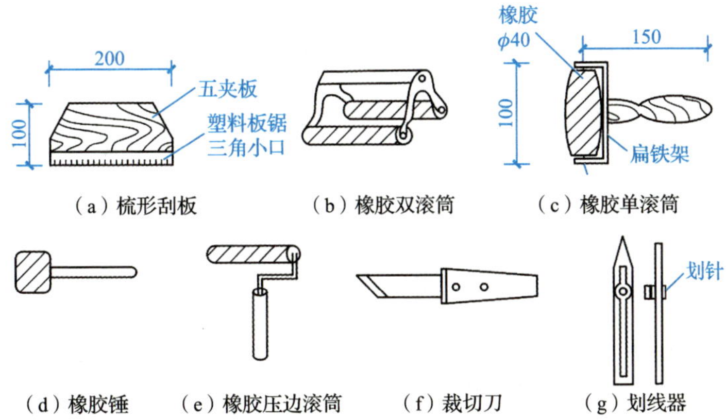

图 9-2-16　塑料地板铺贴常用工具

2. 施工工艺流程和操作要点

（1）施工工艺流程

1）硬质、半硬质塑料地板施工工艺流程如图 9-2-17 所示。

基层处理 ▶ 弹线分格 ▶ 试铺 ▶ 刮胶 ▶ 铺贴 ▶ 铺贴踢脚线 ▶ 清理养护

图 9-2-17　硬质、半硬质塑料地板施工工艺流程

2）软质塑料地板施工工艺流程如图 9-2-18 所示。

基层处理 ▶ 弹线分格 ▶ 试铺 ▶ 刮胶 ▶ 铺贴 ▶ 接缝焊接 ▶ 铺贴踢脚线

图 9-2-18　软质塑料地板施工工艺流程

（2）操作要点

1）基层处理。水泥类楼地面基层的表面应平整、坚硬、干燥，无油脂及其他杂质。基层质量应满足表 9-2-11 的要求。

表 9-2-11　塑料地面对水泥砂浆或混凝土基层质量要求

项目	强度/MPa	表面起皮起砂	空鼓	平整度/mm	表面粗糙度	裂缝	阴阳角方正	边角垂直度	清洁	含水率/%
质量要求	水泥砂浆 15.0 混凝土 20.0	无	无	2m 靠尺、塞尺检查<2	手摸无粗糙感	无	用方尺检查应合格	合格	无油腻	≤8，用刀刻划出白道

注：施工时室内相对湿度应不大于 50%。

基层如有麻面起砂及裂缝等缺陷，可用石膏乳液腻子嵌补找平一到两遍，处理时每遍批刮的厚度不应大于 0.8mm；每遍腻子干燥后，要用 0 号铁砂布打磨，然后批刮第二遍腻子，表面平整后再用水稀释的乳液涂刷一遍，最后再刷一道水泥胶浆。

基层处理时，腻子可采用与具体地材产品配套的基层处理材料，与塑料地材及其黏结剂性质相容的商品腻子，或是现场自配的石膏乳液腻子和滑石粉乳液腻子。

① 石膏乳液腻子：适用于楼地面基层表面第一道嵌补找平。其配合比为石膏∶土粉∶聚醋酸乙烯乳液＝2∶2∶1（体积比）。石膏乳液腻子拌和时，加水量应根据现场具体情况确定。

② 滑石粉乳液腻子：适用于基层表面的第二道修补找平。其配合比为滑石粉∶聚酯膜乙烯乳液∶羚甲基纤维素溶液＝1∶（0.2～0.25）∶0.1（体积比）。滑石粉乳液腻子拌和时，加水量应根据现场具体情况确定。

2）弹线分格。对于塑料板块或切割后作方格拼花铺贴的地面，在基层处理后应按设计要求进行弹线、分格和定位。以房间中心为中心，弹出相互垂直的两条定位线。定位线有十字形、对角线形和T形，然后按板块尺寸，每隔2～3块弹一道分格线，以控制贴块位置和接缝顺直，如图9-2-19所示。其他形式的拼花与图案，也应弹线或画线定位，确定其分色拼接和造型变化的准确位置。对相邻房间颜色不同的地板，其分格线应在门扇中，分色线在门框的踩口线外，使门口的地板对称。

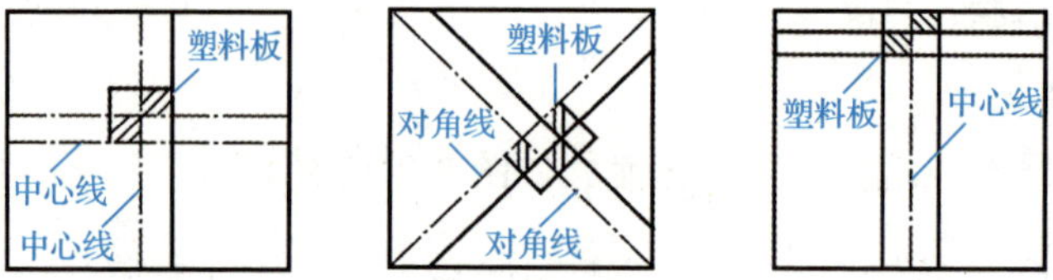

（a）十字形　（b）对角线　（c）T形

图9-2-19　弹线分格

3）试铺。对于软质塑料地板块，试铺前，应做预热处理。宜放入75℃的热水中浸泡10～20min，待板面全部松软伸平后，取出晾干备用，称为软板预热。注意不得用炉火或电热炉预热。对于半硬质块状聚氯乙烯地板，应先用棉丝蘸丙酮与汽油混合溶液（丙酮∶汽油＝1∶8）进行脱脂除蜡处理，称为硬板脱脂。再按设计图案要求及地面画线尺寸选择相应颜色的塑料地板块，或对卷材进行局部切割后到位试拼预铺，合格后按顺序编号，为正式铺装施工做好准备。对于不是整块的地板裁切，可采取如图9-2-20所示的方法进行。

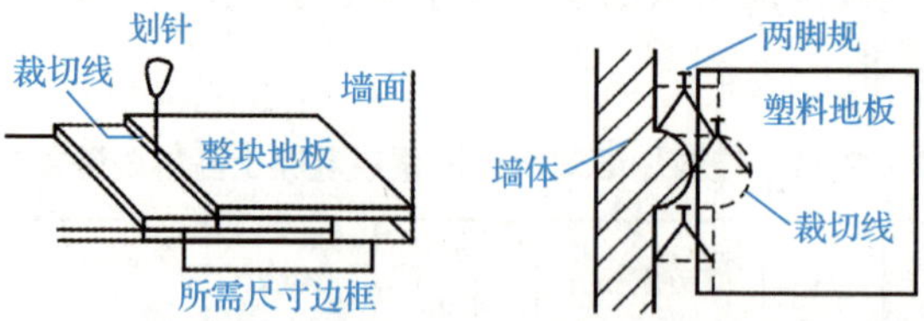

（a）直线裁切示意图　（b）曲线裁切示意图

图9-2-20　塑料地板的裁切

对于卷材型塑料地板，在裁剪时要注意留足拼花、图案对接余量，同时应搭接20～50mm，用刀从搭接中部割开，然后涂胶粘贴。

4）涂刷底胶。对于粘贴施工的塑料地板铺设，应先在清扫干净的基层表面均匀涂刮一层薄而均匀的底胶，以增强基层与面层的黏结强度。待其干燥后，即可进行铺贴操作。

底胶的现场配制，当采用非水溶性胶粘剂时，按同类胶粘剂（非水溶性）加入其质量10%的汽油（65号）和10%的醋酸乙酯（或乙酸乙酯）并搅拌均匀；当采用水溶性胶粘剂时，按同类胶加水稀释并搅拌均匀。

5）涂刮胶粘层。涂刮胶粘层宜用锯齿形刮板。刮胶方式有直线刮胶和八字形刮胶两种。在基层表面及塑料地板背面涂刷胶粘剂，以及地板到位铺贴的操作，应按塑料地板产品使用要求和所用胶粘剂的品种，采用相应的方法。当采用乳液型胶粘剂铺贴塑料地板时，应在塑料板背面和基层表面都均匀涂刷胶粘剂，由于基层材料吸水性强，因此涂刮时，应先涂刮塑料板块的背面，后涂刮基层表面，涂刮越薄越好，无须晾干，随铺随刮。当采用溶剂型胶粘剂时，只在基层上均匀涂胶，当不粘手时（一般在室温 10～35℃时，等待 5～15min），应立即进行铺贴。

胶粘剂涂贴的板背面积应大于80%；在基层上涂胶时，涂胶部位尺寸应超出分格线10mm，涂胶厚度应小于等于 1mm，一次涂刷面积不宜过大。

6）铺贴。铺贴示意如图 9-2-21 所示，坡口切割如图 9-2-22 所示。半硬质塑料地板铺贴从十字中心或对角线中心开始，逐排进行，T 形可从一端向另一端铺贴。铺贴时，双手斜拉塑料板先从十字交点开始对齐，再将左端与分格线或已贴好的板边对齐，顺势把整块板慢慢贴在地上，用手掌按压，随后用橡皮锤（或滚筒刷）从板中向四周锤击（或滚压），赶出气泡，确保严实。按弹线位置沿轴线由中央向四周铺贴，排缝可控制在 0.3～0.5mm，每粘一块随即用棉纱（可蘸少量松节油或汽油）将挤出的余胶擦净。板块如遇不顺直或不平整，应揭起重铺。

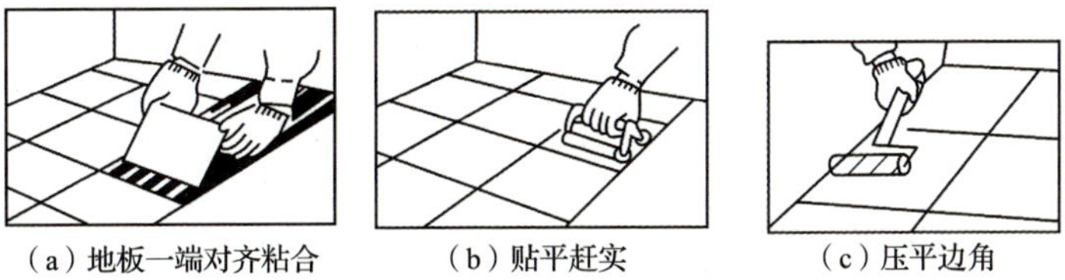

图 9-2-21　铺贴示意

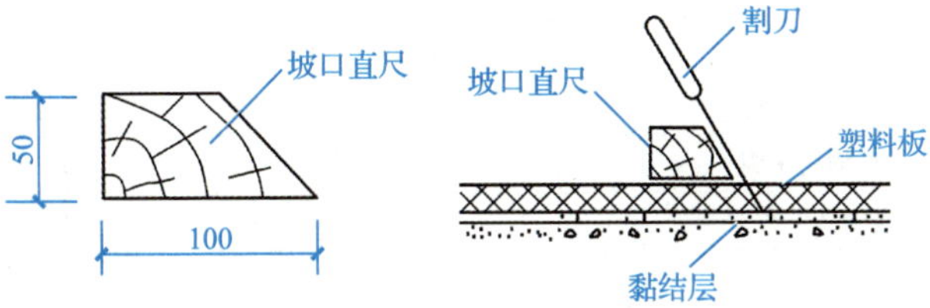

图 9-2-22　坡口切割

软质塑料地板的粘贴铺装与半硬质塑料地板粘贴做法基本相同。铺贴时，按预先弹好的线，四人各提起卷材一边，先放好一端，再顺线逐段铺贴。若离线偏位，则应立即掀起调整正位平。放平后用手和滚筒刷从中间向两边赶平，并排尽气泡。如果有气泡赶压不出，可用针头插入气泡，用针管抽空，再压实粘牢。卷材边缝搭接不少于 20mm，沿定位线用钢板直尺压线并用刀裁割。一次割透两层搭接部分，撕上下层边条，并将接缝处掀起部分铺平压实、粘牢。当板块或卷材缝隙需要焊接时，宜在铺贴 48h 之后再行施焊，也可采用先焊后铺贴的方法，焊条用等边三角形或圆形焊条，其成分和性能应与被焊塑料地板相同。接缝焊接时，两邻边要切成V形槽，以增加焊接牢固性，如图9-2-22所示。

焊缝冷却至常温，将凸出面层的焊包用刨刀切削平整，切勿损伤两边的塑料板面。

铺贴操作中应注意三个方面：一是塑料板要贴牢，不得脱胶空鼓；二是缝格要顺直，避免错缝；三是表面要平整、干净，不得有凹凸不平和污染、破损。

7）铺贴踢脚线。塑料踢脚线铺贴如图9-2-23所示。踢脚线的铺贴要求同地板。在踢脚线上口挂线粘贴，做到上口平直；铺贴顺序为先阴、阳角，后大面，做到粘贴牢固；踢脚线对缝与地板缝做到协调一致。若踢脚线是卷材，则应先将塑料条钉在墙内预留木砖上，然后用焊枪喷烧塑料条。

8）清理养护。铺贴完毕用清洗剂全面擦拭干净，至少三天内不得上人行走。平时应避免60℃以上的物品与地板砖、地板革接触。应避免一些溶剂洒落在地面上，以防地板砖、地板革发生化学反应。

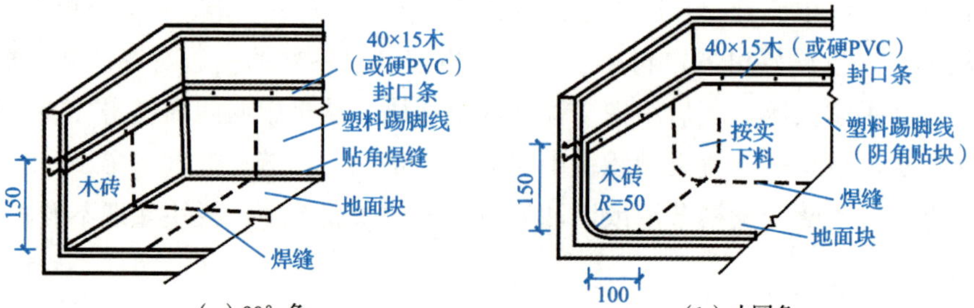

（a）90°角　　（b）小圆角

图9-2-23　塑料踢脚线铺贴

3. 质量标准

1）塑料地板面层允许偏差及检验方法如表9-2-12所示。

表9-2-12　塑料地板面层允许偏差及检验方法

项次	项目	允许偏差/mm	检验方法
1	表面平整度	2.0	用2m靠尺和楔形塞尺检查
2	缝格平直	3.0	拉5m线和用钢尺检查
3	踢脚线上口平直	2.0	拉5m线和用钢尺检查
4	接缝高低差	0.5	用尺量和楔形塞尺检查

2）塑料板（板块和卷材）面层的质量标准和检验方法如表9-2-13所示。

表9-2-13　塑料板（板块及卷材）面层的质量标准和检验方法

项次	项目	质量标准	检验方法
1	主控项目	塑料板面层所用的塑料板块和卷材的品种、规格、颜色、等级应符合设计要求和国家现行标准	观察，检查材质合格证明文件及检测报告
2		塑料板面层采用的胶粘剂进入施工现场时，应有以下有害物质限量合格的检测报告： 1. 溶剂型胶粘剂中的挥发性有机化合物（VOC）、苯、甲苯＋二甲苯； 2. 水性胶粘剂中的挥发性有机化合物和游离甲醛	检查检测报告

续表

项次	项目	质量标准	检验方法
3	主控项目	面层与下一层的黏结应牢固，不翘边、不脱胶、无溢胶（单块板块边角允许有局部脱胶，但每自然间或标准间的脱胶板块不应超过总数的5%；卷材局部脱胶处面积不应大于 $20cm^2$，且相隔间距应大于等于50cm）	观察、敲击及用钢尺检查
1	一般项目	塑料板面层应表面洁净、图案清晰、色泽一致，接缝应严密、美观。拼缝处的图案、花纹应吻合，无胶痕；与柱、墙边交接应严密，阴阳角收边应方正	观察
2		板块的焊接，焊缝应平整、光洁，无焦化变色、斑点、焊瘤和起鳞等缺陷，其凹凸允许偏差不应大于 0.6mm。焊缝的抗拉强度应不小于塑料板强度的 75%	观察，检查检测报告
3		镶边用料应尺寸准确、边角整齐、拼缝严密、接缝顺直	用钢尺和观察检查
4		踢脚线宜与地面面层对缝一致，踢脚线与基层的黏合应密实	观察
5		塑料板面层的允许偏差应符合表 9-2-22 中的相关规定	

4. 通病防治

（1）起鼓、翘边

1）产生原因如下：

① 基层不平整、不干燥或不清洁，表面粗糙，影响黏结效果。

② 塑料板铺贴前未经脱脂除蜡处理。

③ 刷胶不均匀。

④ 涂胶后粘贴时间过早或过迟。

⑤ 胶粘剂尚未充分凝结硬化就进行拼缝焊接施工等。

2）防治措施如下：

① 对起鼓现象，在离鼓泡边缘 1～2mm 处钻两个直径为 3mm 的小孔，用注射器注入胶粘剂，注满后将多余胶挤出再压实。

② 对翘边现象，揭起后重新涂胶再铺贴。

③ 铺贴时基层要干燥，含水率应低于 10%，潮湿地面的基层下要做防水层。

④ 旧水泥地面要用铁刷刷洗，去净油污见到新茬后再刮 108 胶水泥浆腻子，用砂纸磨平。

⑤ 铺贴前要除蜡处理。

⑥ 刮胶要均匀，不漏刮。

⑦ 卷材打开静置 3～5 天后使用。

⑧ 选用胶粘剂要与塑料地板配套。

⑨ 涂胶粘贴时要待稀释剂挥发后再粘贴，但要防止胶干。

⑩ 铺贴前使基层强度满足要求。

⑪ 拼缝焊接应待胶粘剂完全干燥硬化后进行。

（2）胀缩变形

1）产生原因如下：

① 塑料板铺贴前未进行预热处理。

② 铺贴时未注意板的纵横方向间隔铺贴。

2）防治措施如下：

① 铺贴前将塑料板块进行软化处理。

② 对半硬质聚氯乙烯地板一般纵向收缩值大，而横向不但不收缩反而稍有膨胀，故铺贴时应纵横方向间隔铺贴。

（3）塑料板块间错缝

1）产生原因如下：

① 板材尺寸规格不一致，误差大。

② 铺贴时由于手用力大小不均而产生积累误差。

2）防治措施如下：

① 铺贴时应选规格一致的板块。

② 错缝严重时需做返修处理。

③ 为避免积累误差，铺贴中每铺 5～6 块后隔两块再铺，待往前铺贴一段距离后再回头补铺，如此便可隔一段距离调整一次。

④ 铺贴时应将板块轻轻弯起，对好缝后，用力将板压平拍实。

9.2.3 木地板地面施工

9.2.3.1 实木地板铺设

1. 施工准备

（1）材料

1）原材料主要有实木地板、木方、胶合板、防潮垫。

2）实木地板面层所采用的材质和铺设时的木材含水率必须符合设计要求或不大于 12%；木方、垫木及胶合板等必须做防腐、防白蚁、防火处理；胶合板甲醛释放量不大于 1.5mg/L。

3）原材料产品合格证及相关检验报告齐全。

（2）主要机具

电锤、手枪钻、云石电锯机、曲线电锯、气泵、气枪、电刨、磨机、带式砂光机、手锯、刀锯、钢卷尺、角尺、锤子、斧子、扁凿、刨、钢锯。

（3）作业条件

1）材料检验已经完毕且符合要求。

2）实木地板面层下的各层做法及隐蔽工程已按设计要求施工并隐蔽验收合格（图 9-2-24）。

3）施工前应做好水平标志，可采用竖尺、拉线、弹线等方法控制铺设的高度和厚度。

4）操作者必须经专门培训，并经考核合格后方可上岗。

5）熟悉施工图纸，对作业人员进行技术交底。

6）作业时的施工条件（工序交叉、环境状况等）应满足施工质量可达到标准的要求。

7）地板施工前，应完成顶棚、墙面的各种湿作业，粉刷干燥程度在 80%以上，并已完成门窗和玻璃安装。

8）地板施工前，水暖管道、电气设备及其他室内固定设施应安装、涂刷油漆完毕。

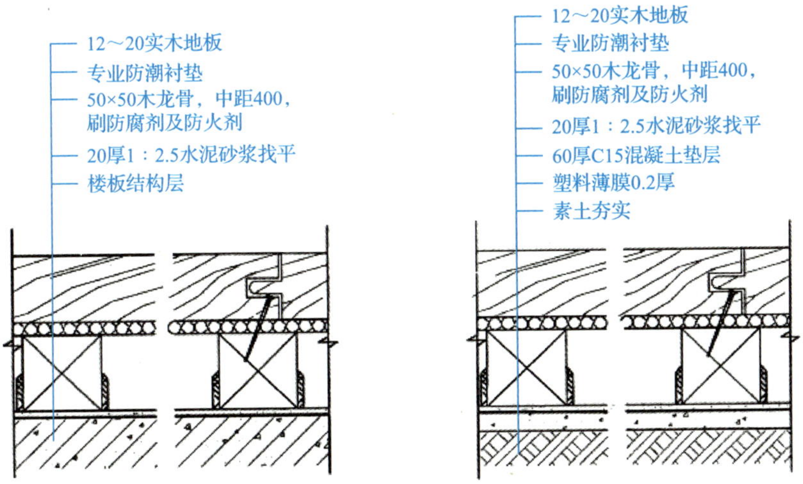

（a）实木地板楼面做法　　（b）实木地板地面做法

图 9-2-24　实木地板构造做法

2. 施工工艺流程和操作要点

（1）施工工艺流程

木地板地面施工的施工工艺流程如图 9-2-25 所示。

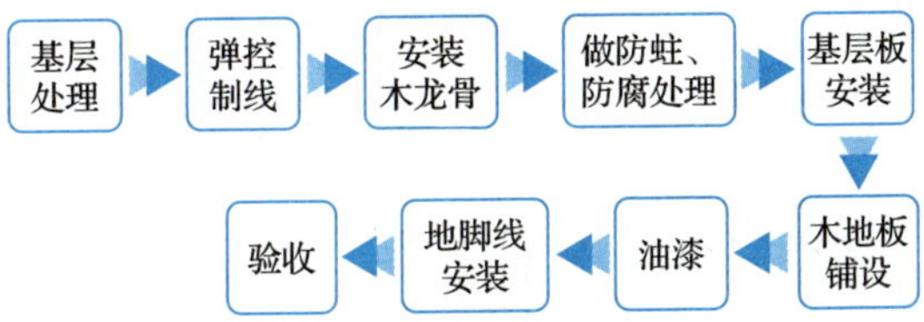

图 9-2-25　木地板地面施工的施工工艺流程

（2）操作要点

1）技术交底。对施工技术要求、质量要求、职业安全、环境保护及应急措施等进行交底。

2）楼板基层要求平整，有凹凸处用铲刀铲平，并用水泥加 108 胶的灰浆（或用石膏黏结剂加砂）填实和刮平（其质量比是水泥∶胶＝1∶0.06）。待干后扫去表面浮灰和其他杂质，然后用拧干的湿拖布擦拭一遍。

3）在现场对实木地板进行挑选分堆。然后进行实木地板油底漆工作。精选时可分为二堆，即深色、浅色各为一堆，然后精选，即在深、浅色两堆中再选出木纹不一样的径切板和弦切板。然后根据各堆的数量，自行设计布置方案进行试铺，待方案经设计师或业主确认后开始铺设地板。

4）安装木龙骨基。

① 木龙骨基架截面尺寸、间距及稳固方法等均应符合设计要求。

② 木龙骨基架应做防火、防蛀、防腐处理，同时应选用烘干木方。

③ 先在楼板上弹出各木龙骨基架的安装位置线（间距 300mm 或按设计要求）及标高，将木龙骨基架放平、放稳并找好标高，用膨胀螺栓和角码（角钢上钻孔）把木龙骨基架牢靠固定在楼板基层上，木龙骨基架与楼板基层间缝隙应用干硬性砂浆（或垫木）填密实，接触

部位刷防腐剂。当地板面层距离楼板高度大于250mm时，木龙骨基架之间增设剪刀撑，木龙骨基架跨度较大时，根据设计要求增设地垄墙、砖墩或钢构件。

④ 木龙骨基架固定时不得损坏楼板基层及预埋管线，同时与墙之间应留出30mm的缝隙，表面应平整，当房间面积超过$100m^2$或长边大于15m时应在木格栅中预留伸缩缝，宽度为30～50mm。在木龙骨基架上铺设防潮膜，防潮膜接头应重叠200mm，四边往上弯。隐蔽验收合格后进入下道工序。格栅式木地板的铺设做法如图9-2-26所示。

5）铺设基层板。根据木龙骨基架模数和房间的情况，将木夹板牢固钉在木龙骨基架上，钉法采用直钉和斜钉混用，直钉钉帽不得凸出板面。采用整张板时，应在板上开槽，槽的深度为板厚的1/3，方向与格栅垂直，间距200mm左右。木夹板应错缝安装，每块木夹板接缝处应预留3～5mm间隙，同时木夹板长边方向与实木地板长边方向垂直，木夹板短边方向接缝与木格栅预留伸缩缝错开。自检合格后进入下道工序，如图9-2-26所示。

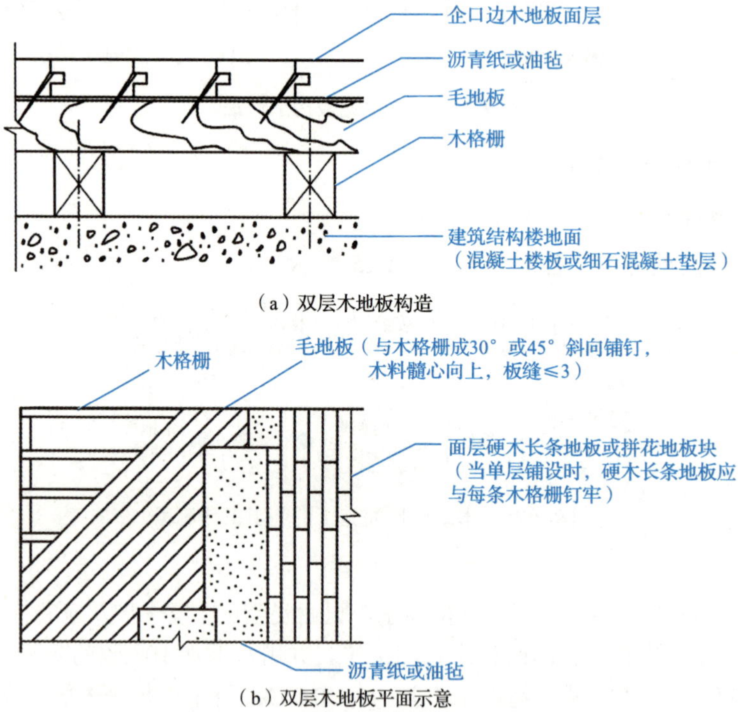

图9-2-26 格栅式木地板的铺设做法

6）铺实木地板（素板）。从墙的一边开始铺钉企口实木地板，靠墙的一块离开墙面10mm左右，以后逐块排紧。不符合模数的板块，其不足部分在现场根据实际尺寸将板块切割后镶补，并应用胶粘剂加强固定。铺设实木地板应从房间内退着往外铺设。实木地板面层接头应按设计要求留置。当房间面积超过$100m^2$或长边大于15m时应在实木地板中预留伸缩缝，宽度为30～50mm，安装专用压条，位置按设计要求或与地板长边平行。

7）刨平磨光。需要刨平磨光的地板应先粗刨后细刨，地板面层在刨平工序所刨去的厚度不宜大于1.5mm，并应不显刨痕；面层平整后用砂带机磨光，手工磨光要求两遍，第一遍用3号粗砂纸磨光，第二遍用0～1号细砂纸磨光。

8）铺实木地板（漆板）。

① 从靠门边的墙面开始铺设，用木楔定位，伸缩缝留足5～10mm。应在地板宽度方向、

靠墙边处。

a. 收边用压条去掉局部泡沫垫，在地面和地板背面分别粘好收边压条，使用收边压条在墙边固定地板。

b. 用 5～20cm 三合板，局部用防水胶黏结固定地面。

c. 四周用压缩弹簧或聚苯板塞紧定位保证，四周有适当的压紧力。

② 地板槽口对墙，纵成榫接成排，随装随锤紧，务必使第一排拉线找直（因墙不一定是直线），然后再调整木楔厚度尺寸。整体铺设时，榫槽处均不施胶粘接，完全靠榫槽企口啮合，榫槽加工公差要紧密，配合严密。最后一排地板宽度不能窄于 5cm。不足部分在现场根据实际尺寸将板块切割后镶补，并用胶粘剂加强固定。若施工中发现某处缝隙过大，则可用专用拉紧板钩抽紧。

③ 实木地板面层接头应按设计要求留置。当房间面积超过 $100m^2$ 或长边大于 15m 时，应在实木地板中预留伸缩缝，宽度为 30～50mm，安装专用压条，位置按设计要求确定或与地板长边平行。

9）卫生间、厨房与地板连接处建议加防水胶隔离处理。

10）在施工过程中，若遇到管道、柱脚等情况，应适当进行开孔切割、施胶安装，还要保持适当的间隙。

11）实木地板铺设完成后，经自检合格后，进行收边压条及踢脚线安装。

3. 质量标准

实木地板面层的质量标准和检验方法如表 9-2-14 所示，木、竹面层的允许偏差和检验方法如表 9-2-15 所示。

表 9-2-14　实木地板面层的质量标准和检验方法

项次	项目	质量要求	检验方法
1	主控项目	实木地板、实木集成地板、竹地板面层采用的地板、铺设时的木（竹）材含水率、胶粘剂等应符合设计要求和国家现行有关标准的规定	观察，检查型式检验报告、出厂检验报告、出厂合格证
2		实木地板、实木集成地板、竹地板面层采用的材料进入施工现场时，应有以下有害物质限量合格的检测报告： 1）地板中的游离甲醛（释放量或含量）； 2）溶剂型胶粘剂中的挥发性有机化合物（VOC）、苯、甲苯＋二甲苯； 3）水性胶粘剂中的挥发性有机化合物（VOC）和游离甲醛	检查检测报告
3		木格栅、垫木和垫层地板等应做防腐、防蛀处理	观察，检查验收记录
4		木格栅安装应牢固、平直	观察、行走、钢尺测量等检查和检查验收记录
1	一般项目	实木地板、实木集成地板面层应刨平、磨光，无明显刨痕和毛刺等现象；图案应清晰、颜色应均匀一致	观察、手摸和行走检查
2		竹地板面层的品种与规格应符合设计要求，板面应无翘曲	观察、用 2m 靠尺和楔形塞尺检查
3		面层缝隙应严密；接头位置应错开，表面应平整、洁净	观察
4		面层采用粘、钉工艺时，接缝应对齐，粘、钉应严密；缝隙宽度应均匀一致；表面应洁净，无溢胶现象	观察
5		踢脚线应表面光滑，接缝严密，高度一致	观察，用钢尺检查
6		实木地板面层的允许偏差应符合表 9-2-15 中的相关规定	

表 9-2-15　木、竹面层的允许偏差和检验方法

<table>
<tr><th rowspan="3">项次</th><th rowspan="3">项目</th><th colspan="4">允许偏差/mm</th><th rowspan="3">检验方法</th></tr>
<tr><th colspan="3">实木地板、实木集成地板、竹地板面层</th><th rowspan="2">浸渍纸层压木质地板、实木复合地板、软木类地板面层</th></tr>
<tr><th>松木地板</th><th>硬木地板、竹地板</th><th>拼花地板</th></tr>
<tr><td>1</td><td>板面缝隙宽度</td><td>1.0</td><td>0.5</td><td>0.2</td><td>0.5</td><td>用钢尺检查</td></tr>
<tr><td>2</td><td>表面平整度</td><td>3.0</td><td>2.0</td><td>2.0</td><td>2.0</td><td>踢脚线上口平整</td></tr>
<tr><td>3</td><td>踢脚线上口平整</td><td>3.0</td><td>3.0</td><td>3.0</td><td>3.0</td><td rowspan="2">拉 5m 线，不足 5m 时拉通线和尺量检查</td></tr>
<tr><td>4</td><td>板面拼缝平直</td><td>3.0</td><td>3.0</td><td>3.0</td><td>3.0</td></tr>
<tr><td>5</td><td>相邻板面高差</td><td>0.5</td><td>0.5</td><td>0.5</td><td>0.5</td><td>用钢尺和楔形塞尺检查</td></tr>
<tr><td>6</td><td>踢脚线与面层的接缝</td><td colspan="4">1.0</td><td>楔形塞尺检查</td></tr>
</table>

4. 通病防治

（1）行走有响声

1）产生原因。

① 格栅固定不牢固、毛地板与格栅间连接不牢固、面层与毛地板间连接不牢固。

② 地板的平整度不够，格栅或毛地板有凸起的地方。

③ 地板的含水率过大，铺设后变形。

2）防治措施。

① 木格栅必须固定牢固且严格控制垫层平整度。安装面层时，刮胶要均匀密实不得漏刷。

② 在安装面层时，发现有凸起的地方要及时进行调整（否则会导致底层出现误差）。地板进场后要及时进行封闭保存，防止地板受潮变形。

（2）地面不干净出现划伤

1）产生原因。施工完毕未及时对地面进行保护，造成后续施工破坏地面。

2）防治措施。施工完毕设置禁止进入施工标牌，相关单位要进入施工必须向项目部申请，保护得当后方可施工。采用地板革对地面进行保护，并请专人不定时地进行清理。

9.2.3.2　实木复合地板铺设

1. 施工准备

（1）材料

1）原材料主要有实木复合地板、防潮垫。实木复合面层所采用的材质和铺设时的木材含水率必须符合设计要求或不大于 12%。

2）原材料产品合格证及相关检验报告。

（2）主要机具

电锤、手枪钻、云石电锯机、曲线电锯、气泵、气枪、电刨、磨机、手锯、刀锯、钢卷尺、斧子、钳子、扁凿、刨、钢锯。

（3）作业条件

1）材料检验已经完毕且符合要求。

2）实木复合地板面层下的各层做法及隐蔽工程按设计要求施工，隐蔽验收合格。

3）施工前做好水平标志，可采用竖尺、拉线、弹线等方法控制铺设的高度和厚度。

4）操作工人必须经专门培训，考核合格后方可上岗。

5）熟悉施工图纸，对作业人员进行技术交底。

6）作业时的施工条件（工序交叉、环境等）满足施工质量可达到标准的要求。

7）地板施工前，应完成顶棚、墙面的各种湿作业，粉刷干燥程度不低于 80%，并已完成门窗和玻璃的安装。

8）地板施工前，水暖管道、电气设备及其他室内固定设施应安装且涂刷油漆完毕。

（4）实木复合地板构造

实木复合地板构造如图 9-2-27 所示。

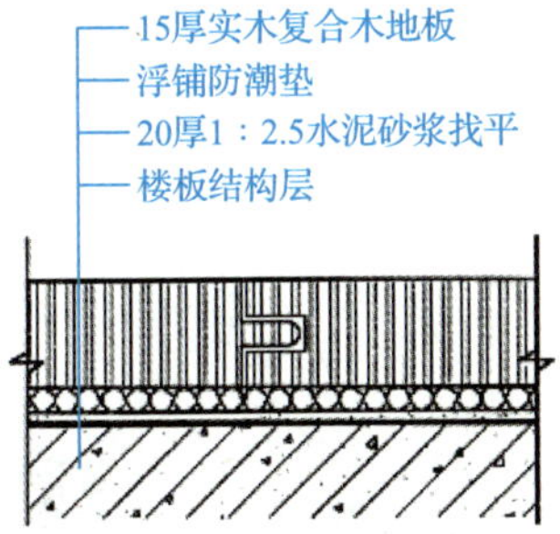

图 9-2-27　实木复合地板构造

2. 施工工艺流程和操作方法

（1）施工工艺流程

实木复合地板铺设的施工工艺流程如图 9-2-28 所示。

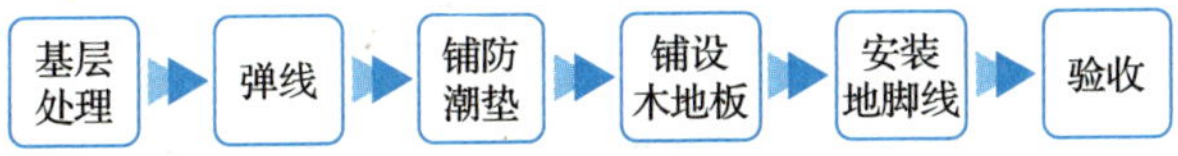

图 9-2-28　实木复合地板铺设的施工工艺流程

（2）操作方法

1）技术交底。对施工技术要求、质量要求、职业安全、环境保护及应急措施等进行交底。

2）楼板基层要求平整，有凹凸处用铲刀处理平整，并用水泥加 108 胶的灰浆（或用石膏黏结剂加砂）填实和刮平（其质量比是水泥∶胶＝1∶0.06），水泥干后扫去表面浮灰和其他杂质，然后用拧干的湿拖布擦拭一遍。隐蔽验收通过后，进行弹画控制线工作。

3）在现场对实木复合地板进行挑选分堆。精选时可分为两堆，即深色、浅色各为一堆，然后精选，即在深、浅色两堆中再选出木纹不一样的径切板和弦切板。然后根据各堆的数量，自行设计布置方案进行试铺，待方案经设计师或业主确认后即可开始铺设地板。

4）铺实木复合地板。

① 锯掉木质门框底部的厚度为地板厚度加 3mm（即防潮泡沫垫厚度），铺设底垫如图 9-2-29 所示。

② 铺设防潮泡沫垫，不可重叠。

③ 固定铺设：从墙的一边开始粘贴企口实木复合地板，靠墙的一块离开墙面 10mm 左右，以后逐块排紧，如图 9-2-30 所示。粘接实木复合地板时采用点涂或整涂。整体铺设时，榫槽处均不施胶粘接，完全靠榫槽企口啮合，榫槽加工公差应紧密，配合应严密，如图 9-2-31 所示。

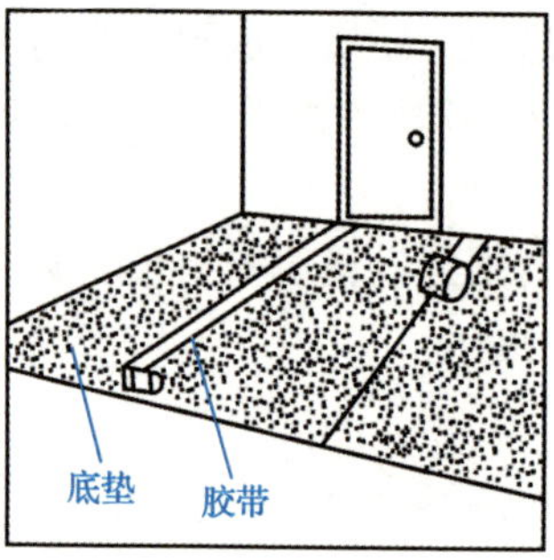

图 9-2-29　铺设底垫

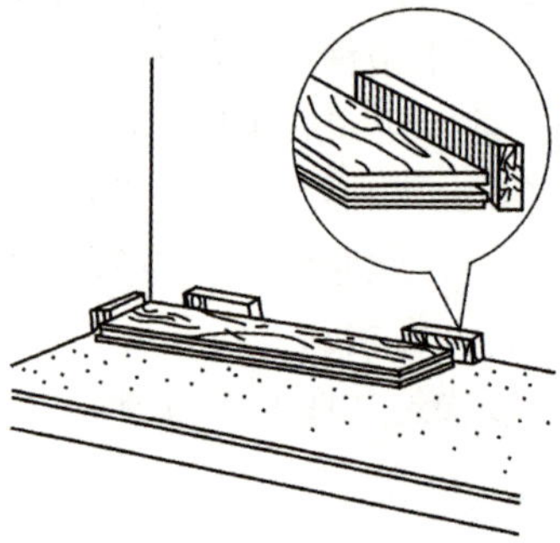
图 9-2-30　第一块板铺贴方法

（a）榫槽拼缝挤紧
（b）靠墙处挤紧

图 9-2-31　挤紧木地板方法

④ 悬浮铺设。从墙的一边开始铺设企口实木复合地板，靠墙的一块离开墙面 10mm 左右，以后逐块排紧。整个铺设时，榫槽处均不施胶粘接，完全靠榫槽企口啮合，榫槽加工公差要紧密，配合稍严。

⑤ 从靠门边的墙面开始铺设，用木楔定位，伸缩缝留足 5～10mm。应在地板宽度方向、靠墙边处做以下处理。

a. 收边压条去掉局部防潮垫，在地面和地板背面分别粘好收边压条，使用收边压条在墙边固定地板。

b. 用 5～20cm 三合板，局部用防水胶粘结固定地面。

c. 四周用压缩弹簧或聚苯板塞紧定位保证，四周有适当的压紧力。

⑥ 地板槽口对墙，纵成榫接成排，随装随锤紧，务必使第一排拉线找直（因墙不一定是直线），然后再调整木楔厚度尺寸。最后一排地板宽度不能窄于 5cm。不足部分在现场根据实际尺寸将板块切割后镶补，并用胶粘剂加强固定。若施工中发现某处缝隙过大，则可用专用拉紧板钩抽紧。

⑦ 实木复合地板面层接头应按设计要求留置。当房间面积超过 $100m^2$ 或长边大于 15m 时，应在实木地板中预留伸缩缝，宽度为 30～50mm，安装专用压条，位置按设计要求确定

或与地板长边平行，如图 9-2-32 所示。

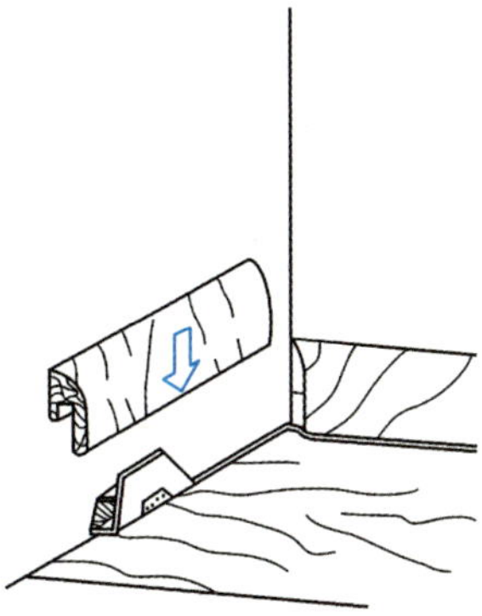

图 9-2-32　安装踢脚线

5）卫生间、厨房与地板连接处应加防水胶隔离处理。

6）在施工过程中，若遇到管道、柱脚等情况，应适当进行开孔切割、施胶安装，还要保持适当的间隙。

7）实木复合地板铺设完成且经自检合格后，进行收边压条及踢脚线安装。

3. 质量标准

实木复合地板面层的质量标准和检验方法如表 9-2-16 所示。

表 9-2-16　实木复合地板面层的质量标准和检验方法

项次	项目	质量标准	检验方法
1	主控项目	实木复合地板面层采用的地板、胶粘剂等应符合设计要求和国家现行有关标准的规定	观察检查和检查型式检验报告、出厂检验报告、出厂合格证
2		实木复合地板面层采用的材料进入施工现场时，应有以下有害物质限量合格的检测报告： 1）地板中的游离甲醛（释放量或含量）； 2）溶剂型胶粘剂中的挥发性有机化合物、苯、甲苯＋二甲苯； 3）水性胶粘剂中的挥发性有机化合物和游离甲醛	检查检测报告
3		木格栅、垫木和垫层地板等应做防腐、防蛀处理	观察，检查验收记录
4		木格栅安装应牢固、平直	观察、行走、钢尺测量等检查和检查验收记录
5		面层铺设应牢固；粘贴应无空鼓、松动	观察、行走或用小锤轻击检查
1	一般项目	实木复合地板面层图案和颜色应符合设计要求，图案应清晰，颜色应一致，板面应无翘曲	观察、用 2m 靠尺和楔形塞尺检查
2		面层缝隙应严密；接头位置应错开，表面应平整、洁净	观察
3		面层采用粘、钉工艺时，接缝应对齐，粘、钉应严密；缝隙宽度应均匀一致；表面应洁净，无溢胶现象	观察
4		踢脚线应表面光滑，接缝严密，高度一致	观察，用钢尺检查
5		实木复合地板面层的允许偏差应符合表 9-2-15 中的相关规定	

4. 成品保护

1）施工时应注意对定位、定标高的标准杆、尺、线进行保护，不得触动、移位。

2）对所覆盖的隐蔽工程要有可靠的保护措施，不得因铺设实木地板面层造成漏水、堵塞、破坏或降低等级。

3）实木复合地板面层在完工后应进行遮盖和拦挡，避免受到破坏。

4）后续工程在实木地板面层上施工时，必须进行遮盖、支垫，严禁直接在实木地板上动火、焊接、和灰、支铁梯、搭脚手架等。

5）铺面层板应在建筑装饰基本完工后开始。

5. 应注意的质量、环境和职业健康安全问题

（1）应注意的质量问题

1）反弹、脚感太软，行走有声响，其主要原因如下：

① 地面不平，地板下有空隙。

② 地板的平整度不够。

③ 地板的含水率过大，铺设后变形。

④ 地板标槽间隙公差过大（应不大于 0.3mm）。

⑤ 面层与基层连接不牢固。

⑥ 地板铺完后没有进行养护就立刻使用，地板维护不当，使得地板扭曲变形。

2）板面不洁净，其主要原因如下：

① 地面铺设完后未做有效的成品保护，受到外界污染。

② 地面潮湿，水泥潮气与木材抽提物发生化学反应，地面水汽、铁质材料与木材接触，出现黑变、发霉等现象。

（2）应注意的环境问题

施工所用机具产生的噪声等应符合环保要求。

1）注意胶粘剂和人造板材等材料有害物质含量。

2）胶粘剂、稀释剂和溶剂等使用后应及时封闭存放，有毒有害材料废料（胶粘剂，防火、防腐涂料等）和其他废料应分开清理。

（3）应注意的职业健康安全问题

1）电气装置应符合施工用电安全管理规定。

2）易燃材料远离施工场所并设专人看管，施工现场严禁明火，并应配备一定的消防器材。

3）防止机械伤人。

6. 质量记录

1）材质合格证明文件及检测报告。

2）胶粘剂、胶合板等有害物质检测记录和复试报告。

3）隐蔽工程验收记录。

4）木材防火、防白蚁、防腐处理记录。

5）检验批验收记录。

6）实木地板面层分项工程质量验收评定记录。

9.2.4　活动地板地面施工

活动地板又称装配式地板，是一种架空地板，由面板、横梁（龙骨）、可调支架等组成，有抗静电和不抗静电两种。常见的活动地板是铝合金框刨花板基板塑料贴面板和全塑料地板。活动地板质量小、强度大、表面平整、面层质感好、装饰效果佳，同时防火、防虫、耐腐蚀。活动地板广泛应用于各种机房、实验室、调度室、洁净厂房、通信枢纽、指挥中心等场所。

9.2.4.1　施工准备

1. 材料准备

准备合格的面板、横梁（龙骨）、可调支架等材料，一般均由供货商将所有合格产品运至施工现场。

2. 施工条件准备

1）铺设地板前，应完成所有室内墙面顶棚装饰施工，并且室内所有固定设备应安装完毕并通过验收。

2）做好地面基层找平，找平层施工符合干、净、平、实的要求，四周墙面应弹好面层标高水平控制线。

3. 施工机具准备

水平尺、方尺、靠尺、墨斗、盒尺、吸盘、开刀、盘锯、手锯、手刨、电锤、螺钉旋具、扳手、钢丝钳、合金錾等。

9.2.4.2　施工工艺流程和操作要点

1. 施工工艺流程

活动地板地面施工工艺流程如图 9-2-33 所示。

图 9-2-33　活动地板地面施工工艺流程

2. 操作要点

1）基层清理。活动地板的金属支架应支承在现浇混凝土基层（或面层）上，基层表面应平整、光洁、不起灰，含水率小于 8%。安装前清扫干净基层，或在基层表面上涂刷清漆。

2）确定铺设方向和顺序。根据房间平面尺寸及设备等情况，按活动地板模数选择板块的铺设方向。当现场的平面尺寸符合活动地板板块模数而室内无控制柜等设备时，宜由里向外铺设；当平面尺寸不符合活动地板板块模数时，宜由外向里铺设；当室内有控制柜等设备且需要预留洞口时，铺设方向和先后顺序应综合考虑确定。

3）弹线定位。铺设活动地板前，在室内四周墙面上应画出标高控制线，并按选定的铺设方向和顺序设基准点。在基层表面上应按板块尺寸弹线并形成方格网，标出地板块的安装位置和高度，并标明设备预留部位。

4）固定支架。按标出的地板块的位置，在方格网交点处打孔埋入膨胀螺栓并固定，埋入深度不得小于 50mm。安装并调整支架高度，然后转动支座螺杆，用水平尺调整每个支座的高度至全室等高。应向地板支座与基层表面的空隙灌注环氧树脂并连接牢固，也可用射钉连接固定。

5）安装横梁。安装横梁常见的方法有沉头螺钉固定法和定位销卡结法，如图 9-2-34 所示，可按产品说明书安装。所有支架（支座柱）和横梁构成框架一体后，要用水平仪找平。

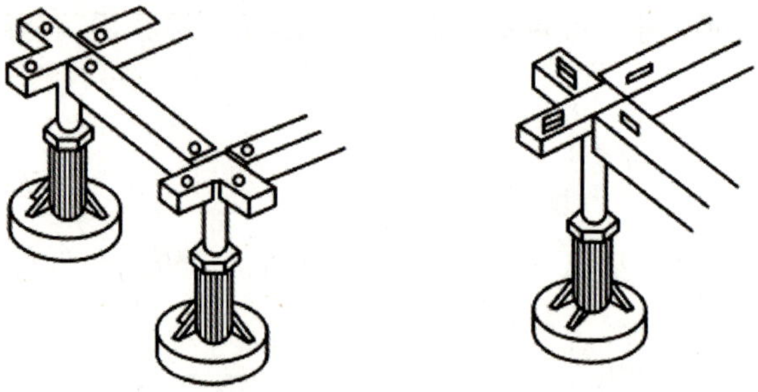

（a）沉头螺钉固定　　（b）定位销卡结

图 9-2-34　安装横梁

6）安装面板。在检查活动地板下部铺设的管线、导线、支座与横梁的安装合格后，方可进行地板块的铺装。

安装面板前应检查面板尺寸误差，尺寸准确的板块宜安装于较明显的部位，尺寸有误差的板块宜安装于较隐蔽的部位。铺设活动地板前在横梁上先铺设缓冲胶条，用乳胶与横梁黏结。铺设活动地板块时，应调整水平度并保证板块四角接触严密、平整，不得采用加垫的方法。当铺设的活动地板不符合模数时，其不足部分可根据实际尺寸将板块切割后镶补，并配装相应的可调支座和横梁。被切割过的板块边部，应采用清漆或环氧树脂胶加滑石粉按 1∶3 比例调成的腻子封边，或用防潮腻子封边，也可采用铝型材镶边，对切割边的处理完成后方可到位安装，并不得有局部膨胀变形情况。板块的安装要求周边顺直，粘、钉严密，接缝均匀一致且不显高差。

活动地板在门口处或预留洞口处应符合设置构造要求，四周侧边应用耐磨硬质板材封闭或用镀锌钢板包裹，胶条封边应符合耐磨要求。

7）表面清理养护。面板安装完毕可用棉布浸清洗剂擦洗晾干，再用棉丝抹蜡，满擦一遍。

3. 质量要求

1）活动地板安装允许偏差和检验方法如表 9-2-17 所示。

表 9-2-17　活动地板安装允许偏差和检验方法

项次	项目	允许偏差/mm	检验方法
1	表面平整度	2.0	用 2m 靠尺和楔形塞尺检查
2	板面缝格平直	2.5	拉 5m 线，不足 5m 时拉通线和尺量检查
3	接缝高低差	0.4	尺量检查
4	板块间隙宽度	0.3	拉 5m 线，不足 5m 时拉通线和尺量检查

2）活动地板的质量标准和检验方法如表9-2-18所示。

表9-2-18　活动地板的质量标准和检验方法

项次	项目	质量标准	检验方法
1	主控项目	活动地板应符合设计要求和国家现行有关标准的规定，且应具有耐磨、防潮、阻燃、耐污染、耐老化和导静电等性能	观察，检查型式检验报告、出厂检验报告、出厂合格证
2		活动地板面层应安装牢固，无裂纹、掉角和缺棱等缺陷	观察，行走检查
1	一般项目	活动地板面层应排列整齐、表面洁净、色泽一致、接缝均匀、周边顺直	观察
2		活动地板面层的允许偏差应符合表9-2-17中的相关规定	

4. 通病防治

（1）板面不平整

1）产生原因。基层不平、支架未调平或横梁与面板接触位置塞垫木片等材料。

2）防治方法。严格按操作工艺进行，在安装面板前一定要用水平仪和水平尺边检查边安装。不得塞垫软质材料找平。

（2）面板缝隙大且不顺直

1）产生原因。板块尺寸误差大，拼装时未按方格网线控制安装。

2）防治方法。安装前检查校核每块面板，对尺寸误差较大的板块应剔除或修正（如切割刨边），将尺寸有误差的板块铺贴在隐蔽部位。铺板中始终以方格控制线为标线，发现误差应及时调整。

9.2.5　地毯施工

地毯具有吸声、保温、隔热、防滑、弹性好、脚感舒适和施工方便等特点，又给人以华丽、高雅、温暖的感觉，因而备受欢迎。各种地毯在高级装饰中被大量采用。

9.2.5.1　准备工作

1. 材料的准备工作

1）地毯材料。地毯是将羊毛、丙纶纤维、腈纶纤维、尼龙纤维经机织法或簇绒法制成面层，再与麻布底层黏结加工制成的。家装常用地毯可分为化纤维地毯、纯羊毛地毯、塑料地毯和混纺地毯等几类，可根据实际需要进行合理选用。

2）垫料材料。对于无底垫的地毯，如果采用倒刺板固定，那么应当准备垫料材料。垫料多采用海绵级纹补底材料，也可采用杂毛毡垫。

3）地毯胶粘剂。地毯常用的胶粘剂有两类，一类是聚酯酸乙烯胶粘剂，另一类是合成橡胶胶粘剂。

4）倒刺钉板条。倒刺钉板条简称倒刺板，是地毯的专用固定件，板条尺寸一般为6mm×24mm×1200mm，板条上有两排斜向铁钉，用于钩挂地毯，每块板条上有9枚水泥钢钉，已打入水泥地面起固定作用，钢钉的间距为35～40mm。

5）铝合金收口条。铝合金收口条用于地毯端头露明处，可以防止地毯外露毛边影响美观，同时起到固定地毯作用。在地面有高差的部位，如室内卫生间或厨房地面，铝合金收口条一般均低于室内房间地面 20mm 左右，在这样两种地面的交接处，地毯收口多采用 L 形铝合金收口条，如图 9-2-35 所示。

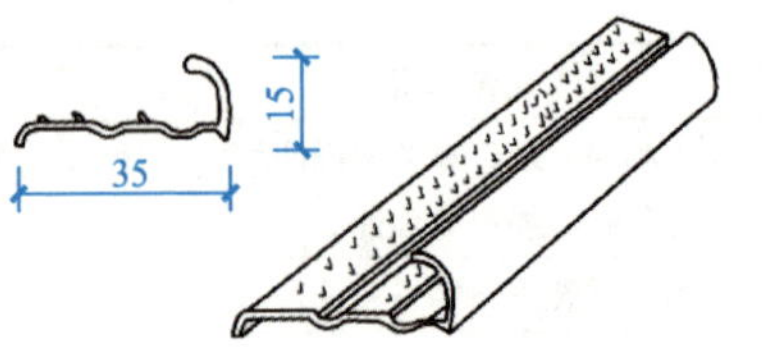

图 9-2-35　L 形铝合金收口条示意

2. 基层的准备工作

对基层的基本要求有以下几方面。

1）铺设地毯的基层要求具有一定的强度，待基层混凝土或水泥砂浆层达到此强度后才能进行地毯的铺设。

2）基层表面必须平整，无凹坑、麻面、裂缝，并保持清洁。如果有油污，那么须用丙酮或松节油擦洗干净。对于高低不平处，应预先用水泥砂浆抹平。

3）在木地板上铺设地毯时，应注意钉头或其他凸出物，以防损坏地毯。

3. 机具准备

1）张紧器。张紧器即地毯撑子，如图 9-2-36 所示，分为大小两种。大撑子用于大面积撑紧铺毯，操作时通过可伸缩的撑头及承脚将地毯张拉平整，撑头与撑脚之间可加长连接管，以适应房间尺寸，使撑脚顶住对面墙。

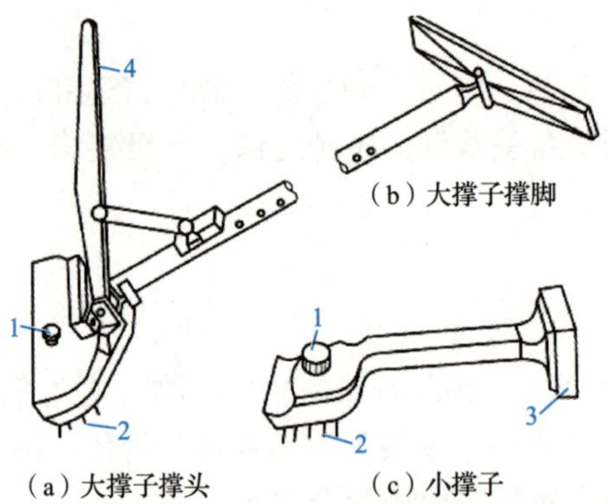

（a）大撑子撑头　（c）小撑子

1—扒齿调节钮；2—扒齿；3—空心橡胶垫；4—杠杆压柄。

图 9-2-36　张紧器

小撑子用于墙角或操作面狭窄处，操作者用膝盖顶住撑子尾部的空心橡胶垫，两手自由操作。张紧器的扒齿长短可调，以适应不同厚度的地毯，不用时可将扒齿缩回。

2）裁毯刀。裁毯刀有手握裁刀和手推裁刀，如图 9-2-37 所示。手握裁刀用于地毯铺设操作时的少量裁割；手推裁刀用于施工前较大批量的剪裁下料。

3）扁铲。扁铲主要用于墙角处或踢脚线下端的地毯掩边，其形状如图 9-2-38（a）所示。

4）墩拐。在钉固倒刺板时，如果遇到障碍不易敲击，那么可用墩拐垫砸。墩拐的形状如图 9-2-38（b）所示。

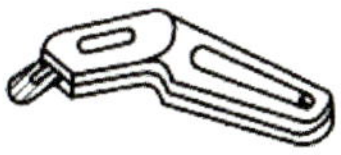

（a）手握裁刀

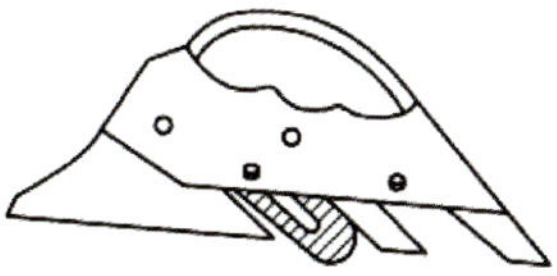

（b）手推裁刀

图 9-2-37 裁毯刀

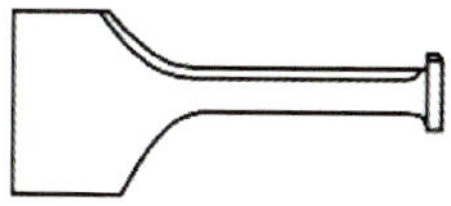

（a）扁铲

（b）墩拐

图 9-2-38 扁铲与墩拐的形状

5）裁边机。裁边机用于施工现场的地毯裁边，可以高速转动并以 3m/min 的速度向前推进。裁边机使用非常方便，裁割时不会使地毯边缘处的纤维硬结而影响拼缝连接。

9.2.5.2 活动式地毯的铺设

根据《建筑地面工程施工质量验收规范》（GB 50209—2010）的规定，活动式地毯的铺设应符合下列规定。

1. 规范规定

地毯拼成整块后直接铺在洁净的地面上，地毯周边应塞入踢脚线下；与不同类型的建筑地面连接时，应按照设计要求做好收口；小方块地毯铺设时，块与块之间应挤紧贴牢。

2. 施工操作

地毯采用活动式铺贴时，尤其要求基层的平整光洁，不能有凸出表面的堆积物，其平整度要求用 2m 直尺检查时偏差小于等于 2mm。按地毯方块在基层弹出分格控制线，宜从房间中央向四周展开铺排，逐块就位放稳贴紧并相互靠紧，至收口部位按设计要求选择适宜的收口条。

与其他材质地面交接处，标高一致时，可选用铜条或不锈钢条；标高不一致时，一般应采用铝合金收口条，将地毯的毛边伸入收口条内，再将收口条端部砸扁，即起到收口固定和边缘固定的双重作用。重要部位也可配合采用粘贴双面黏结胶带等稳固措施。

9.2.5.3 固定式地毯的铺设

1. 地毯倒刺板固定方法

（1）施工工艺流程

用倒刺板固定地毯的施工工艺流程如图 9-2-39 所示。

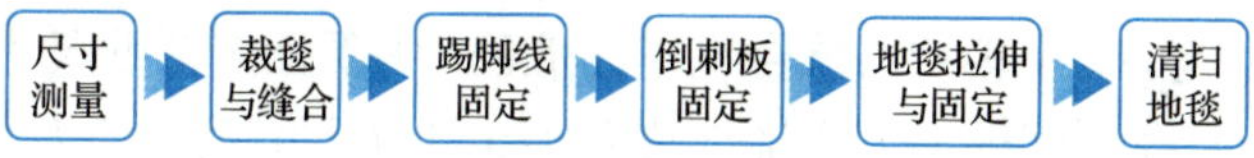

图 9-2-39 用倒刺板固定地毯的施工工艺流程

（2）操作要点

1）尺寸测量。尺寸测量是地毯固定前重要的准备工作，关系到下料的尺寸大小和房间内铺贴质量。

测量房间尺寸一定要精确，长宽净尺寸为裁毯下料的依据，要按房间和所用地毯型号统一登记编号。

2）裁毯与缝合。根据定位尺寸剪裁地毯，其长度应比房间实际尺寸大 20mm 或根据图案、花纹大小裁出一个完整的图案。宽度应以裁去地毯边缘后的尺寸计算，并在地毯背面弹线后裁掉边缘部分。裁剪时，应在较宽阔的地方集中进行，裁好后卷成卷并编号，对号放入房间内，大面积厅房应在施工地点剪裁拼缝。裁剪时楼梯地毯长度应留有一定余量，一般为 500mm 左右，以便使用中更换挪动磨损的部位。

地毯铺装方向应使地毯绒毛走向朝背光方向。地毯对花拼接应按毯面绒毛和织纹走向的同一方向拼接。接宽时，应采用缝合或烫带黏结（无衬垫时）的方式，缝合应在铺设前完成，烫带黏结应在铺设的过程中进行，接缝处应与周边无明显差异。

3）踢脚线固定。按照施工要求在四周墙面固定踢脚线。

4）倒刺板固定。采用成卷地毯铺设地面时，以倒刺板将地毯固定的方法有很多。将基层清理干净后，便可沿踢脚线的边缘用高强水泥钉将倒刺板钉在基层上，钉的间距一般为 40cm 左右。如果基层空鼓或强度较低，应采取措施加以纠正，以保证倒刺板固定牢靠。

可以加长高强水泥钉，使其穿过抹灰层而固定在混凝土楼板上；也可将空鼓部位打掉，重新抹灰或下木楔，待强度达到要求后，再将高强水泥钉打入。倒刺板要离开踢脚线面 8～10mm，便于用锤子砸钉子。如果铺设部位是大厅，那么在柱子四周也要钉上倒刺板，普通房间沿着四周墙钉，如图 9-2-40 所示。

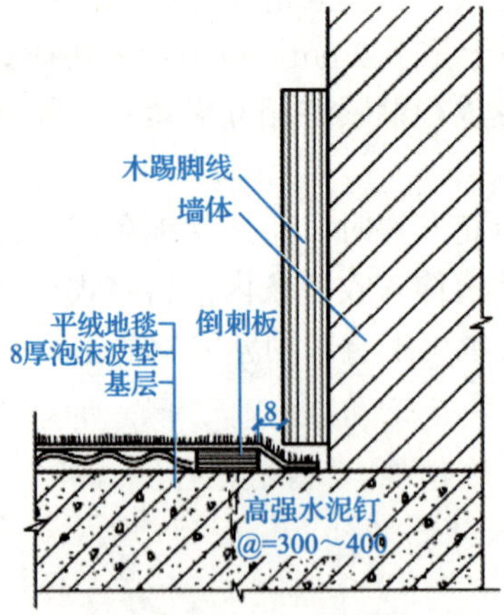

图 9-2-40 倒刺板条固定示意

5）地毯拉伸与固定。对于裁切与缝合完毕的地毯，为保证其铺贴尺寸准确，要进行拉伸。先将地毯的一条长边钉在倒刺板上，将地毯背面牢靠地挂于倒刺板朝天小钉钩上，并将地毯的毛边掩到踢脚线下面，然后用手压住张紧器，再用膝盖顶住张紧器，从一边一步一步地将张紧器推向另一边。

若一遍未能将地毯拉平，可重复拉伸，直至拉平，然后将地毯固定于倒刺板上，将毛边掩好。对于超出预定区域的地毯，用裁毯刀将其割掉。一个方向拉伸完毕，再进行另一个方向的拉伸，直至将地毯四个边都固定于倒刺板上。平绒地毯张平步骤示意如图 9-2-41 所示。

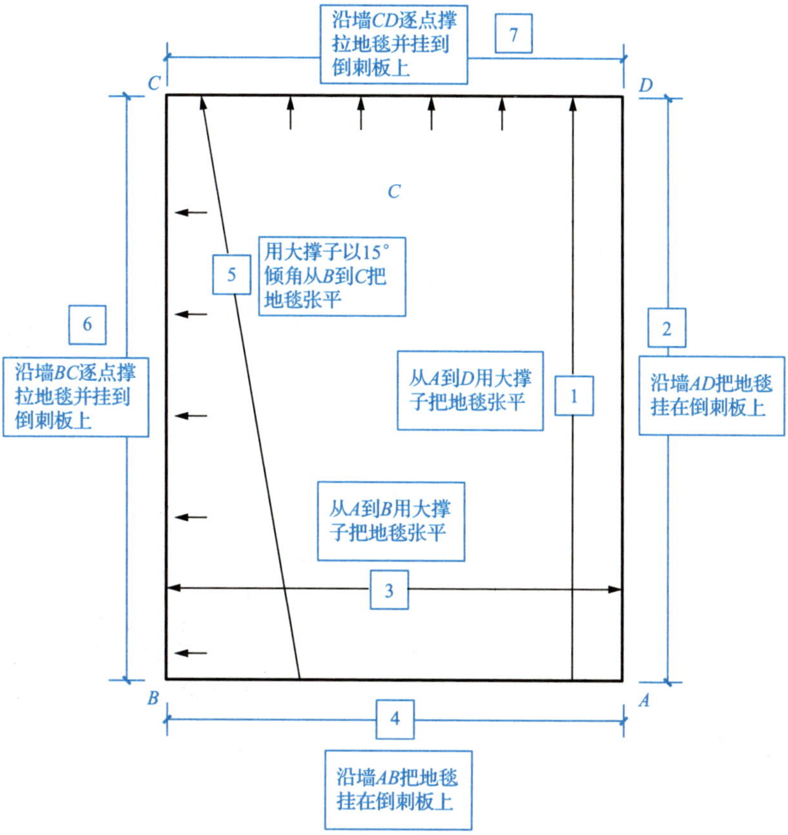

图 9-2-41　平绒地毯张平步骤示意

6）清扫地毯。地毯铺设完毕后，表面往往有不少脱落的绒毛和其他东西，待收口条固定后，须用吸尘器认真地清扫一遍。铺设完成后的地毯，在交工前应禁止行人在上面走动，否则会增加清理工作量。

2. 地毯胶粘剂固定方法

涂刷胶粘剂的做法有两种：一种是局部刷胶，另一种是满刷胶。

当地毯需要拼接时，一般先将地毯与地毯拼缝，下面衬上一条 10cm 宽的麻布带，胶粘剂按 0.8kg/m 的涂布量使用，将胶粘剂涂布在麻布带上，将地毯拼缝粘牢，如图 9-2-42 所示。

有的拼接采用胶烫带，施工时利用电熨斗熨烫使带上的胶熔化而将地毯接缝黏结。两条地毯间的拼接缝隙应尽可能密实，以使其背面的衬布很好地隐藏。

3. 楼梯地毯的铺设

（1）施工准备工作

施工准备的材料和机具主要包括地毯固定角钢及零件、地毯胶粘剂、设计要求的地毯、铺设地毯用钉及铁锤等。若选用的地毯是背后不加衬布的无底垫地毯，则应准备海绵衬垫料。

测量楼梯每级的深度与高度，以估计所需地毯的用量。将测量的深度与高度相加乘以楼梯的级数，再加上 45cm 的余量，即估算出楼梯地毯的用量。准备余量的目的是在使用地毯的过程中方便对其进行挪动，转移常受磨损的部位。

对于无底垫地毯，在地毯下面使用楼梯垫料以达到增强吸声功能和延长使用寿命的目的。衬垫的深度必须满足能触及楼梯竖板并可延伸至每级踏板外 5cm 以便包覆的要求。

（2）铺贴施工工艺

将衬垫材料用倒刺板分别钉在楼梯阴角两边，如图 9-2-43 所示，两木条之间应留出 15mm 的间隙。将预先切好的挂角条（或称无钉地毯角钢）（图 9-2-44）用水泥钉钉在每级踏板与压板所形成的转角衬垫上。如果地面较硬，用水泥钉钉固困难，那么可在钉位处用冲击钻打孔埋入木楔，将挂角条钉固于木楔上。挂角条的长度应小于地毯宽度 20mm 左右。

挂角条用厚度为 1mm 左右的铁皮制成，有两个方向的倒刺抓钉，可将地毯不露痕迹地钩挂在其上，如图 9-2-45 所示。

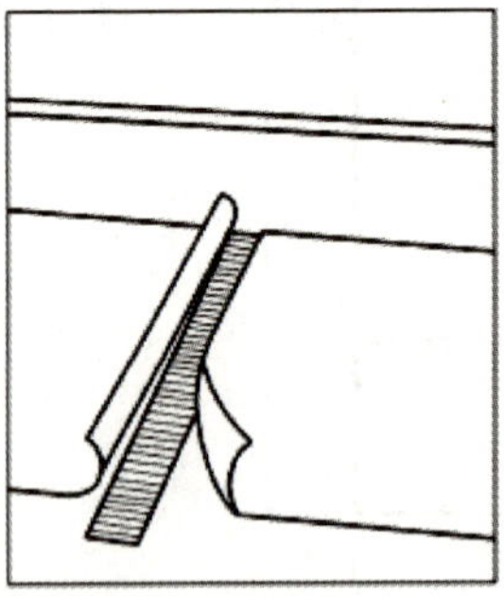

图 9-2-42　地毯拼缝处的黏结

图 9-2-43　钉木条与衬垫材料

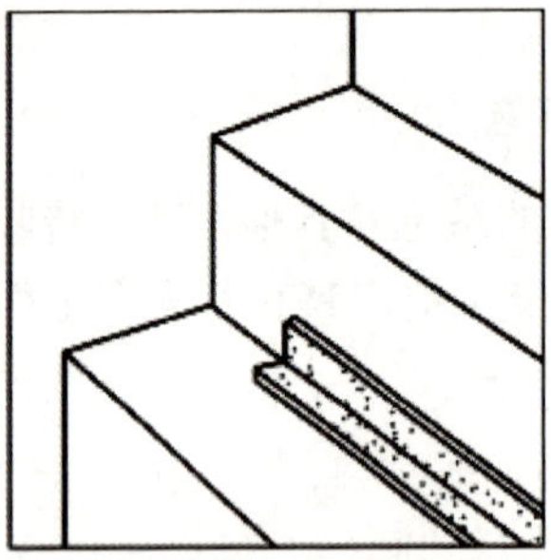

图 9-2-44　挂角条的位置

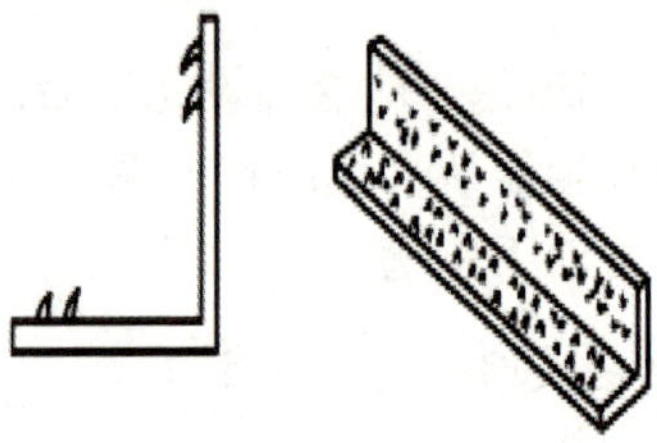

图 9-2-45　地毯挂角条

地毯要从楼梯的最高一级铺起，先将起始端翻起并在顶级的竖板上钉住，然后用扁铲将地毯压在第一条挂角条的抓钉上。把地毯拉紧使其包住楼梯，顺着竖板而下，在楼梯阴角处用扁铲将地毯压进阴角，并使倒刺板上的朝天钉紧紧钩住地毯，随后铺设第二条挂角条。

这样连续铺设至最后一个台阶，将多余的地毯朝内折转钉于底级的竖板上。

所用地毯如果已有海绵衬底，那么可用地毯胶粘剂代替固定角钢，将胶粘剂涂抹在压板与踏板面上粘贴地毯。在铺设前，把地毯的绒毛理顺，找出绒毛最为光滑的方向，铺设时以绒毛的走向朝下为准。在梯级阴角处先按照前面所述钉好倒刺板，铺设地毯后用扁铲敲打，使倒刺钉将地毯紧紧钩挂住。在每级压板与踏板转角处，均用不锈钢钉拧固铝角防滑条。楼梯地毯铺设的固定方法如图 9-2-46 所示。

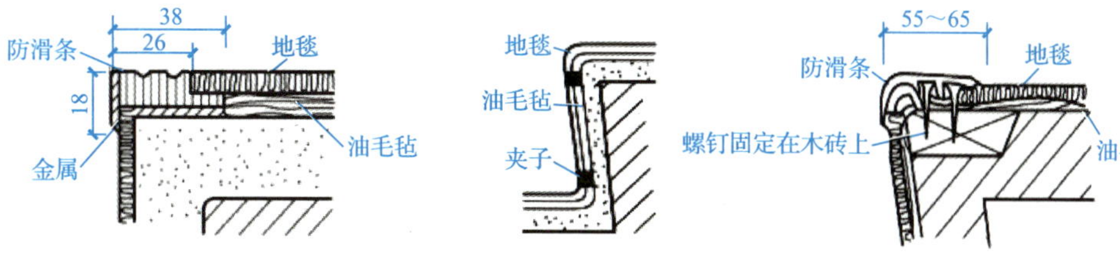

图 9-2-46　楼梯地毯铺设的固定方法

4. 质量标准

地毯面层的质量标准和检验方法如表 9-2-19 所示。

表 9-2-19　地毯面层的质量标准和检验方法

项次	项目	质量标准	检验方法
1	主控项目	地毯面层采用的材料应符合设计要求和国家现行有关标准的规定	观察，检查型式检验报告、出厂检验报告、出厂合格证
2		地毯面层采用的材料进入施工现场时，应有地毯、衬垫、胶粘剂中的挥发性有机化合物和甲醛限量合格的检测报告	检查检测报告
3		地毯表面应平服，拼缝处应粘贴牢固、严密平整、图案吻合	观察
1	一般项目	地毯表面不应起鼓、起皱、翘边、卷边、显拼缝、露线和毛边，绒面毛应顺光一致，毯面应洁净、无污染和损伤	观察
2		地毯同其他面层连接处、收口处和墙边、柱子周围应顺直压紧	观察

5. 通病防治

（1）地毯卷边、翻边

1）产生原因。地毯固定不牢或黏结不牢。

2）防治措施。墙边、柱边应钉好倒刺板，用以固定地毯；粘贴接缝时，刷胶要均匀，铺贴后要拉平压实。

（2）地毯表面不平整

1）产生原因。基层不平；地毯铺设时两边用力不一致，没能绷紧，或烫地毯时未绷紧；地毯受潮变形。

2）防治措施。地毯表面不平面积不应大于 $4mm^2$；铺设地毯时，必须用大小撑子或专用张紧器张拉平整后方可固定；铺设地毯前后应做好地毯防雨、防潮。

（3）显露拼缝、收口不顺直

1）产生原因。接缝绒毛未处理；收口处未弹线，收口条不顺直；地毯裁割时，尺寸有偏差。

2）防治措施。地毯接缝处用弯针做绒毛密实的缝合，收口处先弹线，收口条跟线钉直；严格根据房间尺寸裁割地毯。

（4）地毯发霉

1）产生原因。基层未进行防潮处理；水泥基层含水率过大。

2）防治措施。铺设地毯前基层必须进行防潮处理，可用乳化沥青涂刷一道或涂刷掺有防水剂的水泥浆一道；地毯基层必须保证含水率小于 8%。

9.2.6 楼地面工程质量验收

9.2.6.1 基本规定

1）建筑地面工程划分为整体面层地面、板块面层地面、木竹面层地面三个子分部工程。

2）从事建筑地面工程施工的建筑施工企业应有质量管理体系和相应的施工工艺技术标准。

3）建筑地面工程采用的材料或产品应符合设计要求和国家现行有关标准的规定。无国家现行标准的，应具有省级住房和城乡建设行政主管部门的技术认可文件。材料或产品进场时还应符合下列规定：

① 应有质量合格证明文件。

② 应对型号、规格、外观等进行验收，对重要材料或产品应抽样进行复验。

4）建筑地面工程采用的大理石、花岗石、料石等天然石材，以及砖、预制板块、地毯、人造板材、胶粘剂、涂料、水泥、砂、石、外加剂等材料或产品应符合国家现行有关室内环境污染控制和放射性、有害物质限量的规定。材料进场时应具有检测报告。

5）厕浴间和有防滑要求的建筑地面应符合设计防滑要求。

6）有种植要求的建筑地面，其构造做法应符合设计要求和行业现行标准《种植屋面工程技术规程》（JGJ 155—2013）的有关规定。设计无要求时，种植地面应低于相邻建筑地面 50mm 以上或做槛台处理。

7）地面辐射供暖系统的设计、施工及验收应符合行业现行标准《辐射供暖供冷技术规程》（JGJ 142—2012）的有关规定。

8）地面辐射供暖系统施工验收合格后，方可进行面层铺设。面层分格缝的构造做法应符合设计要求。

9）建筑地面下的沟槽、暗管、保温、隔热、隔声等工程完工后，经检验合格并做隐蔽记录后，方可进行建筑地面工程的施工。

10）建筑地面工程基层（各构造层）和面层的铺设，均应待其下一层检验合格后方可进行上一层的施工。建筑地面工程各层铺设前与相关专业的分部（子分部）工程、分项工程，以及设备管道安装工程之间，应进行交接检验。

11）建筑地面工程施工时，各层环境温度的控制应符合材料或产品的技术要求，并应符合下列规定：

① 采用掺有水泥、石灰的拌和料铺设，以及用石油沥青胶结料铺贴时，温度应不低于 5℃。

② 采用有机胶粘剂粘贴时，温度应不低于 10℃。

③ 采用砂、石材料铺设时，温度应不低于 0℃。

④ 采用自流平水泥、涂料铺设时，温度应不低于 5℃，也应不高于 30℃。

12）铺设有坡度的地面应采用基土高差达到设计要求的坡度；铺设有坡度的楼面（或架空地面）应采用在结构楼层板上变更填充层（或找平层）铺设的厚度或以结构起坡达到设计要求的坡度。

13）建筑物室内接触基土的首层地面施工应符合设计要求，并应符合下列规定：

① 在冻胀性土上铺设地面时，按设计要求做好防冻胀土处理后方可施工，并不得在冻胀

土层上进行填土施工。

② 在永冻土上铺设地面时，按建筑节能要求进行隔热、保温处理后方可施工。

14）室外散水、明沟、踏步、台阶和坡道等附属工程，其面层和基层（各构造层）均应符合设计要求。施工时应按建筑地面质量验收规范基层铺设中基土和相应垫层及面层的规定执行。

15）水泥混凝土散水、明沟应设置伸缩缝，其延长米间距不得大于 10m，对日晒强烈且昼夜温差超过 15℃的地区，其延长米间距宜为 4～6m。水泥混凝土散水、明沟和台阶等与建筑物连接处及房屋转角处应设缝处理。上述缝的宽度应为 15～20mm，缝内应填嵌柔性密封材料。

16）建筑地面的变形缝应按设计要求设置，并应符合下列规定：

① 建筑地面的沉降缝、伸缩缝和防震缝应与结构相应缝的位置一致，且应贯通建筑地面的各构造层。

② 沉降缝和防震缝的宽度应符合设计要求，缝内清理干净，以柔性密封材料填嵌后用板封盖，并应与面层齐平。

17）对于建筑地面镶边，当设计无要求时，应符合下列规定：

① 有强烈机械作用下的水泥类整体面层与其他类型的面层邻接处，应设置金属镶边构件。

② 具有较大震动或变形的设备基础与周围建筑地面的邻接处，应沿设备基础周边设置贯通建筑地面各构造层的沉降缝（防震缝），缝的处理应执行上述规定。

③ 采用水磨石整体面层时，应用同类材料以分格条设置镶边。

④ 条石面层和砖面层与其他面层邻接处，应用顶铺的同类材料镶边。

⑤ 采用木、竹面层和塑料板面层时，应用同类材料镶边。

⑥ 地面面层与管沟、孔洞、检查井等邻接处，均应设置镶边。

⑦ 管沟、变形缝等处的建筑地面面层的镶边构件，应在面层铺设前装设。

⑧ 建筑地面的镶边宜与柱、墙面或踢脚线的变化协调一致。

18）厕所、厨房和有排水（或其他液体）要求的建筑地面面层与相连接各类面层的标高差应符合设计要求。

19）检验同一施工批次、同一配合比水泥混凝土和水泥砂浆强度的试块，应按每层（或检验批）建筑地面工程不少于 1 组。当每层（或检验批）建筑地面工程面积大于 $1000m^2$ 时，每增加 $1000m^2$ 应增做 1 组试块；当小于 $1000m^2$ 时按 $1000m^2$ 计算，取样 1 组；检验同一施工批次、同一配合比的散水、明沟、踏步、台阶、坡道的水泥混凝土、水泥砂浆强度的试块，应按每 150 延长米不少于 1 组。

20）各类面层的铺设宜在室内装饰工程基本完工后进行。木面层、竹面层、塑料板面层、活动地板面层、地毯面层的铺设应待抹灰工程、管道试压等完工后进行。

21）建筑地面工程施工质量的检验，应符合下列规定：

① 基层（各构造层）和各类面层的分项工程的施工质量验收应按每一层次或每层施工段（或变形缝）作为检验批，高层建筑的标准层可按每三层（不足三层按三层计）作为检验批。

② 每检验批应以各子分部工程的基层（各构造层）和各类面层所划分的分项工程按自然间（或标准间）检验，抽查数量应随机检验，应不少于 3 间；不足 3 间时，应全数检查；其中走廊（过道）应以 10 延长米为 1 间，工业厂房（按单跨计）、礼堂、门厅应以两个轴线为 1 间计算。

③ 有防水要求的建筑地面子分部工程的分项工程施工质量，每检验批抽查数量应按其房间总数随机检验，应不少于 4 间，不足 4 间时应全数检查。

22）建筑地面工程的分项工程施工质量检验的主控项目，必须达到《建筑地面工程施工质量验收规范》（GB 50209—2010）规定的质量标准才能认定为合格；一般项目 80%以上的检查点（处）符合《建筑地面工程施工质量验收规范》（GB 50209—2010）规定的质量要求，其他检查点（处）不得有明显影响使用，并不得大于允许偏差值的 50%为合格。当达不到质量标准时，应按国家现行标准《建筑工程施工质量验收统一标准》（GB 50300—2013）的规定处理。

23）建筑地面工程完工后，施工质量验收应在建筑施工企业自检合格的基础上，由监理单位组织有关单位对分项工程、子分部工程进行检验。

24）检验方法应符合下列规定：

① 检查允许偏差应采用钢尺、1m 直尺、2m 直尺、3m 直尺、2m 靠尺、楔形塞尺、坡度尺、游标卡尺和水准仪。

② 检查空鼓应采用敲击方法。

③ 检查防水隔离层应采用蓄水方法，蓄水深度最浅处不得小于 10mm，蓄水时间不得少于 24h；检查有防水要求的建筑地面的面层应采用泼水方法。

④ 检查各类面层（含无须铺设部分或局部面层）表面的裂纹、脱皮、麻面和起砂等缺陷，应采用观感方法。

25）建筑地面工程完工后，应对面层采取保护措施。

9.2.6.2 整体楼地面工程

1）整体楼地面面层包括水泥混凝土（含细石混凝土）面层、水泥砂浆面层、水磨石面层、硬化耐磨面层、防油渗面层、不发火（防爆）面层、自流平面层、涂料面层、塑胶面层、地面辐射供暖的整体面层等面层分项工程。

2）铺设整体面层时，水泥类基层的抗压强度不得小于 1.2MPa；表面应粗糙、洁净、湿润并不得有积水。铺设前宜凿毛或涂刷界面剂。硬化耐磨面层、自流平面层的基层处理应符合设计及产品的要求。

3）铺设整体面层时，地面变形缝的位置应符合《建筑地面工程施工质量验收规范》（GB 50209—2010）的规定；大面积水泥类面层应设置分格缝。

4）整体面层施工后，养护时间应不少于 7 天；抗压强度应达到 5MPa 后才准许上人行走；抗压强度达到设计要求后，方可正常使用。

5）当采用掺有水泥的拌和料做踢脚线时，不得用石灰砂浆打底。

6）整体面层的抹平工作应在水泥初凝前完成，压光工作应在水泥终凝前完成。

7）整体面层的允许偏差和检验方法如表 9-2-20 所示。

表 9-2-20 整体面层的允许偏差和检验方法

项次	项目	允许偏差/mm									检验方法
		水泥混凝土面层	水泥砂浆面层	普通水磨石面层	高级水磨石面层	硬化耐磨面层	防油渗混凝土和不发火（防爆）面层	自流平面层	涂料面层	塑胶面层	
1	表面平整度	5	4	3	2	4	5	2	2	2	用2m靠尺和楔形塞尺检查

续表

项次	项目	允许偏差/mm									检验方法
		水泥混凝土面层	水泥砂浆面层	普通水磨石面层	高级水磨石面层	硬化耐磨面层	防油渗混凝土和不发火（防爆）面层	自流平面层	涂料面层	塑胶面层	
2	踢脚线上口平直	4	4	3	3	4	4	3	3	3	拉 5m 线和用钢尺检查
3	缝格平直	3	3	3	2	3	3	2	2	2	

9.2.6.3　板块地面工程

1）板块地面面层包括砖面层、大理石面层和花岗石面层、预制板块面层、料石面层、塑料板面层、活动地板面层、金属板面层、地毯面层、地面辐射供暖的板块面层等面层分项工程。

2）铺设板块面层时，其水泥类基层的抗压强度不得小于 1.2MPa。

3）铺设板块面层的结合层和板块间的填缝采用水泥砂浆时，应符合下列规定：

① 配制水泥砂浆应采用硅酸盐水泥、普通硅酸盐水泥或矿渣硅酸盐水泥；其水泥强度等级不宜小于 32.5。

② 配制水泥砂浆的砂应符合行业现行标准《普通混凝土用砂、石质量及检验方法标准》（JGJ 52—2006）的规定。

配制水泥砂浆的体积比（或强度等级）应符合设计要求。

4）结合层和板块面层填缝的胶结材料应符合国家现行有关标准的规定和设计要求。

5）板块的铺砌应符合设计要求，当设计无要求时，宜避免出现板块小于 1/4 边长的边角料。

6）铺设水泥混凝土板块、水磨石板块、人造石板块、陶瓷马赛克、陶瓷地砖、缸砖、水泥花砖、料石、大理石、花岗石等面层的结合层和填缝材料采用水泥砂浆时，在面层铺设后，表面应覆盖、湿润，养护时间应不少于 7 天。当板块面层的水泥砂浆结合层的抗压强度达到设计要求后，方可正常使用。

7）板块类踢脚线施工时，不得采用混合砂浆打底。

8）板、块面层的允许偏差和检验方法如表 9-2-21 所示。

表 9-2-21　板、块面层的允许偏差和检验方法

项次	项目	允许偏差/mm											检验方法
		陶瓷马赛克、高级水磨石板、陶瓷地砖面层	缸砖面层	水泥花砖面层	水磨石板块面层	大理石面层、花岗石面层、人造石面层、金属板面层	塑料板面层	水泥混凝土板块面层	碎拼大理石、碎拼花岗石面层	活动地板面层	条石面层	块石面层	
1	表面平整度	2	4	3	3	1	2	4	3	2	10	10	用 2m 靠尺和楔形塞尺检查
2	缝格平直	3	3	3	3	2	3	3	—	2.5	8	8	拉 5m 线和用钢尺检查

续表

项次	项目	允许偏差/mm											检验方法
		陶瓷马赛克、高级水磨石板、陶瓷地砖面层	缸砖面层	水泥花砖面层	水磨石板块面层	大理石面层、花岗石面层、人造石面层、金属板面层	塑料板面层	水泥混凝土板块面层	碎拼大理石、碎拼花岗石面层	活动地板面层	条石面层	块石面层	
3	接缝高低差	0.5	1.5	0.5	1	0.5	0.5	1.5	—	0.4	2	—	拉5m线和用钢尺检查
4	踢脚线上口平直度	3	4	—	4	1	2	4	1	—	—	—	拉5m线和用钢尺检查
5	板块间隙宽度	2	2	2	2	1	—	6	—	0.3	5	—	用钢尺检查

9.2.6.4 木、竹地面工程

1）木、竹地面工程包括实木地板面层、实木集成地板面层、竹地板面层、实木复合地板面层、浸渍纸层压木质地板面层、软木类地板面层、地面辐射供暖的木板面层等（包括免刨、免漆类）面层分项工程。

2）木、竹地板面层下的木格栅、垫木、垫层地板等采用木材的树种、选材标准和铺设时木材含水率，以及防腐、防蛀处理等，均应符合国家现行标准《木结构工程施工质量验收规范》(GB 50206—2012）的有关规定。所选用的材料应符合设计要求，进场时应对其断面尺寸、含水率等主要技术指标进行抽检，抽检数量应符合国家现行有关标准的规定。

3）用于固定和加固用的金属零部件应采用不锈蚀或经过防锈处理的金属件。

4）与厕浴间、厨房等潮湿场所相邻的木、竹面层连接处应做防水（防潮）处理。

5）木、竹面层铺设在水泥类基层上，基层表面应坚硬、平整、洁净、干燥、不起砂，表面含水率不应大于8%。

6）建筑地面工程的木、竹面层格栅下架空结构层（或构造层）的质量检验，应符合国家现行相应标准的规定。

7）木、竹面层的通风构造层包括室内通风沟、地面通风孔、室外通风窗等，均应符合设计要求。

8）木、竹面层的允许偏差和检验方法应符合表 9-2-15 中的相关规定。

9.3 综合训练：某客房装修施工

综合训练阶段是以项目探索与实战为载体，以学生为主体的行为过程实践阶段，包括任务分析与实战操作两个环节。

9.3.1　任务分析

某宾馆装修改造工程的大堂地面采用天然石材，墙面为干挂石材，吊顶为轻钢龙骨纸面石膏板，面饰为乳胶漆，吊顶高度为 4.5m，采用照明光源，显色指数为 100。

问题：

1）设计单位提供的天然石材有以下几种：珍珠白麻、黑金沙、白麻、岑溪红、雪花白、雅士白、金线米黄、汉白玉、白沙米黄、杭灰。哪些属于花岗石？哪些属于大理石？按照国际划分标准，天然石材共有几个质量等级？

2）此大堂地面一年后出现多处裂缝、泛碱现象，试分析原因。

3）何谓显色指数？在此大堂光源照射下，人眼分辨物体比其真实颜色深或浅或不变？

4）经对大堂雅士白石材进行测试，发现其内照射指数为 1.2，外照射指数为 1.5，试问其是否适用于宾馆大堂？为什么？

9.3.2　项目提交

项目提交是学生完成项目实战所设定的任务，进行成果提交的阶段。

1）完成实战项目案例解析。

2）对周边生活中的楼地面工程做一份调查，完成一份关于楼地面施工质量及通病的调查报告，要求包括前期基层处理、施工工艺、操作要点、质量验收及质量通病的防治，对楼地面施工中出现的通病现象应以拍照的方式做记录。

能力评价　楼地面工程施工能力评价

能力评价阶段是专业指导教师和企业指导教师针对学生项目实战、调查报告及答辩情况进行综合评价并给出成绩的阶段。

1. 评价功能

1）检验学生项目实战的效果及学生观察问题、分析问题、应用专业知识解决实际问题的能力。

2）教师自检其选择的教学方法、手段、形式所得的成果。

2. 评价内容

1）案例解析的准确度。

2）调查报告的全面性、真实性、代表性，对报告中出现的工程质量问题的总结性。

3）综合应用专业知识解决实际问题的能力。

4）对所提问题的回答是否充分和语言表达水平如何。

3. 成绩评定

总体评价参考比例标准：过程考核占 40%，成果考核占 40%，答辩占 20%。

10

项 目

裱糊与软包工程施工

学习目标

知识目标

1. 掌握裱糊与软包工程施工的基层处理、工艺流程、操作要点。
2. 掌握裱糊与软包工程施工质量验收的内容、要求和方法。

能力目标

1. 能根据裱糊与软包工程基层情况，选择合适的基层处理方案。
2. 能分析并解决裱糊与软包工程施工过程中出现的质量问题。
3. 能根据裱糊与软包工程施工过程中出现的质量问题采取对应的防治措施。

思维导图

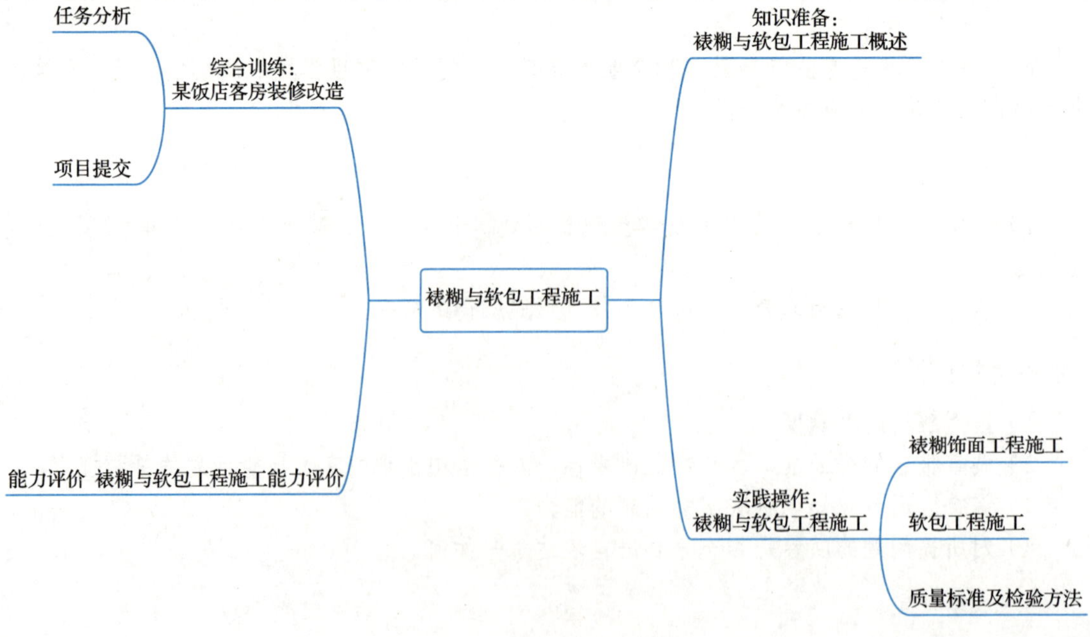

10.1 知识准备：裱糊与软包工程施工概述

裱糊饰面工程又称裱糊工程，是指在室内平整光洁的墙面、顶棚面、柱体面和室内其他构件表面，用壁纸、墙布等材料裱糊的装饰工程，作用是美化环境、满足使用要求，并对墙体、顶棚起一定的保护作用。软包墙面是现代室内墙面装修常用做法，它具有吸声、保温、防儿童碰伤、质感舒适、美观大方等特点，特别适用于有吸声要求的会议厅、会议室、多功能厅、娱乐厅、消声室、住宅起居室、儿童卧室等场所。

裱糊工程中壁纸和墙布的种类及其性能的国际通用标志、常用胶粘剂与机具、作业条件如下。

10.1.1.1　壁纸和墙布的种类

壁纸和墙布包括纸面纸基壁纸、天然材料面墙纸、金属墙纸、无毒聚氯乙烯壁纸、装饰墙布、无纺墙布、波音软片等。壁纸和墙布的品种、图案、颜色和规格等应符合设计要求。

10.1.1.2　壁纸、墙布性能的国际通用标志

壁纸、墙布性能的国际通用标志如图 10-1-1 所示。

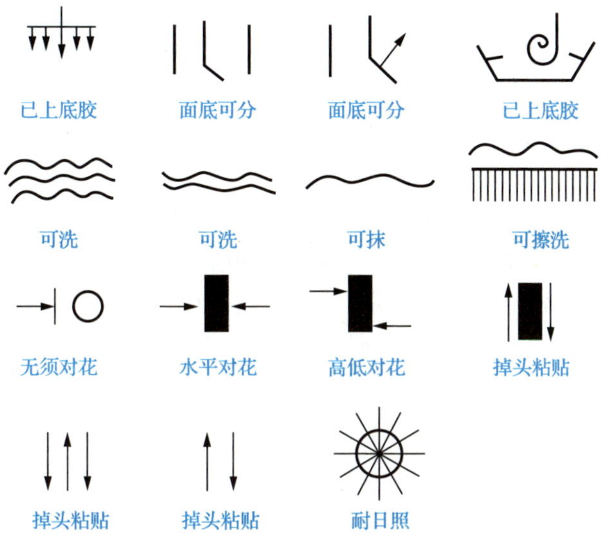

图 10-1-1　壁纸、墙布性能的国际通用标志

10.1.1.3 裱糊工程施工常用胶粘剂与机具

1. 胶粘剂

1）801 胶。801 胶是由聚乙烯醇与甲醛在酸性介质中经缩聚反应，再经氨基化后制得的，其制备过程中含有未反应的甲醛。801 胶是 107 胶的改进型产品，其显著特点在于毒性小、使用比较安全。

2）聚酯酸乙烯胶粘剂（白乳胶）。该胶粘剂黏结性能较好，适合裱贴比较单薄且有轻弱透底的壁纸，如玻璃纤维墙布。

3）粉末壁纸胶。该胶粘剂初始黏结力好，粘贴壁纸不剥落、边角不翘起。

2. 裱糊工程常用机具

（1）剪裁工具

1）剪刀。对于较重型的壁纸或纤维墙布，宜采用长刃剪刀。剪裁时先依直尺用剪刀背划出印痕，再沿印痕将壁纸或墙布剪断。

2）裁刀。裱糊材料较多采用活动裁纸刀，即普通多用刀。此外，轮刀也属于裁刀，分为齿形轮刀和刃形轮刀两种。齿形轮刀能在壁纸上需要裁割的部位压出连串小孔，能够沿孔线将壁纸很容易地整齐扯开。刃形轮刀通过对壁纸的滚压而直接将其切断，适用于质地较脆的壁纸和墙布的裁割。

（2）刮涂工具

1）刮板。刮板主要用于刮抹基层腻子及刮压平整裱糊操作中的壁纸墙布，可用薄钢片、塑料板或防火胶板自制，要求有较好的弹性且不能有尖锐的刃角，以利于抹压操作，同时也不致损伤壁纸墙布表面。

2）油灰铲刀。油灰铲刀主要用于修补基层表面的裂缝、孔洞及剥除旧裱糊面上的壁纸残留，如油漆涂料工程中的嵌批铲刀。

3）刷具。用于涂刷裱糊胶粘剂的刷具，其刷毛可以是天然纤维或合成纤维，宽度一般为 15～20mm；此外，较适宜涂刷胶粘剂的刷具是排笔。

4）滚压工具。滚压工具主要是指滚筒刷，其在裱糊工艺中有三种作用：一是使用绒毛滚筒刷以辊涂胶粘剂、底胶或壁纸保护剂；二是采用橡胶滚筒刷以滚压铺平、粘实、贴牢壁纸墙布；三是使用小型橡胶轧辊或木质轧辊，通过滚压而迅速压平壁纸墙布的接缝和边缘部位。小型橡胶轧辊或木质轧辊滚压时在胶粘剂干燥前作短距离快速滚压，特别适用于重型壁纸墙布的拼缝压平与贴严。

5）其他工具及设备，包括裁纸案台、钢卷尺、水平尺、普通剪刀、粉线包、软布、毛巾、排笔及板刷等。

10.1.1.4 裱糊工程的作业条件

1. 施工基层条件

根据国家标准《建筑装饰装修工程质量验收标准》（GB 50210—2018）及《住宅装饰装修工程施工规范》（GB 50327—2001）等的规定，在裱糊之前，基层处理质量应达到下列要求：

1）新建筑物的混凝土或水泥砂浆抹灰层在刮腻子前，应先涂刷一道抗碱底漆。

2）旧基层在裱糊前，应清除疏松的旧装饰层，并涂刷界面剂，以利于黏结牢固。

3）混凝土或抹灰基层的含水率不得大于 8%，木材基层的含水率不得大于 12%。有防潮要求的基体和基层，应事先进行防潮处理。

4）基层的表面应坚实、平整，不得有粉化、起皮、裂缝和凸出物，色泽应基本一致。

5）基层批刮腻子应平整、坚实、牢固，无粉化、起皮和裂缝；腻子的黏结强度应符合《建筑室内用腻子》（JG/T 298—2010）中 N 型腻子的规定。

6）裱糊基层的表面平整度、立面垂直度及阴阳角方正，应符合《建筑装饰装修工程质量验收标准》（GB 50210—2018）中对于高级抹灰的要求。

7）裱糊前，应用封闭底胶涂刷基层。

2. 施工环境条件

1）环境温度低于 5℃、湿度大于 85%及风雨天时均不得施工。

2）新抹水泥石灰膏砂浆基层常温龄期至少需 10 天（冬季需 20 天以上），普通混凝土基层至少需 28 天，才可粘贴壁纸。

3）混凝土及抹灰基层的含水率大于 8%，木基层的含水率大于 12%时，不得进行粘贴壁纸的施工。

4）湿度较大的房间和经常潮湿的墙体表面使用壁纸及胶粘剂时，应采用防水性能优良者。

10.2 实践操作：裱糊与软包工程施工

10.2.1 裱糊饰面工程施工

10.2.1.1 施工工艺流程和操作要点

1. 施工工艺流程

裱糊工程的施工工艺流程如图 10-2-1 所示。

图 10-2-1　裱糊工程的施工工艺流程

2. 操作要点

（1）基层处理

为达到上述规范规定的裱糊基层质量要求，在基层处理时还应注意以下几个方面：

1）清理基层上的灰尘、油污、疏松和黏附物；安装于基层上的各种控制开关、插座、电气盒等凸出物的设置，应先卸下扣盖等影响裱糊施工的部分。

2）根据基层的实际情况，对基层进行有效嵌补，采取腻子批刮并在每遍腻子干燥后均用砂纸磨平。

3）基层处理经工序检验合格后，即采用喷涂或刷涂的方法施涂封底涂料或底胶，做基层封闭处理一般不少于两遍。封底涂刷不宜过厚，并且要均匀一致。

（2）基层弹线

1）为了使裱糊饰面横平竖直、图案端正、装饰美观，每个墙面第一幅壁纸墙布都要挂垂线找直，作为裱糊施工的基准标志线，自第二幅开始，可先上端后下端对缝依次裱糊，以保证裱糊饰面分幅一致，并防止累积歪斜。

2）对于图案形式鲜明的壁纸墙布，为保证做到整体墙面图案对称，应在窗口横向中心部位弹好中心线，由中心线再向两边弹分格线；如果窗口不在中间位置，为保证窗间墙的阳角处图案对称，可在窗间墙弹中心线，然后由此中心线向两侧分幅弹线。对于无窗口的墙面，可以选择一个距离窗口墙面较近的阴角，在距壁纸墙布幅宽 50mm 处弹垂线。

3）对于壁纸墙布裱糊墙面的顶部边缘，如果墙面有挂镜线或天花阴角装饰线，即以此类线脚的下缘水平线为准，作为裱糊饰面上部的收口；如果无此类顶部收口装饰，则应弹出水平线以控制壁纸墙布饰面的水平度。

（3）壁纸与墙布处理

1）裁割下料。根据设计要求按照图案花色进行预拼，然后裁纸，裁纸长度应比实际尺寸大 20～30mm。裁纸下刀前，要认真复核尺寸有无出入，尺子压紧壁纸后不得再移动，刀刃贴紧尺边，一气呵成，中间不得停顿或变换持刀角度，手劲要均匀。

2）浸水润纸。对于裱糊壁纸的事先湿润，传统称为闷水，这是针对纸胎的塑料壁纸的施工工序。对于玻璃纤维基材及无纺贴墙布类材料，遇水后无伸缩变形，因而不需要进行湿润；而复合纸质壁纸则严禁进行闷水处理。

① 聚氯乙烯塑料壁纸遇水或胶液浸湿后即膨胀，需 5～10min 胀足，干燥后又自行收缩，掌握并合理利用这一特性是保证塑料壁纸裱糊质量的重要前提。

② 对于金属壁纸，在裱糊前也需要进行适当的润纸处理，但闷水时间应当短些，即将其浸入水槽中 1～2min 取出，抖掉多余的水，再静置 5～8min，然后进行裱糊操作。

③ 复合纸基壁纸的湿强度较差，严禁进行裱糊前的浸湿处理。为达到软化此类壁纸以利于裱糊的目的，可在壁纸背面均匀涂刷胶粘剂，并将其胶面对胶面自然对折静置 5～8min，然后进行裱糊操作。

④ 带背胶的壁纸，应在水槽中浸泡数分钟后取出，并由底部开始图案朝外卷成一卷，静置 1min，然后进行裱糊操作。

⑤ 纺织纤维壁纸不能在水中浸泡，可先用洁净的湿布在其背面轻轻擦拭，然后进行裱糊操作。

（4）涂刷胶粘剂

壁纸墙布裱糊胶粘剂的涂刷，应当做到薄而匀，不得漏刷；墙面阴角部位应增刷胶粘剂 1～2 遍。对于自带背胶的壁纸，无须再涂刷胶粘剂。

1）聚氯乙烯塑料壁纸用于墙面裱糊时，其背面可以不涂胶粘剂，只在被裱糊基层上施涂胶粘剂。当塑料壁纸裱糊于顶棚时，基层和壁纸背面均应涂刷胶粘剂。

2）纺织纤维壁纸、化纤贴墙布等品种，为了增强其裱贴黏结能力，材料背面及装饰基层表面均应涂刷胶粘剂。复合纸基壁纸采用干纸背涂胶进行静置软化后，裱糊时其基层也应涂刷胶粘剂。

3）玻璃纤维墙布和无纺贴墙布，要求选用黏结强度较高的胶粘剂，这样只需将胶粘剂涂刷于裱贴面基层上，而不必同时在布的背面涂胶。

4）金属壁纸质脆而薄，在其纸背涂刷胶粘剂之前，应准备一卷未开封的发泡壁纸或一个长度大于金属壁纸宽度的圆筒，然后一边在已经浸水后阴干的金属壁纸背面刷胶，一边将刷过胶的部分向上卷在发泡壁纸卷或圆筒上。

5）锦缎涂刷胶粘剂时，由于材质过于柔软，传统的做法是先在其背面衬糊一层宣纸，使其略微挺韧平整，而后在基层上涂刷胶粘剂进行裱糊。

（5）裱糊

裱糊的基本顺序遵循“先垂直面，后水平面；先细部，后大面；先保证垂直，后对花拼缝；垂直面是先上后下，先长墙面，后短墙面”的原则，水平面裱糊的顺序是先高后低。裱糊饰面的大面，尤其是装饰的显著部位，应尽可能采用整幅壁纸墙布，不足整幅者应裱贴在光线较暗或不明显处。

与顶棚阴角线、挂镜线、门窗装饰包框等线脚或装饰构件交接处，均应衔接紧密，不得出现亏纸而留下残余缝隙。

1）根据分幅弹线和壁纸墙布的裱糊顺序编号，从距离窗口处较近的一个阴角部位开始，依次到另一个阴角收口，如此顺序裱糊，其优点是不会在接缝处出现阴影且方便操作。

2）无图案的壁纸墙布，接缝处可采用搭接法裱糊。

3）对于有图案的壁纸墙布，为确保图案的完整性及其整体的连续性，裱糊时可采用拼接法。先对花，后拼缝，从上往下图案吻合后，用刮板斜向刮平，将拼缝处赶压密实；拼缝处挤出的胶液，及时用洁净的湿毛巾或海绵擦除。

4）为了防止在使用时由于被碰、划而造成壁纸墙布开胶，裱糊时不可在阳角处甩缝，应包过阳角不小于 20mm。阴角处搭接时，应先裱糊压在里面的壁纸或墙布，再裱贴搭在上面者，一般搭接宽度为 20～30mm；搭接宽度不宜过大，否则其褶痕过宽会影响饰面美观。重要看面或装饰造型部位的阳角采用搭接法裱糊时，应考虑采取其他包角、封口形式的配合装饰措施，由设计确定。

5）遇有基层无法拆卸的设备或附件，裱糊时可在壁纸墙布上剪口。具体操作方法是将壁纸或墙布轻糊于裱贴面凸出物件上，找到中心点，从中心点往外呈放射状剪裁（即所谓“星形剪切”），再使壁纸墙布舒平，用笔描出物件的外轮廓线，轻轻拉起多余的壁纸墙布，剪去不需要的部分，如此沿轮廓线套割贴严，不留缝隙。

6）顶棚裱糊时，宜沿房间的长度方向，先裱糊靠近主窗的部位。裱糊前先在顶棚与墙壁交接处弹一道粉线，基层涂胶后，将已刷好胶并保持折叠状态的壁纸墙布托起，展开其顶褶部分，边缘靠齐粉线，先敷平一段，然后沿粉线铺平其他部分，直至整幅贴牢。按此顺序完成顶棚裱糊，分幅赶平铺实、剪除多余部分并修齐各处边缘及衔接部位。

（6）修整

壁纸上墙后，若发现局部不合质量要求，应及时采取补救措施。纸面出现皱纹、死褶时，应趁壁纸未干，用湿毛巾轻拭纸面，使壁纸潮湿，用手慢慢将壁纸铺平，待无皱褶时，再用橡胶滚筒刷或胶皮刮板赶压平整。如果壁纸已干结，则要将壁纸撕下，把基层清理干净后，再重新裱糊。如果已贴好的壁纸边沿脱胶而卷翘起来，即产生张嘴现象，要将翘边壁纸翻起，检查产生的原因，属于基层有污物的，应清理干净，补刷胶液粘牢；属于胶粘剂黏性小的，应换用黏性较大的胶粘剂粘贴。如果壁纸翘边已坚硬，应使用黏结力较强的胶粘剂粘贴，同时还应加压粘牢粘实。

如果已贴好的壁纸出现接缝不垂直，花纹未对齐，应及时将裱糊的壁纸铲除干净，重新裱糊。对于轻微的离缝或亏纸现象，可用与壁纸颜色相同的乳胶漆点描在缝隙内，漆膜干后一般不易显露。较严重的部位，可用相同的壁纸补贴，不得看出补贴痕迹。

另外，如果纸面出现气泡，可用注射器将气抽出，再注射胶液贴平贴实，如图 10-2-2 所示。也可以用刀在气泡表面切开，挤出气体后用胶粘剂粘结密实。若鼓泡内胶粘剂聚集，则用刀开口后将多余胶粘剂刮去压实即可。对于在施工中碰撞损坏的壁纸，可采取挖空填补的办法，将损坏的部分割去，然后按形状和大小，对好花纹补上，要求补后不留痕迹。

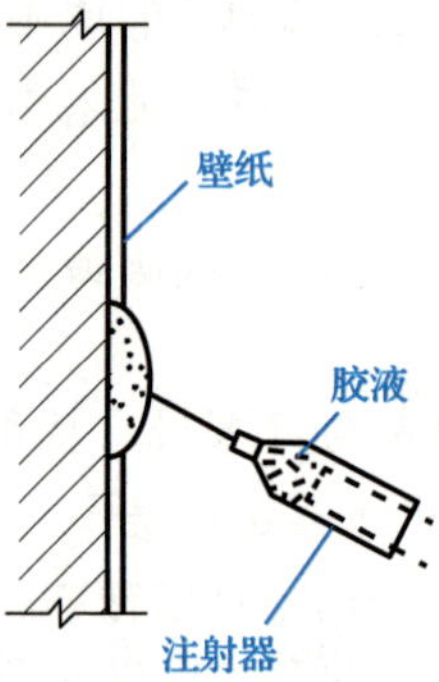

图 10-2-2　修整

（7）养护

壁纸在裱糊过程中及干燥前，应防止穿堂风劲吹，并应防止室温突然变化。冬季施工应在采暖条件下进行。白天封闭通行或将壁纸用透气纸张覆盖，除阴雨天外，需开窗通风，夜晚关门闭窗，防止潮气入侵。

10.2.1.2　施工注意事项

1）环境温度小于 5℃、相对湿度大于 85%及风雨天时均不得施工。

2）新抹水泥石灰膏砂浆基层常温龄期需 10 天以上（冬季需 20 天以上），普通混凝土基层需 28 天以上，才可粘贴壁纸。

3）混凝土及抹灰基层的含水率大于 8%，木基层的含水率大于 12%时，不得进行粘贴壁纸的施工。

4）湿度较大的房间和经常潮湿的墙体表面使用壁纸及胶粘剂时，应采用防水性能优良者。

10.2.2　软包工程施工

软包墙面是现代室内墙面装修常用做法，它具有吸声、保温、防儿童碰伤、质感舒适、美观大方等特点，特别适用于有吸声要求的会议厅、会议室、多功能厅、娱乐厅、消声室、住宅起居室、儿童卧室等场所。

10.2.2.1　软包工程施工的有关规定

根据国家标准《建筑装饰装修工程质量验收标准》（GB 50210—2018）及《住宅装饰装修工程施工规范》（GB 50327—2001）等的规定，用于墙面、门等部位的软包工程，应符合以下规定：

1）软包面料、内衬材料和边框的材质、颜色、图案等，以及木材的含水率，均应符合设计要求及国家现行标准的有关规定。

2）软包墙面所用的填充材料、纺织面料和龙骨、木质基层等，均应进行防火处理。

3）软包工程的安装位置及构造做法应符合设计要求。

4）基层墙面有防潮要求时，应均匀涂刷一层清油或满铺油纸（沥青纸），不得采用沥青油毡作为防潮层。

5）木龙骨宜采用凹榫工艺进行预制，可整体或分片安装，与墙体连接应紧密、牢固。

6）填充材料的制作尺寸应正确，棱角应方正，固定安装时应与木基层衬板黏结紧密。

7）织物面料裁剪时，应经纬顺直。安装时应紧贴基面，接缝应严密，无凹凸不平，花纹应吻合，无波纹起伏、翘边和褶皱，表面应清洁。

8）软包饰面与压线条、贴脸板、踢脚线、电气盒等交接处应严密、顺直，无毛边。电气盒盖等开洞处的套割尺寸应准确。

9）单块软包面料不应有接缝，四周应绷压严密。

10.2.2.2　人造革软包饰面的施工

1. 基层处理

软包饰面的基体应有足够的强度，要求其构造合理、基层牢固。对于建筑结构墙面或柱体表面，为防止结构内的潮气造成软包基面板、衬板的翘曲变形而影响使用，对于砌筑墙体应进行抹灰，对于混凝土和水泥砂浆基层应做防潮处理。通常的做法是采用 1∶3 水泥砂浆分层抹灰至 20mm 厚，涂刷清油、封闭底漆或高性能防水涂料，或者于龙骨安装前在基层满铺油纸。采用防潮措施的类型根据设计要求确定。

2. 构造做法

当在建筑基体表面进行软包时，其墙筋木龙骨一般采用 30mm×50mm～50mm×50mm 断面尺寸的木方条，钉子预埋防腐木砖或钻孔打入木楔上。木砖或木楔的位置，即龙骨排布的间距尺寸，可在 400～600mm 单向或双向布置范围内调整，按设计图纸的要求进行分格安装，龙骨应牢靠地钉装于木砖或木楔上。

3. 面层固定

皮革和人造革（或其他软包面料）软包饰面的固定式做法，可选择成卷铺装或分块固定等不同方式，如图 10-2-3～图 10-2-5 所示。此外，还有压条法、平铺泡钉压角法等其他做法，具体应根据设计确定。

1）成卷铺装法。由于人造革可以成卷供应，当较大面积的软包施工时，可采用成卷铺装法。要求人造革卷材的幅面宽度大于横龙骨间距尺寸 60～80mm，并要保证基面胶合板的接缝必须固定于龙骨中线上。

2）分块固定法。分块固定法是先将人造革与胶合板衬板按设计要求的分格、划块尺寸进行预裁，然后一并固定于龙骨上。在安装时，从一端开始以胶合板压住人造革面层，压边20～30mm与龙骨钉固，同时塞入被包覆材料；另一端则不压人造革而直接固定于龙骨继续安装，即重复以上过程。要求五合板的搭接必须置于龙骨中线。剪裁人造革时应注意必须大于装饰分格划块尺寸，并足以在下一条龙骨上剩余20～30mm的压边料头。

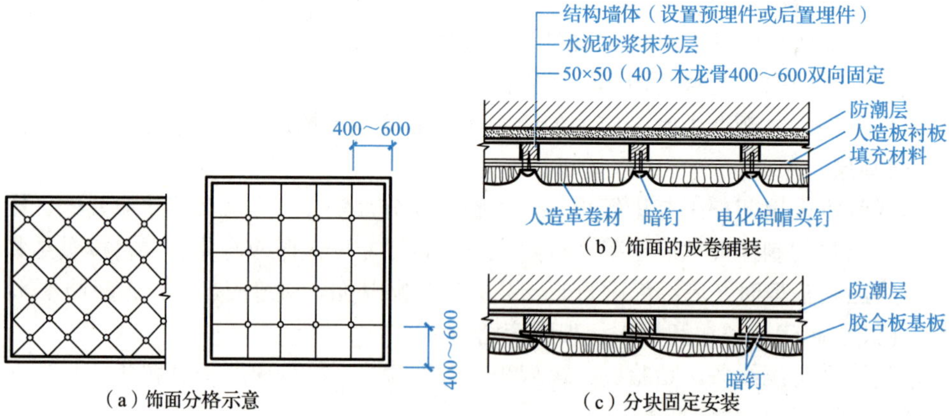

图10-2-3　软包饰面做法示例

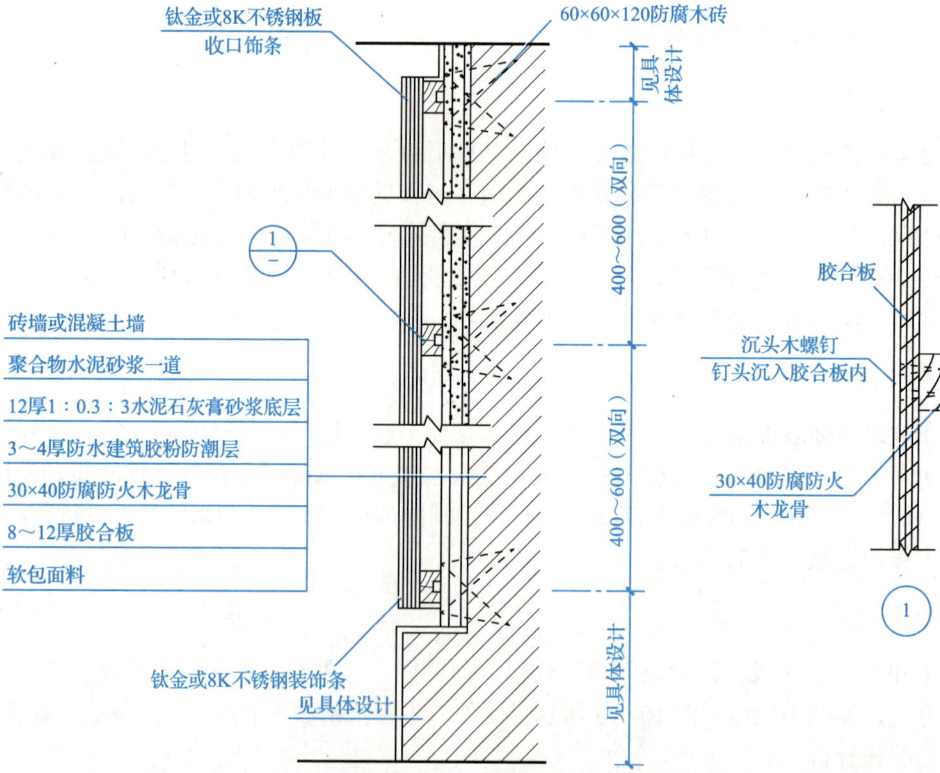

图10-2-4　无吸声层软包墙面构造图（剖面）

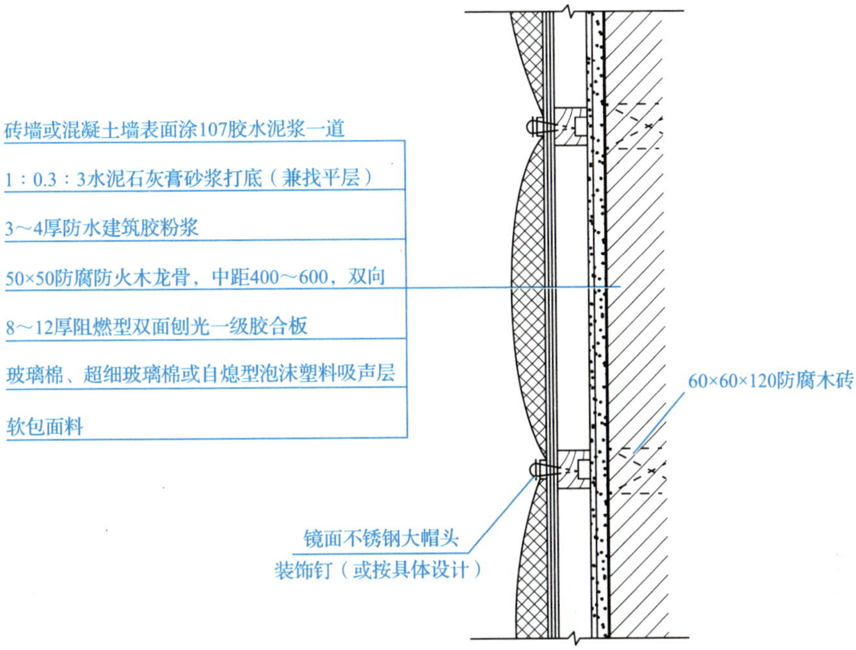

图 10-2-5　有吸声层软包墙面构造图（剖面）

10.2.2.3　装饰布软包饰面的施工

1. 装饰布的固定式软包

1）平绒布软包饰面。作为棉织物中的高档产品，由于其表面被柔软厚实的平整绒毛覆盖，故称为平绒。平绒布的主要特点是绒毛丰满，绒面具有柔润、均匀的光泽和优良弹性及高耐磨性。

2）家具布软包饰面。室内墙面装饰工程实践证明，选用合理的颜色图案和不同质感的家具布料做软包饰面，可以满足建筑室内一定的声学要求。其固定式软包做法与人造革和平绒布饰面相同，但其填充层的泡沫塑料、矿棉、海绵或玻璃棉等材料的铺设厚度可根据设计或实际需要适当增大。

2. 装饰布的活动式软包

装饰布活动式软包施工比固定式软包复杂一些，主要包括基层处理、基面造型、框线设置、软包单体预制和单体嵌装。

1）基层处理。按照设计要求对基层进行认真处理，并涂刷高性能防潮涂料。

2）基面造型。根据设计图纸规定的尺寸进行实测实量、分格划块；或者按设计要求利用木龙骨、胶合板等进行护壁装修造型处理，按造型尺寸确定软包单体饰面的面积。

3）框线设置。按设计图纸要求的方式固定带凹槽的装饰线脚，线脚的槽口尺寸和相互间的对应关系应与软包单体的嵌入相适应。

4）软包单体预制。按分格划块尺寸制作单体软包饰件，采用泡沫塑料、海绵块等规则的软包芯材，在芯材外面包上装饰布。表面装饰布的封口处理必须保证在单体安装后不露其封口的接缝，以确保其美观。

5）单体嵌装。将软包单体分块或分组嵌装于饰面框线之间，嵌装时注意尺寸要吻合，表面应平整，各块之间要协调。

10.2.3 质量标准及检验方法

10.2.3.1 一般规定

1）裱糊与软包工程质量验收标准适用于聚氯乙烯塑料壁纸、纸质壁纸、墙布等裱糊工程和织物、皮革、人造革等软包工程的质量验收。

2）裱糊与软包工程验收时应检查下列文件和记录：

① 裱糊与软包工程的施工图、设计说明及其他设计文件。

② 饰面材料的样板及确认文件。

③ 材料的产品合格证书、性能检测报告、进场验收记录和复验报告。

④ 饰面材料及封闭底漆、胶粘剂、涂料的有害物质限量检验报告。

⑤ 隐蔽工程验收记录。

⑥ 施工记录。

3）软包工程应对木材的含水率及人造木板的甲醛释放量进行复验。

4）裱糊工程应对基层封闭底漆、腻子、封闭底胶及软包内衬材料进行隐蔽工程验收。裱糊前，基层处理应满足下列规定：

① 新建筑物的混凝土抹灰基层墙面在刮腻子前应涂刷抗碱封闭底漆。

② 粉化的旧墙面应先除去粉化层，并在刮涂腻子前涂刷一层界面处理剂。

③ 混凝土或抹灰基层含水率不得大于 8%，木材基层的含水率不得大于 12%。

④ 石膏板基层、接缝及裂缝处应贴加强网布后再刮腻子。

⑤ 基层腻子应平整、坚实、牢固，无粉化、起皮、空鼓、疏松、裂缝和泛碱，腻子的黏结强度不得小于 0.3MPa。

⑥ 基层表面平整度、立面垂直度及阴阳角方正应达到高级抹灰的要求。

⑦ 基层表面颜色应一致。

⑧ 裱糊前应用封闭底胶涂刷基层。

5）同一品种的裱糊或软包工程每 50 间应划分为一个检验批，不足 50 间的也应划分为一个检验批，大面积房间和走廊可按裱糊或软包面积每 $30m^2$ 计为 1 间。

6）检查数量应符合下列规定：

① 裱糊工程每个检验批应至少抽查 5 间，不足 5 间时应全数检查。

② 软包工程每个检验批应至少抽查 10 间，不足 10 间时应全数检查。

10.2.3.2 裱糊工程

1. 主控项目

1）壁纸、墙布的种类、规格、图案、颜色和燃烧性能等级应符合设计要求及国家现行标准的有关规定。

检验方法：观察；检查产品合格证书、进场验收记录和性能检验报告。

2）裱糊工程基层处理质量应符合高级抹灰的要求。

检验方法：检查隐蔽工程验收记录和施工记录。

3）裱糊后各幅拼接应横平竖直，拼接处花纹、图案应吻合，应不离缝、不搭接、不显拼缝。

检验方法：距离墙面 1.5m 处观察。

4）壁纸、墙布应粘贴牢固，不得有漏贴、补贴、脱层、空鼓和翘边等现象。

检验方法：观察；手摸检查。

2. 一般项目

1）裱糊后的壁纸、墙布表面应平整，不得有波纹起伏、气泡、裂缝、皱褶；表面色泽应一致，不得有脏污，斜视时应无胶痕。

检验方法：观察；手摸检查。

2）复合压花壁纸和发泡壁纸的压痕或发泡层应无损坏。

检验方法：观察。

3）壁纸、墙布与装饰线、踢脚线、门窗框的交接处应吻合、严密、顺直；与墙面上电气槽、盒的交接处套割应吻合，不得有缝隙。

检验方法：观察。

4）壁纸、墙布边缘应平直整齐，不得有纸毛、毛刺。

检验方法：观察。

5）壁纸、墙布阴角处应顺光搭接，阳角处应无接缝。

检验方法：观察。

裱糊工程的允许偏差和检验方法如表 10-2-1 所示。

表 10-2-1　裱糊工程的允许偏差和检验方法

项次	项目	允许偏差/mm	检验方法
1	表面平整度	3	用 2m 靠尺和塞尺检查
2	立面垂直度	3	用 2m 垂直检测尺检查
3	阴阳角方正	3	用 200mm 直角检测尺检查

10.2.3.3　软包工程

1. 主控项目

1）软包工程的安装位置及构造做法应符合设计要求。

检验方法：观察；尺量检查；检查施工记录。

2）软包边框所选木材的材质、花纹、颜色和燃烧性能等级应符合设计要求及国家现行标准的有关规定。

检验方法：观察；检查产品合格证书、进场验收记录、性能检验报告和复验报告。

3）软包衬板材质、品种、规格、含水率应符合设计要求。面料及内衬材料的品种、规格、颜色、图案及燃烧性能等级应符合国家现行标准的有关规定。

检验方法：观察；检查产品合格证书、进场验收记录、性能检验报告和复验报告。

4）软包工程的龙骨、边框应安装牢固。

检验方法：手扳检查。

5）软包衬板与基层应连接牢固，无翘曲、变形，拼缝应平直，相邻板面接缝应符合设计要求，横向无错位拼接的分格应保持通缝。

检验方法：观察；检查施工记录。

2. 一般项目

1）单块软包面料不应有接缝，四周应绷压严密。需要拼花的，拼接处花纹、图案应吻合。软包饰面上电气槽、盒的开口位置、尺寸应正确，套割应吻合，槽、盒四周应镶硬边。

检验方法：观察；手摸检查。

2）软包工程的表面应平整、洁净、无污染、无凹凸不平及皱褶；图案应清晰、无色差，整体应协调美观、符合设计要求。

检验方法：观察。

3）软包工程的边框表面应平整、光滑、顺直，无色差、无钉眼；对缝、拼角应均匀对称、接缝吻合。清漆制品木纹、色泽应协调一致。其表面涂饰质量应符合标准的有关规定。

检验方法：观察；手摸检查。

4）软包内衬应饱满，边缘应平齐。

检验方法：观察；手摸检查。

5）软包墙面与装饰线、踢脚线、门窗框的交接处应吻合、严密、顺直。交接（留缝）方式应符合设计要求。

检验方法：观察。

6）软包工程安装的允许偏差和检验方法如表 10-2-2 所示。

表 10-2-2 软包工程安装的允许偏差和检验方法

项次	项目	允许偏差/mm	检验方法
1	单块软包边框水平度	3	用 1m 水平尺和塞尺检查
2	单块软包边框垂直度	3	用 1m 垂直检测尺检查
3	单块软包对角线长度差	3	从框的裁口里角用钢尺检查
4	单块软包宽度、高度	0 或-2	从框的裁口里角用钢尺检查
5	分格条（缝）直线度	3	拉 5m 线，不足 5m 时拉通线，用钢直尺检查
6	裁口线条接合处高低差	1	用钢直尺和塞尺检查

10.3 综合训练：某饭店客房装修改造

综合训练阶段是以项目探索与实战为载体，以学生为主体的行为过程实践阶段，包括任务分析与实战操作两个环节。

10.3.1　任务分析

某业主投资对原有饭店客房进行改造，施工内容包括墙面壁纸和软包、地面地毯、木门窗的更换。高档客房内有多宝格、门套、仿古窗棂等装饰和配套机电改造。质量标准达到《建筑装饰装修工程质量验收标准》（GB 50210—2018）规定的合格标准。

业主与一家施工单位签订了施工合同。工程开始后，业主提出如下要求：

1）除甲方指定材料外，壁纸、软包布、地毯必须待甲方确认样品后方可采购和使用。

2）因饭店是五星级，所以对工程中所用的各种软包布、衬板、填充料、地毯、壁纸、边柜材料必须进行环保和消防检测，对其燃烧性能和有害物质含量进行复验，检验合格后才能用于工程。

3）为保证木作不变形，木材含水率要小于 8%。

4）壁纸的种类、规格、图案、颜色和燃烧性能等级必须符合设计要求及国家现行标准的有关规定。

5）裱糊工程必须达到拼接横平竖直，拼接处花纹、图案吻合，不离缝、不搭接、不显拼缝。

该工程所需的空调是由业主供货的，由施工单位选择的分包商将集中空调安装完毕，进行联动无负荷试验时，需要电力部门和施工单位及有关外部单位进行相关配合工作。试车检验结果表明，该集中空调设备的某些主要部件存在严重质量问题，需要更换。

问题：

1）裱糊前，基层处理质量应满足什么要求？

2）业主所提要求是否合理？

3）针对本工程，请描述一下细部工程的质量要求。

4）按照合同规定的责任，联动无负荷试验应由谁组织？

10.3.2　项目提交

项目提交是学生完成项目实战所设定的任务，进行成果提交的阶段。

1）完成实战项目案例解析。

2）对周边生活中的裱糊与软包工程做一份调查，完成一份关于裱糊与软包工程施工质量及通病的调查报告，要求包括前期基层处理、施工工艺、操作要点、质量验收及质量通病的防治，对裱糊与软包工程施工中出现的通病现象应以拍照的方式做记录。

能力评价　裱糊与软包工程施工能力评价

能力评价阶段是专业指导教师和企业指导教师针对学生项目实战、调查报告及答辩情况进行综合评价给出成绩的阶段。

1. 评价功能

1）检验学生项目实战的效果及学生观察问题、分析问题、应用专业知识解决实际问题的能力。

2）教师自检其选择的教学方法、手段、形式所得的成果。

2. 评价内容

1）案例解析的准确度。

2）调查报告的全面性、真实性、代表性，对报告中出现的工程质量问题的总结性。

3）综合应用专业知识解决实际问题的能力。

4）对所提问题的回答是否充分及语言表达水平如何。

3. 成绩评定

总体评价参考比例标准：过程考核占 40%，成果考核占 40%，答辩占 20%。

项目 11

细部工程施工

学习目标

知识目标

1．掌握细部工程施工的工艺流程、操作要点。
2．掌握细部工程施工质量验收的内容、要求和方法。

能力目标

1．能根据细部工程具体情况，选择合适的施工方案。
2．能分析并解决细部工程施工过程中出现的质量问题。
3．能根据细部工程施工过程中出现的质量问题采取对应的防治措施。

思维导图

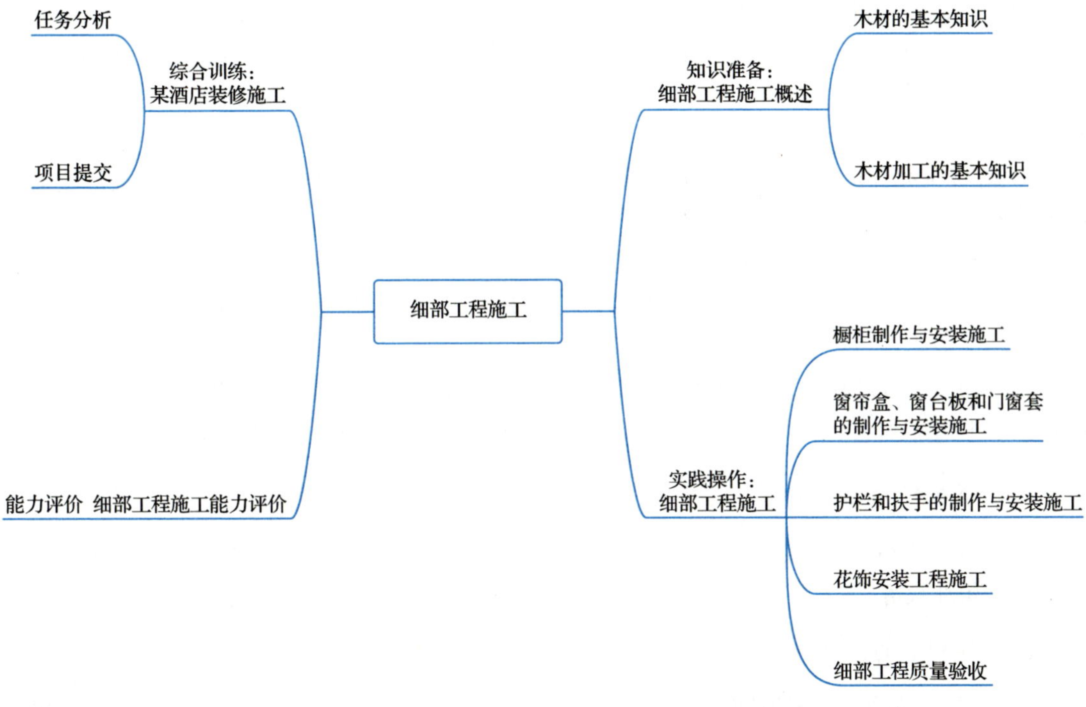

11.1 知识准备：细部工程施工概述

细部工程包括橱柜的制作与安装；窗帘盒、窗台板的制作与安装；门窗套的制作与安装；护栏和扶手的制作与安装；花饰的制作与安装等内容。细部工程在建筑装饰装修工程中的比重越来越大，新材料、新技术的发展也日新月异。

微课：细部装饰工程认知

11.1.1 木材的基本知识

11.1.1.1 木材的种类

1）软木材。用针叶树生产的木材称为软木材。针叶树的树干通直高大，纹理平顺，材质均匀，木质较软，易加工，强度高，密度、变形小，如松柏木等。

2）硬木材。用阔叶树生产的木材称为硬木材。阔叶树的树干通直部分较短，密度较大，木质较硬，纹理不如软木材平顺，较难加工，易变形且变形较大，易开裂，但其表面有美丽的天然花纹。

11.1.1.2 木材的性能指标

1）含水率。木材中所含水的质量与木材干燥质量的百分比称为含水率。

2）平衡含水率。木材的含水率与相对环境的湿度达到恒定时的含水率称为平衡含水率。

3）纤维饱和点。木材细胞壁中的吸附水达到饱和时，细胞腔和细胞之间无自由水时的含水率称为纤维饱和点。

4）湿胀干缩。木材体积随纤维细胞壁含水率的变化而变化，这是木材非常重要的明显的物理性质。

由于木材构造具有不均匀性，从而造成了在不同方向的湿胀干缩程度不同。相关试验已充分证明：纵向干缩性比较小，一般为0.1%～0.35%；径向干缩性比较大，一般为3%～6%；弦向干缩性最大，一般为6%～12%。

5）强度。木材强度与木材的构造、受力方向、含水率、承受荷载持续时间及其缺陷等因素有关。木材的强度有抗拉、抗压、抗弯、抗剪强度，而这些强度又与木材的纹路有关。

11.1.1.3 木材识别

木材的树种不同，其纹理、花色、气味也各不相同，特别是在纹理方面比较明显，有直纹、斜纹和乱纹等。

1. 不同树种的识别

1）根据年轮的状态来识别不同树种的木材。年轮的宽度有大有小，其大小随树种、树龄和生长条件而异。例如，泡桐、臭椿、沙兰杨的年轮很宽，而黄杨木、紫杉、木继木等在良好的条件下，形成的年轮较窄。

2）根据射线的状态来识别不同树种的木材。

① 宽大射线。在肉眼下极显著或明晰，宽度一般在 0.2mm 以上，如青冈栎、麻栎等。

② 窄木射线。在横切面或径切面上肉眼可见，宽度通常为 0.1～0.2mm，如榆木、椴木等。

③ 极窄木射线。肉眼完全不可见，宽度在 0.1mm 以下，如杨木、桦木和针叶树木等。

3）根据边材和心材的不同来识别不同树种的木材。

① 显心材树种。凡心材、边材区别明显的树种，称为显心材树种。属显心材类的针叶树材有落叶松、马尾松、红松、银杏、杉木、柳杉、水杉、紫杉、柏木等，阔叶树材有水曲柳、黄菠萝、山槐、榆木、核桃楸、麻栎等。

② 隐心材树种。凡心材、边材没有颜色上的区别，而含水量有区别的树种，称为隐心材树种。属隐心材类的针叶树材有云杉、鱼鳞云杉、臭冷杉、冷杉等，阔叶树材有椴木、山杨等。

③ 边材树种。凡从颜色或含水量上都看不出边材与心材界限的树种，称为边材树种。 属边材类的阔叶树种有很多，如桦木、杨木等。

4）根据树皮的不同形态来识别不同树种的木材。树皮的外部形态、颜色、气味、质地及剥落情况均为现场识别原木时的主要特征。在现场识别原木时，主要抓住树皮的以下特点：

① 外皮。大部分常见树种根据树木的外皮即可确定其名称。外皮的颜色各异，如杉木的外皮为红褐色、白桦的外皮为雪白色、青榨槭的外皮为绿色。年长的树皮不可辨别。

② 内皮。树木内皮的颜色、厚薄、质地都可作为识别树种的依据，如落叶松的内皮颜色为紫红色、黄菠萝的内皮为鲜黄色等。

③ 树皮厚度。树皮有厚有薄，如栓皮栎、黄菠萝的树皮很厚，达 1cm 以上，木栓层发达。

④ 树皮开裂和剥离的形态。树皮的形态也是识别木材的重要依据。外皮形态一般分为两类：一类是不开裂的；另一类是开裂的。不开裂的又可分为粗糙、平滑、皱褶、瘤状凸出等，开裂的又可分为平行纵裂、交叉纵裂、深裂及条状剥离和块状剥离等。梧桐树树皮不开裂，桦木树皮横向开裂，不同树种的树皮都有其独特的外部形态。

2. 针叶树材的区别

树脂道大而多的木材在原木的端面有明显的树脂圈，这是识别针叶树材树种的重要标志之一。可根据有无正常树脂道等来鉴别针叶树材中的不同树种，主要从以下几个方面来进行区分：

1）具有正常树脂道的针叶树种主要有六属，即松属、云杉属、落叶松属、银杉属、黄杉属和油杉属，其余的针叶树材不具备正常树脂道。

2）在常见的针叶树材中，无正常树脂道的有杉木、铁杉、冷杉、柳杉等。

3）对于具有正常树脂道的树种，可进一步根据树脂道的大小、多少来识别不同的针叶树材树种。松属树种中的红松、马尾松、油松、华山松等树脂道大而多，非常明显；黄杉、云杉、落叶松等树材的树脂道小而少。

3. 阔叶树材的区别

导管是阔叶树材独有的输导组织，在木材的横切面呈现出许多大小不同的孔眼（又称管孔）。根据管孔在年轮内的分布情况，阔叶树材分为环孔材、散孔材、半散孔材三类。

1）环孔材。环孔材是指在一个年轮内，早材管孔比晚材管孔大，沿年轮呈环状排列，如水曲柳、黄菠萝、麻栎等阔叶树种。

2）散孔材。散孔材是指在一个年轮内，早、晚管孔的大小没有显著的区别，呈均匀或比较均匀的分布，如桦木、椴木、枫香等阔叶树种。

3）半散孔材。半散孔材是指在一个年轮内，管孔分布介于环孔材和散孔材之间，即早材管孔较大，略呈环状排列，从早材到晚材管孔逐渐变小，界限不明显，如核桃、楸木等阔叶树种。

11.1.2 木材加工的基本知识

11.1.2.1 木构件的制作加工原理

1. 选择木料

根据所制作构件的形式和作用及木材的性能，正确选择木料是木作的基本要求。

1）根据构件类型，选择硬木还是软木。硬木变形大不宜用于制作重要的承重构件，但其有美丽的花纹，因此是制作饰面的好材料。硬木可用于制作小型构件的骨架。软木变形小，强度较高，特别是顺纹强度，可用于制作承重构件，也可用于制作各类龙骨，但花纹平淡。

2）根据构件在结构中所在位置，以及受力情况来选择使用边材还是心材（木材在树中横截面的位置不同其变形、强度均不一致），是用树根部还是树中树头处。

总之，认真、正确选择木料是非常重要的。

2. 构件的位置及受力分析

构件在结构中位置不同受力也不同，要分清构件的受力情况，是轴心受压受拉还是偏心受压受拉等。常见的木构件有龙骨类、板材类，龙骨有隐蔽的和非隐蔽的，板材多数是做面层或基层，受弯较多。通过受力分析可进一步正确选材和用材，从而与木材的变形情况相协调，充分利用其性能。

3. 下料

根据选好的木料，进行配料和下料。

1）充分利用，配套下料，不得大材小用、长材短用。

2）留有合理余量。木作下料尺寸要大于设计尺寸，这是为了留有加工余量，但余量的多少视加工构件的种类及连接形式的不同而不同。例如，单面刨光留 3mm，双面刨光留 5mm。

3）方形框料纵向通长，横向截断，其他形状与图样要吻合，但要注意进行受力分析。

4. 连接形式

连接的关键是要使搭接长度满足受力要求，形式有钉接、榫接、胶接、专用配件连接。

5. 组装与就位

构件加工好后即可进行装配，装配的顺序应遵循“先里后外，先分部后总体，先临时固定调整准确再固结”的原则。

11.1.2.2　施工准备与材料选用

1. 施工准备

细木制品的安装工序并不十分复杂，其主要安装工序一般是：窗台板在窗框安装后进行；无吊顶、采用明窗帘盒的房间，明窗帘盒的安装应在安装好窗框、完成室内抹灰标筋后进行；有吊顶、采用暗窗帘盒的房间，窗帘盒安装与吊顶施工可同时进行；挂镜线、贴脸板的安装应在门窗框安装结束、地面和墙面施工完毕后再进行；筒子板、木墙裙的龙骨安装应在安装好门窗框与窗台板后进行。

细木制品在施工时，应当注意以下事项：

1）细木制品制成后，应当立即刷一遍底油（干性油），以防细木制品受潮或干燥发生变形。

2）细木制品及配件在包装、运输、堆放和安装时，一定要轻拿轻放，不得暴晒和受潮，以防变形和开裂。

3）细木制品必须按照设计要求，预埋好防腐木砖及配件，保证安装牢固。

4）细木制品与砖石砌体、混凝土或抹灰层的接触处，埋入砌体或混凝土中的木砖应进行防腐处理。除木砖外，其他接触处应设置防潮层，金属配件应涂刷防锈漆。

5）施工中所用的机具，应在使用前安装好并进行认真检查，确认安装和机具完好后，接好电源并进行试运转。

2. 材料选用

（1）木质材料选用

1）细木制品所用木材材料要进行认真挑选，保证所用木材的树种、材质、规格符合设计要求。在施工中应避免大材小用、长材短用和优质劣用的现象。

2）由木材加工厂制作的细木制品，在出厂时，应配套供应，并附有合格证明；进入现场后应验收，施工时要使用符合质量标准的成品或半成品。

3）细木制品露明部位要选用优质材料，用清漆油饰显露木纹时，应注意同一房间或同一部位选用颜色、木纹近似的相同树种。细木制品不得有腐朽、节疤、扭曲和劈裂等质量弊病。

4）细木制品用材必须干燥，应提前进行干燥处理。重要工程应根据设计要求做含水率检测。

（2）胶粘剂与配件

1）细木制品的拼接、连接处，必须加胶，可采用动物胶（鱼鳔、猪皮胶等），还可用聚醋酸乙烯（乳胶）、脲醛树脂等化学胶。

2）细木制品所用的金属配件、钉子、木螺钉的品种、规格、尺寸等应符合设计要求。

（3）防腐剂与防虫药剂

采用马尾松、木麻黄、桦木、杨木等易腐朽、虫蛀的树种木材制作细木制品时，整个构件应用防腐剂、防虫药剂处理。

11.2 实践操作：细部工程施工

11.2.1 橱柜制作与安装施工

11.2.1.1 制作要点

1）材料准备。选用优质、不变形、不开裂的木材，选购无有害物质的人造板、胶粘剂。

2）制作。要请有施工经验的细木工并配备齐全的操作工具。

3）根据厅室用橱的位置量好实际尺寸，明确用途和分隔要求，如图 11-2-1 所示。

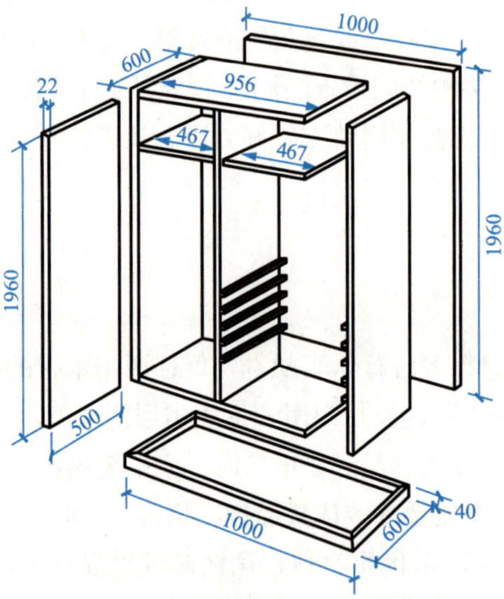

图 11-2-1 橱柜用途和分隔要求

4）绘出制作、拼装的图纸，注明每边材料的规格尺寸，组合方法有用榫接合、胶粘剂粘贴、木螺钉接合等。

5）经制作拼装的成品质量标准：橱柜的抽屉和柜门应开关灵活、回位正确，表面应平整、洁净、色泽一致，不得有裂缝、翘曲及损坏。外形尺寸偏差不大于 3mm，立面垂直度偏差不大于 2mm。

11.2.1.2 施工操作步骤

橱柜制作与安装的施工工艺流程如图 11-2-2 所示。

弹线 → 框架制作 → 粘贴胶合板 → 装配底板、顶板 → 安装隔板、搁板 → 框架就位固定 → 安装背板、门、抽屉、五金件等

图 11-2-2　橱柜制作与安装的施工工艺流程

框架就位固定是将框架各部件分别锚固于地面、顶棚和墙面。固定的同时用线锤吊垂直，用直角尺测直角，并测对角线，务必要方正。锚固点可用水泥钢钉钉入，或用冲击钻钻孔后打入木楔，再用钉钉入。

如果是安装拉门导轨，则需将备好的拉门导轨用钉钉在上下横档相应的位置上。如果安装开门，则需将开门立入框内并检验是否符合，然后进行安装。同时将柜内其他功能性部件逐一装入相应位置。

将柜体全部安装完毕后，需注意进行修整。在柜边与墙、棚交接处往往存在一些缝隙，这需要采用薄木片和由胶、滑石粉调和的填料制成的腻子填实、刮平。在立柱、横档表面还可做单板覆面处理，使其美观。

11.2.1.3　壁柜制作安装质量通病

壁柜制作安装质量通病如下：

1）框板内木档间距错误。

2）罩面板、胶合板崩裂。

3）门扇翘曲。

4）壁柜发霉腐烂。

5）抽屉开启不灵。

11.2.2　窗帘盒、窗台板和门窗套的制作与安装施工

11.2.2.1　窗帘盒施工

1. 窗帘盒的制作

首先根据施工图或标准图的要求，认真选料、配料，先加工成半成品，再细致加工成型。加工时一般先将木料粗略刨光，再用线刨子顺着木纹起线，线条光滑顺直、深浅一致，线型力求清秀。然后根据设计图纸进行组装，组装时应当先抹胶再用钉子钉牢，并将溢出的胶及时擦拭干净，不得有明榫、露钉帽。单轨明窗帘盒和单轨暗窗帘盒示意分别如图 11-2-3 和图 11-2-4 所示。

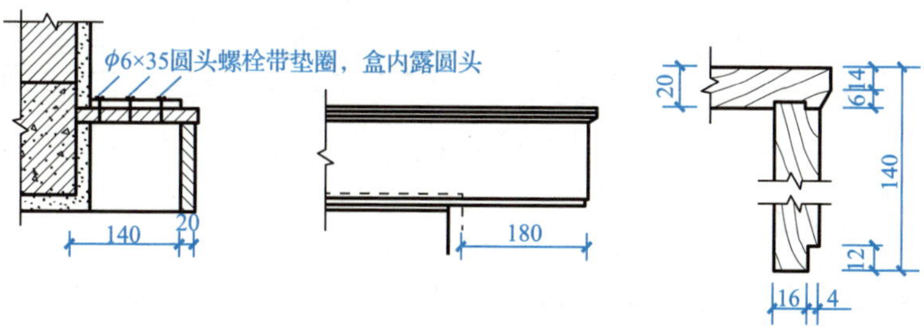

图 11-2-3　单轨明窗帘盒示意

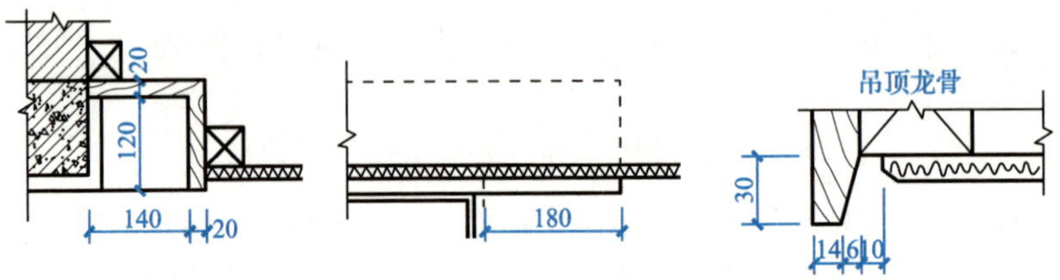

图 11-2-4 单轨暗窗帘盒示意

当采用木质窗帘杆时，在窗帘盒横头板上打眼：一端打成上下眼（上眼深、下眼浅）；另一端只打一浅眼（两端浅眼对称），这样有利于安装木杆。

2. 检查窗帘盒预埋件

为使窗帘盒安装牢固、位置正确，应先检查预埋件。木窗帘盒与墙的固定，少数在墙内砌入木砖，多数在墙内埋设预埋件。

预埋件的尺寸、位置及数量应符合设计要求。如果出现差错，则应采取补救措施：若预埋件不在同一标高，则应进行调整使其高度一致；若预制过梁上漏放预埋件，则可利用射钉枪或胀管螺栓将铁件补充固定，或者将铁件焊在过梁的箍筋上。图 11-2-5 所示为常用的预埋件示意。

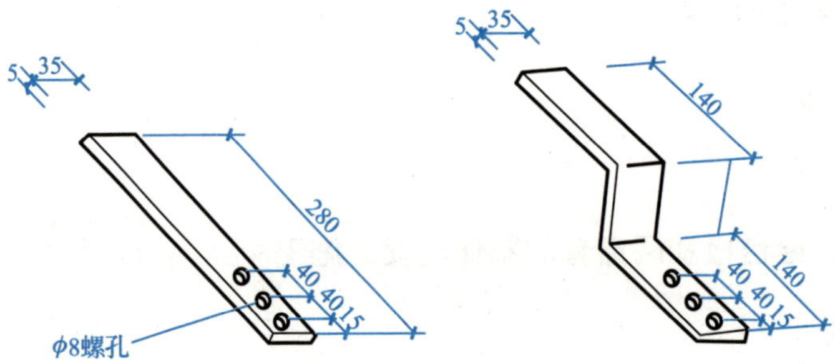

图 11-2-5 常用预埋件示意

3. 窗帘盒的安装

明窗帘盒宜先安装轨道，暗窗帘盒可后安装轨道。当窗宽度大于 1.2m 时，窗帘轨中间应断开，断头处煨弯错开，弯曲度应平缓，搭接长度不小于 200mm。图 11-2-6 所示为单轨窗帘盒仰视平面图。

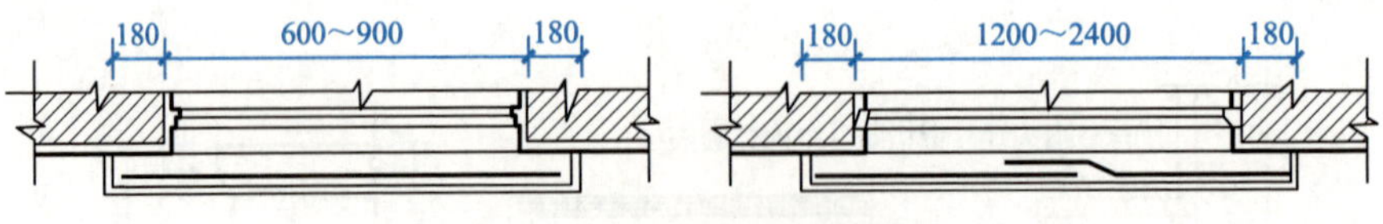

图 11-2-6 单轨窗帘盒仰视平面图

4. 窗帘盒制作安装要点

1）窗帘盒面板上部与顶棚连接，通常可不设上盖板。若玻璃窗宽度占墙宽度 3/5 以上，则窗帘盒可不设上盖板及端盖，直接固定于两侧墙面，面板高度宜为 140mm。盒内净宽要求：

安装双轨时应为 180mm，安装单轨时应为 140mm。

2）双扇窗窗帘盒长度应向窗洞宽度的两边延伸，每边延伸长度不小于 180mm。

3）窗帘盒安装应用钉对准墙内木榫钉固，钉长应为木档厚的 2～2.5 倍。

4）窗帘盒安装后，下沿应水平，全长的高度偏差不得大于 2mm。

5）窗帘盒的外观必须光洁，必要时可在面板上雕刻花饰。

11.2.2.2　窗台板施工

窗台板用来保护和装饰窗台，其形状和尺寸应按设计要求制作，常用图 11-2-7 所示的方法装钉。

窗台板的长度一般比窗框长 120mm 左右，应根据中心线对称布置，窗台板安装一般用明钉，将窗台板钉牢于木砖或木钉上，钉帽应砸扁并冲入板内。在窗台板的下部与墙交角处，应钉压条遮缝，压条应预先刨光。

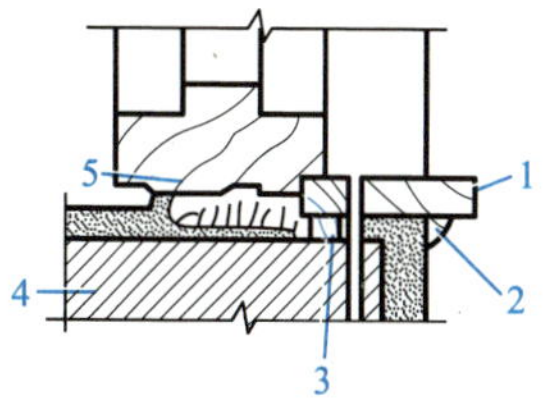

1—窗台板；2—窗台线；3—防腐木砖；4—墙体；5—框下坎。

图 11-2-7　装钉窗台板

11.2.2.3　门窗套的安装

门窗套（还包括“哑口套”）设置在室内门窗洞口处，其面板一般采用镶钉方法用木装饰板制作，也有部分公共空间采用不锈钢门窗套、石材门窗套的做法。木门套的构造如图 11-2-8 所示，木窗套的构造如图 11-2-9 所示，门窗贴脸板的构造如图 11-2-10 所示。

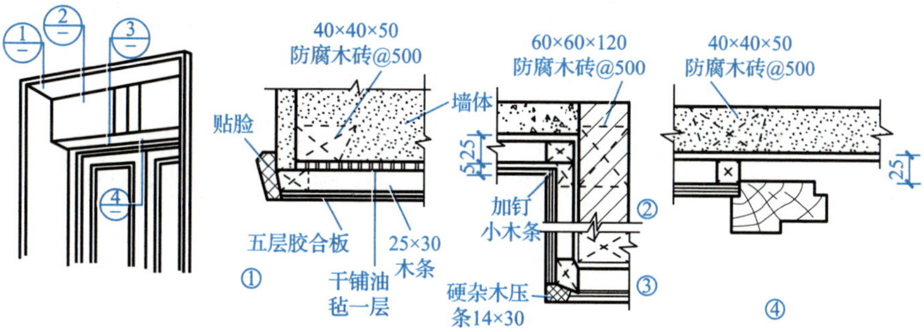

图 11-2-8　木门套的构造

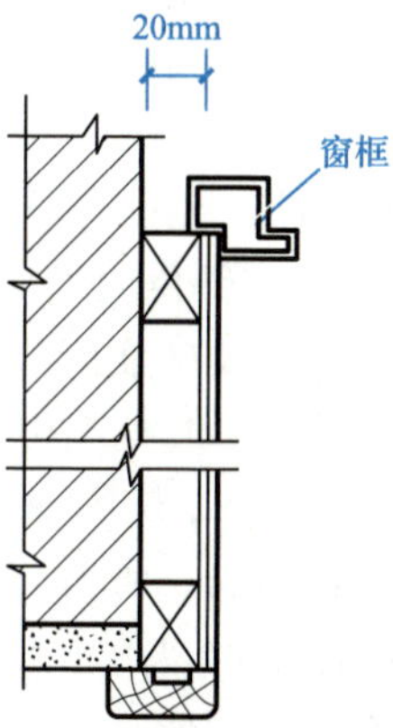

图 11-2-9　木窗套的构造

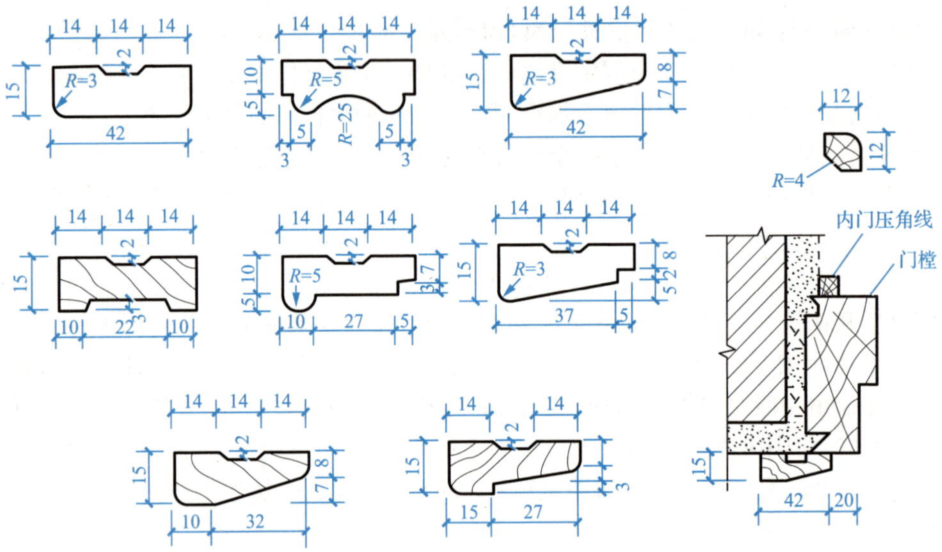

图 11-2-10　门窗贴脸板的构造

1. 门窗套的操作工序

门窗套的操作工序如图 11-2-11 所示。

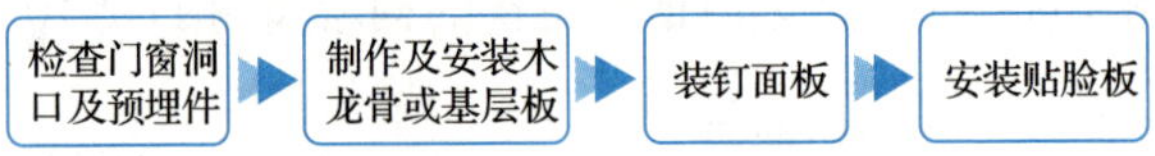

图 11-2-11　门窗套的操作工序

门窗套的安装一般根据设计要求在砖或混凝土墙体中埋入经过防腐处理的木砖，间距一般为 500mm。采用门窗套的门窗洞口应比门窗樘宽 40mm，洞口比门窗樘高 25mm，以便安装门窗套。

2. 操作要点

1）检查门窗洞口及预埋件。首先检查门窗洞口尺寸是否符合要求，是否垂直方正，预埋木砖或连接铁件是否齐全，位置是否准确，如发现有不符合要求的地方，必须修理或校正。

2）制作及安装木龙骨或基层板。根据门窗洞口的实际尺寸，先用木方制成龙骨架，一般骨架分成三片（洞口上部一片，两侧各一片），每片一般分为两根立杆。当筒子板宽度大于 50mm 需要拼缝时，中间应当适当增加立杆。现在一般采用细木工板等基层板代替木龙骨。

3）装钉面板。面板应精心挑选，木纹和颜色应当尽量一致，尤其在同一房间内，更要仔细选用和比较。板的裁割要使其略大于龙骨架的实际尺寸，大面净光，小面刮直，木纹根部向下；长度方向需要对接时，木纹应当通顺，其接头位置应避开视线范围。

一般窗筒子板拼缝应在室内地坪 2m 以上，门筒子板的拼缝应距地坪不超过 1.2m。同时，接头位置必须留在横撑上。当采用厚木板材时，板背应作为卸力槽，以免板面产生弯曲。卸力槽一般间距为 100mm，槽宽为 10mm，深度为 5～8mm。

4）安装贴脸板。贴脸板又称门头线与窗头线，是装饰门窗洞口的一种木制装饰品。门窗贴脸板的式样很多，尺寸各异，应按照设计施工。

① 贴脸板的制作。首先检查配料的规格、质量和数量，符合要求后，先用粗刨子刮一遍，再用细刨子刨光。先刨大面，再刨小面。刨得平直光滑，背面打凹槽。然后用线刨子顺木纹起线，线条应清晰、挺秀，并且深浅一致。

如果做圆形贴脸，则必须先套出样板，然后根据样板画线刮料。

② 贴脸板的装钉。门框与窗框安装完毕后，即可进行贴脸板的安装。贴脸板距门窗洞口边 15～20mm。当贴脸板的宽度大于 80mm 时，其接头应做成暗榫；其四周与抹灰墙面须接触严密，搭盖墙的宽度一般为 20mm，不得小于 10mm。

装钉贴脸板时，一般先钉横向的，后钉竖向的。先量出横向贴脸板所需要的长度，两端锯成 45° 斜角（割角），紧贴在框的上坎上，其两端伸出的长度应一致。将钉帽砸扁，顺木纹冲入木板 1～3mm，钉长宜为板厚的 2 倍，钉距不大于 500mm。接着量出竖向贴脸板的长度，将贴脸板钉在边框上。

11.2.3　护栏和扶手的制作与安装施工

11.2.3.1　木扶手的安装施工

楼梯木扶手作为上下楼梯时的依扶构件，其类型主要有两种：一种是与楼梯组合安装的栏杆扶手；另一种是不设楼梯栏杆的靠墙扶手。传统的木质扶手样式多变，用料非常考究，手感舒适。不同截面形式的木楼梯扶手示例如图 11-2-12 所示。

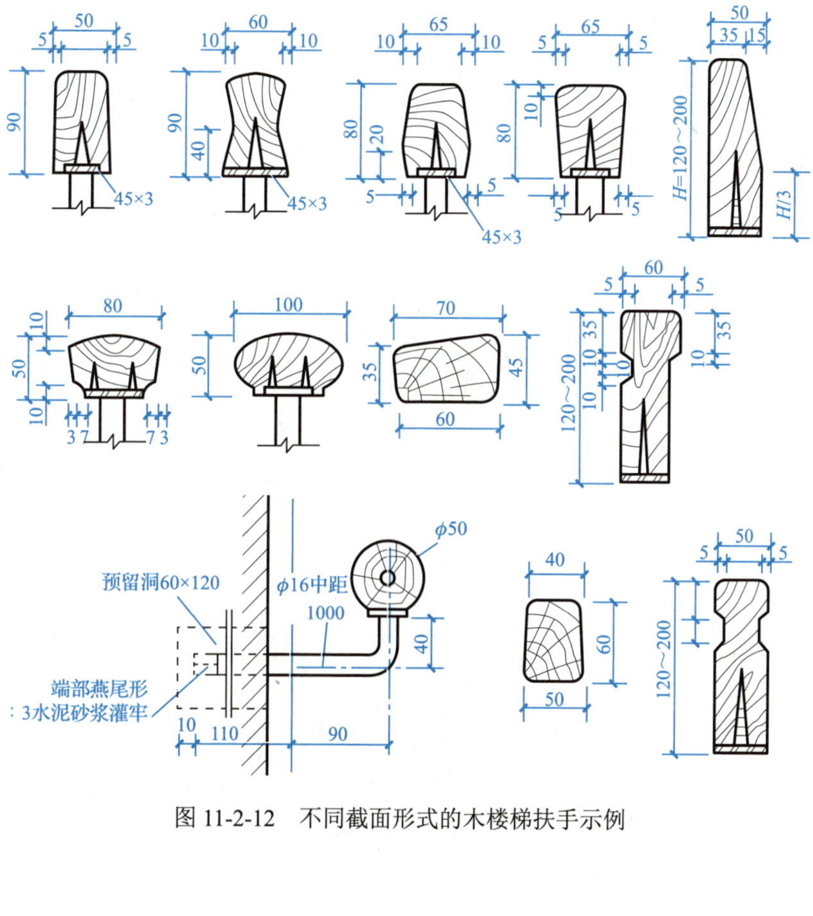

图 11-2-12　不同截面形式的木楼梯扶手示例

1. 扶手的制作与安装

楼梯的木质扶手及扶手弯头，应选用经干燥处理的硬木，一般采用水曲柳、柳桉木、柚木、樟木等。扶手的形式和尺寸由设计决定，按照设计图纸进行加工。对于采用金属栏杆的楼梯，其木扶手底部应开槽，槽深为3～4mm，嵌入扁铁内，扁铁宽度应不大于40mm，在扁铁上每隔 300mm 钻孔，用木螺钉与扶手固定，如图 11-2-13 所示。

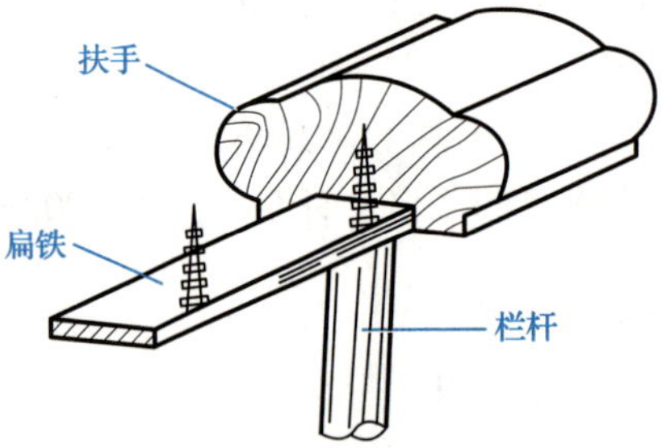

图 11-2-13 采用金属栏杆的木扶手的固定

在制作木扶手前，应按设计要求做出扶手横断面的样板，先将扶手木料的底部刨削平直，然后画出中线，在木料两端对好样板画出断面轮廓，然后刨出底部凹槽，再用线脚刨子按顶头断面轮廓线刨制成型，刨制时须留出半线的余量。

木楼梯扶手的弯头处，也应按照设计要求先做出样板，一般分为水平式和鹅颈式两种弯头形式。先将整料斜纹出方，然后进行放线，再用小锯锯成毛坯，而后用斧具斩出扶手弯头的基本形状，将其底面做准确，把样板套在顶头处画线，用一字刨刨平成型并注意留线。

弯头与扶手连接之处应设在第一踏步的上半部或下半部。设在弯头内的接头，应在扶手或弯头的顶头朝里 50mm 处，在此处方可凿眼钻孔进行连接，多采用ϕ8×（130～150）mm 的双头螺钉将弯头与扶手连接固定，而后将接头处修平、修光，如图 11-2-14 所示。

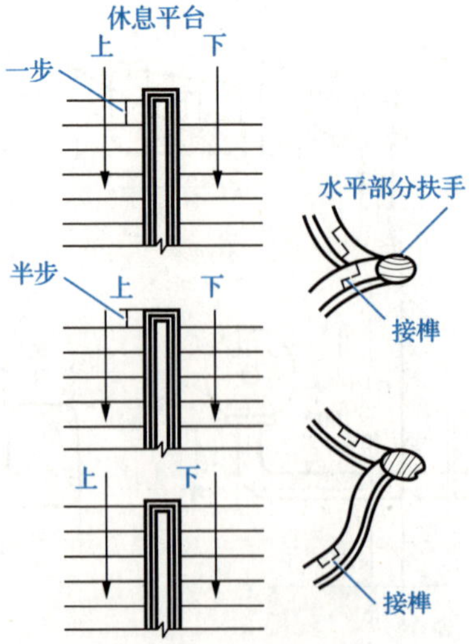

图 11-2-14 扶手弯头处理示意

2. 木扶手玻璃栏板安装

对木扶手的要求是其材质要好，纹理美观，可采用柚木、水曲柳等。

扶手两端的固定：扶手两端锚固点应该是不发生变形的牢固部位，如墙、柱或金属附加柱等。对于墙体或柱，可以预先在主体结构上埋铁件，然后将扶手与铁件连接，如图 11-2-15 所示。固定玻璃的固定铁件如图 11-2-16 所示。

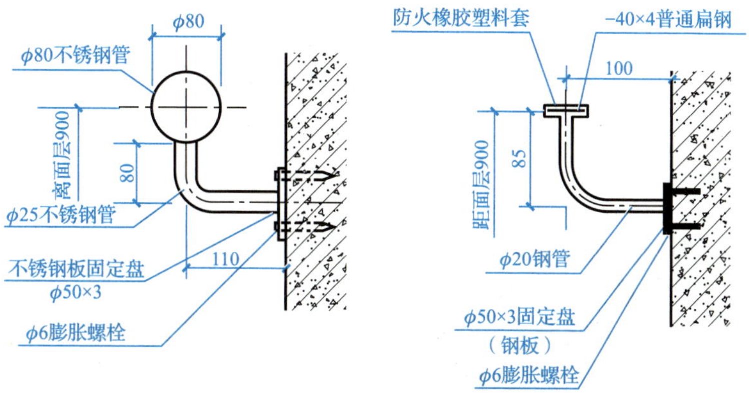

（a）80不锈钢楼梯扶手在墙上安装　　（b）防火橡胶塑料扶手在墙上安装

图 11-2-15　在墙体或柱上安装扶手

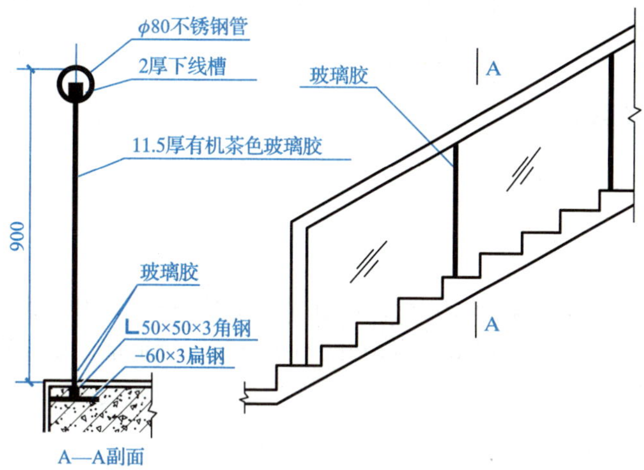

图 11-2-16　固定玻璃的固定铁件

11.2.3.2　金属圆管扶手玻璃栏板的安装

金属圆管扶手一般是通长的，接长要焊接，坡口部位打磨修平后，再进行抛光，如图 11-2-17 所示。

玻璃栏板固定多采用角钢焊成的连接铁件。

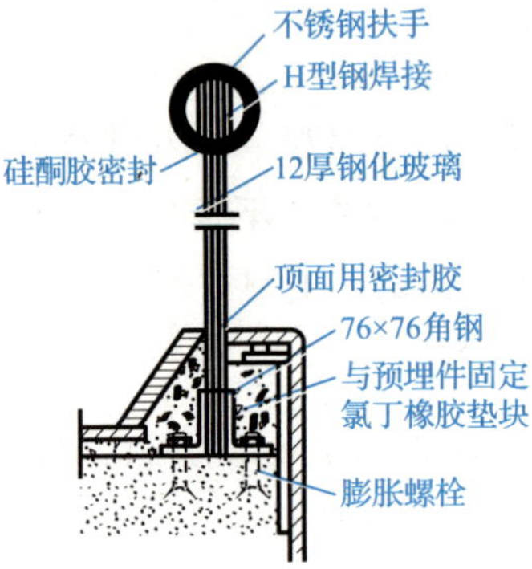

图 11-2-17　金属圆管扶手玻璃栏板安装

11.2.3.3　安装注意事项

1）墙、柱施工时，应注意锚固扶手的预埋件的埋设，并保证位置准确。

2）玻璃栏板底座土建施工时，注意固定件的埋设应符合设计要求。

3）扶手与铁件的连接，可采用焊接或螺栓，也可采用膨胀螺栓锚固铁件。

4）扶手安装完成后，要对扶手表面予以保护。

5）多层走廊部位的玻璃栏板，人靠近时，由于居高临下，常常有一种不安全的感觉，因此，该部位的扶手高度应比楼梯扶手要大些，合适的高度在 1.1m 左右。

6）不锈钢管、铜管扶手表面往往粘有各种油污或杂物，其光泽会受到一定的影响，在交工前除进行擦拭外，一般还要进行抛光。

11.2.4　花饰安装工程施工

11.2.4.1　墙面木饰的制作与安装

1. 墙面木饰的一般形式

墙面木饰在住宅室内墙面装饰中，越来越强调居室功能要求，以充分体现业主装饰风格。

1）墙面木饰的形式。墙面木饰的一般形式有护壁板、板筋墙、壁龛等。

2）墙面木饰的组成。墙面木饰一般由木骨架、基层板、面层板、装饰线脚组成。

2. 墙面木饰的一般尺寸规定

1）护墙板高度，宜为 900～1200mm 或满铺。

2）横向主龙骨上宜开通气孔，孔间距宜为 900mm 左右，立柱主龙骨间距应控制在 350～600mm。

3）木龙骨上宜用 24mm×30mm 方木，面板宜用夹板。

3. 墙面木饰质量要求

1）在施工前，地面基体应当处理平整、消除浮灰，对不平整的墙面应用腻子批刮平整。

2）对于比较潮湿的地面，应涂刷防潮剂一道。

4. 墙面木饰的安装

（1）施工工艺流程

墙面木饰的施工工艺流程如图 11-2-18 所示。

图 11-2-18　墙面木饰的施工工艺流程

（2）操作要点

1）施工时，应在墙面上弹出护墙板的高度线，按龙骨设计布置方位及垫木位置，在墙上钻孔、下木榫。木榫入孔深度应为 10mm，沿龙骨方向的钻孔间距应为 500mm。

2）龙骨及垫木。应用钉子对木榫的位置固定，钉长应为龙骨或垫木厚度的 2～2.5 倍。也可以用射钉进行固定，射钉入砖深度宜为 30～50mm，射钉入混凝土墙深度应为 27～32mm，射钉尾部不得露出龙骨或垫木的表面。

3）面板固定可采用黏结的方法，并用钉子临时固定，待黏结牢固后，再起出钉子。面板固定也可以采用钉子，钉帽应敲扁，顺面板木纹敲进板 0.5～1.0mm，钉眼用与面板同色的油性腻子抹平，钉子的长度为面板厚度的 2.0～2.5 倍。

4）护墙板面板的高差应小于 0.5mm；板面间留缝宽度应均匀一致，尺寸偏差不大于 2mm；单块面板对角线长度偏差不大于 2mm；面板垂直度偏差不大于 2mm。

5）护墙板阴阳角必须垂直、水平，对缝拼接须为 45° 角。

6）踢脚线和压条应紧贴面板，不得留有缝隙。钉固踢脚线或压条的钉距，不得大于 300mm。钉帽应敲扁，顺木纹敲进，进入表面深度 0.5～1.0mm，钉眼用同色油性腻子抹平。

5. 墙面木饰质量通病

1）骨架与结构固定不牢。

2）墙面粗糙，接头处不平、不严。

3）细部做法不规矩。

11.2.4.2　室内线饰的制作与安装

1. 室内线饰的一般形式

1）挂镜线的形式如图 11-2-19 所示。

2）顶角线的形式如图 11-2-20 所示。

2. 室内线饰的一般尺寸

1）挂镜线、顶角线规格是指最大宽度与最大高度，一般为 10～100mm，长为 2～5m。

2）木贴脸搭盖墙的宽度一般为 20mm，不应小于 10mm。

3）窗帘箱搭接长度不小于 20mm，一般长度比窗洞口的宽度大 300mm。

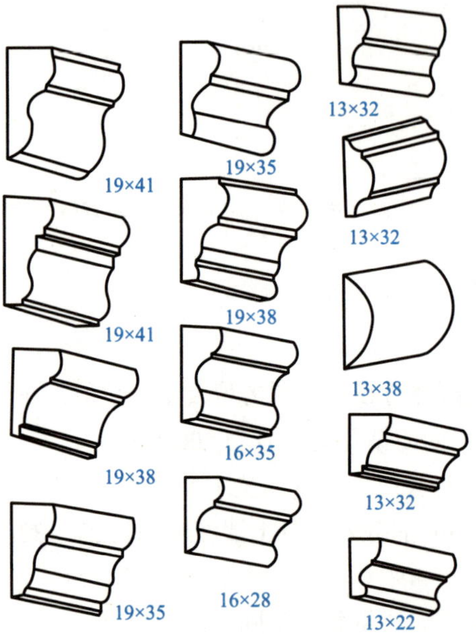

图 11-2-19　挂镜线的形式

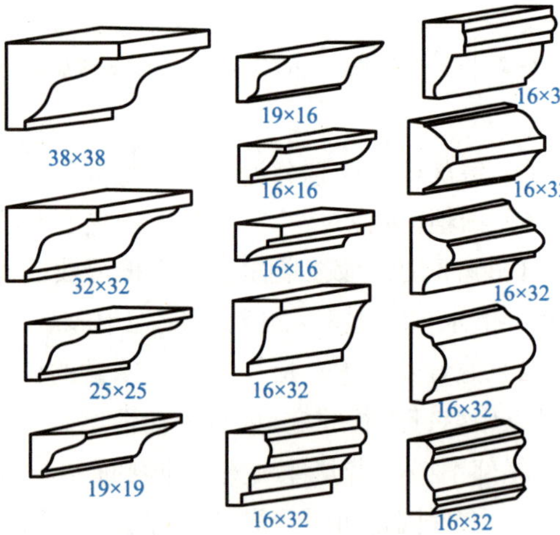

图 11-2-20　顶角线的形式

3. 挂镜线、顶角线制作安装要点

1）应在墙面上弹出位置线，钻孔、下木榫，木榫应入墙面 10mm，孔间距沿水平方向为 500mm。

2）挂镜线对接时，宜采用 45° 加胶坡接，接头处不得有错缝、离缝现象。

3）挂镜线安装应用钉对准墙的木榫钉固，钉长应为线板厚的 2.0～2.5 倍，钉帽应敲扁，顺木纹钉入表面 0.5～1.0mm，钉眼用同色油性腻子抹平。

4）挂镜线应与墙面紧贴，不得有缝隙。安装后与墙平直，通长水平高差不得大于 3mm。

11.2.5　细部工程质量验收

11.2.5.1　一般规定

1）固定橱柜的制作与安装、窗帘盒和窗台板的制作与安装、门窗套的制作与安装、护栏和扶手的制作与安装、花饰的制作与安装等分项工程的质量验收应符合《建筑装饰装修工程质量验收标准》（GB 50210—2018）的相关要求。

2）细部工程验收时应检查下列文件和记录：

① 施工图、设计说明及其他设计文件。

② 材料的产品合格证书、性能检测报告、进场验收记录和复验报告。

③ 隐蔽工程验收记录。

④ 施工记录。

验收时检查施工图、设计说明及其他设计文件，有利于强化设计的重要性，为验收提供依据，避免口头协议造成分歧。材料进场验收、复验、隐蔽工程验收、施工记录是施工过程控制的重要内容，是工程质量的保障。

3）细部工程应对花岗石的放射性和人造木板的甲醛释放量进行复验。

4）细部工程应对下列部位进行隐蔽工程验收：

① 预埋件（或后置埋件）。

② 护栏与预埋件的连接节点。

5）各分项工程的检验批应按下列规定划分：

① 同类制品每 50 间（处）应划分为一个检验批，不足 50 间（处）也应划分为一个检验批。

② 每部楼梯应划分为一个检验批。

6）橱柜、窗帘盒、窗台板、门窗套和室内花饰每个检验批应至少抽查 3 间（处），不足 3 间（处）时应全数检查；护栏、扶手和室外花饰每个检验批应全数检查。

11.2.5.2　橱柜制作与安装工程

1. 主控项目

1）橱柜制作与安装所用材料的材质、规格、性能、有害物质限量及木材的燃烧性能等级和含水率应符合设计要求及国家现行标准的有关规定。

检验方法：观察；检查产品合格证书、进场验收记录、性能检验报告和复验报告。

2）橱柜安装预埋件或后置埋件的数量、规格、位置应符合设计要求。

检验方法：检查隐蔽工程验收记录和施工记录。

3）橱柜的造型、尺寸、安装位置、制作和固定方法应符合设计要求。橱柜安装应牢固。

检验方法：观察；尺量检查；手扳检查。

4）橱柜配件的品种、规格应符合设计要求。配件应齐全，安装应牢固。

检验方法：观察；手扳检查；检查进场验收记录。

5）橱柜的抽屉和柜门应开关灵活、回位正确。

检验方法：观察；开启和关闭检查。

2. 一般项目

1）橱柜表面应平整、洁净、色泽一致，不得有裂缝、翘曲及损坏。

检验方法：观察。

2）橱柜裁口应顺直、拼缝应严密。

检验方法：观察。

橱柜安装的允许偏差和检验方法如表 11-2-1 所示。

表 11-2-1　橱柜安装的允许偏差和检验方法

项次	项目	允许偏差/mm	检验方法
1	外形尺寸	3	用钢尺检查
2	立面垂直度	2	用 1m 垂直检测尺检查
3	门与框架的平行度	2	用钢尺检查

11.2.5.3 窗帘盒、窗台板制作与安装工程

1. 主控项目

1）窗帘盒和窗台板制作与安装所使用材料的材质、规格、性能、有害物质限量及木材的燃烧性能等级和含水率应符合设计要求及国家现行标准的有关规定。

检验方法：观察；检查产品合格证书、进场验收记录、性能检验报告和复验报告。

2）窗帘盒、窗台板的造型、规格、尺寸、安装位置和固定方法应符合设计要求。窗帘盒、窗台板的安装必须牢固。

检验方法：观察；尺量检查；手扳检查。

3）窗帘盒配件的品种、规格应符合设计要求，安装应牢固。

检验方法：手扳检查；检查进场验收记录。

2. 一般项目

1）窗帘盒、窗台板的表面应平整、洁净、线条顺直、接缝严密、色泽一致，不得有裂缝、翘曲及损坏。

检验方法：观察。

2）窗帘盒、窗台板与墙、窗框的衔接应严密，密封胶缝应顺直、光滑。

检验方法：观察。

3）窗帘盒、窗台板安装的允许偏差和检验方法如表 11-2-2 所示。

表 11-2-2 窗帘盒、窗台板安装的允许偏差和检验方法

项次	项目	允许偏差/mm	检验方法
1	水平度	2	用 1m 水平尺和塞尺检查
2	上口、下口直线度	3	拉 5m 线，不足 5m 时拉通线，用钢直尺检查
3	两端距窗洞口长度差	2	用钢尺检查
4	两端出墙厚度差	3	用钢直尺检查

11.2.5.4 门窗套制作与安装工程

1. 主控项目

1）门窗套制作与安装所使用材料的材质、规格、花纹、颜色、性能、有害物质限量及木材的燃烧性能等级和含水率应符合设计要求及国家现行标准的有关规定。

检验方法：观察；检查产品合格证书、进场验收记录、性能检验报告和复验报告。

2）门窗套的造型、尺寸和固定方法应符合设计要求，安装应牢固。

检验方法：观察；尺量检查；手扳检查。

2. 一般项目

1）门窗套表面应平整、洁净、线条顺直、接缝严密、色泽一致，不得有裂缝、翘曲及损坏。

检验方法：观察。

2）门窗套安装的允许偏差和检验方法如表 11-2-3 所示。

表 11-2-3　门窗套安装的允许偏差和检验方法

项次	项目	允许偏差/mm	检验方法
1	正、侧面垂直度	3	用 1m 垂直检测尺检查
2	门窗套上口水平度	1	用 1m 水平检测尺和塞尺检查
3	门窗套上口直线度	3	拉 5m 线，不足 5m 时拉通线，用钢直尺检查

11.2.5.5　护栏和扶手制作与安装工程

1. 主控项目

1）护栏和扶手制作与安装所使用材料的材质、规格、数量和木材、塑料的燃烧性能等级应符合设计要求。

检验方法：观察；检查产品合格证书、进场验收记录和性能检测报告。

2）护栏和扶手的造型、尺寸及安装位置应符合设计要求。

检验方法：观察；尺量检查；检查进场验收记录。

3）护栏和扶手安装预埋件的数量、规格、位置以及护栏与预埋件的连接节点应符合设计要求。

检验方法：检查隐蔽工程验收记录和施工记录。

4）护栏高度、栏杆间距、安装位置应符合设计要求。护栏安装必须牢固。

检验方法：观察；尺量检查；手扳检查。

5）栏板玻璃的使用应符合设计要求和行业现行标准《建筑玻璃应用技术规程》（JGJ 113—2015）的规定。

检验方法：观察；尺量检查；检查产品合格证书和进场验收记录。

2. 一般项目

1）护栏和扶手转角弧度应符合设计要求，接缝应严密，表面应光滑，色泽应一致，不得有裂缝、翘曲及损坏。

检验方法：观察；手摸检查。

2）护栏和扶手安装的允许偏差和检验方法如表 11-2-4 所示。

表 11-2-4　护栏和扶手安装的允许偏差和检验方法

项次	项目	允许偏差/mm	检验方法
1	护栏垂直度	3	用 1m 垂直检测尺检查
2	栏杆间距	0，−6	用钢直尺检查
3	扶手直线度	4	拉通线，用钢直尺检查
4	扶手高度	+6，0	用钢尺检查

11.2.5.6　花饰制作与安装工程

1. 主控项目

1）花饰制作与安装所使用材料的材质、规格、性能、有害物质限量及木材的燃烧性能等级和含水率应符合设计要求及国家现行标准的有关规定。

检验方法：观察；检查产品合格证书、进场验收记录、性能检测报告和复验报告。

2）花饰的造型、尺寸应符合设计要求。

检验方法：观察；尺量检查。

3）花饰的安装位置和固定方法应符合设计要求，安装应牢固。

检验方法：观察；尺量检查；手扳检查。

2. 一般项目

1）花饰表面应洁净，接缝应严密吻合，不得有歪斜、裂缝、翘曲及损坏。

检验方法：观察。

2）花饰安装的允许偏差和检验方法如表 11-2-5 所示。

表 11-2-5 花饰安装的允许偏差和检验方法

项次	项目		允许偏差/mm		检验方法
			室内	室外	
1	条形花饰的水平度或垂直度	每米	1	3	拉线和用 1m 垂直检测尺检查
		全长	3	6	
2	单独花饰中心位置偏移		10	15	拉线和用钢直尺检查

11.3 综合训练：某酒店装修施工

综合训练阶段是以项目探索与实战为载体，以学生为主体的行为过程实践阶段，包括任务分析与实战操作两个环节。

11.3.1 任务分析

某五星级酒店装修工程的施工面积为 18000m^2，装修部位为 6～23 层 260 套客房及公共空间、电梯厅、消防楼梯间等。合同工期为 160 天，施工时间为 2003.7.1～2003.12.10，装修的主要内容如下：

1）原基层剔凿及空鼓处理。

2）轻质隔墙。

3）公共部分石膏板吊顶、乳胶漆，卫生间为铝扣板吊顶。

4）强电、照明、灯具施工及安装。

5）给水排水支管施工。

6）墙面裱糊壁纸。

7）室内铺实木地板。

8）细木装修（包括门窗套、固定家具制作）、油漆。

9）卫生间墙砖、地砖。

10）电梯厅墙面干挂天然石材。

11）卫生间洁具、天然花岗石台面、五金、灯具、隔断制作安装。

问题：

1）为保证该项目的顺利完成，承包商在施工组织设计中应在哪些方面制定保证措施？

2）根据装修的主要内容，需进场复试材料及复试项目有哪些？

3）该工程按时完工，业主为了尽快回收投资，未进行室内环境检测，酒店马上投入使用，业主这样做合适吗？

4）室内环境检测的项目是什么？

5）针对本工程，细部工程的质量要求有哪些？

11.3.2　项目提交

项目提交是学生完成项目实战所设定的任务，进行成果提交的阶段。

1）完成实战项目案例解析。

2）对周边生活中的细部工程做一份调查，完成一份关于细部工程施工质量及通病的调查报告，要求包括前期准备、施工工艺、操作要点、质量验收及质量通病的防治，对细部工程施工中出现的通病现象应以拍照的方式做记录。

能力评价　细部工程施工能力评价

能力评价阶段是专业指导教师和企业指导教师针对学生项目实战、调查报告及答辩情况进行综合评价给出成绩的阶段。

1. 评价功能

1）检验学生项目实战的效果及学生观察问题、分析问题、应用专业知识解决实际问题的能力。

2）教师自检其选择的教学方法、手段、形式所得的成果。

2. 评价内容

1）案例解析的准确度。

2）调查报告的全面性、真实性、代表性，对报告中出现的工程质量问题的总结性。

3）综合应用专业知识解决实际问题的能力。

4）对所提问题的回答是否充分及语言表达水平如何。

3. 成绩评定

总体评价参考比例标准：过程考核占40%，成果考核占40%，答辩占20%。

12

项　目

认识装饰施工机具

学习目标

知识目标

1. 掌握装饰施工机具的种类及用途。
2. 了解装饰施工机具的基本用法。

能力目标

能根据装饰施工机具的种类及基本用法知识，进行各种工具的应用。

思维导图

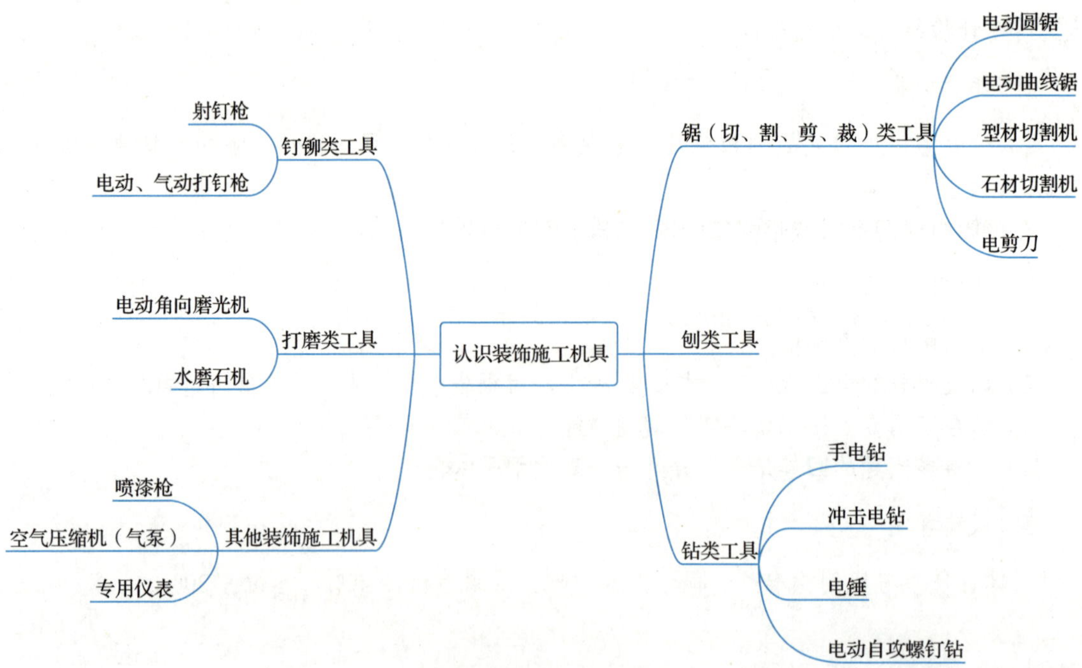

12.1 锯（切、割、剪、裁）类工具

12.1.1　电动圆锯

1. 种类

电动圆锯也称木材切割机，其外形如图 12-1-1 所示。常用电动圆锯规格有 18cm、20cm、23cm、25cm、30cm、36cm（用英寸分别表示为 7in、8in、9in、10in、12in、14in）几种，功率为 1750～1900W，转速为 3200～4000r/min。

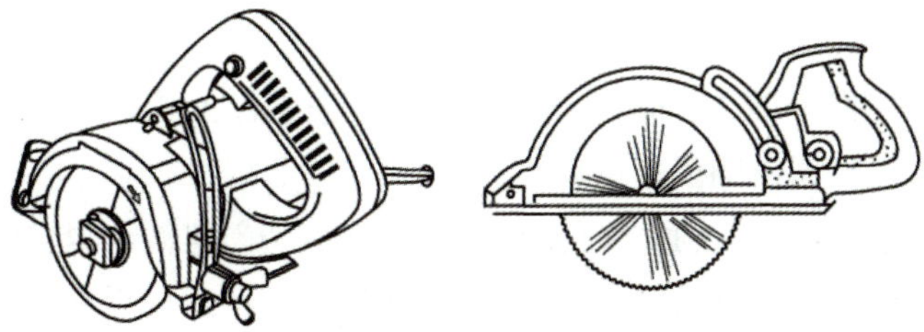

图 12-1-1　电动圆锯

2. 用途

电动圆锯适用于切割木夹板、木方条、装饰板等。施工时，常把电动圆锯反装在工作台面下，并使圆锯片从工作台面的开槽处伸出台面，以便切割木板和木方。

3. 基本用法

在使用电动圆锯时双手握稳电锯，开动手柄上的开关，让其空转至正常速度，再进行锯切工件。操作人员应戴防护眼镜，或把头偏离锯片径向范围，以免木屑飞溅击伤眼睛。另外，不同材料开割时，应注意选用相应类型的木工圆锯片齿。

12.1.2　电动曲线锯

1. 构成、种类及用途

电动曲线锯又称电动线锯、垂直锯、直锯机。

电动曲线锯由电动机、往复机构、风扇、机身、开关、手柄、锯条等零部件组成，外形如图 12-1-2 所示。电动曲线锯可以在金属、木材、塑料、橡胶条、纤维织物、泡沫塑料、纸板等材料上进行直线或曲线切割，能锯割形状复杂和曲率半径小的几何图形，可在木板中开孔、开槽；还可安装锋利的刀片，用以裁切橡胶、皮革。

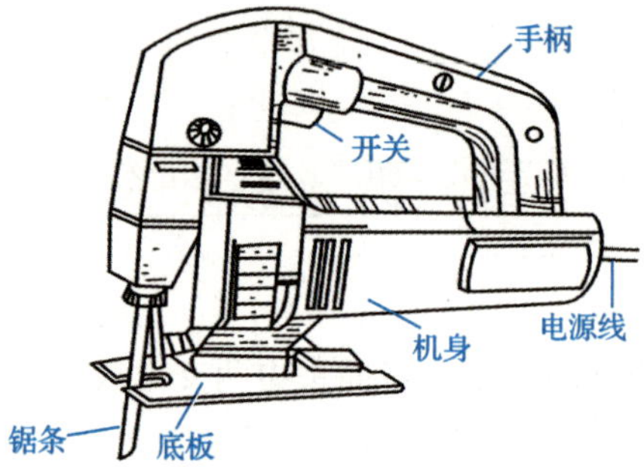

图 12-1-2　电动曲线锯

电动曲线锯锯齿分为粗、中、细三种，其中粗齿锯条适用于锯割木材，中齿锯条适用于锯割有色金属板材、层压板，细齿锯条适用于锯割钢板。

2. 安全使用注意事项

电动曲线锯的安全使用注意事项如下：

1）锯割前应根据加工件的材料种类选取合适的锯条。若在锯割薄板时发现工件有反跳现象，则表明锯齿太大，应调换细齿锯条。

2）锯割时，向前推动不能过猛，锯条卡住时应立刻切断电源，退出锯条，再进行锯割。

3）在锯割时不能将曲线锯任意提起，以防损坏锯条。使用过程中，当出现不正常声响、水花、外壳过热、不运转或运转过慢等问题时，应立即停锯，检查修复后再用。

12.1.3　型材切割机

1. 用途

型材切割机是切割各种金属材料的理想工具，它采用纤维增强薄片砂轮可对圆形或异型钢管、铸铁管、圆钢、钢筋、角钢、槽钢、扁钢、轻钢龙骨等型材进行切割，如图 12-1-3 所示。

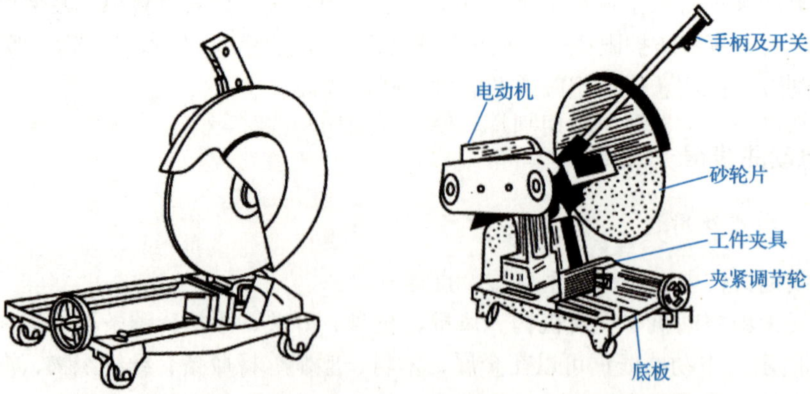

（a）J3GS-300型（双速）　　（b）J3G-400型

图 12-1-3　型材切割机

2. 安全使用注意事项

型材切割机的安全使用注意事项如下：

1）使用前检查绝缘电阻，检查各接线柱是否接牢，接好地线。检查电源是否与铭牌额定电压相符。

2）砂轮片切不可反向旋转。使用前注意检查砂轮片转动方向是否与防护壳上标示的旋转方向一致，如果发现相反，应立即停车，将插头中两支电线其中一支对调互换。

3）使用的砂轮片或木工圆锯片的功率不能大于铭牌上规定的功率，防止电动机过载。绝对不能使用安全线速度低于切割速度的砂轮片。

4）使用前检查各部件、紧固件是否松动。对工件进行有角度切割时，要调整好夹具的夹紧板角度。

5）操作时用底板上的夹具夹紧工件，按下手柄使砂轮片轻轻接触工件，然后压下手柄，平稳匀速地进行切割。注意不能用力过猛，以免过载或影响砂轮片崩裂。操作人员手捏手柄开关，身体侧向一旁，避免发生意外。

6）使用中如果听到异常杂音，要停车检查原因，排除后，方可继续使用。

7）因为切割时有大量火星，所以作业时要远离木器、油漆等易燃物品。切割机应在不燃或腐蚀气体条件下操作使用，以保证各电气元件的正常工作。

8）注意定期检查，当砂轮片磨损到一半时，应更换新片。

12.1.4　石材切割机

1. 用途

石材切割机外形如图 12-1-4 所示，其功率为 850W，转速为 11000r/min，主要用于天然（或人造）花岗石等石料板材、瓷砖、混凝土及石膏等的切割，广泛应用于地面、墙面石材装修工程施工中。

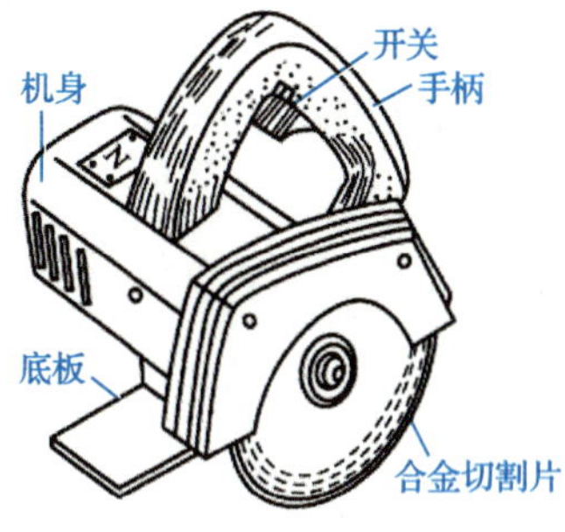

图 12-1-4　石材切割机

2. 基本用法

石材切割机分为干、湿两种切割片。使用湿型切割片时，需用水作冷却液。在切割石材之前，先将小塑料软管接在切割机的给水口上，双手握住机柄，通水后再按下开关，并匀速推进切割。

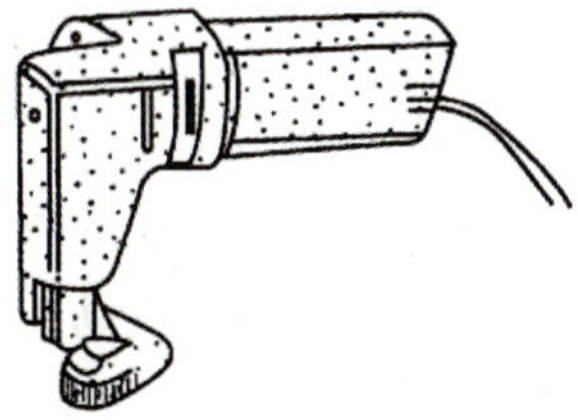

图 12-1-5　电剪刀外形

12.1.5　电剪刀

1. 构成

电剪刀主要由单项串激电动机、偏心齿轮、外壳、刀杆、刀架、上下刀头等组成。电剪刀外形如图 12-1-5 所示。

2. 用途

电剪刀是用来剪裁钢板以及其他金属板材、塑料板、橡胶板等的电动工具，能按需要剪切出各种几何形状的板件，特别适宜修剪边角。

3. 安全使用注意事项

电剪刀的安全使用注意事项如下：

1）检查工具、电线的完好程度，检查电压是否符合额定电压。作业前，空转检验各部分是否灵活。

2）使用前要调整好上、下机具刀刃的横向间距，刀刃的间距是根据剪切板的厚度确定的，一般为厚度的 7%左右。上下刀刃有搭接，上刀刃斜面最高点应大于剪切板的厚度。

3）注意电剪刀的维护，要经常在往复运动中加注润滑油，如果发现上下刀刃磨损或损坏，则应及时修磨或更换。电剪刀在使用完后应擦净，存放在干燥处。

4）使用过程中，如果有异常响声等，应停机检查。

12.2 刨类工具

1. 种类及用途

电动刨配用刨刀，用于刨削木材或木结构件。开关带有锁定装置并附有台架的电刨，还可以翻转固定于台架上，作小型台刨使用。电动刨外形如图 12-2-1 所示。

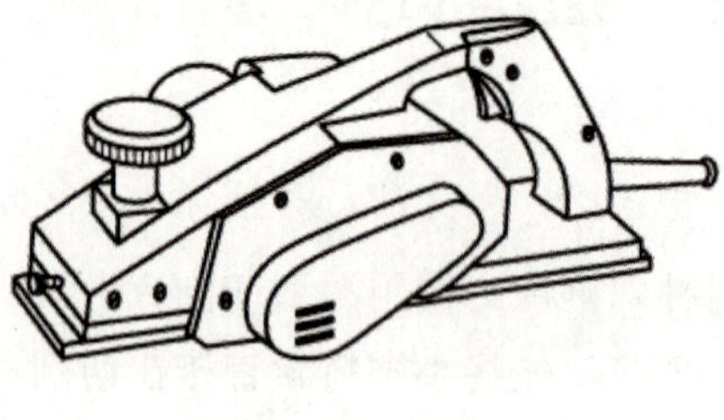

图 12-2-1 电动刨外形

2. 基本用法

操作时，双手前后握刨，平稳匀速向前推刨，刨到工件尽头时应将机身提起，以免损坏刨好的工件表面。电动刨的底板经改装，可以加工出一定的凹凸弧面。刨刀片用钝后可卸下来重磨刀刃。

12.3 钻类工具

12.3.1　手电钻

1. 规格及结构

手电钻的规格以钻孔直径表示，有 10mm、13mm、25mm 等，转速为 950～2500r/min，功率为 350W 或 450W。手电钻的结构如图 12-3-1 所示。

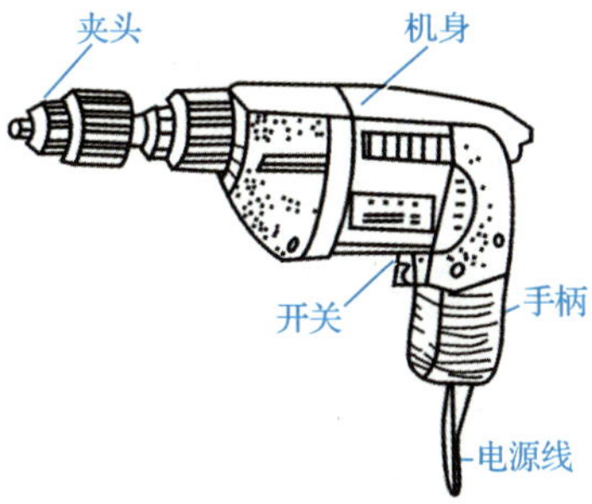

图 12-3-1　手电钻的结构

2. 用途

手电钻是用来对金属材料或其他类似材料或工件进行小孔径钻孔的电动工具，主要用于对木材、塑料件、金属件等钻孔。若配以金属孔锯，机用木工钻等作业工具，其加工孔径可相应扩大。

3. 基本用法

操作时，注意钻头垂直平稳进给，防止跳动和摇晃，要经常清除钻头旋出木渣，以免钻头扭断在工件中。

12.3.2　冲击电钻

1. 用途

冲击电钻广泛应用于在混凝土结构、砖结构、瓷砖地砖的钻孔，以便安装膨胀螺栓。冲击电钻外形如图 12-3-2 所示。

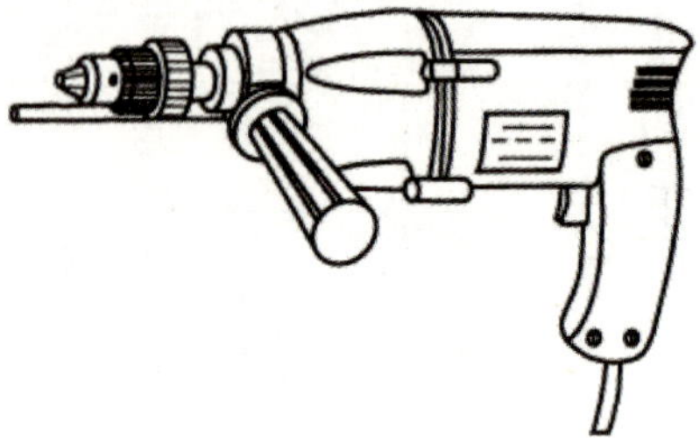

图 12-3-2　冲击电钻外形

2. 安全使用注意事项

安全使用注意事项如下：

1）使用前应检查工具是否完好，电源线是否有破损以及电源线与机体接触处有无橡胶护套。

2）按额定电压接好电源，选择合适的钻头，调节好按钮。

3）冲击电钻振动较大，操作时用双手握紧钻柄，使钻头与地面、墙面垂直推进，并经常拔出钻头排屑，防止钻头扭断或崩头。

4）使用过程中有不正常的杂音时应停止使用，如发现转速突然下降应立即放松压力，钻孔时突然刹停应立即切断电源。

5）移动冲击电钻时，必须握持手柄，不能拖拉电源线，防止擦破电源线绝缘层。

12.3.3 电锤

1. 用途

电锤主要用于建筑装饰工程中各种设备的安装，如图 12-3-3 所示。电锤的主轴具有两种运转状态：一种是冲击带旋转状态，在此状态下配用电锤钻头，可对混凝土、岩石、砖墙等进行钻孔、开槽、表面凿毛等作业；另一种是单一旋转状态，在此状态下装上钻头夹头连接杆及钻夹头，再配用麻花钻头或机用木工钻头，电锤此时可像电钻一样对金属、塑料、木材等进行钻孔作业。电锤还可以用来进行钉钉子、铆接、捣固、去毛刺等加工作业。

图 12-3-3　电锤

2. 安全使用注意事项

电锤的安全使用注意事项如下：

1）使用锤钻打孔时，工具必须垂直于工作面。不允许工具在孔内左右摆动，以免扭坏工具。

2）保证电源的电压与铭牌中规定的电压相符。

3）电锤各部件紧固螺钉必须牢固，根据钻孔开凿情况选择合适的钻头，并安装牢靠。钻头磨损后应及时更换，以免电动机过载。

4）电锤多为断续工作制，切勿长期连续使用，以免烧坏电动机。

12.3.4　电动自攻螺钉钻

1. 用途

电动自攻螺钉钻是装卸自攻螺钉的专用机具，用于在轻钢龙骨或铝合金龙骨上安装装饰板面，以及各种龙骨本身的安装。电动自攻螺钉钻外形如图 12-3-4 所示。

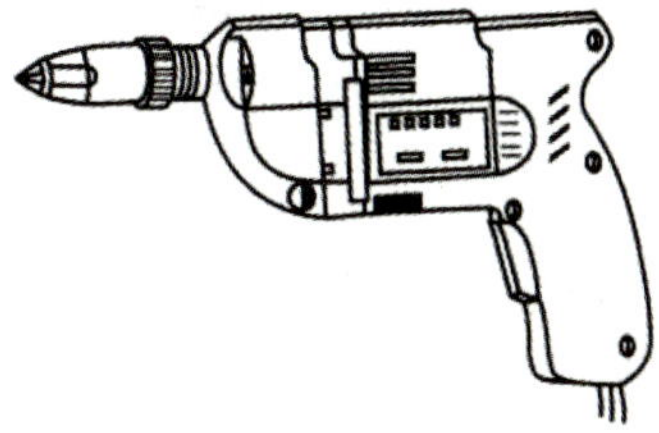

图 12-3-4　电动自攻螺钉钻外形

2. 基本用法

可以直接使用电动自攻螺钉钻安装自攻螺钉，在安装面板时不需要预先钻孔，而是利用自身高速旋转直接将螺钉固定在基层上。由于电动自攻螺钉钻配有精确度极高的截止离合器，故当螺钉达到设定的紧度时会自动停止，可以提高安装速度，并且使螺钉松紧统一。另外，利用逆转功能也可快速卸下螺钉。

12.4　钉铆类工具

12.4.1　射钉枪

1. 用途

射钉枪用于直接将构件紧钉于需固定的部位。射钉枪可固定木构件，如窗帘盒、木护墙、踢脚线、挂镜线，还可固定铁构件，如窗盒铁件、铁板，钢门窗框、吊灯等。射钉枪外形如图 12-3-5 所示。

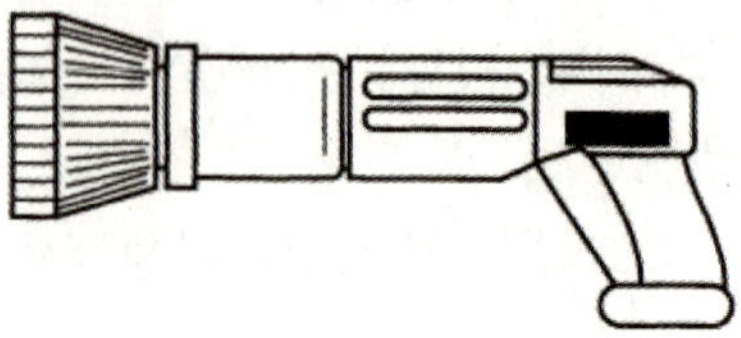

图 12-4-1 射钉枪外形

2. 安全使用注意事项

安全使用注意事项如下：

1）射钉枪需与射钉配套使用，射钉种类主要有一般射钉、螺纹射钉、带孔射钉三种。射钉枪型号不同，使用方法略有不同，使用时应认真阅读使用说明书。

2）使用射钉枪前要认真检查枪的完好程度，操作者只有经过专门训练才允许在操作时装钉，装钉后严禁将枪对人。

3）射击时应先将射钉枪垂直地紧压在机体表面，再扣动扳机。

4）射入的基体必须稳固坚实，并且有抵抗射击冲力的刚度，扣动扳机后若发现子弹不发火，则应再次接于基体上扣动扳机，若仍不发火，则仍保持原射击位置数秒后，再来回拉伸枪管，使下一颗射钉进入枪膛，再扣动扳机。

5）射钉枪用完后应注意安全保管。

12.4.2 电动、气动打钉枪

1. 用途

电动、气动打钉枪用于在木龙骨上钉木夹板、纤维板、刨花板、石膏板等板材和各种装饰木线条，如图 12-4-2 所示。对于使用锤子不易作业的部位，利用电动、气动打钉枪施工有独特的优势，在流水线生产中经常使用。

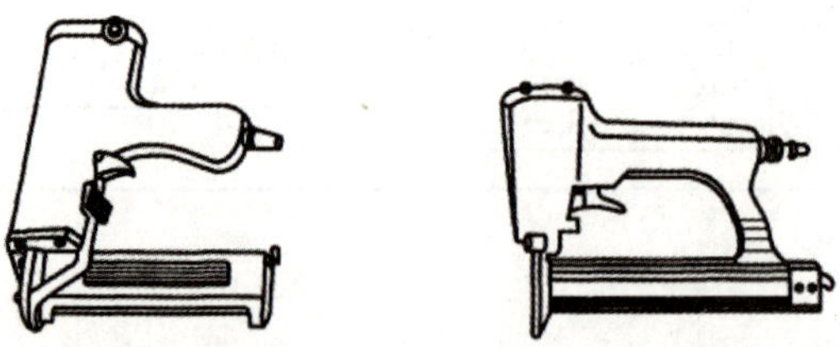

（a）电动打钉枪　　（b）气动打钉枪

图 12-4-2 电动、气动打钉枪

2. 基本用法

气钉枪根据所配用的钉子形式可分为两种：一种是直钉（包括平面钉和螺旋钉）枪；另一种是码钉枪。直钉是单支，码钉是双支。操作时，用钉枪嘴压在需钉接处，再按下开关，即可把钉子射入所钉面材内。

12.5 打磨类工具

12.5.1　电动角向磨光机

1. 用途

电动角向磨光机砂轮轴线与电动机轴线成直角，适用于位置受限制、不便用普通磨光机的场合（如墙角、地面边缘、构件边角等），如图 12-5-1 所示。在建筑装饰工程中，常用该工具对金属型材进行磨光、除锈、去毛刺等作业，使用范围比较广泛。

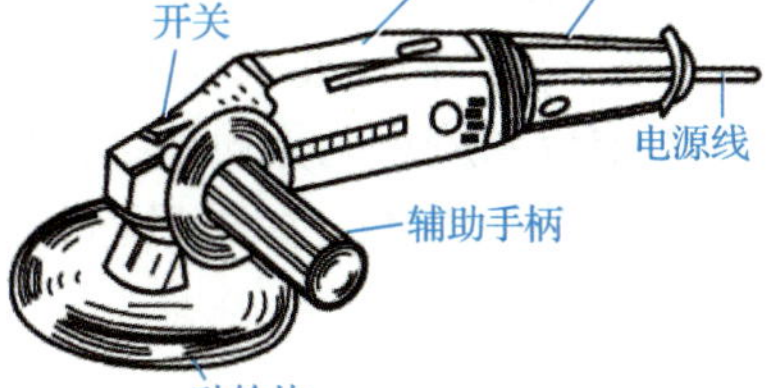

图 12-5-1　电动角向磨光机

2. 安全使用注意事项

电动角向磨光机的安全使用注意事项如下：

1）操作时先用双手平握住机身，再按下开关。

2）以砂轮片的侧面轻触工件，并平稳地向前移动，磨到尽头时，应提起机身，不可在工件上来回推磨，以免损坏砂轮片。

3）该机具转速很大，振动也较大，操作时应注意安全。

12.5.2　水磨石机

1. 用途

水磨石机广泛应用于城乡地面设施。水磨石机采用的磨盘成本低廉，花色及形状可随意设计，整体性好，美观大方，无辐射，耐磨，防滑，抗老化，使用寿命与天然石材相当。水磨石机如图 12-5-2 所示。

2. 安全使用注意事项

水磨石机的安全使用注意事项如下：

1）工作前检查机器各部分及电气部分是否良好，金属外壳接地是否可靠，三相电源电压是否正常（电压过高或过低均会使电动机发热以致烧毁）。操作者必须穿戴绝缘性能良好的防护用品，以确保安全。

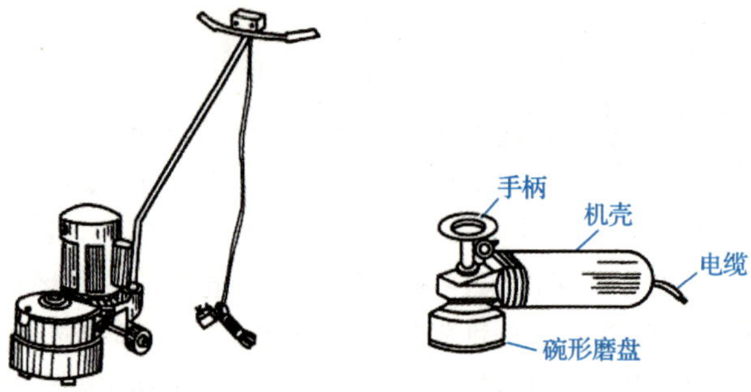

（a）磨石机　　（b）手提湿式磨石机

图 12-5-2　水磨石机

2）使用前，各部位的螺钉、螺栓及螺母均应检查拧紧，然后方可使用，以防机器在运输和搬运过程中出现松动。

3）开机前，磨盘必须脱离地面，先试运转，观察磨盘转向是否与指示方向一致，在磨石机上部的管接头处接上自来水后即可使用。严禁工作场地无水使用本机，以免损坏磨具。

4）机器使用 100h 后应清洗保养一次，特别要在轴承中注入新的润滑油脂。

5）更换新磨盘时，磨盘上部的定位销应正确无误地插入磨盘的定位销孔内，以防松动。螺扣部分应涂黄油，防止锈蚀后造成拆卸困难，如果机器长期不用，则要擦洗干净，妥善保管。

12.6 其他装饰施工机具

12.6.1 喷漆枪

1. 用途

喷漆枪用于对构件表面进行喷漆，如图 12-6-1 所示。

（a）吸出式喷漆枪　　（b）对嘴式喷漆枪　　（c）流出式喷漆枪

图 12-6-1　喷漆枪

2. 种类

1）小型喷漆枪，如对嘴式喷枪。小型喷漆枪在使用时一般以人工充气，也可用机械充气。人工充气是把空气压入储气筒内，供制件面积不大、数量较少时喷漆使用。

2）大型喷漆枪，如吸出式喷枪。大型喷漆枪必须用空气压缩机的空气作为喷射的动力，它由储漆罐、握手柄、喷射器、罐盖与漆料上升管组成，适用于大型喷漆面的喷漆。

3）低压环保喷枪，如流出式喷枪。涂料雾化时，喷盖压力较小，只有 0.07MPa 以下，涂料反弹小、附着力大，能改善环境污染，减少对人体的危害，达到环保要求。

4）电热喷漆枪。电热喷漆枪是一种新型的喷漆工具，外形和储漆量同大型喷漆枪一样，只是在喷射器部位装有电热设备，使漆料在经过喷射器时电热加温，因此称为电热喷漆枪。在使用电热喷漆枪时，漆料不必掺加香蕉水，不仅节省化工原料，减少调漆工序，简化喷漆过程，而且可以避免苯中毒的发生。同时，漆层的附着力较坚固，喷漆面更为细密、光滑、色泽鲜艳，具有较好的防锈保护能力。

12.6.2　空气压缩机（气泵）

空气压缩机是一种用以压缩气体的设备，如图 12-6-2 所示。空气压缩机与水泵构造类似。空气压缩机主要用于喷油漆和喷涂料，压力为 0.5～0.8MPa，可供气量为 0.8m^3，并可自动调压，电动机功率为 2.5kW。

图 12-6-2　空气压缩机

12.6.3　专用仪表

1. 数字式气泡水平仪

使用数字式气泡水平仪可精确测量坡度、角度或水平度，以度数及百分比显示。当作业是在头顶上方进行时，数字式气泡水平仪显示自动倒转。其测量误差最大为 0.05°，水平长度为 120mm。

2. 激光水平仪

使用激光水平仪可快速、准确地标记参考高度及标高，检核水平面和直角，定线、标记铅垂线。激光水平仪结构坚固，长期使用仍能确保测量准确，一人即可担负全部工作。激光水平仪的操作距离可达 100m，水平误差为 0.1mm/m，角度误差为 0.01°，连续操作时间可达 10h 左右。激光水平仪外形如图 12-6-3 所示。

3. 量角仪

量角仪是高精度角度测量用仪器，前后两面都有显示屏幕，方便读数。量角仪结构轻巧，具有储存上次测量数据的功能，测量范围为 0°～220°，最大误差为±0.1°。

4. 金属探测仪

金属探测仪是探测钢铁和有色金属的可靠工具，能指出带电的电缆和可钻的深度，容易校正。

5. 激光测距仪

激光测距仪是利用激光对目标的距离进行准确测定的仪器。激光测距仪在工作时向目标射出一束很细的激光束，由光电元件接收目标反射的激光束，计时器测定激光束从发射到接收的时间，计算出从观测者到目标的距离。激光测距仪能进行距离、面积、体积的测量，在室内和室外都能进行测量。激光测距仪外形如图 12-6-4 所示。

图 12-6-3　激光水平仪外形

图 12-6-4　激光测距仪外形

参 考 文 献

北京土木建筑学会，2003．建筑装饰装修工程施工操作手册[M]．北京：中国建筑工业出版社．

冯美宇，2020．建筑装饰装修构造[M]．3 版．北京：机械工业出版社．

顾建平，2006．建筑装饰施工技术[M]．天津：天津科学技术出版社．

郝永池，薛勇，2013．建筑装饰施工技术[M]．北京：清华大学出版社．

沙玲，2008．建筑装饰施工技术[M]．北京：机械工业出版社．

张若美，2004．建筑装饰施工技术[M]．武汉：武汉理工大学出版社．

中华建筑工程总公司，2003．建筑装饰装修工程施工工艺标准[M]．北京：中国建筑工业出版社．